개정판

미리 가보는 수의학 교실

강병택
강신영
강종구
강지훈
강현구
김근형
김대중
김수종
김윤배
김일화
나기정
남상윤
모인필
박경미
성연희
안병우
양만표
이근식
이범준
이승헌
이완규
장동우
정의배
지차호
최경철
최석화
허강준
현상환

서 문

수의학은 동물을 대상으로 하는 전문 의학이다. 학문의 대상이 동물일 뿐 내용은 의학 그 자체다. 그렇지만 같은 의학의 범주라고 하더라도 의학과 수의학은 사람과 동물의 차이만큼이나 커다란 차이가 있다. 공통점도 많지만 차이점도 많다. 그렇기에 수의학은 무척 생소할 수밖에 없다. 본서는 넓게 보면 수의학 자체를 소개하기 위한 것이 목적이라 할 수 있겠으나 실질적으로는 수의학을 본격적으로 배우기 전에 수의학의 기본적인 지식을 얻고자 하는 사람들을 대상으로 집필되었다.

최근 수의과대학 진학이 점점 치열해지고 있고 그에 따라 수의학이 세간의 관심을 많이 받고 있다고 하나 수의학 전반을 소개해주는 내용을 담고 있는 책자는 거의 없다고 해도 과언이 아니다. 수의예과 입학 후 본과에 진입하기 전까지 수의학을 배울 기회라곤 수의학개론 정도의 교양강좌 밖에 없는데 그나마 교재가 전무하여 체계적인 교육에 어려움이 많았다. 또한 수의과대학 편입을 준비하는 학생들이 가파르게 증가하고 있는 추세에 있지만 이들을 위한 교재가 없다보니 편입준비를 어떻게 해야 하느냐에 대한 답변조차 제대로 할 수 없었던 것이 저간의 사정이었다.

본서는 수의예과 과정에서 배우는 수의학개론과 수의과대학 편입학을 준비하는 학생들을 위한 교재로 사용할 수 있도록 각 과목별 소개를 비롯하여 전공내용을 개략적으로 서술하고 있다. 수의학은 내용 자체가 워낙 방대한 까닭에 한 권의 책으로 그 내용을 요약한다는 것은 매우 어려운 일이다. 그렇지만 이런 정도면 수의학의 대략적인 내용을 소개할 수는 있겠다고 생각되는 수준의 내용만 추려서 본서를 집필 하도록 유도하였다. 수의학을 구성하는 세부 학문분야의 전문교수들이 집필하였으나 분야별로 전문성이 워낙 뚜렷하므로

서로 간에 내용적 성격에 있어 차이가 많고 서술방식에도 상당한 차이가 있어 이를 단기간에 통일하는 것이 쉽지 않았고 그렇게 할 수도 없었다. 따라서 언뜻 보면 형식면에서 다소 허술하고 연관성도 떨어지는 것이 사실이다. 그러나 들어가서 하나하나 뜯어보면 분야별 대략이나 개념이 일목요연하게 정리되어 있어서 어느 정도의 정성을 들여서 숙독한다면 수의학이 무엇인지 어렴풋하나마 대의를 인식할 수 있는 정도는 되도록 구성되어 있다고 할 수 있다.

이번 개정판을 통하여 수의생리학 및 수의안과학 내용이 새롭게 추가되었으며, 수의기생충학을 비롯한 여러 과목의 내용을 보완 · 수정하였다. 급속히 확충 발전되어 나가는 수의학 분야의 제반 전문지식과, 보다 전문화하고 세분화되는 수의학 전공분야의 반영은 차후 개정판을 통하여 계속적으로 업데이트 할 것을 약속하는 바이다.

본서의 집필에 노고를 아끼지 않으신 충북대학교 수의과대학 모든 교수님들과 단기간에 책으로 나올 수 있도록 도움을 주신 이강영 충북대학교 출판부장님과 출판부 직원들 모두에게 지면을 빌어 깊은 감사를 드린다.

2020년 1월

저자대표

차 례

3장 임상수의학

4장 감염성질병

부록 수의해부학용어

수의학의 전망과 미래

수의학의 유래

'수의'를 의미하는 veterinary는 '짐을 운반하는 동물(우마)'을 의미하는 라틴어 veterina에서 유래하였다. 수의학의 기원을 역사적으로 정확히 재단하는 것은 어렵지만 고대 바빌로니아 시대에 이미 수의사가 있었다는 기록이 있는 것으로 보아 최소 3,000년의 역사를 가지고 있다고 볼 수 있다. 물질문명이 발달하지 못했던 고대에는 소나 말이 농경생활뿐만 아니라 교통, 전쟁 수단으로서 매우 중요하게 취급되었다는 사실을 상기한다면 수의학의 기원은 훨씬 더 거슬러 올라갈 수 있으리라 추측된다. 동양의학은 음양오행이라는 형이상학적인 철학적 사유체계를 바탕으로 인체의 장부론이 발달해왔으나 서구의학은 유물론적 세계관을 기반으로 물질로서 장부의 형태와 기능을 밝히는 해부학을 기반으로 그 체계가 성립되었다. 현대 수의학은 서구의학의 발달에 힘입은 바 크지만, 초창기의 인체해부학 연구에 동물의 사체가 자주 이용되었다는 여러 기록들을 보면 수의학이 의학과 동반자적 관계에서 학문적 진보를 이루어 왔음을 짐작할 수 있다.

오늘날 수의학의 진료대상이 되는 동물은 수의사법에 의하면 소·말·돼지·면양·개·토끼·고양이·가금·꿀벌·어패류 기타 대통령령으로 정하는 동물로 매우 광범위하지만 초기의 수의학에서는 소와 말이 주요 관심사였음은 동서양이 서로 다르지 않았다. 특히, 원형료마집(元亨療馬集), 사목안기집(司牧安驥集), 신편집성마의방(新編集成馬醫方), 신편집성우의방(新編集成牛醫方)과 같은 중국과 우리나라에서 발간된 수의학 서적을 보더라도 동양에서도 소와 말에서 수의학이 시작되었음을 알 수 있다. 따라서 수의학의 시작은 마의학(馬醫學) 혹은 우의학(牛醫學)이라고 하는 편이 정확하다. 이처럼 마의학 혹은 우의학이 수의학(獸醫學)으로 발전하게 된 것은 물질문명의 발전과 관계가 깊다. 개인주의와 물질숭배로 윤리의식이 타락하고 인간성의 상실, 사회의 도시화, 산업화, 핵가족화로 한층 공허해지고 삭막해진 내면세계를 채워 줄 무언가가 필요하였고, 여기에 애완동물이 적절한 대안으로 부상하였다. 애완동물(pet animal)은 처음에는 애완이라는 말 그대로 장난감이라는 인식이 강했으나 이제는 어엿한 가족의 일원으로 대접받는 반려동물(companion animal), 즉 동반자적 의미를 갖는 존재로 그 지위가 격상되었다. 최근 발효된 동물보호법으로 대표되는 동물에 대한 복지와 윤리문제의 부각은 문화적 충격이라고 해도 부족함이 없을 정도로 동물의 생명을 사람과 비슷한 수준으로 인식하도록 계몽하고 있다. 서구사회에서는 이러한 반려동물 문화가 이미 오래전부터 보편적 문화형태로 자리매김을 하였기에 수의사는 고급 전문직으로 인식되고 있다.

예방수의학

반려동물이 새로운 문화트렌드가 되었다고 해서 산업동물의 중요성이 저하된 것은 결코 아니다. 오히려 인구증가와 더불어 경제적 생활수준이 상승함에 따라 과거보다 한층 풍요로워진 식탁을 책임질 산업동물은 수요가 훨씬 늘어나게 되었고, 관련된 산업은 경제의 일정 부분을 맡게 되면서부터 이들 동물의 질병관리가 나라 경제를 좌우할 수 있는 중요한 한 축이라는 것이 광우병(일명 광우병을 수의학에서는 소스펀지뇌병증이라고 한다)이나 조류인플루엔자 발생 사태에서 증명된 바 있다. 인류의 역사는 전염병의 역사라고 얘기할 수도 있다. 고대문명의 융성과 몰락이 전염병의 창궐과 직간접적인 관련을 맺고 있기 때문이다. 천연두는 잉카문명을 문닫게 하였고, 페스트는 중세시대를, 20세기 초엽의 스페인 독감은 제1차 세계대전을 종료시킨 바 있다. 전염병의 기원에 대해서는 여러 가지 설이 있지만 농경문화의 시작과 더불어 소를 비롯한 가축에서 유래하였을 것이라는 설이 비교적 설득력을 얻고 있다는 면에서 동물유래 질병의 역사는 인류역사와 그 궤를 같이 하고 있다고 볼 수 있다. 페니실린 혁명으로 상징되는 현대의학의 주요한 업적 중의 하나는 세균이나 바이러스와 같은 미생물의 감염에 의하여 발생되는 전염병의 제압이라고 볼 수 있다. 항생제의 발명으로 인간을 괴롭혀왔던 전염병에 대하여 어느 정도 해결책이 제시되면서 암이나 심장병 같은 만성질환이 중요한 정복대상이 되었다. 그러나 가축에서는 여전히 전염병이 중요한 비중을 차지하고 있다. 적은 비용으로 많은 수익을 창출하기 위해서는 자연방목이 아닌 밀집사육을 통한 대량사육에 의존하게 되는데 이것은 필연적으로 비위생적인 사육환경에 의한 질병발생으로 귀결되는 까닭이다. 산업동물은 경제논리에 따라 집단사육되므로 병든 개체에 대한 치료보다는 집단에 대한 질병관리 즉, 예방의 개념이 훨씬 중요하다고 볼 수 있다. 구제역은 치명성은 낮지만 전염성이 강하고 경제성을 현저히 떨어뜨린다는 이유로 발생 시 근처에 있는 감염대상 동물을 개체의 건강상태에 관계없이 모두 도태시킴으로써 반드시 근절하려는 이유가 여기에 있는 것이다. 수의사는 동물의 건강만 책임지는 것은 아니다. 사람의 건강과 관련하여 동물은 살아있을 때보다 죽은 다음의 관리가 더 중요한데, 쇠고기, 돼지고기, 닭고기, 생선, 우유, 계란, 치즈, 햄, 소시지 등 축산식품을 동물의 질병으로부터 안전하게 관리해야 하는 의무는 모두 수의사의 몫이다.

임상수의학

도심지에서 흔히 볼 수 있는 동물병원은 대부분 반려동물을 진료대상으로 하고 있다. 반려동물이라고는 하나 개, 고양이를 제외한 대부분의 하등동물은 인간과 높은 수준의 교감을 나누기 어렵기 때문에 애완동물이라고 하는 것이 개념상 더 정확하다고 볼 수 있다. 요사이는 햄스터나 기니픽과 같은 설치류, 금붕어와 같은 어류, 조류, 파충류까지 다양한 종류의 애완동물이 내원하는 사례가 많아서 이들을 다루는 전문병원도 생겨나고 있다. 이외에도 미니돼지, 담비, 토끼, 저빌, 마우스, 고슴도치, 이구아나, 뱀, 도롱뇽, 곤충, 달팽이, 게, 해파리 등 생각할 수 있는 모든 동물이 애완동물로 등장하고 있다. 이처럼 다양한 동물이 애완용으로 사육되다보니 이들의 진료를 도울 수 있는 학문적 연구는 더욱 폭이 넓어질 수밖에 없고 필요한 전문인력의 공급은 아직도 많이 부족한 실정이다. 동물병원의 관심은 개체의 치료에 있다. 개체의 질병을 진단하고 치료하는 분야를 임상수의학이라고 한다. 임상(臨床)이란 '병상에 임한다'는 뜻이므로 건강한 동물에 대한 예방보다는 현재 병상에 누워 있는 환자에 대한 치료가 중요한 문제이다. 동물병원에서 주로 다루는 개와 고양이는 전염병도 중요하지만 사람과 같이 생활하면서 사람에서 발생되는 만성질환과 유사한 암, 당뇨병, 신장질병 등이 주로 발생하기 때문에 진료기술이 사람의 그것과 유사한 면이 많다. 임상수의사의 가장 큰 가치이자 기쁨은 죽어가는 생명을 살리는데 있을 것이다. 경제적 수입은 부수적인 것이다. 수의과대학 졸업생들이 가장 많이 진출하는 분야가 바로 임상분야인데 우리나라에서 동물병원 수의사가 선진국처럼 더욱 대접받는 직업이 되기 위해서는 국민소득의 증가와 더불어 반려동물 문화의 올바른 정착이 선행과제라고 할 수 있다.

해외전염병 및 인수공통전염병 관리

아직 우리나라에 발생하지 않은 악성전염병이 해외에는 매우 많다. 인적, 물적교류가 한 국가에 머물렀던 시기에는 이러한 전염병이 사실 큰 문제가 아닐 수 있었으나 전 세계가 일일 생활권이 되어버린 오늘날에는 지구 반대편에서 발생한 전염병이 우리가 살고 있는 이 땅으로 날아오는 것은 시간문제에 불과할 뿐이다. 따라서 해외전염병의 유입을 최대한 억제하기 위한 검역기술의 개발과 정책은 국가경제를 지탱하는데 결정적인 역할을 하는 보루이다. 이러한 악성전염병은 동물끼리 감염시켜서 경제적 피해를 초래하는 것이 있는가 하면 사람에 전염되어 건강에 심대한 위협을 가하는 인수공통전염병도 있다. 전자는 구제역, 후자는 소스펀지뇌병증이 대표적인 예이다. 조류 인플루엔자는 두 가지 경우에 모두 해당하는 질병으로 볼 수 있다. 인수공통전염병은 대부분 동물에서 사람으로 전파되므로 동물의 질병관리를 통하여 사람의 건강을 지킨다고 볼 수 있다. 우리가 익히 알고 있는 소스펀지뇌병증, 브루셀라, 탄저, 광견병, 인플루엔자, 페스트 외에도 100여 가지 이상이 알려져 있고, 지구환경변화, 기후변화, 급격한 인구이동 등으로 인한 새로운 인수공통전염병의 발생 가능성은 상존하고 있다. 따라서 중요한 전염병이 발생한 국가에서 들여오는 축산물은 엄격한 가이드라인에 따라 철저히 통제, 관리되고 있다. 역으로 우리나라에서 외국으로 수출하는 축산물도 엄격한 검역과정을 거쳐야 가능하다. 일례로 10년 전 북한으로 공급된 1500마리의 한우도 사전에 모두 건강검진 과정을 거쳤다는 것은 잘 알려지지 않은 일화이다. 해외전염병의 문제는 국제적으로 공동대처하는 것이 중요하기 때문에 국제수역사무국(OIE)에서는 전 세계에서 발병하고 있는 전염병 정보를 실시간으로 발표하며 질병예방을 주도하고 있다. OIE는 동물의 질병을, WHO는 사람의 질병을 퇴치하려는 목적을 가진 국제기구이다. 이들 국제기구는 세계를 상대로 질병 없는 세상을 만들어가는 역할을 하며 그 중에서도 수의사의 역할이 매우 중요하다.

맺는말

앞에서 우리는 수의학의 학문적 광범위함과 역할의 다양성에 대하여 알아보았다. 가장 기본적인 목적은 동물의 질병을 진료하기 위함에 있지만 동물질병의 특성과 사람과의 관계적 특수성으로 인하여 동물의 질병을 예방하는 분야가 그에 못지않은 중요한 목적을 띠고 있다는 것이 수의학의 특징이다. 세계적 금융위기를 겪으면서 오늘날 자본주의사회의 여러 가지 문제들이 노출된 가운데 우리 앞에 놓인 미래가 마냥 밝지만은 않은 현실이지만 국민소득의 향상과 더불어 반려동물문화, 생명존중사상이 보편적 가치로 자리 잡게 되는 미래의 우리사회에서는 수의학의 장래는 밝지 않을 수 없다. 그러나 밝은 미래에 대한 그 모든 전제는 나 자신의 계발을 통한 역량강화라는 점을 잊지 말아야 할 것이다. 본서는 그러한 면에서 수의학을 배우고자 하는 사람들에게 배움의 길잡이 역할을 할 것이다.

제1장 기초수의학

01 수의발생학
02 수의생물공학
03 수의해부학
04 수의조직학
05 수의생리학
06 수의생화학
07 수의약리학
08 수의독성학

기초수의학

01 수의발생학

"엄마, 엄마, 나는 어떻게 태어났어?" 라는 질문을 어렸을 때 적어도 한번은 해 보았을 것이다. 혹시 아직도 이 질문에 대한 답을 모르는 학생은 없을 것이다? 나의 시작이, 내가 귀여워하는 우리 집 강아지의 시작이 처음엔 단세포인 접합자(zygote)에서 출발하였다는 것. 참 신기한 과정이다. 하나의 세포가 어떻게 조직으로, 장기로 분화하여 유기적인 생명력을 가진 생명체로 발달할 수 있는 걸까. 접합자(zygote)가 세포분할을 하고 착상된 후 일정기간의 임신기간을 거쳐 태어난다는 기본적인 발생학은 이미 고등학교 생물시간에 다 배웠을 것이다. 여러분들은 이에 보다 심화된 전문적인 지식을 배워야 할 때이다. 시작은 하나의 세포였는데 왜 어떤 부분은 심장이 되고 다른 부분은 손이 되는 것인지, 그리고, 각종 동물들의 발생학적 단계에서의 특징들 또한 다양하고 매우 복잡하다. 이러한 복잡한 과정 중 어느 부분에서 오류가 발생하면 그 결과가 얼마나 치명적인지, 그리고 그런 현상을 막으려면 어떻게 하고 치료하기 위해선 어떻게 하는지, 그 모든 해답의 기초가 되는 학문이 바로 '수의발생학' 이다.

세포 하나에서 각 장기들의 전구체를 만드는 기간을 배아형성기(또는 기관형성기)라고 한다. 이 이후부터 태어날 때까지는 태아기라고 부른다. 발생학은 이 모든 과정을 연구하는 학문이다. 초기에는 해부학적 접근이 이루어졌다. 관찰하고 종간의 비교를 함으로써 비교생물학적인 측면과 진화론적인 측면이 발생학의 한부분이 되었으며, 비로소 생명체의 발생학적 현상에 대한 이해가 시작되었다. 정상적인 개체에 대한 연구와 함께 선천적인 결함이 있는 개체에 대한 연구도 진행되어 그 발생학적 기원과 원인을 연구하는 학문(기형학)이 생기기도 했다. 해부학적인 연구를 시작으로 배아조작과 같은 실험적인 연구가 더해지고, 유전적인 연구도 진행되며 최근에는 분자생물학적인 방법으로 연구하기도 하면서 발생학이라는 개념 자체가 다면적인 과학으로 발전하고 있다.

(1) 수의발생학이란 무엇인가?

일반적으로 발생학(embryology)은 생식세포의 형성에서 출생까지의 과정을 공부하는 학문이다. 이렇게 한 문장으로 간단하게 설명할 수 있는 학문이지만 사실 말처럼 간단하지 않다. 발생과정 자체가 간단하지 않기 때문이다. 출생 후 생존하기 위해서는 스스로 숨을 쉴 수 있는 폐가 있어야하고 온몸으로 영양분을 공급해줄 혈액과 그 혈액을 순환시켜줄 심장이 필요하며 먹은 음식을 소화할 소화기관도 필요하다. 또한 생명체답게 살기위해 생각을 하는 뇌가 있어야 하고 움직이기 위해선 뼈와 근육이 필요하다. 그러나 이런 모든 기관과 장기가 단순히 존재하기만 해선 안된다. 서로 끊임없이 신호를 주고받으며 유기적으로 움직이고 조절하고 조절 받는다. 이러한 모든 것을 제대로 갖추도록 발달하는 것이 쉬운 일이 아니다. 이에 기여하는 분자수준, 세포수준, 그리고 구조수준의 여러 요소들이 포함된다.

발생학에서 갖는 주된 의문은 생성에 관한 것이다. 예를 들어 신장이라는 하나의 장기를 놓고 봤을 때, 해부학에서는 신장의 위치와 구조를 연구하고 생리학에서는 신장의 기능을 연구한다면 발생학은 배아(또는 태아)에서 신장이 어떤 과정을 거쳐 발생하는지를 연구한다. 초기 주머니배(배반포, blastocyst)의 어떤 부분에서 특정 시기에 신장이 만들어지고, 신장이 만들어지기 위해 어떤 유전자가 활성화 되는지가 관심사항이다. 더 나아가 어느 과정에서 문제가 생겼을 때 신장에 어떠한 결함이 나타나는지까지 연구하는 학문이다. 발생학은 그 범위가 매우 큰 분야로 생명현상의 규명에 없어서는 안되는 필수적인 학문이다.

수의발생학에서는 총론으로 각각 암컷(female)과 수컷(male)의 생식세포의 발달, 배란, 수정, 착상, 출생까지의 일반적인 발생과정을 공부한다. 그 후 각론으로 호흡기, 소화기 등 각 발생계통별 자세한 발생과정을 공부할 수 있다.

(2) 발생학자(Embryologist)는 무엇을 하는가?

발생학자는 생명체의 형성과 세포분화, 초기 성장 그리고 발달과정을 연구하며, 연구범위는 시험관아기 탄생을 위한 임상적 응용분야까지 확대되었다. 이들은 또한 기형에 대해 연구를 하며 이는 기형발생의 원인과 기전에 대한 이해를 돕는다. 주된 연구들은 아래와 같다.

- 배아의 구조, 기능, 생명공학, 그리고 유전적 특성을 연구
- 사람과 동물에서 번식 주기의 기전 연구
- 분자적 수준의 연구와 유전자 발현, 유전자 조작, 재조합 DNA 기술을 수행
- 배아에 대해 관찰하고 연구하고 분류함
- 기형 발생의 기전에 대해 연구하여 기형을 억제하기 위한 방법 연구
- 체외의 조절되는 환경에서 특정 배아를 키우는 실험을 수행

(3) 수의발생학 맛보기

가. 생식자발생(Gametogenesis)

수컷 및 암컷 동물의 원시종자세포(primordial germ cells, PGCs)가 생식자(배우자, 생식세포, gametes)로 분화(differentiation) 및 성숙(maturation) 되는 일련의 과정을 생식자발생(gametogenesis)이라 한다. 난황주머니(yolk sac)의 내배엽(endoderm)에 있는 원시종자세포(PGCs)는 등쪽창자간막(dorsal mesentery)을 통하여 발생중인 생식샘(gonads)으로 이주한다. 원시종자세포(PGCs)가 이주하는 동안 유사분열(mitosis) 과정이 수행되어 생식샘(gonads)에 분포할 정도의 많은 수의 종자세포(germ cells)가 생산된다. 수컷과 암컷 동물의 종자세포 발달과정은 비슷하게 수행된다.

나. 수정(Fertilization)

단세포인 접합자(zygote)를 형성하기 위하여 정자(spermatozoon)와 난자(ovum)가 융합하는 과정을 수정(fertilization)이라고 한다. 정자가 난황

막(vitelline membrane)을 통과하면, 이차감수분열 중기에 정지하여 있던 난자는 다시 활성화되어 감수분열이 완료되고 둘째극체(second polar body)를 방출한다. 수컷 유래 홑배수체(haploid)인 풋핵(pronucleus)의 염색체는 암컷 유래 풋핵의 염색체와 상응되는 위치로 정렬된다. 부계 및 모계 유래의 염색체는 응축되고 유사분열 방추(mitotic spindles)에 부착되어 정중앙에 정렬된 후 분할 과정인 첫 번째 유사분열을 수행한다. 부계 및 모계 유전자들이 서로 결합되는 과정을 유성생식(융합생식, syngamy)이라고 한다. 수정의 결과로서, 염색체의 수는 두배수체(diploid)로 환원되고 개체의 성별이 결정되고 부계와 모계의 유전적 특성들이 서로 융합되어 생물학적 다양성을 가져오게 되는 것이다.

포유류의 경우, 교미 시 암컷생식기에 수백만의 정자가 도달한다. 각 종에 따라 정자는 질(vagina) 또는 자궁(uterus)에 사출된다. 이 위치로부터, 정자는 기능에 따라 분류된 깔때기(infundibulum), 팽대(ampulla) 및 잘록(isthmus)으로 나누어지는 난관(uterine tube, oviduct)으로 이송된다. 난소(ovary)에서 가장 가까운 부위인 난관 깔때기는 깔때기 모양이고 유리된 가장자리인 난관술(fimbriae)은 난자를 난관으로 유인하는 중요한 역할을 한다. 깔때기는 비슷한 길이의 두 구역으로 나뉘며 연속된 관 부위로 이어져 있다. 수정이 일어나는 몸 쪽 구역이 난관팽대이고 자궁으로 열려있는 좁은 끝 분절이 난관잘록이다. 과거 암컷생식기 내에서 정자의 이동속도가 확실하게 알려져 있지 않았지만 현재 정자 수송은 빠른 단계와 느린 단계인 두 단계로 일어난다고 알려지고 있다. 빠른 단계는 교미 후 생식기 근육의 수축과 5~15분 이내에 정자가 팽대부위에 도달한다. 이전에는 이러한 정자가 수정을 담당하는 것으로 알려져 있었지만 토끼, 소, 면양 및 돼지의 경우, 교미 후 짧은 시간에 팽대 부위에 도달한 정자는 활력이 낮으며, 복강 내로 방출되는 것으로 확인되었다.

다. 체외수정(*In vitro fertilization*)

이차난모세포가 체외에서 수정능을 획득한 정자와 수정되는 과정을 체외수정(*in vitro fertilization*)이라 한다. 이 과정을 보면, 적합한 실험실 환경 하에서 정자는 난자와 수정되며 생산된 배아는 동종의 암컷에게 이식되기 전까지 분할 단계로 배양될 수 있다. 대리모의 발정주기는 호르몬에 의해 착상하기에 적합한 단계로 조절된다. 체외수정은 소, 면양, 돼지 및 인간에서 성공적으로 수행되었지만, 체외수정의 성공률은 여전히 낮다. 체외수정의 실용성은 유전적으로 우수한 품종의 산자 생산을 증대시키고 멸종 위기 동물의 번식효율을 증대시키는 것을 들 수 있다.

라. 단성생식(Parthenogenesis)

단성생식(단위생식)은 정자 이외의 수단으로 난자가 활성화 되어 배아로 발달하는 것을 말한다. 이러한 과정은 곤충이나 하등동물에서 자연적으로 발생한다. 실험적인 단위발생은 양서류, 조류 및 포유동물에서 다양한 기법으로 유도될 수 있다. 선택 유전자 억제로 인한 결과인 각인(imprinting)은 수컷 및 암컷 접합자에서 다양한 형식으로 나타난다. 이렇게 다양한 유전자 발현의 결과로 동일 접합자의 융합은 산자를 생산할 수 없게 된다. 그러나 실험적으로 정상 각인 과정을 중단하게 하여 두개의 암컷 생식세포들의 융합을 통하여 살아있는 생쥐 산자를 생산하는 데 성공하였다. 이러한 발견은 각인의 정상 과정을 조작함으로서 단성생식 한계를 극복 할 수 가능성을 보여준다.

자연적인 단성생식은 칠면조에서는 드물게 일어나고 닭에서는 극히 일부가 발생한다. 대부분의 이러한 단성생식 배아는 발생 초기에 퇴화된다. 하지만 칠면조와 닭의 경우는 단성생식의 결과 살아있는 산자로 부화된다. 단성생식으로 생산된 칠면조와 닭의 성은 항상 수컷(ZZ)이고 이차감수분열의 억제 또는 난자의 핵과 둘째극체로 재조합으로 인해 염색체는 두배수체를 갖는다. 포유동물의 자연 발생학적 발달을 위해서는 모계와 부계 유전체들의 기여가 필수적이다. 그러나 실험방법을 사용한다면 포유동물도 단성생식에 의해 산자를 생산할 수 있다.

마. 분할(Cleavage)

수정란의 직경은 80~120μm로 포유동물 세포 중에 크기가 가장 큰 세포이며, 핵 크기에 비례하여 많은 양의 세포질을 가지고 있다. 접합자는 구조적 발달이 일어나기 위해 분열되어야 한다. 이러한 일련의 접합자 유사분열을 분할(cleavage or segmentation) 이라 한다. 분할의 특징은 일반적인 유사분열 양식과 달리, 매 분열에 따라서 딸세포(daughter cells) 의 크기가 점진적으로 감소한다는 것이다. 분할이 진행됨에 따라 핵분열에 이어 세포질이 분열되고 분할알갱이(blastomeres)라는 두 개의 딸세포가 생산된다. 두개의 분할알갱이는 4개, 8개, 16개 및 32개의 세포를 생산하면서 반복 분열하며 오디배(morula)라는 구형 세포 덩어리가 형성될 때까지 분열을 지속한다. 일차 세포 분열은 모든 분할알갱이에서 동시적으로 일어나는 경향이 있다. 이후 동시적 분열 특성은 소실되고 각 분할알갱이들은 독립적으로 분열한다.

수정란의 분열은 상단의 동물극에서 하단의 식물극으로 수정란 주축을 수직방향으로 가로지르는 일차 분열판으로 조절된다. 일차 분열에 이어 일차분열의 직각방향에서 수정란 주축을 수직방향으로 가로 지르며 이차 분열이 일어나고 4개의 분할알갱이가 형성된다. 삼차 분열은 수정란의 가로축 적도판에서 일어난다. 그 결과, 4개의 분할알갱이는 동물극쪽 반구에 존재하고 다른 4개 분할알갱이는 식물극쪽 반구에 존재하는 8개의 분할알갱이가 형성된다.

바. 줄기세포(Stem cells)

조직, 기관 및 계통을 형성하는데 필요한 모든 세포 유형으로 분화될 수 있는 유전적 능력을 갖는 배아세포들을 배아줄기세포(embryonic stem cells, ESC)라 한다. 반대로, 성숙한 동물의 조직 또는 기관에 존재하는 줄기세포는 일반적으로 배아줄기세포에 비하여 분화 능력이 계통 제한적(lineage-restricted)이라고 여겨진다. 세포 유형의 다양성은 보통 출생과 동시에 혹은 출생 직후 완성된다.

배아발생(embryogenesis)은 배아를 구성하는 세포의 발생 잠재능력이 점진적으로 제한되는 특징을 가진다. 접합자로부터 분할알갱이들이 연속적으로 분열되어 전능성(totipotential capability, totipotency)을 가진 세포를 만들어낸다.

그러나 분열이 계속되면서 각 분할알갱이들은 배아의 모든 세포 계통으로 분화할 수 있는 잠재능력을 상실하게 된다. 주머니배 형성으로 계통제한(lineage restriction)이 나타난다. 이러한 시기에 주머니배 표면에 있는 세포는 영양막(trophoblast)을 형성하며, 이 영양막으로부터 배아쪽 태반(placenta)이 형성된다. 발달 중인 배아의 안쪽에 위치하는 세포인 속세포덩이(inner cell mass)는 배아의 모든 세포 계통으로 발달하지만 영양막 형성에는 관여하지 못한다. 만능성(pluripotency)을 유지하기 위해서는 전사

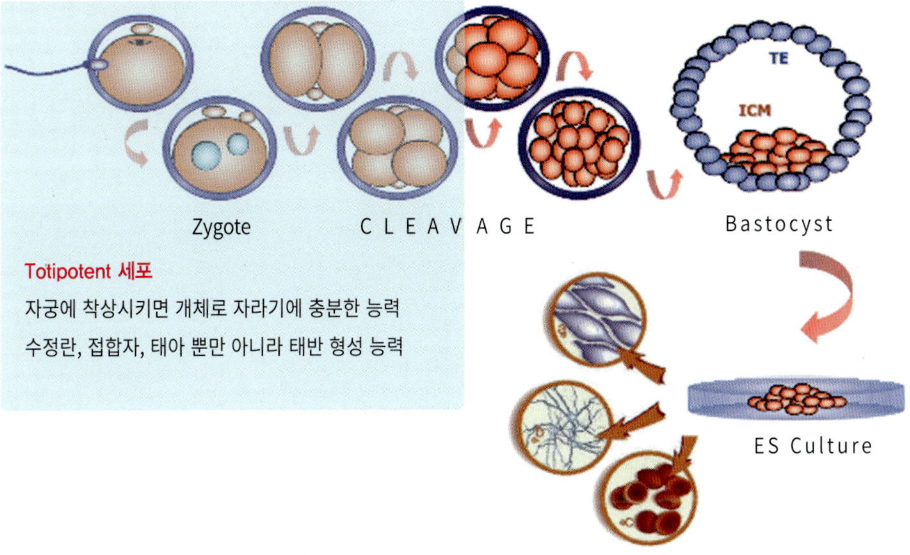

인자 Oct-4의 발현이 필요하다. Oct-4 발현 수준이 높으면 만능성이 촉진되고 낮으면 영양막 형성과 같은 계통 분화를 촉진할 수 있다.

사. 창자배형성(Gastrulation)

배엽 형성(germ layer formation) 또는 창자배형성(gastrulation)은 한 층으로 구성된 주머니배(blastula)가 바깥의 외배엽(ectoderm), 중간의 중배엽(mesoderm) 및 내부의 내배엽(endoderm) 층의 세 층 구조로 변하는 배아 발달 단계이다. 이러한 변화는 주머니배의 표면에서 내부로 규칙적인 세포 이동의 연속 과정을 통해서 일어난다. 각 배엽층(germ layer)에서 유래된 세포는 특수한 조직 및 기관으로 발생된다. 외배엽은 피부의 표피 및 신경조직으로 분화되며, 내배엽은 소화계통 장관 및 호흡 상피를 형성하며, 중배엽은 비뇨생식계통, 순환계통, 근육 및 골격계통를 형성한다. 표지법(labelling techniques)을 이용하여 주머니배의 세포가 어느 배엽층으로 발생하는지, 또 어떠한 특수 기관 원기로 발달하는지 동정할 수 있다. 이러한 방법으로 수립된 자료를 이용하여 주머니배 내의 세포들이 발달후기에 특정 조직, 기관들로 이주하는 경로를 도식화 할 수 있다. 이러한 도식을 원기분포도(fate maps)라고 한다. 다양한 동물 종에서 창자배형성이 확연히 다른 방식으로 진행됨에도 불구하고 창자배형성 종료 시점의 배엽층 배열은 모든 척추동물에서 비슷하다. 고등척추동물의 창자배형성과정은 원시척색동물, 양서류, 조류의 창자배형성 과정과 비교함으로써 보다 쉽게 이해할 수 있다.

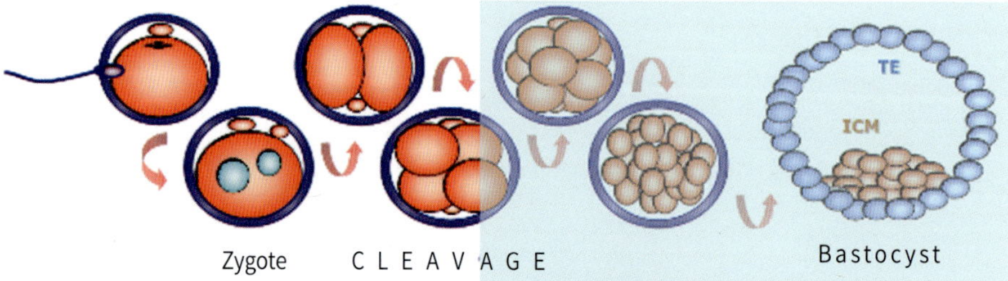

Pluripotent 세포

수정란에서 발생이 진행된 8세포기 이후 상태
Blastocyst의 ICM
태반을 형성할 수 없으나 생체를 구성하는
모든 세포 및 조직으로 발생 가능한 능력

기초수의학

02 수의생물공학

(1) 서 론

1990년대말, 복제양 돌리의 탄생을 시작으로 소, 마우스, 돼지, 개 등, 최근 낙타까지 복제에 성공하였다는 소식을 접한 바 있다. 또한, 줄기세포 분야는 전 세계적으로 집중 연구개발되고 있는 최신 학문 분야로서, 수의생물공학(veterinary biotechnology) 분야 중 하나이다. 이와 같이, 수의생물공학은 생물학, 미생물학, 생화학 등 각 전통적 자연과학 분야에서 출발하여 응용성이 접목된 최신의 학문이다. 또한 수의생물공학 분야 중 형질전환 동물 생산은 한 유기체의 특정한 유전정보를 다른 유기체로 전달할 수 있다는 실험기법에 기초한 흥미롭고 혁신적인 분야로, 이러한 유전자의 전달 기능은 유전자 재조합 기술(recombinant DNA technology) 등의 분자생물학적 기법이 접목된 분야이다.

가. 유전공학(Genetic engineering)

- 유전자를 직접 조작하여 새로운 생명을 창출, 산업에 응용하는 기술
- 생물이 그 유전자 내에 program 되어 있는 유전정보에 기초하여 자기자신을 만들어 가는 일종의 화학적 기계라는 관점에서 출발
- 유전자 cloning : 유전자의 구조와 기능을 연구하거나, 특정 유전자를 다른 생물체 중에 발현시키기 위하여 세포의 genome(유전자) 중에서 목적 유전자만을 선택, 그 유전자와 동일한 유전자를 대량 복제하는 기술

나. 세포생물공학(Cell biotechnology)

- 서로 다른 세포를 융합하거나, 핵이식 등에 의해 새로운 세포를 생산하여, 생물학 및 의학 등의 기초연구 및 육종, 의료, 산업에 이용하는 기술

- 응용 예 : 특정 항원을 생산하는 B세포를 분리하여 증식성이 높은 골수세포와 융합하여 잡종세포(hybridoma)를 생산(B세포의 수명이 수일밖에 안되나, 골수세포와 융합하면 무제한적으로 단일항체 생산 가능)

다. 발생생물공학(Developmental biotechnology)

- 생물의 초기발생과정에 인위적인 조작을 가하여 새로운 개체를 창출하는 기술
- 대표적 예 : cloned animal, transgenic animal 생산

라. 수의생물공학(Veterinary biotechnology)

- 세포학, 분자 생물공학 및 수의산과학적 기법을 이용하여 목적하는 유전자 과발현 및 제거를 통한 새로운 개체의 생산을 목적으로 하는 종합적인 학문
- 특정생물에 다른종의 유전자를 조합하여 본래는 갖고 있지 않던 새로운 형질을 가진 생물체를 만들어 내는 기술
- 세포융합, 체세포핵이식(SCNT), 미세조작(micromanipulation) 또는 유전자 재조합 기술(recombinant DNA technology) 등의 유전공학적 기법을 이용하여 새로운 생물체를 만들어 낼 수 있다

(2) 수의생물공학의 분야

가. 형질전환 동물의 생산에 의한 새로운 품종 개발

형질전환동물이란, 인위적 조작에 의한 외부의 유전자를 도입하여 새로운 유전형질을 가진 동물을 말한다. 1982년 최초로 사람의 성장 호르몬 유전자가 도입된 생쥐의 수정란을 대리모에 이식하여 super mouse를 생산하였다.

유전자 도입 기법

- 미세주입기법(microinjection)
- Retrovirus 벡터 or lentivirus 벡터
- 배아줄기세포를 이용한 생식질 키메라 생산
- 정자 벡터
- 원시종자세포(primordial germ cell, PGC) 조작

- 체세포핵이식(somatic cell nuclear transfer, SCNT)

나. 분자육종과 효율적 동물개량

분자 육종(molecular breeding)이란, 여러가지 유전공학적 기법을 사용, 시도 하여 가축의 생산성 및 품질 향상과 질병 저항성 가축을 육종하는 분야

우수한 개체 선발 기법

- DNA fingerprinting
- RFLP(restriction fragment length polymorphism)
- RAPD(random amplified polymorphic DNA)
- SSCP(single-strand conformation polymorphisms)
- Genome mapping
- Microsatellite
- MAS(marker-assisted selection)표지인자 개발
- QTL(quantitative trait loci) 개발

다. 번식효율 향상을 위한 유전공학 분야

동물의 정자, 난자 및 수정란을 유전공학적인 기법을 이용하여 조작하여 동물의 생산능력 및 품질 향상을 유도할 수 있다.

이용 기법

- 난자 체외 성숙(in vitro maturation, IVM)
- 체외 수정(in vitro fertilization, IVF)
- 체외 배양(in vitro culture, IVC)
- 인공 수정(artificial insemination, AI)
- 수정란 절단(bisection)
- 정자 미세 주입(intra-cytoplasmic sperm injection, ICSI)
- 체세포핵이식(somatic cell nuclear transfer, SCNT)
- 동결보존(cryopreservation)
- 성감별 : blastomere-biopsy 이용한 수정란의 성감별
- 배아줄기세포(embryonic stem cell, ESC)

라. 질병진단 및 치료

진단 : 단일 클론성 항체(monoclonal antibody) 이용 면역반응, 핵산증폭반응(PCR)을 이용한 유전질병 진단

치료 : 단일 클론성 항체(항암치료) 재조합 유전자를 이용한 cytokine의 대량생산

예방 : 백신, 질병저항성 형질전환 동물(mice, Mx 유전자: influenza A)

마. 고가의 생산성 및 품질개선

고단백 저지방 육질 생산 : Anabolic steroid 호르몬 주입, 성장 호르몬의 투여, 성장 호르몬 분비 유도 인자(IGF-I), somatostatin 불활성화 유도, 외래 유전자 도입한 형질 전환 가축

문제점 : 성장호르몬 유전자가 도입된 형질전환 돼지의 경우 일당 증체량 및 사료효율 증가, 피하지방 감소 등의 효과가 있었지만 성장호르몬의 지속적 분비로 위궤양, 관절염, 피부질환, 신장 질환, 심장 비대증 등의 문제점이 대두

바. 유생산성, 품질개선 및 우유내 유용물질 생산

- 동양인의 lactose 소화 불량 문제 개선
  - 유선내 β-galactosidase 유전자 발현 : lactose를 glucose와 galactose 로 분해 가능
  - α-lactalbumin antisense RNA 를 이용 : lactose 합성억제
  - 유선내 desaturase 발현 : 불포화 지방산 함량증진, 저지방 우유
- 유선을 Bioreactor 로 이용하여 유용물질 생산
  - Human protein C : 혈액 응고 방지 효과
  - α1-antitrypsin : 폐기종 치료 물질
  - CFTR (cystic fibrosis transmembrane conductance regulator) : 낭포성섬유증
  - tPA (human tissue plasminogen activator) : 혈전용해제
  - Factor VIII, IX : 혈우병
  - Human lactoferrin : 면역효과

(3) Reproductive Cloning & Therapeutic Cloning

최신 이슈가 되고 있는 체세포핵이식 기법을 이용한 복제동물 생산과 줄기 세포를 이용한 세포치료 개념을 간략히 이해하여 보자.

정상 수정과정을 통한 생명체의 발생은 정자유래의 haploid 핵과 난자 유래의 haploid 핵이 수정과정을 통하여 세포융합되어 diploid zygote를 형성하게 되며 수정란의 분할 과정을 거쳐 blastocyst로 발달한다. 이러한 blastocyst를 자궁내 착상시 각 부모로 받은 유전인자를 가진 생명체가 탄생하게 된다.

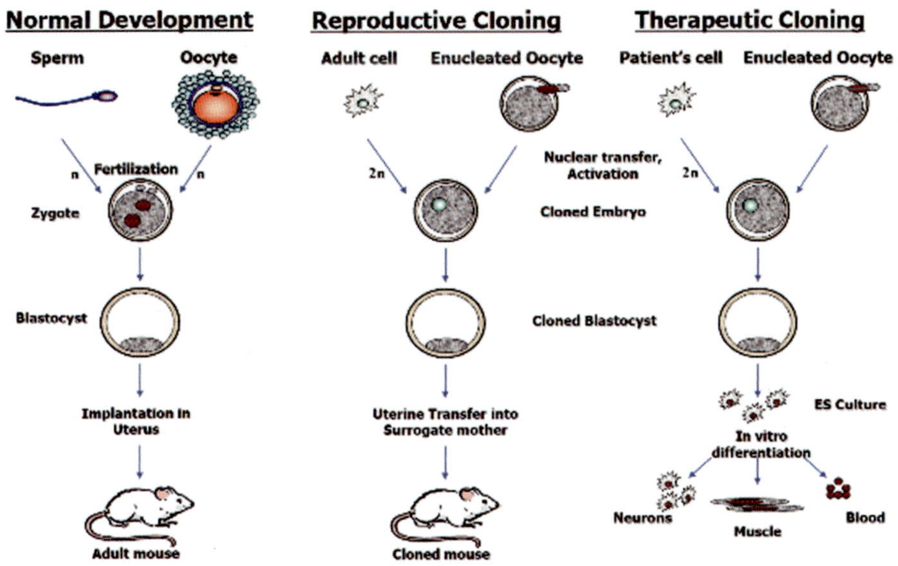

체세포 핵이식(SCNT) 기법을 이용한 reproductive cloning은 성체 세포 유래의 체세포를 탈핵되어진 난모세포의 세포질내로 이식하여 유전적 동일한 개체로 발달함을 의미한다. 이는 고능력을 소유한 산업동물이나 생약물질을 생산할수 있는 형질 전환 동물, 멸종동물 보전 및 공여핵원의 유전자 조작을 통한 질병 모델 생산등 다양한 접근 방법이 있다.

이에 반하여 therapeutic cloning이라 함은, 환자의 체세포를 가지고 SCNT을 한후 blastocyst 및 embryonic stem cell line 확립후 시험관내 목적하는 세포로의 분화가 목적이다. 이는 환자가 필요로 하는 부위의 세포를 재생하여 면역거부 반응 없이 세포치료할수 있다는 가설을 가지고 있다.

(4) Reproductive Cloning 기법을 이용한 형질전환동물 개발을 통한 응용 분야

최신의 생명공학 기법을 이용한 형질전환동물 개발분야는 ① 효율적 산업동물의 개량 및 생산효율의 증대, ② 유용생리활성물질의 생산을 위한 Bioreactor 개발, ③ 질환모델 개발을 통한 발병기전 연구 및 신약개발분야로의 적용, ④ 질병저항성모델 개발을 통한 새로운 진단기법, 백신 및 항바이러스제제 개발분야로의 적용, ⑤ 바이오장기 개발 등 현재 IT 중심의 산업체계에서 BT 중심 산업체계로의 새로운 패러다임을 가져오는 잠재적 고부가가치 수익 창출 분야임

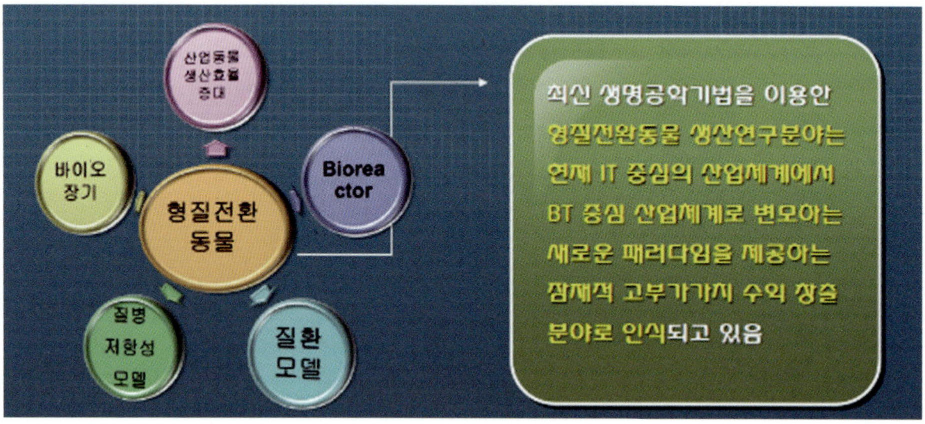

가. 효율적 산업동물의 개량

- 인류는 농경문화가 시작된 1만년전보다 약 150배 이상 증가된 68억 인구와 과학기술발달로 야생동물의 가축화 및 산업동물의 인위적 육종을 거쳐 필요한 형질만을 선별하여 현대의 산업동물로 발전시켜 왔음
- 산업화를 통한 인구증가와 식량난에 허덕이게 되면서 전세계적으로 식량안보가 중요시 되었고, 기초적 생명공학기법을 이용하여 개량되어 온 생산성 높은 우수형질의 산업동물이 안정적 1차산업체계를 도모하게 되었으며, 인류의 식량난을 해결하게 되었음
- 1980년, 성장호르몬 유전자 형질전환 생쥐 보고. 성장속도가 일반생쥐보다 두 배가 빠르고 몸집이 두 배가 큰 "슈퍼 생쥐" 생산을 통하여 형질전환 동물의 잠재적 가치가 예견된 바 있음
- 미국 농무성, 성장호르몬 유전자를 돼지에 도입함으로써 성장속도가 빠르며,

사료 효율이 훨씬 좋고, 등지방 두께가 반으로 줄어든 형질전환 돼지 생산

- 현재 산유능력, 산육능력, 산란능력 및 번식능력이 증진된 가축을 생산하여 새로운 품종으로 상품화하려는 연구에 각국마다 치열한 경쟁을 벌이고 있으며, 소의 경우 10-30% 우유 생산, 5-15% 증체량 및 3-16% 사료 효율이 증가되며, 돼지는 20% 내외의 성장률과 사료효율이 높아지고 등지방 두께가 50-70%정도가 감소하여 생산원가 절감과 품질향상 면에서 그 산업적 응용성이 매우 크다고 보고하고 있음

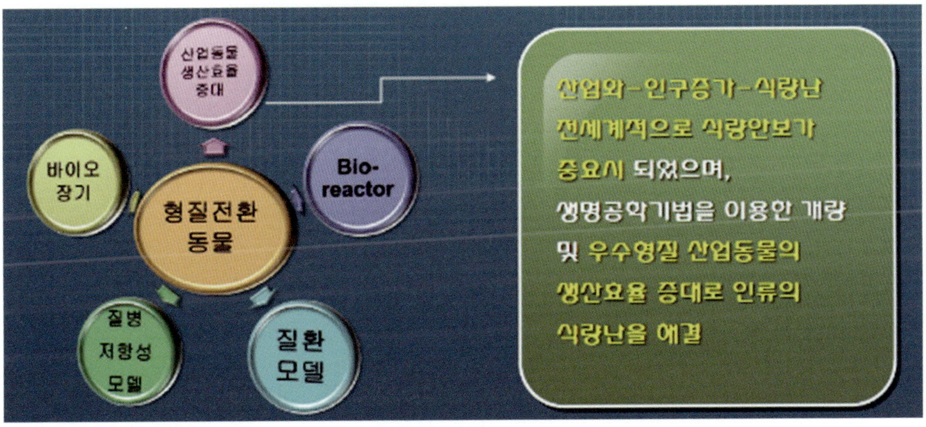

나. 유용생리활성물질 생산을 위한 Bioreactor 개발

- 최근 생명공학 기술 발달로 미생물, 동물세포 및 동물을 이용한 유용생리활성물질을 대량생산이 가능하게 되었음
- 미생물을 이용한 유용생리활성물질 생산은 미생물의 단백질 발현 및 합성기작이 포유동물과 달라 인간에 필요한 유용생리활성물질과 동일하지 않음
- 동물세포의 bioreactor 개발은 미생물의 단점을 보완할 수 있지만, 배지비용 및 관리비용이 고가로서 투자대비 생산성을 고려하였을때 대규모 생산규모 및 기업화가 어려움
- 동물을 이용한 bioreactor 생산 시스템은 미생물 및 동물세포를 이용하는 것보다 시설투자 및 시설유지비용을 최소화하여 1/1,000 정도로 비용을 절감할 수 있으며, 대장균에서 생산하는 단백질과 달리 인체에 보다 적합한 동일 구조 단백질을 생산하기에 안전성 확보에 유리함
- 이에, 형질전환 동물 생산기법을 이용한 bioreactor 개발이 가장 유력한 산업화 도구로 인식되어, 미국, 영국 및 네덜란드의 세계적 기업연

구소에서 상당한 수준까지 연구가 진행되고 있으며 산업화를 위한 단계로 발전되고 있는 실정임

- 생의약제로서 유용한 생리활성물질의 각 제품별 시장성을 보면, 2004년 기준, mAbs 치료제는 15조원, EPO는 9조6천억원 이상의 시장성을 가지고 있으며, HIV 환자에게 필요한 lactoferrin은 6조원, 혈전용해제 AT-III은 3조6천억원, 혈전증 치료제 tPA는 2조4천억원 등 전세계 생의약제 시장은 60조원 이상을 상회하고 있음

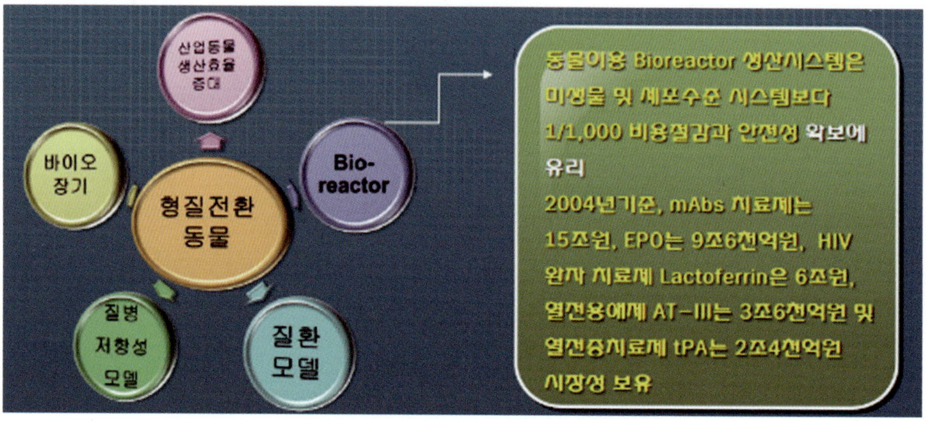

다. 질환모델 개발

- 인간에서 발생하는 수 많은 질환에 관한 발병기전, 진단 및 치료연구는 주로 시험관내에서 배양된 세포수준에서 시도되고 있으나, 생물체의 조직 및 장기의 유기적 복잡한 과정으로 인하여 세포수준에서의 연구 결과는 신뢰도의 한계를 보이고 있음
- 인간을 대상을 직접 질환 연구를 함에 있어, 연구대상 부족, 장기간의 연구기간 소요 및 윤리적 문제로 인한 제한으로, 동물을 이용한 질환모델 개발 연구의 필요성이 제기되어 주로 마우스와 랫드 등의 설치류를 이용한 질환모델이 제작되고 있음
- 또한, 신약개발 연구에 있어, 전통적인 방법으로는 인간을 대상으로 질병에 대한 직접적인 치료효과를 입증하였으나, 개체별 변수의 다양성으로 인해 신뢰성이 부족한 측면이 있었으며, 질병치료에 이용될 수 있는 타겟단백질 및 단백질에 작용하는 화합물 개발 등의 새로운 방법으로 변화 모색 등, 이러한 신약개발방법의 변화로 인하여 질환모델의 필요성이 대두되게 되었음

- 현재 전세계적으로 1년에 약 1,000여종류의 질환모델 동물이 형질전환 기법을 통하여 만들어지고 있으며, 현재 주로 사용되고 있는 실험동물 마우스의 경우, 일반마우스의 단가 1,000원 정도이며 형질전환 마우스의 경우 단가는 500,000원~1,500,000원 정도로 일반마우스의 수백배 이상의 상업적 가치를 가지고 있음

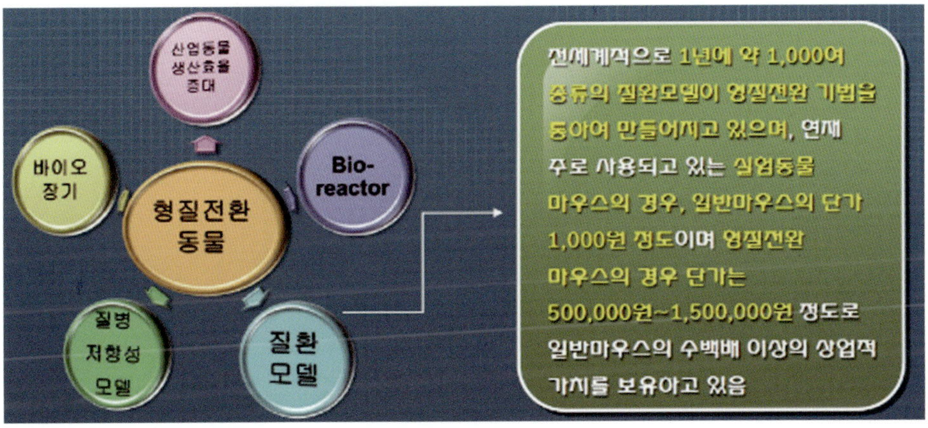

라. 질병저항성모델 개발

- 질병에 대한 저항성이 강화된 동물생산을 위하여 항병성 유전자, 항체 유전자 및 바이러스 유전자 등을 도입시킨 형질전환 동물 생산 연구가 전세계적으로 활발함
- 닭 백혈병 바이러스 저항성 형질전환 병아리 생산이 보고된 바 있으며, 최근 광우병 및 구제역 등 악성 질병이 창궐하면서 산업동물의 식량으로

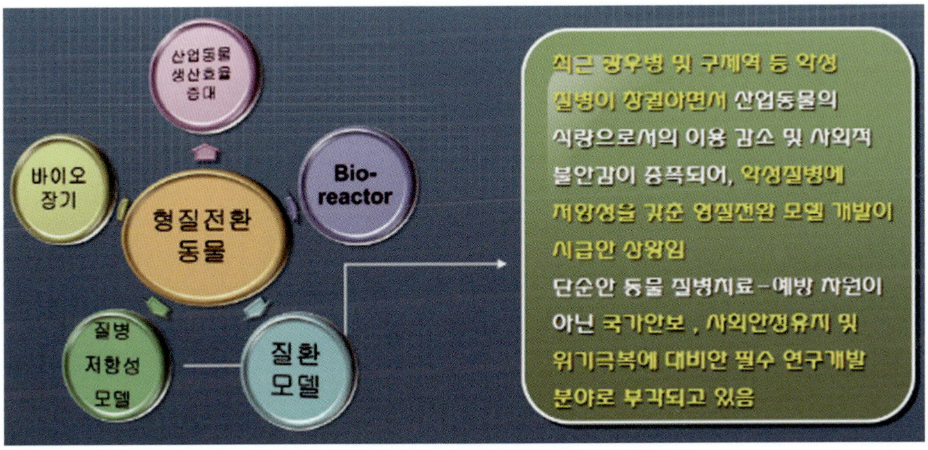

서의 이용 감소 및 사회적 불안감이 증폭되어, 이러한 악성질병에 저항성을 갖춘 형질전환 모델 개발이 시급한 상황임

- 이러한 질병저항성모델 개발은 생산능력 등 산업체계의 안정성 확보 뿐만 아니라, 향후 발생가능한 변종 바이러스에 대한 신규 항바이러스제제 발굴, 백신개발 및 진단키드 개발 연구에 유용한 기반기술임
- 또한, 동물-사람간 전파될 수 있는 인수공통전염병인 경우, 단순한 동물대상의 질병치료-예방 차원이 아닌 국가의 경제-사회적 안정 유지와 위기 극복에 대비한 필수 연구개발분야로 부각되고 있음

마. 바이오장기 개발

- 전 세계적으로 핵가족화 및 저출산 고령화에 따른 난치성 질환에 대한 범정부차원의 관리가 시급하며, 난치성 질환 치료를 위한 신약 및 바이오장기의 수요가 급증하고 있음
- 차세대 난치병의 근원적 극복을 위한 국가 성장동력으로서 바이오장기 및 생물공학 연구분야에서도 재생의학 및 장기이식용 복제동물의 연구와 생산 등과 관련된 기술의 국제 경쟁력이 절실한 시점임
- 향후 10년 뒤 동물장기의 대체이식분야 시장 규모는 약 50억 달러로 기대되고 있으며, 선진국에서는 앞 다투어 기술과 특허를 선점하기 위한 경쟁이 치열함
- 이러한 형질전환 동물 대상 중 돼지는 해부학적 생리학적으로 사람과 가장 유사한 동물로 주된 대상동물로 주목을 받고 있으며, 이를 위한 형질전환돼지의 생산에 관한 연구가 전 세계적으로 활발히 진행되고 있음

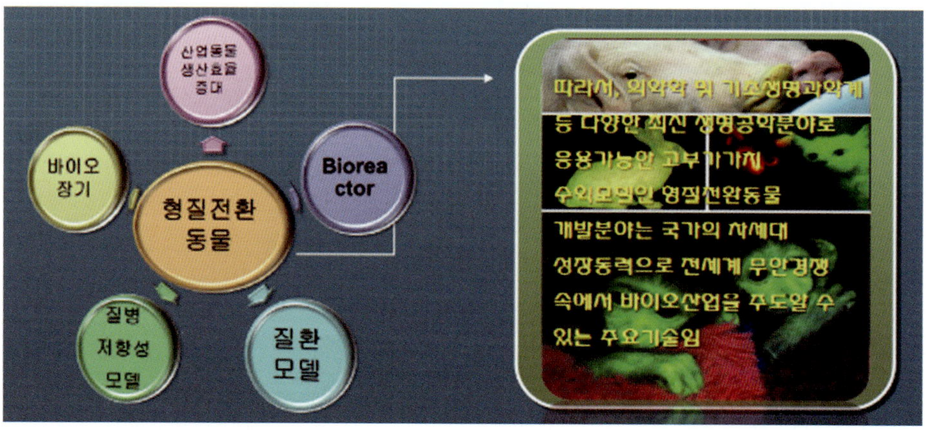

기초수의학

03 수의해부학

장마철에 우리집 개(라이)의 냄새가 심해지는 이유
비가 내리면 개는 기름샘에서 기름을 많이 분비하여 털과 피부가 젖지 않도록 하려다보니 냄새가 강해진다. 이 냄새는 기름과 함께 페로몬이 섞여서 심하게 된다.

(1) 해부학이란?

해부학(anatomy, anatomia)은 생물체의 형태와 구조를 손으로 만져보고 칼로 째보고 눈으로 확인하여 이해하는 학문이다. 해부학을 지금까지는 생물학의 한 분과인 형태학(morphology)으로만 이해했지만 현대적 의미의 해부학은 여기에만 국한되지 않는다. 왜냐하면 생물체란 생명을 지니고 살아 움직이는 구조물이기 때문에 이에 합당한 형태학적 사실을 체계화하고 그 의미를 규명하는 데 의의가 있기 때문이다. 이에 해부학에서는 생물체를 이루는 각종 구조물이 어떤 크기와 모양을 하고 있는 지, 어디에 왜 있고 다른 주위의 장기와는 어떤 관계가 있는 지, 이들이 어떻게 구성되어 있으며 그 기전은 무엇인지, 그 형태는 어떤 경과로 어떻게 만들어졌는지, 이들 형태나 구조는 과연 어떤 기능과 관련이 있는지 등 이들 상호간의 유기적인 관계를 충분히 이해하여야 한다.

일반적으로 해부학은 추구하는 대상, 방법, 범위 등에 따라 직접 생물체의 구조적 특성을 맨눈으로 확인하는 육안해부학(macroscopic anatomy), 현미경을 통해 관찰하는 것을 현미경해부학(microscopic anatomy)이라 하며 조직학(histology)과 세포학(cytology)이 포함되며, 수정란에서 시작되어 출생되기까지의 태생기의 분화와 성장과정의 형태학적 변화를 연구하는 발생학 또는 태생학(embryology)이 해부학의 범주에 해당된다. 또한, 육안해부학의 연구, 교육 및 서술하는 방법에 따라 계통해부학(systemic anatomy)과 국소해부학(regional anatomy)으로 나뉘며 대상동물에 따라 단일동물을 대상으로 하는 개체해부학(special anatomy)과 다양한 동물들의 상동상사관계나 유연관계를 상호 비교하는 비교해부학(comparative anatomy)으로 구분된다.

수의해부학(veterinary anatomy)은 동물의 신체를 구성하는 기관의 형태, 위치 및 그 구조에 관하여 연구하는 학문분야로서 사람을 제외한 모든 척추동물을 대상으로 한다. 즉, 수의기본해부학에서는 개를 대상으로 동물의 기본구조를 익히고 이것을 바탕으로 수의비교해부학에서는 가축(소, 말, 돼지, 면양 등), 조류(닭, 오리 등), 실험동물(랫드, 마우스, 햄스터, 토끼 등), 애완동물(고양이)을 중심으로 비교해부학적으로 교육이 진행되는 데 직접 대상동물을 절개하여 만져보고 눈으로 관찰할 수 있는 기회가 제공됨으로써 미래의 수의사 및 생명공학을 연구하는 데 필요한 가장 기초적이고 필수적인 지식을 습득할 수 있도록 돕는다.

(2) 해부학용어

해부학을 공부하는 학생은 해부학적 구조에 대한 일련의 익숙하지 않은 용어와 명칭들을 만나게 된다. 해부학용어를 잘 이해하면 해부학공부를 하는 데 있어 더욱더 이해하기 쉽고 흥미롭게 된다. 현재 우리가 쓰고 있는 의학용어는 2000년 이상의 역사적 흐름을 갖고 있으며 영향력 있는 국제 언어를 반영하고 있다. 해부학과 의학 분야에서 초창기 집필은 그리스어로 하였으나 나중에는 대부분 라틴어로 하여 1895년 스위스 바젤에서 바젤해부학용어(Basel Nomina Anatomica)가 제정되었으며, 1935년에는 독일의 예나에서 예나해부학용어(Jena Nomina Anatomica)로 개정되었다. 1955년 프랑스 파리에서 개최된 국제해부학회에서 예나해부학용어를 근간으로 하는 파리해부학용어(Paris Nomina Anatomica)가 개정된 후 지금까지 몇 번의 개정이 이루어져 오늘에 이르고 있다. 1977년에 조직학용어(Nomina Histologica)가 처음으로 제정된 후 지금까지 다섯차례 개정되어 의학계와 수의학계에서 공통으로 사용하고 있다. 한편 수의해부학용어는 1961년 비엔나에서 수의해부학용어(Nomina Anatomica Veterinaria)가 제정된 후 몇 차례의 개정이 되었으며 1992년 수의발생학용어(Nomina Embryologica Veterinaria)가 제정되어 오늘에 이르고 있다. 우리나라에서는 그 동안 일본해부학회에서 제정한 한자해부학용어를 사용하다가 1978년 한글 해부학용어가 제정되어 최근까지 여섯차례 개정되었고 수의학 분야에서는 1993년에 한글위주의 가축해부학용어가 제정되었고 2008년과 2013년에는 수의해부학용어(Veterinary Anatomical Terminology)가 개정되어 사용하고 있다.

(3) 골격, 관절 및 근육계통

우리집 라이는 몸을 동그랗게 말고 자요

사람은 흉강이 좌우로 길기 때문에 가슴을 좌우로 굽히기가 갈비뼈가 있어 힘들지만 앞뒤로는 쉽게 굽힐 수 있다. 하지만 개는 흉강이 좌우로 짧고 갈비뼈가 가늘어서 가슴을 좌우로 쉽게 구부릴 수 있다. 또한 허리도 잘 휘므로 몸을 동그랗게 말고 잘 수 있다.

가. 골격(뼈대)

동물이 일정한 형태를 유지하는 것은 여러 뼈가 서로 연결하여 골격을 만들고 있기 때문이다. 골격은 신체의 받침대가 되고 여러 기관을 보호하며 근육의 부착점이 되어 근육과 함께 운동기관의 역할을 한다. 골격은 뼈(bone), 연골(cartilage) 및 인대(ligament)로 구성되어 있다. 뼈의 내강을 채우는 부드러운 골수(bone marrow)는 적혈구나 백혈구의 공장 역할을 하고 있다. 뼈의 외부는 뼈가 지주역할을 하고 그 주위를 근육이나 인대가 덮고 있다.

골격계를 크게 나누어 머리를 만들고 있는 머리뼈, 몸을 구성하는 몸통뼈(척주, 복장뼈, 갈비뼈), 신체를 지탱하고 있는 다리뼈(앞다리뼈, 뒷다리뼈)로 구성되어 있다. 척추는 목뼈(cervical vertebrae), 등뼈(thoracic vertebrae), 허리뼈(lumbar vertebrae), 엉치뼈(sacral vertebrae), 꼬리뼈(caudal vertebrae)로 되어 있고 척추의 숫자는 동물에 따라 다르다(그림 1).

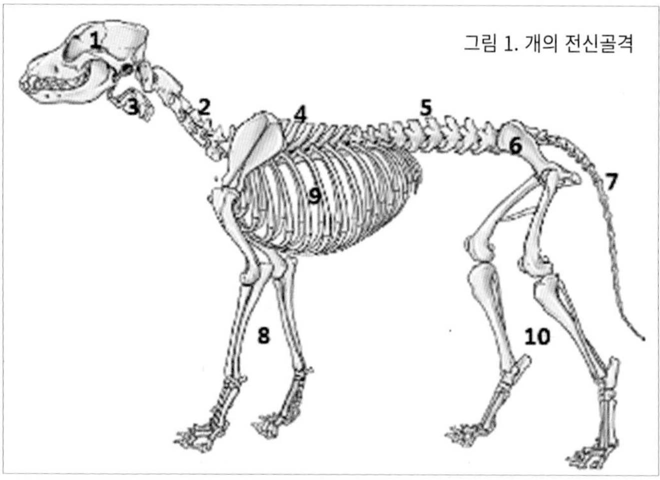

그림 1. 개의 전신골격

1. 머리뼈
2. 목뼈
3. 혀뼈(설골)
4. 등뼈
5. 허리뼈
6. 골반
7. 꼬리뼈
8. 앞다리뼈
9. 갈비뼈
10. 뒷다리뼈

나. 관절

두 개의 뼈가 서로 연결되는 것을 관절이라 하는 데 관절하는 뼈 사이에 존재하는 조직의 종류에 따라 연골관절(cartilaginous joint), 윤활관절(synovial joint) 및 섬유관절(fibrous joint)이 있다. 임상적으로 중요한 관절은 연골관절과 윤활관절이다. 연골관절은 마주보는 두 뼈 사이에 섬유연골이나 유리연골이 끼어 있는 관절로서 제한된 운동만을 하는 반가동관절인데 반하여 뼈사이에 관절주머니(articular capsule)가 있어 윤활액이 차 있는 윤활관절은 비교적 큰 운동을 자유롭게 할 수 있는 가동관절이며 대부분의 골격근의 운동에 관여한다. 섬유관절은 주로 머리뼈에서 볼 수 있는 봉합(suture) 형태로 두 뼈 사이에 섬유성 결합조직이 채워져 있으며 대부분이 움직이지 않는 부동관절이다.

다. 근육

골격과 함께 운동기관의 역할을 하는 근육은 근육세포로 이루어진다. 근육세포는 일반적으로 섬유모양으로 되어 있어 근육섬유(muscle fiber)라고도 하며 많은 근육세포가 근육조직(muscle tissue)을 형성한다. 근육의 주요한 기능은 수축운동이다. 근육은 동물체를 지지하고 사지, 심장 및 소화관 등의 운동 또는 체온의 발생원으로서의 기능을 하고 있으며 체중의 약 40%를 차지하고 있다. 근육은 작용, 형태, 힘줄(tendon) 또는 널힘줄(aponeurosis)과의 결합상태 등에 따라 각종 이름이 붙여져 있다. 근육은 조직학적으로 가로무늬근육(striated muscle, 횡문근)과 민무늬근육(smooth muscle, 평활근)의 두 종류로 분류된다. 가로무늬근육에는 뼈대근육(골격근)과 심장근육이 있으며, 민무늬근육은 주로 내장관, 혈관벽, 및 피부 등에 분포되어 있다. 그리고 기능학적으로는 운동신경에 의해 지배되는 수의근과 자율신경에 의해 지배되는 불수의근의 2종류로 구분되며, 수의근에는 일반 뼈대근육이 포함되고 불수의근에는 민무늬근육과 심장근육이 포함된다.

뼈대근육은 뼈에 부착하는 근육으로서 개를 포함한 가축에서는 약 270종이 있어 근육의 대부분을 차지한다. 뼈대근육의 형태와 크기는 그 위치와 작용에 따라 다르나 기본적인 모양은 가락모양(방추상)이다. 가락모양근의 볼록한 중앙부분은 힘살(belly)이라 하고 뼈의 몸쪽에 부착하여 움직임이 거의 없는 근육부위를 이는곳(origin)이라 하고 반대로 뼈의 먼쪽에 부착하여 잘 움직이는 근육부위를 닿는곳(insertion)이라 한다. 뼈대근육은 크게 몸통근육과 다리근육으로 분류하고 위치와 모양에 따라 다양한 형태를 띠고 있다.

(4) 호흡계통(respiratory system)

왜 개코인가?

개가 냄새를 분별하는 능력은 사람의 5,000-1억배이다. 이는 코안에 있는 후각상피의 총 표면적이 사람은 약 5제곱센티미터인데 반해 개는 18-150제곱센티미터나 되기 때문이다.

생물은 생활에 필요한 에너지를 얻기 위해서 체외로부터 산소를 받아들이고 물질대사에 의해 생긴 탄산가스를 방출하는데, 이 현상을 호흡(respiration)이라고 한다. 호흡계통은 혈액과 외부환경 사이에 산소와 이산화탄소를 운반하는 기관들로 구성되어 있다. 개는 안정된 상태에서 1분간 10-30번 호흡한다. 가슴안(흉강)의 용적이 커지면 폐용적에 변화가 생겨서 폐내의 공기분자의 농도가 낮아지고 그 결과 공기는 압력이 높은 외부로부터 압력이 낮은 폐로 들어오게 된다(inspiration, 흡기). 반대로 가슴막(흉막)의 용적이 작아지면 폐용적이 작아져서 공기분자의 밀도가 높아지고 따라서 폐내의 공기는 밀도가 낮은 체외로 배출되게 된다(expiration, 호기). 호흡계통은 코와 코안(nasal cavity, 비강), 코인두(nasopharynx), 후두(larynx), 기관(trachea) 및 허파(lung, 폐)로 구성된다. 허파는 기관지(bronchi)와 세기관지(bronchioles) 및 실제적인 가스교환 장소인 허파꽈리(alveoli, 폐포)로 되어 있다.

(5) 순환계통(cardiovascular system)

척추동물은 심장, 동맥, 모세혈관, 정맥으로 된 혈액순환계를 갖추고 있는데, 혈액이 순환하면서 산소와 영양물질의 운반, 이산화탄소와 노폐물의 제거 등을 하고 있다. 이들 물질교환은 모세혈관벽을 통하여 혈액과 조직액 사이에서 이루어지며, 혈액이 혈관밖으로 나오는 일은 없다. 즉 폐쇄순환을 하고 있다. 또한 호르몬, 항체 등의 운반이나 체내에서 발생한 열을 전신으로 전달하여 체온을 일정하게 유지하는 작용도 있다. 체액에는 혈관속을 흐르는 혈액이나 혈관 밖으로 나와 조직이나 세포에 직접 닿아 있는 림프액 등이 있다. 체액의 순환과 관계가 있는 기관에는 심장, 혈관, 지라(비장), 림프절, 림프관 등이 있다.

가. 심장(heart)

심장은 일정한 리듬으로 수축·이완을 반복하여 혈액을 전신의 각 조직으로 보내는 펌프의 역할을 하는 기관이다. 그 위치는 가슴안 정중선에서 약간 왼쪽에 쏠려 있다. 심장을 감싸는 주머니의 내부에는 윤활유의 역할을 하는 심낭액이 차 있다. 심장의 뾰족한 쪽을 심장끝, 혈관이 출입하고 있는 쪽은 심장바닥이라고 불린다. 심장의 내부는 몇 개의 실(室)로 나뉘어 있는데, 심장바닥쪽의 실(室)을 심방, 심장 끝쪽의 실(室)을 심실이라고 한다. 포유동물과 조류의 심장은 2심방 2심실로 형성되어 있다. 심방과 심실의 사이에는 방실판막(atrioventricular valve)이 있는데 이들은 혈액의 역류를 방지한다. 심장의 운동은 먼저 좌우의 심방이 수축하고, 이어서 좌우의 심실이 수축하며, 나중에는 이완한다. 이러한 수축·이완이 일정한 주기로 반복되는 것을 박동이라고 한다.

나. 혈액순환(blood circulation)

혈액은 심장으로부터 동맥으로 보내지고, 이어서 각 장기에 분포되어 있는 혈관으로 들어가 각 조직으로 흐르고 정맥을 거쳐 심장에 돌아온다. 동맥에는 심장의 수축에 의한 압력이 걸리므로 동맥벽은 정맥벽보다 두껍다. 정맥에는 심장의 압력이 작용하지 않고 오히려 음압이 되어 있어 혈액의 역류를 막는 판막이 있다. 동맥혈은 전신의 말초조직에서 모세혈관과 조직세포 사이의 물질교환 후 정맥혈이 된다. 혈액의 순환에는 폐순환(소순환)과 체순환(대순환)이 있다. 전자는 심장과 폐 사이의 순환이고, 후자는 심장과 각 조직 사이의 순환이다. 체순환에서는 가스교환이나 영양분의 공급뿐만 아니라 콩팥을 통하여 혈액의 노폐물을 제거한다. 또한 창자(장), 지라, 이자(췌장) 등의 모세혈관으로부터의 혈액은 직접 심장에 돌아오지 않고 일단 문맥으로 들어가 간장으로 보내진다. 이 혈액의 흐름을 문맥 순환이라고 한다. 간장에서는 다시 모세혈관을 거쳐 간정맥으로 들어가고 이것이 심장으로 흘러 들어간다. 또한 심장 자신을 거치며 심장근육에 물질교환을 수행하는 관상순환이 있다. 한편, 태아는 자신이 외부로부터 영양물이나 산소를 받아들이거나 또는 불순물의 교환을 수행한다.

다. 림프순환(lymphatic circulation)

척추동물 혈액중의 혈장은 모세혈관 벽으로부터 조직 내로 보냈다가 다시 혈액내로 돌아오는데 그 일부는 혈관과는 다른 모세림프관으로 들어가 림프액(림프)이 된다. 림프액은 투명하며 무색의 액체이다. 림프액을 채우고 있는 관이 림프관이다. 림프절은 림프관의 도중에 있는 공모양의 기관으로 여기에는 수 개의 림프관이 출입하고 있다. 림프절에서는 림프구의 생산, 림프액 중의 세균 등의 여과가 이루어진다. 국소의 감염에 의해 부근의 림프절에 병원균이 침입하면 현저히 종창된다. 림프관은 다수가 모여서 크기가 증가되며, 림프절을 통과한 후 다시 모여서 두꺼운 림프관인 가슴관이 되고, 왼상완머리정맥 부근에서 대정맥으로 들어간다. 장으로부터 오는 림프관의 림프액은 흡수된 지방을 포함하고 있어 우유 빛을 나타낸다.

(6) 소화계통(digestive system)

동물이 생명을 유지하고 활동, 성장 및 번식을 계속하기 위해서는 끊임없이 영양소의 공급이 필요하다. 영양소는 사료로서 공급되나, 사료의 성분은 일반적으로 고분자화합물이 많고 그대로의 형태로서는 영양소로 이용될 수 없다. 동물의 소화관내에서는 고분자화합물을 보다 저분자물질로 만들기 위해서 물리적 혹은 화학적 방법으로 소화가 이루어진다. 즉 탄수화물은 단당류로, 지방은 지방산과 글리세롤로, 그리고 단백질은 아미노산으로 분해된다. 소화 작용에는 기계적 소화와 화학적 소화가 있다. 기계적 소화는 치아나 혀 등으로 음식물을 잘게 부수거나 혼합하는 작용과 식도, 위, 장관 등의 연동운동이나 분절운동이 이에 해당한다. 화학적 소화는 침, 위액, 창자액, 이자액에 포함되어 있는 각종 효소와 쓸개즙의 작용에 의해 음식물을 화학적으로 분해하는 것이다. 소화는 양자의 공동작업에 의해 이루어진다. 위액에는 젖산, pepsin, rennin 등이 포함되어 있으며 각각 화학적 소화작용을 담당하고 있다. 또한 창자액은 amylase, trypsin, lipase를 포함하며 소화액 중 가장 강력한 소화효소가 포함되어 있다. 거기에 중탄산나트륨이 포함되어 있어 위액과 함께 산성이 된 내용물을 중화하여 장에서의 화학적 소화에 도움이 된다. 소화에 의해 탄수화물은 포도당 등의 단당류로, 단백질은 각종 아미노산으로, 또한 지방은 glycerin과 지방산으로 각각 분해되어 작은창자벽에 있는 융모의 상피세포를 통하여 혈액이나 림프액 속으로 흡수된다. 또한 수분, 비타민, 무기물류는 큰창자로부터 흡수된다. 소화기계통은 소화관으로서 입안(구강), 인두, 식도, 위, 작은창자(소장), 큰창자(대장) 등이 해당되며 부속기관으로서 입술, 혀, 치아, 침샘(타액선), 간, 이자 등으로 구성되어 있다.

가. 입안(구강, oral cavity) 및 인두(pharynx)

입안은 입술에서 인두 전까지의 공간을 말한다. 입안 내로 들어간 사료는 이로 씹어서 잘게 만들어지거나 침(타액)과 혼합되어 기계적 소화와 화학적 소화가 이루어진다. 소화액으로서 침은 침샘에서 분비되는데 귀밑샘(parotid gland, 이하선), 턱샘(mandibular gland, 악하선), 혀밑샘(sublingual gland, 설하선)의 큰침샘으로 구성되어 있다. 기타 입술샘

(labial gland, 구순선), 볼샘(buccal gland, 협선), 입천장샘(palatine gland, 구개선) 등의 작은 침샘이 있다. 침샘에는 각각 점액세포, 장액세포로 된 점액샘, 장액샘 및 그들 세포가 혼합해서 구성된 혼합샘이 있다. 사람 및 포유동물의 귀밑샘은 장액샘이며 사람 및 우제류, 개, 고양이 등의 턱샘은 혼합샘이다. 또한 이들 동물은 혀밑샘도 혼합샘이지만 점액성이 높은 경우가 많다. 인두는 입인두(oropharynx), 코인두(nasopharynx), 후두인두(laryngopgarynx)로 구분된다.

나. 치아

치아는 위턱과 아래턱의 2개의 치아활(dental arches, 치아궁)에 배열되어 주로 음식을 씹는 작용(mastication)을 한다. 특히 아래위턱, 씹기근(저작근), 입술 및 혀 등과의 통합된 작용에 의하여 음식물이나 사냥감을 잡아서 씹는 기능을 수행한다. 동물의 치아는 탈락치아(젖니, 유치)와 영구치아(간니)로 구분된다. 치아는 하등동물에서는 모두 같은 형태를 취하고 있으나 포유동물에서는 식성과 밀접한 관계를 가지고 있으며 육식동물과 초식동물에서는 명확히 다르다. 또한 형태와 기능면에서 포유동물에서는 앞니(insisor tooth, 절치), 송곳니(canine tooth, 견치), 작은어금니(premolar tooth), 큰어금니(molar tooth)의 네가지 형태로 분류되는데, 그 종류와 수를 표현하는 것을 치식(dental formula)이라 한다. 치식은 동물의 종속에 따라 결정되어 있으며 분류상의 큰 특징이 된다. 치아는 좌우 대칭으로 되어 있으므로 일반적으로 치식은 정중앙으로부터 한 쪽만을 표시한다.

다. 식도(esophagus)와 위(stomach)

식도는 인두와 연결된 관으로 기관의 등쪽을 따라 흉강과 가로막(횡격막)을 관통하여 위에 도달한다. 음식이 식도에 들어가면 연동이 시작되며, 음식은 위를 향하여 보내진다. 음식이 위에 접근하면 위와 식도의 접합부가 이완되어 음식은 위내로 들어간다. 식도에는 미주신경이, 후두나 식도상부에는 그 가지인 되돌이후두신경(반회신경, recurrent laryngeal nerve)이 분포한다.

위의 종류에는 위의 내부가 하나인 단위와 2개 이상의 구획으로 된 복위가 있는데 개를 포함한 육식동물은 단위동물이고 닭과 같은 조류는 2개의 위를 가지고 있으며 소와 양은 4개의 위를 가지고 있다. 위는 생물학적으로 들문부위(cardiac region, 분문부), 위바닥부위(fundic region, 위저부), 날문부위(pyloric region, 유문부)로 되어 있고, 각 부위에 샘(gland)이 있다. 들문부위에는 윤상으로 발달한 들문조임근이 있어 위의 내용물이 식도로 역류하는 것을 방지한다. 음식물이 위 내에서 소화되어 즙의 형태로 되면 날문부위가 가끔씩 열려 내용물은 조금씩 샘창자(십이지장)로 이동한다. 위액은 주로 위바닥으로부터 분비된다. 소에서는 1-3위가 기계적인 되새김질을 하고 4위가 단위동물의 위처럼 위액분비 및 소화기능을 담당한다(그림 2).

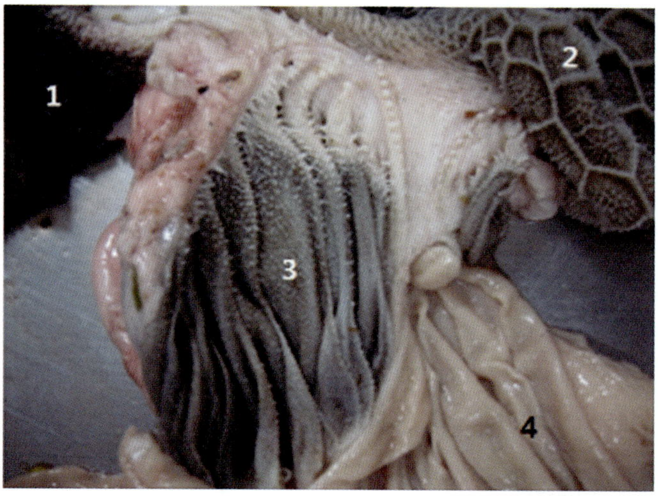

그림 2. 산양의 위 구조

1. 1위 (rumen)
2. 2위 (reticulum)
3. 3위 (omasum)
4. 4위 (abomasum)

라. 창자(intestine)

위에서 부분적으로 소화된 음식물은 작은창자에서 이자액 및 창자에 함유되어 있는 효소에 의해 소화되고, 다시 큰창자에서 세균의 작용을 받아서 최후에 분으로 배설된다. 창자는 간, 이자 및 창자로부터의 소화액을 더하여, 장벽 근육의 분절운동에 의해 소화액과 내용물을 충분히 혼합하여 소화·흡수하는 기관이다. 포유동물의 장은 복잡하게 굴곡되어 있다. 막창자(cecum, 맹장)를 경계로 하여 작은창자와 큰창자로 구분되며, 다시 작은창자는 샘창자(duodenum, 십이지장), 빈창자(jejunum, 공장), 돌창자(ileum, 회장)로, 큰창자는 막창자(cecum, 맹장), 잘록창자(colon, 결장), 곧창자(rectum, 직장)로 구분된다. 장관의 길이는 식성이나 생활환경과 깊은 관계가 있으며, 일반적으로 육식동물은 짧고 초식동물은 길다.

작은창자의 벽은 점막층, 점막밑층, 근육층, 장막층의 네 층으로 구성된다. 작은창자의 점막은 추벽을 형성하고 그 표면은 융모로 덮여 있다. 융모의 표층은 원주상피로 되어있고, 그 표면에는 무수한 미세융모가 있다. 주름이나 융모는 장관내부의 표면적을 넓게 하여 영양물의 흡수면을 크게 확대하는데 도움이 된다. 또한 융모에는 장액을 분비하는 분비샘도 있다. 융모는 작은창자에는 있으나 큰창자에는 없다. 작은창자의 운동형은 세 가지(분절운동, 진자운동, 연동)가 있는데 이들 운동에 의해서 장 내용물이 혼합되고 소화 흡수되어 큰창자로 보내진다.

큰창자의 점막에는 융모가 없고 잘록창자에 존재하는 샘에서 장 내용물과의 접촉에 의해 점액이 분비된다. 큰창자에서도 연동운동이 일어나며 여기에서는 후방을 향하여 일어나는 것뿐만 아니라 역방향으로도 연동운동이 일어난다. 큰창자에 들어온 음식물은 보통 장시간 그 안에 머물게 되며, 그 동안에 수분이 흡수되어 미생물에 의한 분해작용이 일어난다. 그 후 분변이 되어 곧창자를 통과하고 항문을 통해 배설된 분변에는 60% 이상의 고형물이 포함되어 있으며, 그 안에는 소화되지 않은 음식물의 찌꺼기 이외에 큰창자의 점액, 박리된 상피세포, 미생물 등이 포함된다.

마. 간(liver)

간은 신체 가운데에서 가장 큰 샘기관이며, 몸체의 중심으로부터 약간 우측으로 편중되어 존재하며 갈라진 부분에 따라 엽으로 나뉘어져 있다. 개와 돼

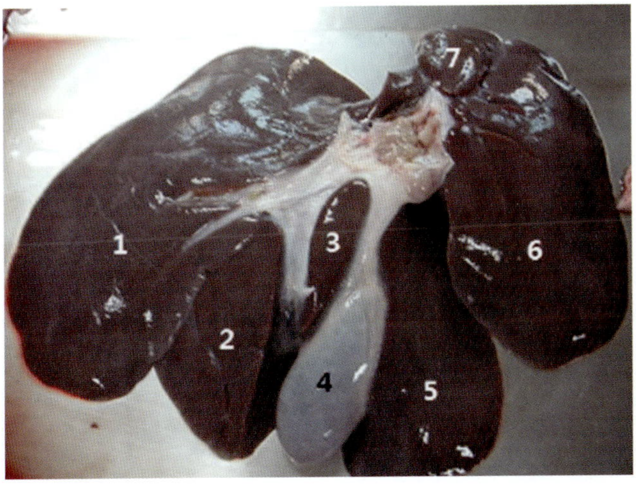

그림 3. 돼지의 간(안쪽 면)

1. 왼가쪽엽
2. 왼안쪽엽
3. 네모엽
4. 쓸개
5. 오른안쪽엽
6. 오른가쪽엽
7. 꼬리엽

지는 오른안쪽엽, 오른가쪽엽, 왼안쪽엽, 왼가쪽엽, 네모엽, 및 꼬리엽으로 구성되어 있으며 오른안쪽엽과 네모엽사이에 쓸개(담낭)가 끼어 있다(그림 3). 간동맥, 문맥(portal vein), 림프관, 온쓸개관, 신경 등이 출입하는 곳을 문맥구역이라 한다. 쓸개는 간에서 만들어진 쓸개즙이 쓸개관을 통하여 모이는 곳으로 쓸개에 일시적으로 저장되고 농축된 쓸개즙은 샘창자로 배출된다.

바. 이자(췌장, Pancreas)

이자는 위의 후방으로부터 샘창자에 접하여 존재하는 기관으로 오른이자엽, 이자몸통, 및 왼이자엽으로 구성되며 강력한 소화효소(amylase, trypsin, lipase)를 포함하는 이자액을 분비한다. 이자에는 내분비샘과 외분비샘이 포함된다. 외분비샘의 샘방은 소화효소를 함유하는 세포로 되어 있다.이자액은 무색 투명하며 알칼리성이다. 이 알칼리성은 샘창자 내로 들어가는 죽 같은 액체의 산성을 중화시키고 이자액 중의 효소의 활성을 높인다. 이자액을 샘창자까지 운반하는 이자관은 동물에 따라 1개 있는 동물(토끼, 고양이, 돼지, 사람)과 2개 있는 동물(마우스, 랫드, 개)이 있다. 또한 이자섬(Langerhans' islet)으로부터는 혈당을 높이는 호르몬(glucagon)과 혈당을 저하시키는 호르몬(insulin)이 분비되고 있어 혈액중의 당분을 조절한다.

(7) 비뇨계통(urinary system)

체내의 불필요한 대사산물 또는 유해물질을 체외로 보내는 작용을 배설(excretion)이라고 한다. 콩팥(kidney, 신장)은 가장 중요한 배설기관이며, 오줌의 배설에 의해서 혈중의 불용산물 및 유해물 제거, 혈액의 삼투압조절, 세포외액량조절, 혈액의 pH 조절, 혈장 조성의 조절 등이 이루어진다. 콩팥과 함께 요관, 방광, 요도가 포함된다. 콩팥은 복강의 등쪽에 좌우 한 쌍이 있으며, 일반적으로 콩모양을 하고 있다. 많은 동물에서는 오른쪽이 왼쪽보다 약간 앞쪽 또는 위쪽에 존재한다. 콩팥은 겉질(cortex, 피질)과 속질(medulla, 수질)로 구별된다. 겉질에는 얇은 막의 주머니로 형성된 토리주머니(glomerular capsule, 사구주머니)가 있고, 이 안에는 모세혈관이 실패모양으로 뭉친 토리(glomerulus, 사구체)가 있다. 토리주머니와 토리를 합쳐서 콩팥소체(renal corpuscle, 신소체)라고 한다. 토리주머니는 가는 콩팥세관(urinary tubule, 요세관)에 연결되어 있으며 이 관은 겉질내를 꾸불꾸불 돌아가며 여러 개의 콩팥세관과 합류하여 두꺼운 관이 되고 속질을 통하여 콩팥깔때기(renal pelvis, 신우)라고 불리는 내강에 개구한다. 콩팥동맥으로부터 토리로 보내진 혈액 중 혈구와 단백질 이외의 성분이 여과되어 토리주머니 내부로 나온다. 다시 토리주머니로부터 콩팥세관을 흐르는 사이 신체에 필요한 물질(수분, 염류, 단백질, 포도당 등)은 콩팥세관 벽으로부터 재흡수되어 대부분이 혈액 중으로 돌아온다. 이렇게 해서 혈액 중의 노폐물이나 여분의 물질이 오줌성분으로 농축된다. 오줌은 콩팥깔때기를 거쳐 요관으로 내려가서 방광에 저장된다. 방광에 축적된 오줌은 요도를 통하여 외부생식기로부터 체외로 배출된다. 요량은 동물종에 따라 다르지만 같은 동물종에서도 음수량, 염분섭취량, 땀생산량 등에 따라 달라진다.

(8) 생식계통(reproductive system)

가. 수컷생식기관

> **우리집 라이는 카사노바?**
> 개의 음경에는 귀두망울이 있어 해면체가 잘 발달해 있고 음경뼈가 있어 불충분한 발기에도 음경을 암컷의 질에 삽입할 수 있다. 삽입 후 귀두망울이 동그랗게 커져 질안에서 고정되어 오랬동안 교미를 할 수 있다.

수컷 포유동물의 일반적인 생식기관은 고환(testis), 부고환(epididymis), 정관(ductus deferens 또는 deferent duct), 정낭샘(vesicular gland 또는 seminal vesicle), 전립샘(prostate gland), 망울요도샘(bulbourethral gland), 음경(penis) 등으로 구성되어 있다. 고환은 좌우의 음낭(scrotum) 내에 있다. 고환의 내부는 다수의 소엽으로 나뉘어져 있고, 소엽내에는 구부러진 정세관(seminiferous tubule)이 있어 그 내벽에 정세포를 가지고 있다. 부고환은 고환의 정세관에 이어지는 가는 관이 모여서 형성된다. 정세관은 처음 부분은 다수가 있으나 끝부분에서는 하나의 관으로 합쳐진다. 부고환은 정자에 필요한 물질을 공급함과 동시에 정자를 성숙시키고 정자의 저장과 수송 역할을 한다. 사정 시에는 정자의 사출에도 관여한다. 정낭샘은 방광의 등쪽에 있으며. 포유동물의 정낭샘은 세포의 분비물이 포함되는 것 외에 정자를 저장하는 것과는 관계 없다. 전립샘은 정낭샘의 뒤쪽, 방광의 등쪽에 있으며, 개에서는 몸에 비해 큰 편이고 주요 부속생식샘이다. 그 내부에는 분비물이 뭉쳐있다. 망울요도샘은 골반출구 부근에 있으며 돼지에서는 잘 발달되어 있으나 개에서는 없다. 이외에 마우스와 랫드 등의 설치류에서는 정낭샘 안쪽에서 응고샘(coagulating gland)을 볼 수 있다.

나. 암컷생식기관

일반적으로 포유동물의 암컷생식기관은 난소(ovary), 자궁관(oviduct, 난관), 자궁(uterus), 질(vagina), 질안뜰(vestibule, 질전정), 음부(vulva)으로 구성되어 있다. 난소는 복강 등쪽에 있으며, 그 내부는 겉질과 속질로 나뉘어진다. 난모세포는 겉질쪽에 포함되어 있으며, 한 개의 난소에는 수만 개의 원시난포가 있다. 성성숙이 이루어진 다음 난소의 겉질에 포함되어 있는 원시난포의 다수가 발육한다. 충분히 성숙한 난포로부터 성숙난자가 배란된다. 배란된 난자는 자궁관으로 계속 내려와 자궁관팽대부에 이르러 정자와 만나면 수정이 이루어진다. 자궁의 형태는 동물의 종류에 따라 다르며 자궁뿔(uterine horn), 자궁몸통(uterine body), 자궁목(uterine cervix)으

그림 4. 돼지의 난소 및 자궁

1. 난소
2. 자궁뿔
3. 자궁몸통
4. 자궁관

로 구성되어 있다(그림 4). 자궁벽은 안쪽으로부터 속막, 근육층, 바깥막으로 구분되며 속막의 두께는 성주기에 따라 변화한다. 사람이나 붉은털원숭이에서 볼 수 있는 월경은 속막의 표층부분이 탈락, 갱신하는 경우에 혈관의 단절에 의해 일어나는 것이다. 개의 발정전기에 볼 수 있는 출혈은 속막의 혈액량이 증가하여 내강으로 새어나온 것이다. 한편 암컷의 생식기와 관련된 기관으로서 젖샘(유선)과 유두가 있다.

(9) 내분비계통(endocrine system)

옆집 캔디가 발정하면 우리집 뽀미도 발정한다?
개의 보습코기관(vomeronasal organ)은 성행동에 관여하는 기관으로 수컷은 암컷의 페로몬을 냄새로 구별한다. 특히 같은 공간에서 사육하는 암컷이 동시에 발정하는 것은 보습코기관이 발달해 있기 때문이다. 사람은 보습코기관이 퇴화되어 아무런 기능을 하지 못한다. 다만 같은 직장의 여성들이 생리날이 비슷해지는 것은 이 기관 때문은 아닐까?

내분비계통(endocrine system)은 호르몬(hormone)이라고 하는 일종의 체액에 의하여 정보가 전달되는데 이러한 호르몬을 만들어내는 기관을 내분비기관(endocrine system)이라고 한다. 내분비기관에서 분비된 호르몬은 일정한 관에 의하여 운반되는 것이 아니라 직접 혈액이나 림프로 스며 들어가서 혈액순환을 거쳐 해당 표적기관에 도달하여 그 기능을 수행하게 된다. 내분비계통 중 순수한 내분비기능을 갖는 기관으로서 뇌하수체, 부신, 갑상샘, 부갑상샘, 솔방울샘이 있으며 내분비기능과 함께 외분비기능을 겸하는 장기로서 이자, 고환, 난소가 있다. 또한, 기본적으로는 다른 기능을 갖지만 일부의 내분비기능을 갖는 것으로서 콩팥과 위장관이 있다.

가. 뇌하수체

뇌하수체는 발생학적 기원 및 기능이 서로 다른 신경뇌하수체(neurohypophysis)와 샘뇌하수체(adenohypophysis)의 두 부분으로 되어 있다. 신경뇌하수체에서는 옥시토신(oxytocin)과 항이뇨호르몬인 바소프레신(vasopressin)

이 분비된다. 샘뇌하수체에서는 성장호르몬(growth hormone, GH), 젖샘자극호르몬(prolactin), 난포자극호르몬(follicle stimulating hormone, FSH), 황체형성호르몬(luteinizing hormone, LH), 갑상샘자극호르몬(thyroid stimulating homone, TSH), 부신겉질자극호르몬(adrenocorticotropic homone, ACTH), 멜라닌세포자극호르몬(melanocyte stimulating homone, MSH)이 분비된다.

나. 갑상샘

갑상샘(thyroid gland)은 검붉은 색을 띤 길쭉한 모양의 한 쌍으로 된 내분비샘으로, 서로 분리된 왼갑상샘엽과 오른갑상샘이 후두와 인접해서 기관(trachea) 양쪽의 가쪽면에서 약간 배쪽으로 치우쳐 있다. 갑상샘을 이루고 있는 구조적 단위는 소포(follicle)로서, 대부분 소포세포(follicular cell)로 되어 있으나 적은 수의 소포곁세포(parafollicular cell)도 섞여 있다. 소포세포에서는 몸의 대사과정을 조절하는 타이록신(thyroxine)을, 소포곁세포에서는 혈장 안의 칼슘농도를 낮춰주는 칼시토닌(calcitonin)을 분비한다.

다. 부신

부신(adrenal gland)은 배안 등쪽의 콩팥 가까이에 있는 한 쌍의 내분비기관으로, 납작하면서 네모에 가까운 길쭉한 형태를 이루고 있다. 부신겉질에서는 무기질코티코이드(mineralocorticoid), 글루코코티코이드(glucocorticoid) 및 생식샘코티코이드(gonadocorticoid)가 생산되며, 부신속질에서는 카테콜아민(catecholamine)인 에피네프린(epinephrine) 및 노에피네프린(norepinephrine)을 분비한다.

라. 솔방울샘(송과체)

솔방울샘(송과체, pineal gland)은 사이뇌(간뇌) 등쪽의 정중단면상에 있는 작은 쐐기 모양의 기관이다. 솔방울샘은 비교적 균일하고 단단하며, 나이가 들면 석회화된 물질의 결석들이 축적되는 데 이를 뇌모래(brain sand)라고 부른다. 솔방울샘에는 멜라토닌(melatonin)과 세로토닌(serotonin)이 고농도로 존재하는데, 이들 물질은 생식샘 활동의 장기적인 계절적 변화와 단기적인 하루의 변화를 조절하는 생물학적 시계로서의 기능을 갖는 것으로 알려져 있다.

(10) 신경계통(nervous system)

신경계통은 뇌, 척수, 신경, 감각기 등으로 구성되어 있으며 체내·외의 정보를 받아들이고 이를 분석하여 기능을 달리하는 수많은 세포의 활동을 조절함으로써, 생명을 유지하고 상황에 알맞은 체내활동을 수행하는 복잡하고도 방대한 기구로 중추신경계통과 말초신경계통으로 대별된다.

가. 중추신경계통(central nervous system)

뇌(대뇌, 중간뇌, 사이뇌, 다리뇌, 소뇌 및 숨뇌)와 척수로 구성된다. 뇌는 신경계의 최고 중추로 전신의 각 부위로부터 보내지는 정보를 받아 이것을 정리하여 말단의 뼈대근육에 흥분을 전달하여 운동을 일으키며, 또는 내장의 각 기관에 흥분을 전달하여 그 작용을 조절한다. 자율신경 중추도 뇌의 내부에 있으며 기억이나 판단도 여기에서 이루어진다. 뇌는 하등동물보다는 고등동물에서 발달되어 있다. 같은 포유동물이라도 랫드 보다는 개 또는 원숭이가 뇌 특히 대뇌가 발달되어 있다. 척수는 각종 척추뼈의 척추구멍이 연결된 척주관의 내부에 있으며 그 횡단면은 H자형을 나타낸다. 가쪽(외측)은 백색질, 안쪽(내측)은 회색질로 불린다. 백색질에는 뇌와 연락하는 신경섬유가, 회색질에는 신경세포와 신경아교세포가 있다. 회색질의 배쪽에는 근육에 자극을 전달하는 원심성 운동신경이 있으며, 등쪽에는 말초자극을 척수에 전달하는 구심성 지각신경이 있으며 가쪽은 자율신경과 관련된 신경으로 구성되어 있다.

나. 말초신경계통(peripheral nervous system)

중추신경계통, 즉 뇌와 척수에 출입하는 신경섬유속을 말초신경계통이라 한다. 말초신경계통 중 운동이나 감각 등의 동물성 기능을 맡고 있는 신경계를 체성신경계통이라 하며, 호흡, 순환, 흡수 등의 식물성 기능을 맡고 있는 신경계를 자율신경계통이라 한다. 말초신경계통은 또 그 출발 부위에 따라 뇌신경과 척수신경으로 나눌 수 있으며, 뇌신경이나 척수신경은 체성신경에 속하는 섬유와 자율신경에 속하는 섬유가 같이 들어 있는 경우가 많다.

기초수의학

04 수의조직학

(1) 서론

조직학(histology, 組織學)은 그리스어의 histos(짜서 만든 직물, 織物이란 뜻: 組織)와 logia(학문, 과학이라는 뜻: science)라는 두 단어의 합성어이다. 조직학은 세포와 조직의 세포바깥바탕질(extracellular matrix, ECM)을 연구하는 생물학, 또는 의학의 주요한 한 분과 학문이다. 영어의 어원 tissue는 불어의 "tissue(texture or weave)" (Marie F.X. Bichat, 삐샤, 18세기 후반의 해부학자, 내과의)에서 유래하였으며, **현미경해부학(microscopic anatomy)**은 다시 세포학(cytology)과 조직학으로 세분할 수 있다. 좁은 의미의 조직학은 위의 세분야중 조직을 다루는 분야라고 할 수 있으나, 조직(tissue)은 세포로 구성되며, 장기(organ)는 조직으로 구성되므로 결국 조직학은 현미경해부학의 모든 범위를 취급하는 것으로 이해된다. 최근 조직학 교재는 조직학총론(세포생물학, 분자생물학 일부와 일반 조직학)과 조직학각론(기관학; 각 장기와 계통에 대한 학문)으로 구분된다. 일반적으로 해부학(anatomy)의 범주에 **맨눈해부학(gross anatomy)**, 조직학, 발생학(embryology)을 포함한다. 세포는 동물의 몸을 구성하는 기본단위이며, 모든 생명현상은 세포에서 비롯된다. 세포가 모여 집단을 형성하고 일정한 형태를 유지하기 위하여 세포와 세포사이의 간격을 메워주고 적절한 환경을 만들어 주는 세포사이물질(intercellular substance)을 필요로 한다. 몸을 구성하는 기본적인 세 가지 요소는 세포, 세포사이물질, 그리고 체액이다. 조직학은 해부학적 지식을 보완하면서 생리학 및 병리학 연구의 기초를 제공하게 된다. 따라서 구조와 기능을 연관시켜 공부하면 조직학이 더욱 흥미롭고 쉽게 이해될 수 있다. 생화학과 세포학의 발전에 힘입어 조직학도 많은 발전과 진보가 있어왔다. 기본 조직을 바탕으로 여러 장기를 이루게 됨을 조직학 각론에서 배우게 될 것이다.

조직학은 사람조직학(histology, human histology)과 수의조직학(veterinary histology)으로 현대에 와서 나누고 있으나, 학문의 근간은 모두 생물학(해부학)에서 출발하였다. 사람이나 동물(가축)의 정상적인 세포나 조직을 근간으로 하는 의학의 한 분과이다. 조직을 공부하는 이유는 사람과 동물(가축)의 정상적인 구조와 기능을 이해하는 것 뿐만 아니라, 질병상태에서 일어난 구조의 변화를 판별할 수 있게 함으로써 질병상태의 세포, 조직, 기관의 변화를 다루는 병리학(pathology) 연구의 준비단계로서 필수적인 학문이기 때문이다. 따라서 조직학의 새로운 개념으로는 동물조직의 구조와 관련된 생물정보를 얻어내어 유용한 정보와 자료를 해석할 수 있으며, 형태학적 영상분석의 자료를 수치화도 가능하므로 구조생물정보학 (structural bioinformatics)의 하나라고 정의할 수도 있다.

조직학을 연구하기 위하여 중요한 두 가지 요소로는 광학현미경의 사용과 현미경관찰에 적합한 조직표본의 제작이다. 조직표본 제작기술은 현미경의 개발과 함께 발전되어 왔으며, 특히 전자현미경이 1930년대 초에 개발이 되었지만 당시 조직절편의 제작기술이 없어 생물학 또는 의학 분야에서의 활용이 되지 못하다가 1950년대 초반에 이르러 미세조직절편기술의 발달과 함께 널리 이용되었다. 레벤후크가 복합렌즈를 개발하였으며, 19세기초에 이르러 고도로 정밀한 현미경이 만들어져 사용되었다. 또한 19세기 후반에 이르러 조직절편을 미세하게 자를 수 있는(sectioning) 박절기(microtome)가 개발되었으며 이와 함께 고정(fixation), 포매(embedding), 그리고 염색(staining)의 기법이 발전되었다.

조직학을 공부하는 과정에서 학생들은 여러 가지 현미경의 올바른 사용법과 조직표본 제작기법의 원리를 이해하고, 세포나 조직의 관찰에 필요한 형태학적 관찰에 대한 지식과 경험을 숙지하여야 한다.

세포 및 세포 소기관의 크기(sizes) 비교:

- 나트륨 원자(1 Å)
- 아미노산(1 nm)
- 내분비 과립(100 nm 내외)
- 적혈구 직경, 사립체 장경, 미세융모의 높이 등(10 μm내외)

· 간세포의 크기(수십 μm)
· 사람 난자(1,000 μm내외)

· 마이크로미터(micrometer) μm= 0.001 mm, 10^{-6} m
· 나노미터(nanometer) nm=0.001 μm, 10^{-9} m

위에서 열거한 세포나 신체 구조의 분자 또는 구조물은 그 크기가 아주 다양하다. 세포는 일반적으로 마이크로미터(μm) 수준에서 관찰할 수 있으며, 세포의 초미세구조나 과립 등은 적어도 100 nm ~ 수 μm의 수준이 되어야 관찰할 수 있다. 전자현미경은 0.1 nm까지 관찰이 가능하나 조직관찰에 있어서는 실제로 0.1 nm이면 충분하다. 광학현미경보다 약 400배 이상 확대시킬 수 있다. 광학현미경의 분해능(resolution)은 0.2 μm로서 이보다 더 가까워진 두 물체는 하나로 보인다는 뜻이다. 이와는 대조적으로 전자현미경의 분해능은 생물표본에서 0.1 nm 정도로 짧아서 광학현미경 보다 2,000배 정도 더 좋아진다. 최대 확대배율이 광학현미경에서는 1,000배 정도로 제한되지만, 전자현미경에서는 쉽게 1,000배 더 확대할 수 있는데, 이 말은 쉽게 1,000,000배를 확대해서 볼 수 있다는 것이다. 따라서 전자현미경사진은 세포와 조직의 미세구조(ultrastructure)를 나타낸다.

(2) 조직표본제작(Tissue preparation)

광학현미경관찰을 위한 조직표본제작에는 고정, 탈수, 투명화, 포매, 박절(절단), 염색, 그리고 봉입 단계를 거친다. 살아있는 상태와 매우 유사한 조직표본을 만들어 적절한 연구를 수행하기 위해 다양한 기술들이 발달해 왔다.

가. 고정(Fixation)

고정은 몸에서 떼어내 조직을 화학약품으로 처리하여 조직이 변성되는 것을 방지하여 조직의 정상적인 구조를 유지시키는 것이다. 광학현미경에서 사용되는 가장 일반적인 고정제로는 중성포말린과 Bouin액이 있다. 이들 고정제는 단백질을 응고시켜서 조직의 원래 상태와 비슷한 형태를 유지시킨다.

나. 탈수와 투명화(Dehydration and Clearing)

조직의 대부분은 물로 구성되어 있기 때문에 조직을 50%에서 100%까지의 점차 높은 농도의 알코올에 처리하면 물이 제거되며, 이것을 탈수라고 한다. 탈수된 조직을 융해된 파라핀(paraffin)과 쉽게 섞이는 xylene에 처리하는 데, 이 과정은 투명화라고 한다. 왜냐하면 조직이 xylene에서 투명해지기 때문이다.

다. 포매(Embedding)

조직을 구성하고 있는 세포바깥바탕질과 서로 겹쳐져 있는 세포를 구분해내기 위하여 조직학자들은 각각의 적당한 매체에서 조직을 포매(embedding)해야 한다. 포매된 조직은 얇은 단편으로 자를 수 있다. 융해된 파라핀이 들어있는 용기안에서 조직속에 파라핀이 완전히 침윤(infiltration)되어야 한다. 일단 조직이 파라핀으로 침윤이 되면 융해된 파라핀으로 채워진 작은 용기(포매틀, mould)로 조직을 옮겨 넣는다. 파라핀이 단단해지면서 조직을 포함한 파라핀블록이 만들어지게 된다.

라. 박절(절단, Sectioning)

조직을 포함한 파라핀블록으로부터 필요없는 부분을 제거시킨 후, 박절기(미세절단기, microtome)로 파라핀블록을 절단한다. 박절기는 절단용 칼(blade)쪽으로 파라핀블록이 일정한 정도로 앞으로(또는 위로, 활주식박절기) 나오도록하는 팔(arm)로 구성된다. 박절기는 일반적으로 회전식과 활주식이 있다. 광학현미경을 위하여 절단되는 단편의 두께는 보통 3 ~ 6 μm 정도(보통은 5 μm)이다.

또한 액체질소로 냉동된 표본(cryospecimen)이나 동결박절기(cryostat) 속에서 급속히 냉동된 조직 덩어리를 절단하는 것도 가능하다. 이들 표본은 냉동되는 봉입제(mounting medium)에 봉입하여 미리 냉각된 절단용 칼로 영하의 온도에서 박절하게 된다. 미리 냉각된 슬라이드유리(slide glass)에 박절표본을 부착시키고, 실온에 방치한 후 특수염료염색(specific dye staining)을 하거나, 조직화학 또는 면역세포화학 연구표본을 사용할 수 있다. 지방조직과 같은 경우는 위에서 설명한 고정과 포매과정에서 지방조직이 알코올과 xylene에 의해 용해되어 빠져 나가므로 냉동박절을 통하여 Oil red 염색으로 관찰할 수 있다.

마. 봉입과 염색(Mounting and Staining)

파라핀 박절표본을 슬라이드유리에 부착시킨 후, 다양한 세포성분들을 구분할 수 있는 수용성 염료(dye)로 염색한다.

조직 절단용 칼(stainless steel blade)로 자른 광학현미경용 표본은 접착력이 있는 슬라이드유리 위에 부착시킨다. 염색에는 대개가 수용성 염료가 사용된다. 따라서 박절표본에서 수용성이 아닌 파라핀은 우선적으로 제거하고, 파라핀이 제거된 조직을 재수화(rehydration)시켜서 염색한다. 염색후에는 조직표본을 다시 탈수과정을 거치고, 적합한 봉입제(mountant)를 사용하여 두께가 매우 얇은 덮개유리(coverglass)를 덮은 후 영구적으로 보존한다. 덮개유리는 조직이 손상되는 것을 막아주며 광학현미경으로 표본을 관찰하기 위하여 필요하다.

세포와 조직의 많은 구성성분을 관찰하기 위하여 다양한 염색들이 발달하여 왔지만, 이들은 대개 세 가지 종류로 분류된다.

- 세포의 산성과 염기성 구성성분을 구별하는 염색
- 세포바깥바탕질 단백질의 섬유성분을 구별하는 특수 염색
- 조직에서 금속성 침전물(metal deposit)을 형성하게 하는 금속염 (metallic salts)

조직학에서 가장 흔하게 사용되는 염색은 **hematoxyline과 eosin(H&E)**이다. 헤마톡실린은 세포의 산성 성분을 청색(또는 짙은 보라색)으로 염색시키는 염기성 시약(basic reagent)이다. 대부분의 산성 성분은 DNA와 RNA이기 때문에 핵(nucleus)과 세포질(cytoplasm)의 리보소체(ribosome)가 풍부한 부위를 청색으로 염색시킨다. 이런 성분을 **호염기성(basophilic)**이라고 한다. 에오신은 세포의 염기성 성분을 분홍색으로 염색시키는 산성 시약이다. 세포질의 많은 성분들은 염기성 pH를 띠고 있기 때문에 세포질의 많은 곳이 분홍색으로 염색시킨다. 이렇게 염색된 성분을 **호산성(acidophilic)**이라고 한다. 이외에도 조직학 연구를 위하여 많은 다른 염색들이 표본제작에 사용된다. 여러 가지 특수 염색법에 대하여는 조직기술에 대한 서적을 참고하기 바란다.

Toluidine blue와 같은 일부 염색액의 분자들은 조직에 있는 고농도의

polyanion에 노출될 때 서로 중합한다. 이때 이들 집합체(aggregate)의 각 분자들은 원래의 색과는 다른 색을 띤다. 예를 들어 톨루이딘 블루는 연골 바탕질(cartilage matrix)이나 비만세포과립(granule of mast cell)과 같이 polyanion이 풍부한 곳에서는 보라색으로 염색되지만, 다른 조직에서는 원래 염색액의 색인 청색(파란색)으로 염색된다. 이 염색법에 의해 보라색으로 염색되는 조직이나 세포성분, 즉 원래 염색액의 색과 다르게 염색되는 것을 **이염색성(metachromatic)**을 띤다고 하고, 톨루이딘 블루는 **다른색듦(이염색성, metachromasia)**을 가진다고 한다.

(3) 광학현미경(Light microscope)

현재의 광학현미경은 상(image)을 확대하기 위해 여러 개의 렌즈를 목적에 맞게 배열한다. 광원(light source)은 자연광, 텅스텐필라멘트를 가진 전구에서 지금은 LED를 이용하기에 이르렀다. 이 빛은 **집광렌즈(condenser lens)**에 의해서 초점이 맞추어진 빔(focused beam)이 된다.

광원에서 나오는 빔(beam)은 밑에 있고, 표본에 그 빔의 초점이 맞추어진다. 표본을 통과한 빛은 여러 개의 **대물렌즈(objective lens)**중 하나로 들어간다. 이들 대물렌즈는 표본 바로위에 있고, 회전시킬 수 있다. 대개 4개의 대물렌즈가 수평회전(turret)을 한다. 대부분의 현미경에서 렌즈들은 일반적으로 oil 없이는 상을 4, 10, 40배로 확대하고, 유침렌즈(oil immersion lens)로는 상을 100배 확대시킨다.

대물렌즈를 통과한 상은 다시 모여 **대안렌즈(ocular lens of eyepiece)**를 통과하면서 더욱 확대된다. 대안렌즈는 상을 10배로 확대시키기 때문에 사람 눈의 망막에 맺히는 상의 최종 확대율은 40, 100, 400, 1,000배이다.

조정나사(curled knob)를 이용하여 대물렌즈를 표본에 가까이 또는 멀리 접근시켜서 상의 정확한 초점을 맞춘다. 미동나사(fine-focus knob)에 비해 조동나사(coarse-focus knob)는 표본을 향해 움직이는 정도가 크다. 망막에 맺히는 상은 시야(visual field)에 보이는 상과는 다르게 오른쪽과 왼쪽이 바뀌며 위아래도 바뀐다.

상의 질은 렌즈에 의해 확대되는 정도와, 각각의 대상을 서로 분리하여 구분할 수 있는 렌즈의 **분해능(resolution)**에 의해 결정된다. 렌즈의 질은 가시광선의 파장에 의해 결정되며, 이론적인 해상력인 0.25 μm의 한계에 그 렌즈의 분해능이 얼마나 근접하느냐에 따라 결정된다.

광원으로 사용하는 빛의 종류와 방식에 따라 여러 종류의 광학현미경들이 있다. 그러나 조직학을 배우는 대부분의 학생들은 복합광학현미경, 형광현미경(fluorescence miscroscope), 투과전자현미경(transmission electron microscope) 및 주사전자현미경(scanning electron microscope)에 의해 볼 수 있는 상 정도를 아는 것만으로도 충분하다.

가. 조직화학(Histochemistry)

조직과 세포의 특이한 화학적 구성 성분은 조직화학과 세포화학 연구방법으로 알 수 있다. 이들 방법들을 이용하여 진단이나 연구의 대상이 되는 성분, 효소의 활동도, 화학적 반응정도, 그리고 다른 생리화학 현상을 밝힐 수 있다.

Periodic acid-Schiff(PAS) 시약을 사용할 경우, 조직의 당원(glycogen)이나 탄수화물이 풍부한 분자들이 시약과 반응하여 적자색(magenta)의 침전물을 형성한다. 이 때 그 반응이 당원의 특이한 반응임을 확인하기 위하여 연속 박절표본을 amylase로 처리한다. 그 결과, amylase로 처리하지 않은 표본은 적자색의 침전물을 보이는 반면에, amylase로 처리된 표본은 똑 같은 부위에서 침전물이 형성되지 않는다.

나. 면역세포화학(Immunocytochemistry)

세포와 조직에서 약간의 효소와 거대분자의 위치를 추적하는 데는 상대적으로 조직화학방법들이 좋다고 하지만, 일반적으로는 면역세포화학방법으로 더욱 정확한 위치를 알아낼 수 있다. 이 방법은 특이한 거대분자에 대한 항체를 개발하고, fluorescein이나 rhodamine과 같은 형광염료(fluorescent dye)로 항체를 표지(antibody labeling)하여 그 물질이 존재하는 위치를 알아낸다. 항체를 표지하는 데는 직접법과 간접법의 두 방법이 있다. 간접법(indirect)에서는 대상이 되는 거대분자에 특이적인 일차항체(primary antibody)를 찾아내기 위하여 별도의 형광으로 표지된 이차항체(secondary antibody)가 필요하다. 일차항체가 항원과 반응한 후, 결합되지 않은 일차항체는 세척하여 제거한다. 이때 이차항체에 해당되는 표지된 항체를 첨가하여 원래의 항원-항체복합체와 반응시키면 형광현미경으로 확인이 가능한 이차복합체가 형성된다. 직접법에 비하여 간접법은 특이성(specificity)은 떨어지지만, 민감성(sensitivity)은 훨씬 뛰어나다.

(4) 전자현미경(Electron microscope)

가. 투과전자현미경(Transmission electron microscope)

투과전자현미경용 조직표본의 제작은 광학현미경과 똑같은 원리로 기본적인 단계를 거친다. 전자현미경을 위한 고정제는 더욱 좋은 분해능을 얻기 위하여 단백질 사이의 교차결합을 억제하여야 한다. Glutaraldehyde, paraformaldehyde, osmium tetroxide, potassium permanganate와 같은 투과전자현미경용 고정제들은 미세구조들을 보존하고, 전자밀도가 높은 조직을 전자 빔으로 관찰할 수 있다. 표본 조직의 크기가 작더라도 충분한 양의 고정제에서 침윤시켜야 한다. 조직덩어리는 크기가 대개 1 mm^3이하이어야 한다. 적합한 포매제로는 에폭시수지(epoxy resin)와 같이 매우 단단한 매질이어야 한다. 전자 빔이 잘 흡수되지 않도록 25 ~ 100 nm 정도의 아주 얇은 초박절편(ultrathin section)을 만들 수 있어야 한다. 전자 빔은 진공방 속에서 음극(cathode)인 텅스텐필라멘트를 가열하여 만들어진다. 이들 전자는 중앙에 구멍을 가진 도넛모양의 금속판인 양극(anode)을 향해 끌려간다. 양극과 음극 사이에 생긴 약 60,000 볼트의 전압 차이는 양극에 있는 구멍을 통과하는 전자들이 높은 운동에너지를 갖게 한다. 광학현미경의 집광렌즈에 해당되는 전기자장을 이용하여 전자 빔이 표본에 집중된다. 전자들이 형광판과 부딪히면서 전자의 운동에너지는 빛의 점들로 바뀌고, 이 점들의 밝기의 정도는 전자 운동에너지의 크기와 비례한다. 형광판 대신에 전자에 민감한 필름, 즉 negative film으로 흑백사진을 인화하여 생긴 영상을 영구적으로 보관한다. 최근에는 모두 디지털 영상으로 기록하여 컴퓨터로 처리한다.

나. 주사전자현미경(Scanning electron microscope)

주사전자현미경은 고체 표면을 보는 데 이용된다. 관찰대상의 삼차원 영상을 볼 수 있다. 전자 빔이 대상 표면에 주사된 후, 약간의 후방산란전자

(backscatter electron)들이 반사되어 나오고, 이차전자(secondary electron)가 중금속막에서 방출된다. 산란전자와 이차적인 전자들은 검파기(detector)에 잡혀서 해석되어 조사된 뒤 삼차원 영상으로 모니터에 나타난다. 현미경내에 장착된 검파기는 전자선이 표본을 쪼일 때 방출되는 x-ray를 수집하여, 적절한 분석을 통하여 반정량적 데이터를 얻을 수 있다.

다. 원자력현미경(Atomic force microscope)

원자력현미경은 분자와 원자의 분해능으로 표면의 국소해부학(tomography)을 연구하는데 가장 효과적인 장치의 하나로 부상되고 있다.

(5) 세포(Cell)

세포(cell)는 생물체를 구성하는 가장 작은 단위로서 모든 살아있는 것은 세포로 구성된다. 서로 연관이 있거나 유사한 세포들, 그리고 특정한 기능을 수행하거나 공통된 목적으로 일하는 세포들은 함께 모여 **조직(tissue)**을 형성한다. 몸을 구성하는 네 가지 기본조직, 즉 상피조직, 결합조직, 근육조직, 그리고 신경조직은 **장기(organ)**를 이룬다. **원형질(protoplasm)**, 즉 세포는 **핵질(karyoplasm)**과 **세포질(cytoplasm)**로 나뉜다. 세포질은 대부분이 물이며, 이 액체부유액을 **세포질액(cytosol)**이라 한다. 세포질액속에 세포소기관(organelles)이 있는데, 이 소기관은 특정기능을 수행하는 대사활성이 있는 구조물이다. 또한 세포의 모양, 움직일 수 있는 능력을 세포내 운반에 관여하는 **세포뼈대(cytoskeleton)**로 알려진 미세관(microtubule)과 미세잔섬유(microfilament)계에 의하여 유지된다. 세포는 **세포포함물(inclusions)**을 갖는데, 이것은 대사부산물, 다양한 영양소의 저장형태, 혹은 비활성 결정 및 색소들이다.

핵(nucleus)은 가장 큰 세포소기관이다. 핵에는 세포에 존재하는 DNA 거의 전부가 들어가 있으며, RNA 합성과 관련된 구조물들이 존재한다. 핵은 보통 둥글고 세포의 가운데에 위치하고 있지만, 어떤 세포에서는 방추모양이거나 타원모양이고, 꼬여있거나, 소엽으로 나누어져 있다. 일반적으로 한 개의 세포에는 하나의 핵이 존재하지만, 어떤 세포들은 여러 개의 핵을 가지는가 하면(뼈파괴세포, osteoclast), 가축의 성숙 적혈구(mature red blood cell)에서는 핵이 제거되어 무핵인 경우가 있을 수 있다. 핵은 **핵껍질**(nuclear envelope), **핵질**(nucleoplasm), **핵소체**(nucleolus)로 구성되어 있다.

(6) 상피조직(Epithelium)

상피조직(epithelium)은 표면상피와 샘상피의 두 가지 형태로 존재한다. **표면상피**(surface epithelium)는 비슷한 모양의 세포가 모여서 층을 만들고 동물체의 표면과 내면을 둘러싸고 있다. **샘상피**(glandular epithelium)는 내분비샘(endocrine gland)과 외분비샘(exocrine gland)의 분비세포이며, 표면상피들이 그 밑에 결합조직 속으로 증식해 들어가서 형성된다. 상피세포는 보호, 흡수, 분비, 배설, 및 선택적인 투과를 위한 장벽의 형성 등의 기능을 갖도록 특수하게 분화되어 있다.

(7) 결합조직과 지지조직(Connective and supportive tissue)

결합조직과 지지조직은 서로 다른 조직을 연결하고 구조적 틀(framework)을 제공해 주며, 연골과 뼈는 몸을 지지한다. 이들 조직은 체온조절, 신체방어 및 재생작용에 중요한 역할을 하며, 성장과 발달에도 중요한 역할을 하는 여러 종류의 호르몬과 사이토카인의 저장소로서의 역할을 한다. 결합조직과 지지조직은 다양한 비율의 **세포**(cells), **섬유**(fibers), 그리고 **무형질**(ground substance)로 구성된다.

(8) 혈액(Blood)

혈액(blood)은 혈장이라고 하는 액상에 함유된 골수(bone marrow)에서 생성되는 혈구 세포로 이루어져 있다.

(9) 근육조직(Muscular tissue)

근육조직(muscular tissue)은 척추동물에서 속빈장기(hollow organs, 예: 위창자관, 비뇨생식관, 혈관), 뼈대근육, 심장벽 등에 존재한다. 근육세포는 내장벽에서 수축을 담당하며 가로무늬가 없는 **민무늬근육**(smooth muscle), 몸통의 뼈대를 이루는 뼈에 붙어 있고 가로무늬가 있는 **뼈대근육**(skeletal muscle), 심장 벽을 이루고 있고 가로무늬가 있는 **심장근육**(cardiac muscle)이 있다. 민무늬근육과 심장근육은 불수의적(involuntary)이며, 뼈대근육은 맘대로(voluntary) 움직인다.

(10) 신경조직(Nervous tissue)

신경조직(nervous tissue)의 실질은 **신경세포**(nerve cell, neuron)와 버팀세포인 **신경아교세포**(neuroglia)로 구성되어 있다. 신경계통은 크게 **중추신경계통**(central nervous system)과 **말초신경계통**(peripheral nervous system)으로 분류된다. 내장에 분포하는 말초신경과 신경절은 **자율신경계통**(autonomic nervous system, ANS)이라고 한다. **신경세포**(nerve cell, neuron)는 신경계통의 구조적, 기능적 최소단위이다. 형태학적으로 신경세포는 **세포체**(cell body, perikaryon)로부터 다양한 거리까지 뻗어 있는 **축삭**(axon)과 **가지돌기**(dendrite)라고 하는 긴 돌기의 모습을 하고 있다. 신경세포는 자극을 받으면 그에 반응하여 화학물질(신경전달물질, 또는 신경호르몬)을 분비하여 정보를 전달한다.

기초수의학

05 수의생리학

(1) 서론

살아있는 생명체를 공부하는 학문을 생물학이라고 하고, 생물학은 생명체의 모양과 구조를 연구하는 형태학과 세포, 조직, 기관 및 기관계의 기능을 연구하는 생리학(physiology)으로 구분할 수 있다. 수의생리학에서는 동물 생명현상의 정상기능 및 조절기전을 공부하여 질병현상을 이해하는 기초를 마련하고, 실제 임상에서 생리학 지식을 응용할 수 있는 능력을 배양한다.

생명체는 생명을 유지하기 위해 다양한 활동을 한다. 대사(metabolism)는 생명체가 환경에서 얻은 물질을 체내에서 분해(이화작용) 및 합성(동화작용)을 하여 생명 유지에 필요한 열과 영양분으로 전환시키는 활동이다. 대사를 통해 만들어진 물질은 생명활동에 소비되지만, 이 중 일부는 몸을 키우거나 나중을 위해 저장된다. 이러한 현상을 성장(growth)이라고 하며, 세포 분열이나 세포의 크기가 커지는 형태로 나타난다. 모든 생명체는 종족을 유지하고, 자신의 유전자를 다음 세대로 전달하기 위해, 무성생식 또는 유성생식을 통해 번식(reproduction) 활동을 한다. 생명체는 변화하는 주위 환경에 따라 자신의 신체 기능을 변화시켜 생명을 유지한다. 이러한 활동을 적응(adoption)이라 하며, 여러 세대를 거쳐 고착화된 경우를 진화(evolution)라 한다. 생명체는 복잡한 구조와 수많은 물질들로 이루어져 있어, 생명활동을 위해 서로 연결하고 협조해야 한다. 이를 유기성(organization)이라 하며, 인류는 생명의 유기성에 대한 연구를 지속적으로 이어가고 있다. 생명체는 내부와 외부의 자극에 대해 적절한 반응(response)을 하여 생명을 유지한다. 이러한 반응은 무의식 또는 의식적으로 수행되며, 생명유지에 필수적이다. 마지막으로 항상성(homeostasis)은 앞에서 언급한 생명체의 6가지 생명유지 활동에 분류될 수 있지만, 생명체의 특성을 모두 아우르는 개념으로도 사용할 수 있다. 생체항상성의 기본 개념은 일정 수준 및 범위에서 생명활동을 조절하는 것이다. 생체활동에서 일어나는 모든 현상은 이러한 생체항상성을 유지하려는 방향으로 일어난다.

생리학을 공부하는 목적은 생명체가 살아가는데 필요한 생명현상을 명확하게 밝혀내는 것이다. 따라서 수의사를 비롯한 과학자들은 생명체의 기본 단위인 세포(cell)에서, 기능적 세포 집합체인 조직(tissue) 및 기관(organ), 계통(system)의 차원에서 생명현상 조절 기전을 밝혀내고, 외부환경과 공생관계인 미생물과의 상호관계도 통합적으로 조사하여 생체항상성 유지기전을 끊임없이 연구한다. 따라서 수의생리학에서는 생체항상성에 관여하는 세포 및 조직, 기관, 계통의 기능을 공부하고, 통합적 상호통제 및 협조체제를 학습하여 동물의 건강관리를 위한 기초지식을 습득하고자 한다.

(2) 신경생리학

신경계는 동물의 체내외에서 일어나는 다양한 변화에 의한 자극을 빠르게 전달하여 그에 대한 반응을 생성하는 계통이다. 신경계는 중추신경계와 말초신경계로 구분하며, 기본단위는 신경세포(neuron)이다. 신경세포는 모양, 구조, 크기가 매우 다양하며, 신호의 이동은 전기신호를 이용하고, 신경세포 말단에서는 화학 전달물질을 분비하여 다음세포로 전달한다. 신경세포의 가지돌기(dendrites)는 다른 신경세포에서부터 신호를 받고, 축삭(axon)을 이용하여 전기신호를 신경말단으로 이동시킨다. 축삭은 지지세포의 원형질막이 변형된 말이집(수초, myelin)으로 덮여 있어 전기신호를 효율적으로 이동시킨다.

신경세포는 기능적으로 들(수입, afferent), 날(수출, efferent), 사이(interneuron) 신경세포로 구분한다(그림 1). 들신경세포는 조직이나 장기에서 중추신경으로 정보를 전달하고, 날신경세포는 중추신경에서 실행세포(근육, 샘)로 신호를 전달한다. 사이신경세포는 중추신경 내에서 신경세포를 서로 연결한다.

신경세포에서 신호전달은 세포와 세포 사이의 신경연접(시냅스, synapse)와 신경세포의 축삭에서 다르게 조절된다. 신경연접에서는 신호를 전달하는 신경세포에서 분비한 신경전달물질이 신호를 전달받는 신경세포 돌기의 수용체에 결

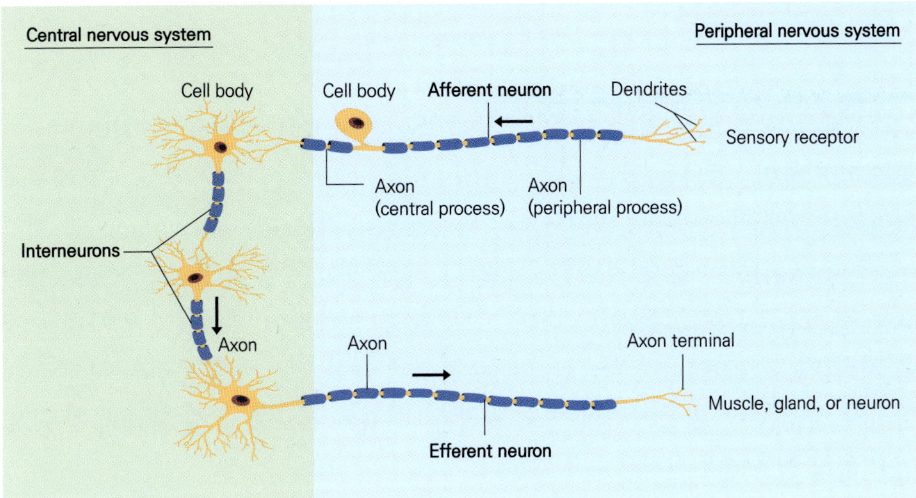

그림 1. 신경세포의 종류. 화살표는 신경 활성도의 전파 방향을 의미한다.

합하고, 이온채널을 활성 시켜 전기신호가 발생한다. 신경전달물질은 아세틸콜린, 도파민, 세로토닌 등이 있으며, 신경마다 하나의 신경전달물질을 분비한다. 신경전달물질에 의한 이온채널의 활성은 축삭의 막전압을 변화시켜 활동전압 형태로 전기신호를 신경말단으로 전달한다.

신경세포의 집합체인 뇌는 그 부위에 따라 다른 기능을 가지고 있다. 대뇌반구의 피질(바깥쪽 영역)은 지각, 기술적인 움직임, 추리, 학습, 기억을 담당하며, 다양한 연결섬유가 존재하는 피질하 핵은 골격근 활성을 조정한다. 사이뇌(간뇌)의 시상(thalamus)은 대뇌피질의 감각신호의 중계국 역할을 하며, 골격근 조절 및 의식에 중요한 역할을 담당한다. 시상하부(hypothalamus)는 생리학적 항상성 유지에 중요한 역할을 담당한다. 대뇌둘레계통(변연계)은 감정 및 감정 관련 행위를 조절하고, 학습에 중요한 역할을 담당한다. 소뇌(cerebellum)는 자세 및 균형을 조절하여 운동에 중요하고, 학습에도 관여한다. 뇌줄기(뇌간, brain stem)은 여러 섬유가 지나가는 지역이고, 순환기계 및 호흡기계를 조절하는 중추가 숨뇌(연수, medulla oblongata)에 존재한다.

(3) 감각생리학

감각계는 내부 또는 외부 환경으로부터 들어온 정보를 수집하고, 처리하는 계통을 의미하며, 자극을 받는 감각수용기, 이를 전달하는 신경 경로, 그 정보를 처리하는 뇌영역으로 구성되어 있다. 감각계는 감각(느낌, sensation)과 지각(perception)으로 감각 정보를 구분한다. 감각신호를 통해 중추신경으로 들어오는 것을 느낌(예, 고통)이라 하며, 그 느낌을 이해하여 무엇인지 알아내는 것을 지각(예, 치통)이라 한다. 감각계는 자극에 대한 정보를 활동전위 형태로 변환시켜 전달한다. 활동전위의 빈도 및 전달 신경의 분포를 통해 자극의 강도 및 위치 정보 등을 중추신경으로 전달한다.

감각신경에서 자극을 감지하는 감각수용기는 압력, 빛, 냄새, 소리, 화학적 농도 등을 감지한다. 감각정보에 따라 기계적수용기(압력수용기; 접촉, 혈압, 근육의 긴장도), 온도수용기(차가움과 따뜻함), 빛수용기(빛), 화학수용기(냄새, 맛, 혈액 pH, 산소농도), 통각수용기(열, 조직손상)로 구분한다.

신체감각(체성감각)은 피부, 근육, 뼈, 인대, 관절에서 생기는 감각을 일컬으며, 접촉, 압력, 온도, 고통, 신체의 자세 및 운동을 포함한다. 감각수용기를 통하여 입력된 신체감각에 대한 정보는 반대편 뇌로 교차하여 전달된다. 내장장기에도 신체감각을 일으키는 감각수용기가 존재하지만, 간에는 감각수용기가 없다. 각 감각은 특정 수용기와 관련이 있어, 이를 담당하는 특이적 수용기가 별도로 존재한다. 자세 및 운동 감각은 근육의 근방추신장수용기(muscle-spindle stretch receptors, 근육의 길이 변화와 변화된 속도)와 골지힘줄기관(Golgi-tendon organs, 근장력)의 감지와 시각, 안뜰기관, 피부의 압력수용기의 협업을 하여 매우 복잡한 경로로 전달된다.

시각은 빛의 감각 및 그에 따르는 공간의 감각으로 눈을 통해 이루어진다. 각막과 수정체에 의해 초점이 맺히며, 망막(retina)은 빛 신호를 신경 신호로 전환시킨다. 망막은 중추신경의 연장선이며, 빛수용기(photoreceptor)에 입력된 시각정보를 전환시키는 기능을 하는 여러 종류의 세포들로 구성된다. 청각은 고막을 진동시키는 소리에너지를 활동전위로 변환시켜 뇌로 전달한다. 청각신경의 뇌로 향하는 경로 및 소리 정보에 대한 감지와 지각은 뇌에서 복잡한 처리 과정이 필요하다. 이외에 감각으로 신체의 균형 및 위치를 파악하여 평형감각을 담당하는 안뜰기관과 화학적 감각인 미각, 후각 등이 있다.

(4) 근육생리학

근육은 기계적인 힘을 만들어내어 내부 환경을 조절하는 힘과 외부 환경에 대한 신체를 움직일 수 있게 한다. 근육은 골격근(skeletal muscle)과 평활근(smooth muscle), 심장근(cardiac muscle)으로 구분한다. 골격근은 뼈에 부착되어 골격을 움직이고 지탱한다. 골격근 세포는 많은 세포가 융합되어 하나의 근육섬유를 이루고, 근육섬유 운동을 방해할 수 있는 핵이 한쪽으로 밀려 있는 것이 특징이다. 근육섬유는 굵은근육잔섬유(미오신, myosin)와 가는근육잔섬유(액틴, actin)의 배열에 의해 A띠(A band)와 I띠(I band)의 가로무늬가 나타난다. 평활근은 내강과 관을 둘러싼 근육으로 가로무늬가 보이지 않고, 세포 형태가 방추형으로 일반적 세포처럼 핵이 중간에 위치하고, 세포분열을 할 수 있다. 심장근은 심장의 근육으로 순환계를 통하여 혈액을 순환시키는 압력을 만들어 낸다. 심장근 세포는 골격근처럼 가로무늬를 가지고, 평활근처럼 크기가 작고 하나의 핵을 가진다. 심장근 세포는 사이원반(intercalated disc)이라는 독특한 구조로 연결되어 있다. 이 판에는 무수히 많은 틈새이음(gap junction)이 존재하여, 세포사이의 신호를 빠르게 전달할 수 있다. 각 근육은 독특한 기능 및 형태학적 특징을 가지고 있지만, 모두 기계적인 힘을 만들어 낸다는 점에서 같다.

근육수축이란 의미는 자극에 대한 근육섬유 내의 힘을 발생시키는 부위의 활성화로, 근육섬유가 짧아진다는 의미가 아니다. 예를 들면, 팔꿈치를 구부려 무거운 아령을 들고 있는 것은 근육섬유가 짧아지는 것은 아니지만, 근육수축을 하고 있다고 표현한다. 근육섬유의 굵은근육잔섬유를 구성하는 미오신은 잔섬유 바깥쪽으로 연결다리(연결교, cross-bridge)가 있고, 가는근육잔섬유와와 결합하여 힘을 발생시킨다. 따라서 수축이란 연결다리가 활성되어 액틴과의 결합과 분리가 반복되는 과정이다. 근육의 수축은 운동신경 말단에서 분비하는 아세틸콜린에 의해 이온채널이 열리고, 세포내의 칼슘이온이 증가하여 연결다리를 활성시킨다. 연결다리는 ATP를 사용하여 액틴과 연합과 분리를 반복하는 운동 에너지를 만들어 낸다.

근육은 세가지 방법으로 ATP를 생산한다. 첫 번째는 크레아틴 인산(creatine phosphate)을 통한 ADP에서 ATP의 생산이며, 운동 초반에 수초간 지속된다. 두 번째는 해당작용을 이용한 ADP 인산화로, 주로 수분 동안 지속된다. 마지막으로 운동 이후 약 30분 후에 발생하는 산화적 인산화가 있다. 근육피로는 근육의 에너지 생산과 밀접한 관계가 있다. ATP 생성을 위한 과도한 해당작용은 근육세포 내에 젖산을 축적시키고, 낮은 pH는 단백질을 변성시킨다. 근육섬유는 골격근의 단축속도와 ATP 생산 대사경로에 의해 장력의 크기와 피로를 견디는 능력의 차이가 있다.

평활근은 골격근과 다르게 운동신경이 아닌 자율신경에 의해 조절되며, 수축뿐만 아니라 신장(늘어남)도 가능하다. 평활근도 골격근과 같이 세포질내의 칼슘 농도 변화로 수축을 조절할 수 있지만, 조절 기전이 다르다. 평활근은 골격근보다 적은 ATP를 사용해서 근육수축을 유발할 수 있는 특수한 기전을 가지고 있어 에너지를 효율적으로 사용할 수 있다.

(5) 내분비 생리학

내분비계는 신체를 조절하는 두 가지 주요 조절계 중 하나로, 호르몬을 분비하는 내분비샘과 기관으로 이루어져 있다. 호르몬은 화학적 전달자로서 혈액을 타고 신체내 모든 표적세포로 운반된다. 신경계는 신경세포로 연결되어 신호에 즉각적이며, 국소적인 반응을 나타내는 반면, 내분비계는 혈액 따라 퍼지기 때문에 호르몬의 작동시간은 신경계에 비해 지연되고, 장기적인 반응을 나타내는 것이 특징이다.

호르몬의 종류는 크게 아민(amine), 펩타이드(peptide)와 단백질, 스테로이드(steroid)호르몬이 있다. 아민호르몬은 타이로신(tyrosine)이라는 아미노산으로부터 만들어지며, 갑상샘호르몬, 부신속질(부신수질)에서 만들어지는 카테콜아민(catecholamine)류인 에피네프린(epinephrine)과 노에피네프린(norepinephrine) 그리고 시상하부에서 만들어지는 도파민(dopamine)을 포함한다. 대부분의 호르몬은 폴리펩타이드로 3개의 아미노산으로 이루어진 작은 펩타이드에서부터 단백질까지 그 크기가 다양하다. 단백질 호르몬은 여러 아미노산이 모여서 삼차원 구조를 가진 것으로 펩타이드 호르몬과 구분되며, 대부분의 경우에는 큰 분자로 합성된 다음, 활성형 형태로 잘린다. 스테로이드호르몬은 주로 부신겉질(부신피질)이나 생식샘(고환 및 난소)에서 콜레스테롤을 이용해서 만들어지며 임신 기간 중에는 태반에서도 만들어 진다.

수용성호르몬(펩타이드와 아민호르몬)은 혈장에 자유롭게 녹아서 이동하지만, 지용성호르몬(스테로이드와 갑상샘호르몬)은 혈장 내 단백질과 결합하여 이동한다. 수용성호르몬은 수용체가 세포막에 있기 때문에, 반응속도가 수분 이내로 빠르다. 반면 지용성호르몬은 수용체가 세포질이나 핵내에 존재하고 유전자 전사를 조절하기 때문에 그 반응 속도가 수시간에서 수일이 걸릴 정도로 느리다. 대부분의 호르몬은 짧은 시간에 일시적으로 분비되어 혈액의 호르몬 농도는 매우 빠르게 변화한다. 예를 들어, 성장호르몬은 잠이든 초기에 분비되지만, 낮(일광)시간이나 저녁시간에는 분비되지 않는다. 호르몬의 분비는 혈액의 무기질이나 영양분의 농도, 내분비 세포에 분지하는 신경세포에서 분비된 신경전달물질, 또는 다른 호르몬에 의해 조절된다.

모든 호르몬 질환은 호르몬이 너무 적게 분비되는 호르몬 저분비, 호르몬이 너무 많이 분비되는 호르몬 과분비, 호르몬 분비에는 이상이 없으나 목적세포의 반응성이 줄어드는 호르몬 저반응, 호르몬 양에는 이상이 없으나 목적세포의 반응이 증가하는 호르몬 과반응으로 구분한다.

(6) 심혈관 생리학

심혈관계는 심장, 혈관 및 혈액으로 구성된다(그림 2). 혈액은 액체성분인 혈장(plasma)에 세포와 세포조각이 부유되어 있다. 혈액 세포성분은 적혈구와 백혈구가 있고, 세포조각으로는 혈소판이 있다. 혈장에는 단백질, 영양분, 대사산물이 녹아 있고, 조직 사이를 이동하는 호르몬과 같은 분자들이 포함되어 있다. 적혈구는 가스(산소와 이산화탄소)를 이동시키고, 백혈구는 면역 방어 역할을 수행하며, 혈소판은 혈액 응고에 관여한다. 동맥은 심장에서 나오는 혈액을 말초 조직으로 운반하고, 정맥은 다시 말초조직에서 심장으로 혈액을 이동시킨다.

심장의 심방은 정맥과 심실 사이의 혈액이 흐를 수 있는 방(chamber)이며, 심방의 수축은 심실에 혈액을 채운다. 심실의 수축은 혈액을 폐 또는 전신순환을 할 수 있는 압력을 만들어내며, 혈액을 효율적으로 보내기 위해 심방이 먼저 수축하고 심실이 수축한다. 심장이 수축하려면 굴심방결절(동방결절, sinuatrial node, SA node)에서 활동전위가 자발적으로 발생하여 심근세포로 활동전위를 전달하는 과정을 거쳐야 한다. 활동전위를 받은 심근은 수축을 하고, 다시 이

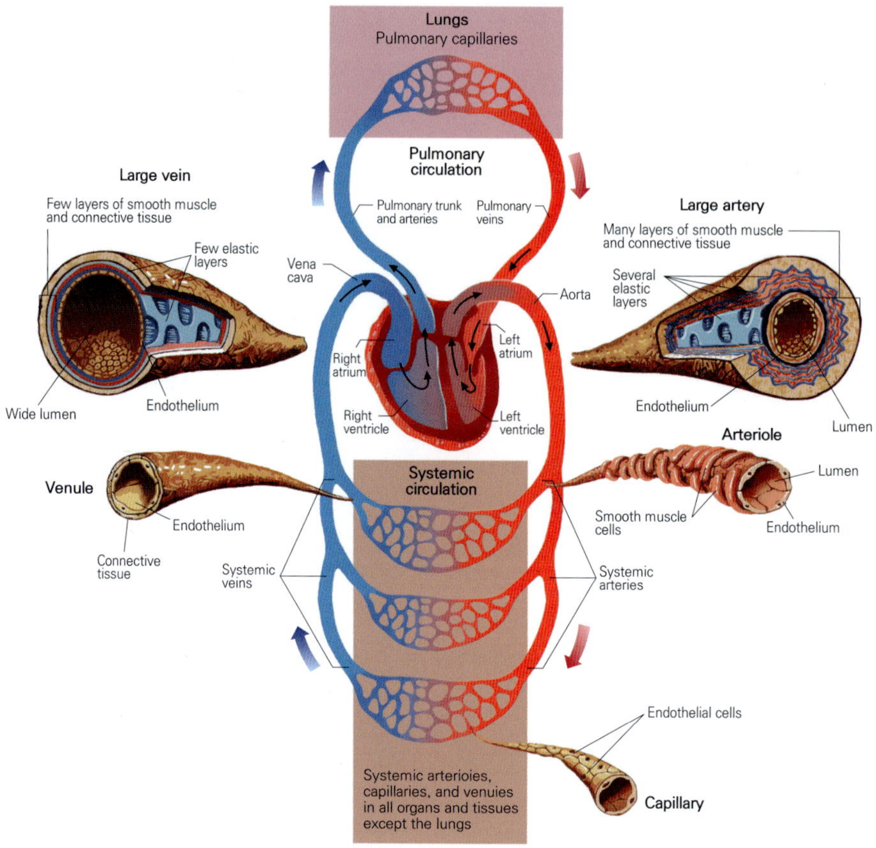

그림2. 심혈관계 구조 및 순환 그림표. 적색은 동맥혈, 청색은 정맥혈을 나타낸다.

완하여 심장주기(cardiac cycle)를 완성한다. 수축기는 심실이 수축되고 혈액이 사출(배출)되는 시기이며, 이완기는 심실이 이완되고 혈액이 채워지는 시기이다.

동맥(arteries)은 저항값이 작은 연결 튜브로 심실이 이완되는 동안 혈액의 흐름을 유지할 수 있게 압력을 저장한다. 세동맥(aterioles)은 가장 큰 저항값을 가진 혈관으로 다양한 장기에 혈액 공급을 조절한다. 특히 혈관의 직경(반경)을 조절하여 장기에 공급되는 혈액의 양을 조절한다. 모세혈관은 영양분, 대사산물, 체액을 혈액과 조직 사이에 교환하는 장소로, 단면적이 매우 넓기 때문에 혈액이 느리게 흐른다. 세정맥(venules)은 영양분, 대사산물, 체액을 모세혈관과 같이 교환하는 역할을 담당한다. 정맥(veins)은 저항이 거의 없이 혈액을 심장으로 돌려보낸다. 림프계는 사이질액(interstitial fluids)이 심혈관계로 되돌아가는 통로로 작동하며, 소장에서 흡수한 지방흡수를 담당한다. 림프계는 단백질의 이동이 가능하며, 때로는 종양세포의 이동경로로도 사용된다.

저혈압은 체액의 손실, 심장의 기능이상, 강렬한 감정, 혈관확장 화학물질의 방출 등에 의해 일어나며, 주요장기에 혈액 공급이 원활하지 못한 상태로, 이는 건강유지에 치명적일 수 있다. 고혈압은 호르몬 장애로 소동맥 혈관 수축 증가로 발생할 수 있고, 혈관이 경화(딱딱해짐)되어 유발될 수 있다. 지혈(hemostasis)은 출혈이 멈추는 현상으로 생리학적 지혈기전은 작은 혈관(세동맥, 모세혈관, 세정맥)에서만 일어난다. 즉, 큰 혈관의 출혈은 자발적으로 조절할 수 없다. 혈관 손상에 대한 초기 반응은 혈관 수축과 마주한 내피 표면이 서로 점착하는 반응이고, 다음 반응은 혈소판 마개의 형성 및 뒤따르는 피브린(fibrin)을 이용한 혈액응고 과정이다.

(7) 호흡생리학

호흡은 생리학적으로 두 가지 의미로 해석될 수 있다. 하나는 세포에서 유기분자의 대사를 위한 산소를 이용하고, 대사산물로 생성된 이산화탄소를 배출하는 세포 호흡이다. 다른 하나는 내부기관과 외부 환경 사이의 산소와 이산화탄소의 교환으로 호흡생리학의 주제이다.

호흡기계는 폐와, 폐에 연결된 기도 및 폐 안팎으로 공기의 출입을 책임지는 흉부구조를 포함한다. 폐는 작은 공기주머니인 폐포(alveoli, 약 3억개)와 공기가 통하는 관으로 외부환경과 폐포를 연결하는 기도로 구성된다. 기도와 기관지에는 연골이 있지만 세기관지(bronchioles)는 연골이 없다. 세기관지는 평활근으로 둘러싸여 있고, 세기관지의 직경을 조절하여 공기의 흐름을 조절할 수 있다. 기도에서 폐포가 없어 가스(산소와 이산화탄소)교환이 이루어지지 않는 부위를 전도구역(conducting zone)이라 하며, 공기의 저항을 조절한다. 또한 방어적 목적으로 미생물, 독성물질, 여러 외부물질을 섬모(cilia), 점액, 큰포식세포를 이용하여 걸러내고 공기를 따뜻하고 습기 있게 한다.

대기와 폐포 사이의 공기흐름은 폐포압과 대기압의 차이에 비례하고, 기도 저항에 반비례한다. 흡기(들숨) 동안, 가로막(횡격막)과 흡기성 갈비사이근육(늑간근)은 수축하여 흉강의 부피를 증가시킨다. 호기(날숨) 동안, 흡기성 근육은 수축을 멈추고 폐는 탄력적 반동으로 원래 크기로 돌아간다. 환기(ventilation)를 통해 폐포로 들어온 공기는 분압 차이로 산소는 혈액으로 이동하고, 이산화탄소는 폐포로 확산된다. 산소는 혈장에 녹은 뒤, 다시 적혈구로 확산되어 들어가 헤모글로빈(hemoglobin)과 결합을 하여 전신순환을 한다. 말초에 도착한 헤모글로빈에 결합된 산소는 다시 적혈구 세포질로 녹아 나오고, 다시 혈장으로 빠져나간 후, 조직으로 녹아 들어간다. 하나의 헤모글로빈은 총 4개의 헴(heme)이 있어 4개의 산소분자와 결합할 수 있다.

이산화탄소는 대사산물(노폐물)로 수소이온을 생성하기 때문에 일종의 독소로 여겨진다. 조직에서 생산된 이산화탄소는 간질액에 녹아 들어가고, 다시 혈장, 적혈구 세포질로 들어간다. 일부 이산화탄소는 헤모글로빈과 결합을 한다. 또한 적혈구 세포질에서 이산화탄소는 탄산무수화효소(carbonic anhydrase)의 작용으로 물과 결합하여 중탄산염(탄산수소소듐, H_2CO_3)이 되어 염소이온과 교환작용으로 다시 혈장에 유리된다. 폐포로 이동된 헤모글로빈 결합 이산화탄소와 중탄산염은 조직에서의 반응과 반대로 이산화탄소와 물로 분해되어 폐포로 이산화탄소를 배출한다. 산소와 결합하지 않은 헤모글로빈은 산소보다 수소이온에 더 강력한 결합력을 나타낸다. 이러한 현상은 일종의 수소이온을 제거하는 완충작용으로 이용된다.

자발적인 호흡 운동은 운동신경이 가로막과 갈비사이근육을 수축시켜 발생한다. 흡기는 척수의 운동신경의 활동전위에 의해 시작되며, 활동전위가 사라지면 흡기 근육은 이완되고 폐의 탄력섬유의 작용으로 호기가 발생한다. 숨뇌에는 호흡중추가 있고, 호흡조절은 혈액의 산소분압, 이산화탄소분압, 수소농도에 의해 조절된다.

(8) 신장생리학

신장은 체내 수분과 비유기성 이온의 균형을 조절하고, 산염기 평형을 관장한다. 또한 혈액에서 대사산물 및 외부 화학물질을 제거하여 소변으로 배출하고, 장기간 공복 시 포도당생성(당신생, gluconeogenesis)이 일어나는 장기이다. 신장은 내분비샘 기능을 하여, 적혈구 생산을 조절하는 적혈구생성촉진인자(erythropoietin), 혈압과 소듐(Na^+) 균형을 조절하는 안지오텐신 II (angiotensin II)를 생성하는 레닌(renin), 및 칼슘 균형을 조절하는 비타민 D(1,25-dihydroxyvitamin D)를 생산한다.

신장의 기능은 토리여과(사구체여과), 세뇨관 재흡수, 분비로 구성된다. 이러한 과정으로 신체에 중요한 영양성분(포도당 및 아미노산)은 모두 재흡수 되는 반면 독성물질은 재흡수 없이 배출된다. 이온성분은 그 필요성에 따라 여과, 재흡수가 다양하게 일어나 필요한 만큼만 재흡수 되고 나머지는 배출된다. 신장의 기능을 평가하기 위해 배설량과 청소율을 측정하여 사용한다. 물질의 배설량은 여과량에 분비량을 더하고 재흡수량을 뺀 것이고, 신장의 청소율은 단위 시간당 배설된 물질의 양을 혈장 내 물질의 농도로 나눈 값이다.

신장은 혈장의 물과 무기질 이온 성분을 필요에 따라 미세하게 조절한다. 소듐은 사구체 모세혈관에서 자유롭게 여과되지만, 배출되지는 않는다. 따라서 소듐 배출량은 여과된 양에서 재흡수량을 빼면 된다. 소듐은 세포외액의 부피를 조절하는 가장 중요한 이온이며 체내 소듐 농도가 감소하면, 혈장의 소듐 농도가 감소하고, 혈압이 감소한다. 수분조절은 혈압의 삼투수용체와 압력수용체로 인지한 후, 호르몬 분비를 통하여 조절한다. 항이뇨호르몬은 신장의 집합관에서 수분의 투과율을 증가시켜, 수분의 재흡수율을 높인다. 포타슘(K^+)은 세포내에 존재하는 이온이지만, 세포외액이나 체액에는 전체 포타슘의 2%가 존재한다. 포타슘은 소듐과 다르게 신장에서 분비, 배출, 재흡수 모두 일어난다.

배뇨 반사는 방광벽의 팽창수용기 자극에 의한 척수 반사이다. 배뇨반사는 부교감신경 신경세포에 의해 중재되어 배뇨근을 수축시키고, 교감신경과 체운동신경을 억제하여 내외요도 괄약근을 이완시켜 배뇨를 일으킨다. 배뇨의 수의적(의식적) 조절은 배뇨근에 작용하는 부교감신경과 내요도 괄약근에 작용하는 교감신경, 외요도 괄약근에 작용하는 체운동신경을 통해 이루어진다. 요실금은 소변이 불수의적으로 나오는 것을 말하며, 나이 든 사람, 특히 여성에서 높은 빈도로 나타나며, 기침과 같은 갑작스러운 복압상승 및 비뇨기계 감염에 의해서도 발생한다.

(9) 소화생리학

소화기계는 섭취된 음식에서 영양분과 수분을 흡수한다. 소화기계는 입, 인두, 식도, 위, 소장, 대장으로 구성되며, 부수적으로 침샘, 간, 쓸개(담낭), 외분비 이자(췌장)를 포함한다. 소화관 내강(안쪽)은 외부 환경의 연속이며, 소화관 내강 내용물은 사실상 신체 외부의 물질임을 의미한다. 소화 과정은 섭취한 음식이 작은 분자로 용해되고 분해되는 '소화', 위의 염산, 간의 쓸개즙(담즙) 그리고 외분비기관에서 방출되는 다양한 소화효소의 '분비', 소화된 유기 영양소, 무기질 그리고 수분이 위장관의 내강으로부터 장 상피세포층을 가로질러 혈액이나 림프로 이동하는 '흡수', 내강의 내용물을 섞는 것과 입에서 항문까지 관을 통해 이동시키는 '운동'으로 조절된다(그림 3). 소화기계는 선택 없이 영양소를 최대한 흡수하며, 선택적으로 특정 영양성분을 흡수할 수 없다.

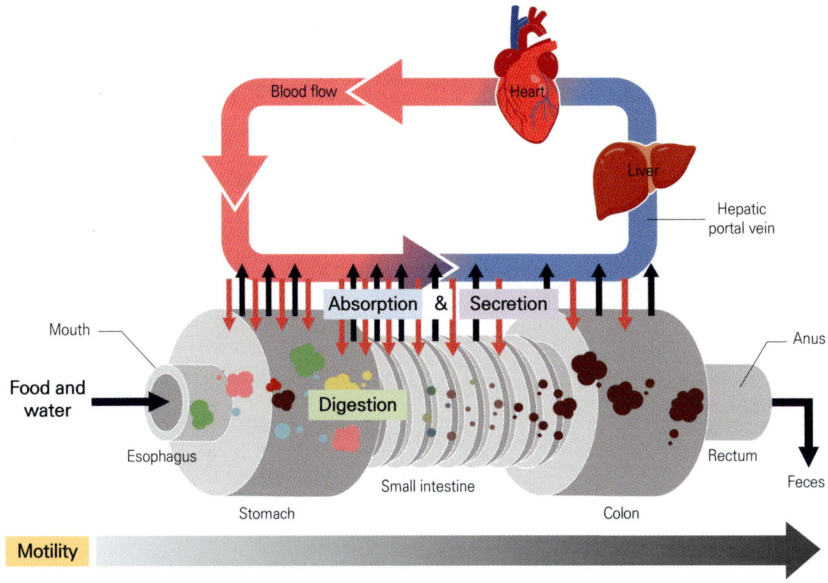

그림3. 소화계의 기능

입과 인두는 음식물을 씹어 삼키고, 식도는 연동운동을 통해 음식물을 위로 이동시킨다. 침샘의 염(salt) 성분과 물은 음식물을 습윤하게 녹이고, 점액은 미끄럽게 한다. 침의 아밀레이스는 다당류를 분해한다. 위는 음식물을 저장, 용해, 부분적 소화와 아울러 소장으로 음식물이 넘어가는 것을 조절한다. 위장의 염산은 음식물 조각을 액화시키고, 세균을 죽이고, 펩시노젠을 단백질 소화효소인 펩신으로 활성화한다. 또한 위의 점액은 윤활작용을 갖고, 상피를 보호한다. 이자(췌장)는 소화효소와 중탄산염(탄산수소소듐)을 분비하고, 소화와 관계없는 내분비 기능을 갖는다. 이자효소들은 탄수화물, 지방, 단백질, 핵산을 소화시킨다. 간은 쓸개즙을 생성하고 분비하는데, 쓸개즙의 주요 성분은 쓸개즙염, 콜레스테롤, 레시틴, 중탄산이온, 쓸개즙색소 그리고 미량 금속들이다. 쓸개즙염은 물에 녹지 않는 지방을 물과 섞이게 하고, 중탄산염(탄산수소소듐)은 위에서 들어온 염산을 중화한다. 쓸개즙을 통해 유기산물과 소량의 금속을 대변을 통해 배출하는 배설기능을 한다. 소장은 다양한 소화액 분비물과 내강의 내용물을 혼합하고, 대부분의 음식물을 흡수하고, 대장쪽으로 천천히 이동시킨다. 소장에서 분비되는 효소는 음식물을 소화시키고 염과 물은 소장 내용물을 액체 상태로 유지시킨다. 대장은 소화되지 않은 물질을 저장하고 염분과 물을 흡수한다. 소장과 대장에서 분비하는 점액은 윤활 역할을 담당한다.

포유류 소목 중 낙타과, 애기사슴과, 사슴과, 기린과, 소과의 동물들은 되새김위(반추위)를 가지고 되새김을 하는 되새김동물(ruminant)이다. 되새김동물 소화의 특징은 되새김(반추작용)과 미생물에 의한 발효(fermentation) 소화이다. 대표적인 되새김동물인 소의 위는 1위(혹위, rumen), 2위(벌집위, reticulum), 3위(처녑, omasum), 4위(막창 또는 홍창, abomasum)으로 구성되어 있다. 미생물에 의한 발효소화는 소화효소에 의한 샘(gland)소화에 비해 상대적으로 천천히 일어나지만, 물질의 변형은 발효소화에서 현저히 크게 나타난다. 발효소화를 위해서는 세균 성장이 반드시 필요하기 때문에 세균을 배양할 수 있는 발효장기가 필요하다. 발효장기는 위와 소장의 전 또는 후에 위치한다. 위 앞에 발효장기가 존재하면 앞위(forestomach)동물이며, 되새김동물(반추류)와 낙타류가 여기에 속한다. 반면 소장 뒤쪽에 발효장기가 존재하면 후장(hindgut. 충수 및 결장)동물이며 말과 설치류가 있다. 발효장기는 세균 성장을 위해 pH와 습기, 이온, 산화환원을 조절한다. 식물의 세포벽 성분인 셀룰로스(cellulose)는 발효소화의 중요한 기질이다. 셀룰로스는 탄수화물 결합체로 샘소화를 통해 소화시킬 수 없지만, 미생물의 가수분해효소(cellulase)는 셀룰로스를 분해하여 포도당 및 단당류를 생성한다. 세균은 분해된 당을 소화해서 휘발성지방산(volatile fatty acid, VFA)을 생산하고, 초식동물은 휘발성지방산을 흡수하여 사용하는 에너지의 70%를 충당한다.

(10) 대사생리학

대사는 음식 공급이 원활한 시기와 기아상태에서 신체 장기에 에너지를 지속적으로 공급할 수 있다. 흡수상태(absorptive state)는 장관의 영양분을 체내로 흡수하고, 공복상태(post-absorptive state)는 장관에 영양분 흡수가 없어 저장된 에너지를 사용한다. 장관을 순환하며 영양분을 흡수한 혈액은 간문맥을 통해 간으로 이동하며 영양분 조성이 변형되어 전신으로 퍼진다. 탄수화물과 아미노산은 간문맥을 통해 간대사를 거치지만, 지방은 림프로 흡수되어 간에서 변형 없이 전신으로 순환한다.

흡수상태에서는 에너지원으로 흡수된 포도당을 이용하고, 여분의 포도당은 글리코젠(glycogen), 중성지방, 단백질로 변환된다. 흡수된 아미노산은 조직으로 직접 이동하여 단백질 합성에 이용되거나, 간에서 분해되어 에너지로 변형되거나 지방산으로 전환된다. 장에서 흡수된 포도당 및 단당류는 간에서 글리코젠으로 저장되거나, 지방산으로 전환되어 중성지방 합성에 이용된다. 간에서 합성된 중성지방과 장관에서 흡수된 중성지방산은 모두 지방조직으로 이동하여 저장된다. 공복상태에서는 저장해둔 영양분을 사용하여 생명을 유지한다. 중추신경계는 포도당만을 에너지원으로 이용하기 때문에 간에서 포도당 합성이 일어난다. 포도당이 부족한 시기에는 대부분의 조직이 포도당 대신 지방산과 케톤체(ketone body)를 에너지원으로 사용하고, 합성된 포도당은 중추신경계에서 사용한다.

인슐린(insulin)은 대사를 조절하는 가장 중요한 호르몬으로, 일종의 저장 기능을 담당하며, 이자(췌장)에서 생성 및 분비된다. 인슐린은 흡수상태에 증가하고, 근육, 지방조직, 간에 작용하여 포도당을 세포 안으로 받아들여 저장한다. 반면, 혈액내 포도당 농도가 감소하면, 이자에서 글루카곤(glucagon) 분비가 증가하여 간에서 글리코젠 분해, 포도당생성, 케톤 합성을 증가시킨다.

대사율(metabolic rate)은 단위시간당 소비하는 에너지의 총량이며, 수면, 나이, 성별, 몸무게, 성장, 임신, 월경, 수유, 감염, 질병, 체온, 섭취한 음식, 근육활동상태, 감정상태, 환경적 온도, 에피네프린 그리고 호르몬에 의해 변할 수 있다. 기초대사량(basal metabolic rate, BMR)은 살아가기 위한 최소한의 대사율이며, 정신적으로 육체적으로 편안한 상태에서 적어도 12시간동안 먹지 않은 상태에서 측정된 대사율을 기초대사율이라 한다.

음식에서 섭취한 에너지는 열 생성 에너지와 운동 에너지로 전환되고, 나머지 에너지는 지방세포에서 중성지방으로 저장한다. 섭취한 음식의 에너지 함량보다 대사율이 더 적으면 에너지 저장이 증가하고, 대사율이 더 많으면 에너지 저장이 감소한다. 정상 체중 동물의 하루 에너지 소비량은 체중의 약 10% 이내에서 항상성을 유지할 수 있게 조절된다.

기초수의학

06 수의생화학

(1) 수의생화학의 개요

생체내에서 일어나는 화학적 반응을 연구하는 학문을 생물화학(biological chemistry)이라고 하는데 이것을 줄여서 생화학(biochemistry)이라고 한다. 생화학적 반응은 살아있는 생물체에서 대사과정 중에 일어난다. 이들 반응은 생화학적 신호를 통해 정보흐름과 대사를 통한 화학에너지흐름을 조절하며, 생명현상의 복잡성으로 나타난다. 생화학은 단백질, 탄수화물, 지질, 핵산 등과 같은 거대분자의 세포내에서 구조와 기능을 통합적으로 다루는 학문이라고 하겠다. 수의학을 포함한 모든 학문에서 생화학은 모든 생물과학의 근간이 되는 학문이 되었으며, 협의의 생화학은 생체내에서 특정 생물학적 분자가 한 개체에서 어떤 작용을 하며 기능을 담당하는 지를 이해하는 것이라고 하겠다.

그렇지만, 현재 수많은 다양한 생물학적 분자들이 발견되었고 지금도 발견되고 있으며, 이들 분자들의 구조는 매우 복잡한 구조를 갖는 거대 분자(biopolymer)로서 유사한 구조가 반복되어 나타나는 특징을 갖고 있다. 거대분자의 기본이 되는 단위체(monomer)들은 다양한 단위체 형태로 나타난다. 예로서 단백질도 중합체(polymer)로서 이를 구성하는 단위체는 20개의 아미노산으로 구성되어있다.

세포대사 및 내분비계에 있어서 생화학은 아주 중점적으로 연구된 분야중 하나며, 이외에도 유전자(DNA, RNA), 단백질합성, 세포막수송, 신호 전달 분야 등도 해당된다.

(2) 생화학의 역사

생화학의 시작은 diastase(현재 amylase)가 1833년 Anselme Payen에 의해 처음으로 효소로서 발견되는 것부터 시작되었으며, 1896년 Eduard Bucher가 최초로 효모의 세포 추출물에서 알코올 발효과정이라는 세포밖에서의 복잡 생화학적 과정을 입증하는데 공헌하였다. 1882년에 최초로 생화학이라는 용어가 사용되었지만, 신조어로서 공식적으로 인정받은 것은 1903년 독일화학자 Carl Neuberg에 의한 것으로 인정되고 있다. 20세기 중반 생화학은 X선 회절법, 편광분석법, NMR spectroscopy, 방사선표지법, 전자현미경 등과 같은 기술이 발전됨으로서 획기적인 발전이 있었다. 이와 같은 기술을 이용하여 다양한 분자들의 발견과 분석이 가능했으며, 해당작용 및 구연산회로와 같은 대사회로가 밝혀졌다.

현대 생화학의 제일 큰 진전은 세포에서 정보전달에 관여하는 유전자의 발견이라고 하겠다. 1950년 제임스 왓슨, 프란시스 클릭, 로잘린 프랭크린, 모리스 윌킨스 등은 DNA의 구조를 밝혀냈으며 DNA가 정보전달과 관련이 있다고 제안하였다. 1958년 조지 비들과 에드워드 타툼은 곰팡이를 이용하여 하나의 유전자가 하나의 효소를 만든다는 것으로 노벨상을 수상하였다.

현재 생화학을 다루는 학문 분야는 크게 식물과 동물 생화학을 범위로 하는 일반생화학, 광합성, 기타 식물의 특이적 생화학적 과정과 같은 자가영양체의 생화학분야인 식물생화학, 수의학을 비롯한 인체의 질병과 연관된 수의 또는 의학 생화학 등으로 구분한다.

(3) 생체내 주요 화합물 구조

생화학적으로 중요한 물질은 구조적으로 비교적 간단한 구조를 갖는 당과 아미노산부터 단백질과 핵산과 같이 매우 복잡한 구조인 중합체(polymer)까지 여러 가지 종류가 있다. 이들 화합물들은 각각 다른 용해도와 반응성을 보이고, 물리적, 화학적 특성에 따라 생리적 특징이 나타나며, 이들은 종류에 따라 공통구조를 갖게 된다. 여기서는 주요 탄소화물, 지질, 질소를 포함하는 화합물에 대하여 설명하고자 한다.

(4) 생체분자와 작용기(functional group)

가. 생체분자

생체는 탄소, 수소, 산소, 질소, 황, 인 등으로 구성되어 있으며 이들 유기물들은 주로 공유결합형태로 구성되어 있다. 탄소의 경우에는 다른 원자와 4개의 공유결합이 가능하며 또한 탄소원자끼리 단일결합, 이중결합을 형성하면서 다양한 분자의 크기와 복잡성을 갖는 탄소 골격구조를 형성한다. 탄소와 수소분자가 결합하여 만드는 구조는 탄소의 개수에 따라 메틸, 에틸, 프로피오닐, 부틸, 펜타닐이라고 한다. 이런 구조에서 탄소사슬이 가지를 만들게 되면 "iso"라는 접두사를 사용한다. 만약 화합물이 이중결합을 형성하면 접미사 "ene"를 붙인다. 고리구조를 가지고 있지 않은 단일/이중결합을 가진 직선형/가지형 의 탄소구조물을 지방족 화합물(aliphatic)이라고 한다(그림 1A). 생체 분자 중 많은 수는 고리 구조를 가진 탄소를 가지고 있다. 가장 흔한 물질 중 하나는 6개의 탄소로 이뤄진 벤젠고리 이며 페닐기(phenyl group)라고도 한다. 이 고리는 세 개의 이중결합을 가지지만 모든 6개의 탄소가 전자를 동등하게 공유하고 있고 고리 위, 아래에 균일하게 분포되어있다. 이런 벤젠고리 또는 벤젠과 비슷한 성질을 가진 유사 고리구조를 포함하는 화합물을 방향족화합물이라고 한다(그림 1B).

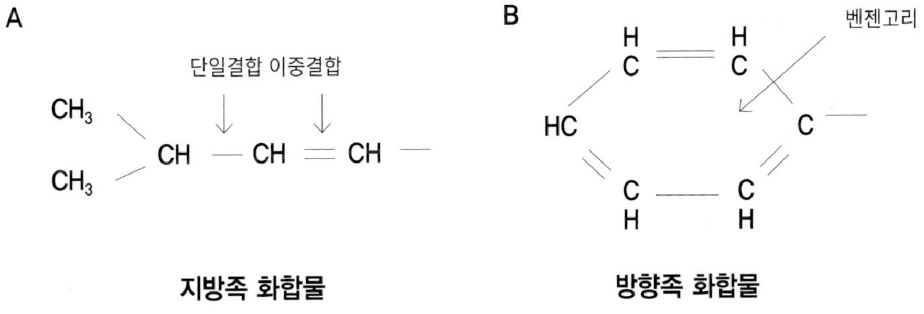

그림 1. 지방족 화합물과 방향족 화합물

나. 작용기

생화학적 분자들은 탄소골격과 탄소-산소, 탄소-질소, 탄소-황, 탄소-인산염 결합에 의해 만들어진 구조물의 작용기에 의해 분류된다(그림 2). 탄소-탄소, 탄소-수소 결합에서 전자는 동등하게 공유됨으로서 무극성을 띠어 상대적으로 반응성이 약하다. 탄소-산소, 탄소-질소결합은 반대로 전자가 한쪽에 치우쳐 존재함으로서 극성을 띠어 반응성이 더 크다. 그러므로 작용기의 특성에 따라 분자의 반응성과 생리학적 기능이 결정된다.

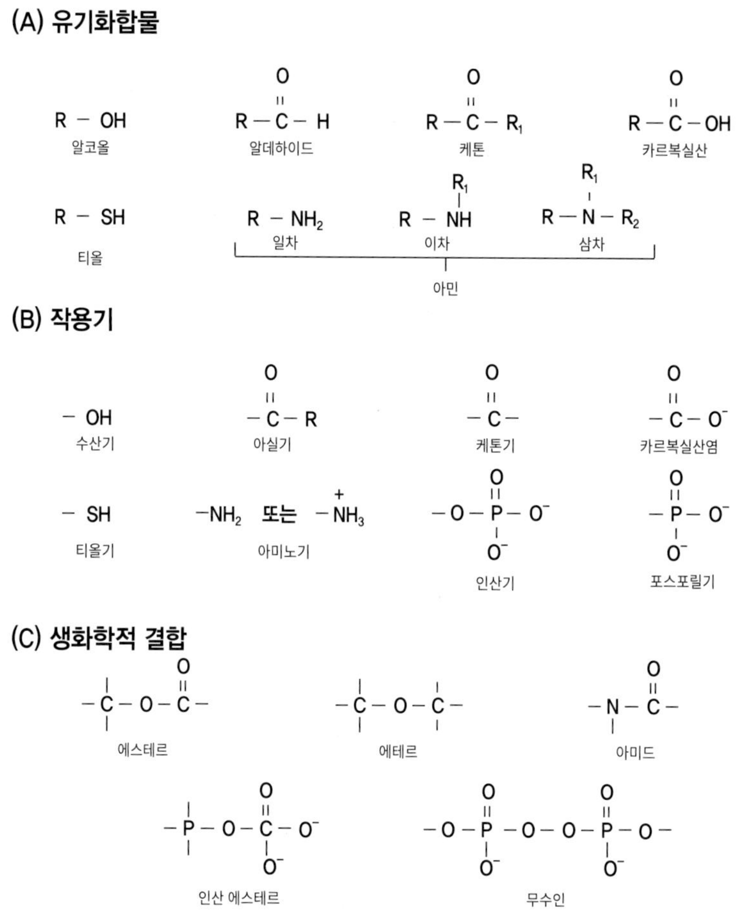

그림 2. 주요 작용기

작용기의 이름은 종종 화합물의 이름과 같이 사용된다. 예를 들어, 케톤(ketone)은 아세톤(acetone)과 같이 "-one"으로 끝나는 접미사를 갖는다. 하이드록시기(알코올,-OH)를 가진 화합물의 명칭에는 "-ol" (ethanol)을 붙인다. 아실기는 에스테르 또는 아미드(amide) 결합에서 카르보닐기(-C=O)기를 제공하는 부분이며 "-yl" 로 끝나는 명칭을 갖는다. 체내에서 지방의 저장형태는 triacylglycerol(중성지방)이다. 중성지방은 세 개의 아실기가 글리세롤에 에스테르화되어서 만들어 지는 구조다.

1) 산화·환원 그룹

탄소-탄소, 탄소-산소 그룹은 탄소원자 주위의 전자들의 수에 따라 "산화되었다" 또는 "환원되었다"라고 표현된다. 산화는 전자를 잃는 것으로 한 개 또는 두 개의 전자를 수소 원자와 함께 잃어버리거나, 산소원자나, 수산화기를 얻는 반응이다. 환원은 전자를 얻는 것으로 수소 원자를 얻거나 산소원자를 잃어버리는 반응이다. 그러므로 알코올>알데히드=케톤>카르복실기의 순서로 탄소는 더 쉽게 산화되는 경향을 가진다(반대로 환원은 약함)(그림 2). 탄소-탄소 이중결합은 단일결합보다 더 쉽게 산화된다.

2) 전하를 띠는 그룹

산성 그룹은 해리될 수 있는 양성자를 가지고 나머지 분자들을 음이온으로서 음전하를 띠게 된다. 생체분자들중 주요한 음전하를 가진 물질은 카르복실산염(carboxylate), 인산염(phosphate), 황산염(sulfate) 그룹이다. ("ate"는 음전하를 나타내는 접미사이다) (그림 3) 대사물에 결합된 인산염 그룹은 ⓟ 또는, Glucose 6-P 와 같이 종종 "P" 로 표현한다.

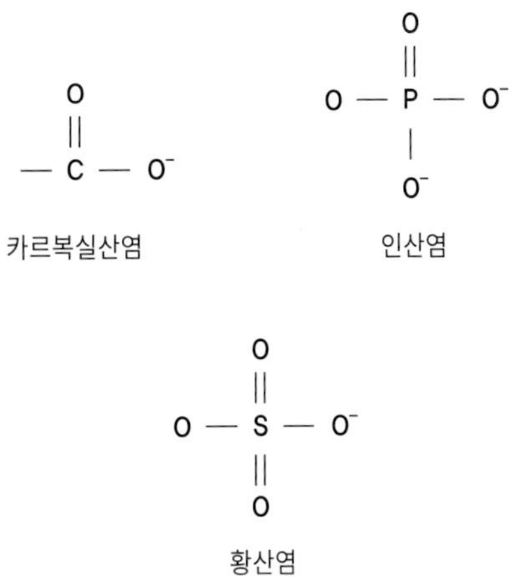

그림 3. 산이 해리되어 생성되는 음이온

질소를 포함하는 화합물은 보통 염기성으로 양전하 띤다. 질소는 원자가 전자를 5개 가진다. 만약 이 중 세 개의 전자만 다른 원자와 공유결합을 형성하면, 질소는 전하를 띠지 않는다. 만약 나머지 두개의 전자가 수소이온 또는 탄소원자와 결합한다면, 질소는 양전하를 띠게 된다. 아민(amine)은 단일결합으로 수소원자와 한 개 또는 그 이상의 탄소가 질소에 부착함으로 형성된다. 도파민(dopamine)과 같은 일차아민(primary amine)은 한 개의 탄소-질소결합은 가진다. 이러한 아민류는 pKa가 대략 9 정도인 약산(weak acid)로서 pH7.4 에서는 양전하를 띤다. 이차, 삼차, 사차 아민류은 각각 두 개, 세 개, 네 개의 질소-탄소 결합을 갖고 있다.

다. 결합의 극성과 부분전하

극성결합은 공유결합으로서 전자구름이 다른 원자 보다 더 큰 전기음성도를 가진 원자에 더 밀집되어 있다. 산소는 탄소보다 전기음성도가 더 크므로 탄소-산소결합은 극성이며 산소원자는 부분적으로 음성 전하를, 탄소원자는 부분적으로 양성 전하를 가진다(그림 4). 비극성 탄소-탄소 결합과 탄소-수소 결합에서 공유 결합하는 두 개의 전자는 거의 동등하게 공유한다. 세 개의 공유결합을 하는 질소는 또한 탄소에 비해 상대적으로 음성인 부분전하를 가지고 탄소-질소 결합은 극성을 띠게 된다. 황은 부분적으로 약한 음성 전하를 갖게 가진다.

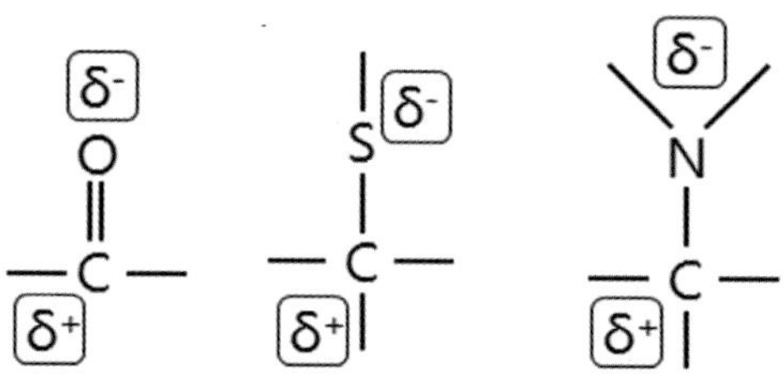

그림 4. 탄소-산소, 탄소-황, 탄소-질소 결합성의 부분전하

1) 수용성

물은 이중극성 분자로 산소원자는 음성의 부분전하를 가지며 수소는 양성의 부분전하를 가진다. 어떤 물질이 물에 용해되기 위해서는 전하를 띠거나 물의 음성, 양성 부분전하와 작용할 수 있는 극성 작용기를 가지고 있어야 한다. 그러므로 수용성 유기분자의 용해도는 탄소-수소 골격에 결합된 극성, 비극성 작용기의 비율과 물질 내에서 극성과 비극성 작용기의 상대적 위치에 따라 결정된다. 극성기군 또는 극성 물질들은 친수성(hydrophilic)이라고 하며, 비극성군 또는 물질들은 소수성(hydrophobic)이라고 한다. 예를 들어 glucose 6-phosphate와 같은 당류는 많은 극성 작용기를 갖고 있어서 강한 친수성으로 물에 완전히 녹게 된다(그림 5). 극성물질 또는 이온성 물질과 상호작용하

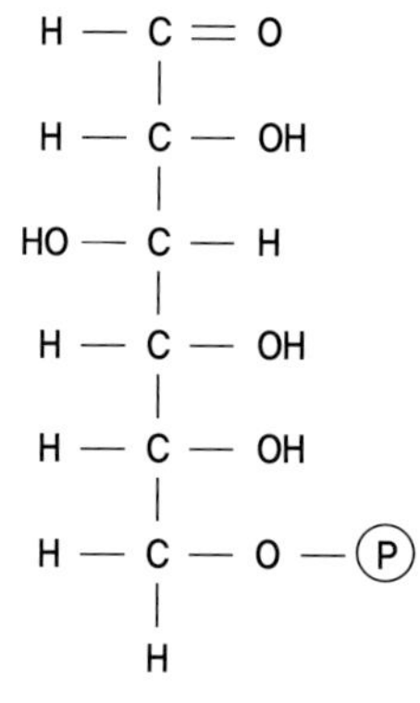

그림 5. Glucose 6-phosphate

는 물 분자 들은 물질 주위에 수화 껍질을 형성한다.

비극성군을 갖는 화합물은 상대적으로 소수성 성질을 갖는다. 이들 소수성 물질들은 수용액 속에서 함께 뭉치는 경향이 있으며 반데르발스힘, 소수성상호작용을 통해 약한 결합을 형성한다. 물 분자들은 수소결합의 수를 최대화해 물 격자를 형성하여 소수성 물질들을 밀어낸다. 그러므로 지질은 방울을 형성하거나 물과 층을 이루며 물과 격리된다.

2) 반응성

결합에 의한 극성은 음극(negative)의 부분전하를 가진 원자와 양극(positive)의 부분전하를 가진 원자가 서로를 끌어당긴다. 이러한 부분전하 또는 완전한 전하는 생화학 반응 경로에 영향을 주는데 유기반응의 특성인 친전자성, 친핵성 공격의 원리와 같은 것이다. 카르복실탄소의 양극 부분전하는 더 음전하를 띠는 그룹은 끌어당기고 그로 인해 카르복실산이 다양한 반응을 일으킬수 있다. 에스테르는 카르복실기와 알코올의 축합반응으로 만들어진다(그림 2). 비슷하게 황화에스테르(thioester)는 카르복실기가 설프히드릴기(sulfhydryl group)와 결합해 만들어지며 아미드(amide) 는 카르복실산이 아민과 결합해 형성된다. 비슷한 반응에 의해 인산과 알코올로부터 인산에스테르(phosphoester)가 만들어지고 두 개의 카르복실산으로 부터 무수물(anhydrate)이 생성된다.

라. 명명법

사슬 내 탄소를 구분하는 방법으로는 두가지가 있다. 첫 번째 방법은 가장 산화된 그룹(예; 카르복실기)에 결합된 탄소부터 숫자를 붙이는 것이다. 두 번째 방법은 가장 산화된 그룹의 바로 옆 탄소부터 그리스문자를 붙이는 것이다. 그림 6에 나타낸 화합물은 3-hydroxybutyrate 또는 β-hydroxybutyrate 라고 명명한다.

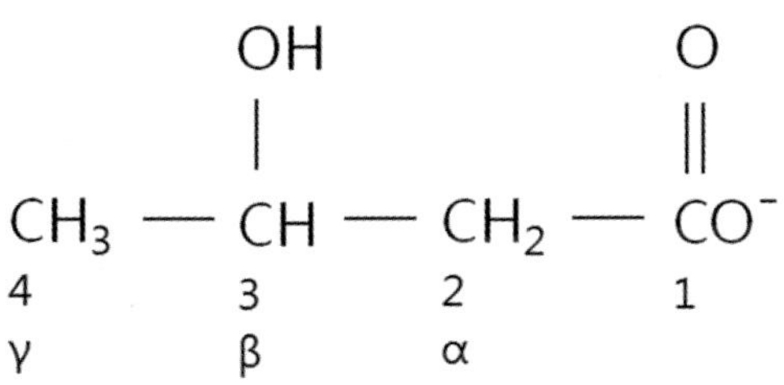

그림 6. 화합물내 탄소를 표현하는 두 가지 방법

(5) 탄수화물

가. 단당류

단순 단당류는 세 개 이상의 탄소원자가 선형사슬로 구조를 갖으면서, 이들 탄소 중 하나는 산소와 이중결합하여 카보닐기(carbonyl group)를 형성한다(그림 7).

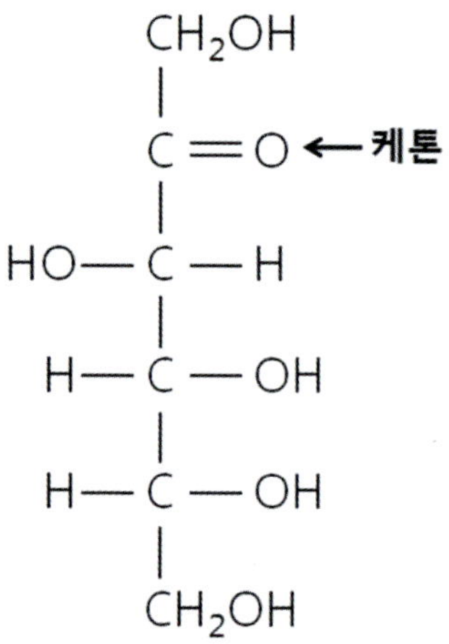

그림 7. 케토핵소스인 과당

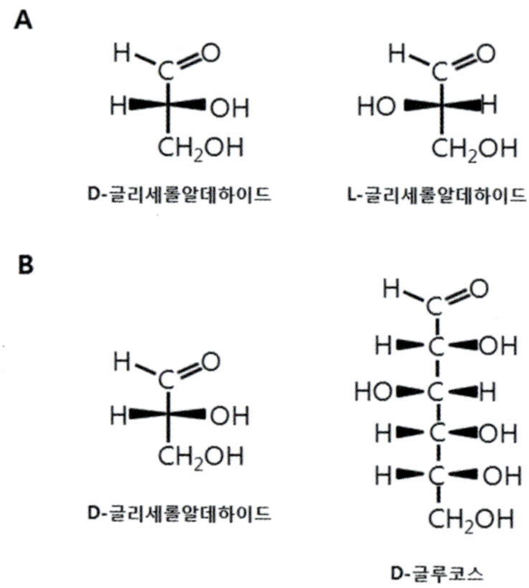

그림 8. A : D-,L- 글리세롤알데하이드
B : D-글리세롤알데하이드와 D-글루코스

단당류의 탄소들에는 하이드록시기가 결합 되어있으며 일반적 당의 화학식은 $C_nH_{2n}O_n$이다. 당의 명칭 끝에는 접미사 "-ose"를 붙인다. 만약 카보닐기가 알데하이드라면 당은 aldose라고 명명하며, 카보닐기가 케톤기라면 ketose 라고 명명한다. 단당류는 또한 탄소수에 따라 분류한다. 탄소수가 3개, 4개, 5개, 6개, 7개 인 당은 각각 삼탄당(trioses), tetroses, 오탄당(pentoses), 육탄당(hexoses), 칠탄당(heptoses)이다. 그러므로 과당(fructose)은 ketohexose(그림 7), 포도당(glucose)은 aldohexose이다(그림 5).

1) 광학이성질체(D-, L-당)

네 개의 모두 다른 화학그룹을 가진 탄소는 비대칭 중심을 형성한다(그림 8)

비대칭탄소에 결합된 그룹들은 서로 거울상이 되어, 두 가지 다른 방법으로 배열 될 수 있지만 서로 포개어지지 않는다. 단당류 입체이성질체는 카보닐 탄소로부터 가장 먼 비대칭 탄소에 결합된 하이드록시기의 위치에 따라 D형과 L형으로 나뉜다. 유기화학자의 경우는 약물처럼 복잡한 분자의 구조를 표현하는데 R, S 표기법을 사용 한다. 당과 아미노산의 이성질체를 구별하는 데는 주로 D, L로 표기하여 이용하고 있다. 체조직내 포도당을 포함한 대부분의 당들이 D형이기 때문에 이름에 L형이라는 표현이 없더라도 D형이라고 생각하면 된다.

2) 입체이성질체와 에피머

입체이성질체는 화학식은 같지만 한 개 이상의 비대칭탄소에 결합된 하이드록시기의 위치가 다르다(그림 9). n개의 비대칭 중심을 가진 당은 대칭면을 가지고 있지 않는 한 2^n개의 입체이성질체를 가진다. 에피머는 오직 하나의 비대칭탄소에 결합된 하이드록시기의 위치가 다른 것이다.

D-glucose와 D-galactose는 4번 탄소의 하이드록실기의 위치가 다르고 체세포 내에서 epimerase 라는 효소에 의해 상호전환이 가능하다. D-mannose와 D-glucose 또한 2번 탄소의 히드록시기위치가 다른 에피머이다.

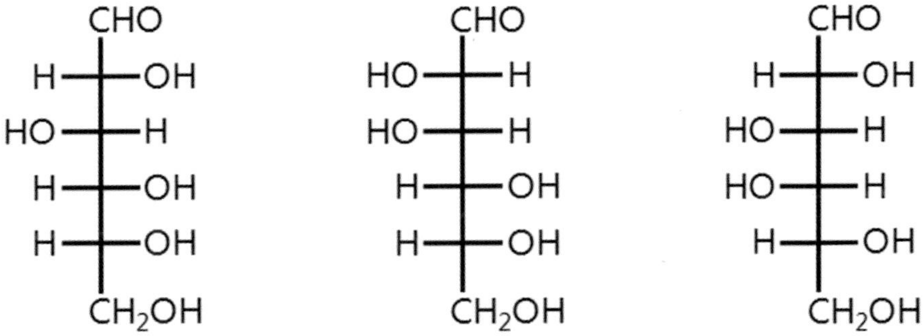

D-Glucose D-Mannose D-Galactose

그림 9. 입체이성질체

3) 고리구조

단당류는 용액 속에서 주로 고리구조로 존재하는데 카르보닐 그룹이 같은 분자 내에 하이드록시기와 반응해 5개 또는 6개의 탄소로 만들어진 고리를 형성한다(그림 10). 하이드록시기의 산소는 고리의 일부가 되고 하이드록시를 갖게 된 본래의 카보닐 아노머(anomeric) 탄소 원자가 된다. 아노머 탄소의 하이드록시기를 아래 방향으로 그리면 α-위치, 윗 방향으로 그리면 β-위치가 된다. 삼차원적인 실제구조에서 고리는 평평하지 않고 "의자"형 구조를 형성하는데 이는 각각의 하이드록시기가 서로 최대로 멀리 떨어진 위치에 있게 된다.

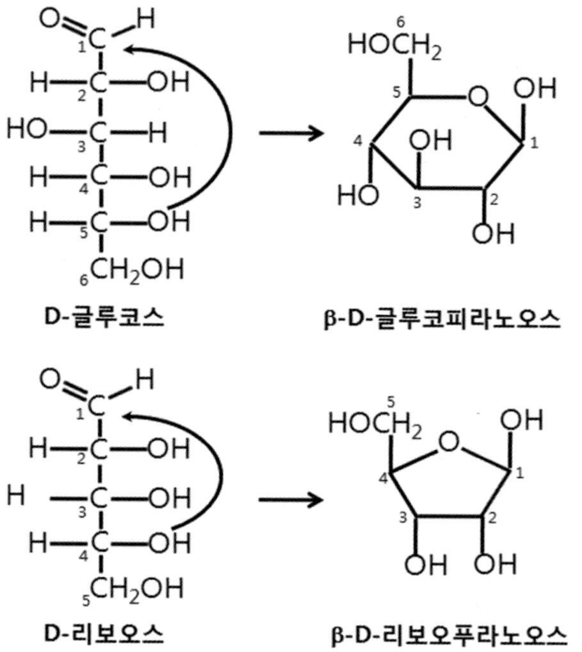

그림 10. 글루코스와 리보오스로부터 만들어지는 글구코피라노오스와 리보오푸라노오스

용액 속에서, 아노머 탄소의 하이드록시기는 변광회전(mutarotation)이라는 과정을 통해 α 위치에서 β위치로 전환된다. 고리구조가 열리면 곧은 사슬 알데하이드 또는 케톤이 형성된다. 고리구조가 닫히게 되면 하이드록시기가 α위치나 β위치에 있게 된다(그림 11). 이러한 과정을 효소 mutarotase가 촉매반응을 일으키면 좀 더 빠르게 반응이 일어난다. 그러나, 아노머 탄소가 다른 분자와 결합하게 되

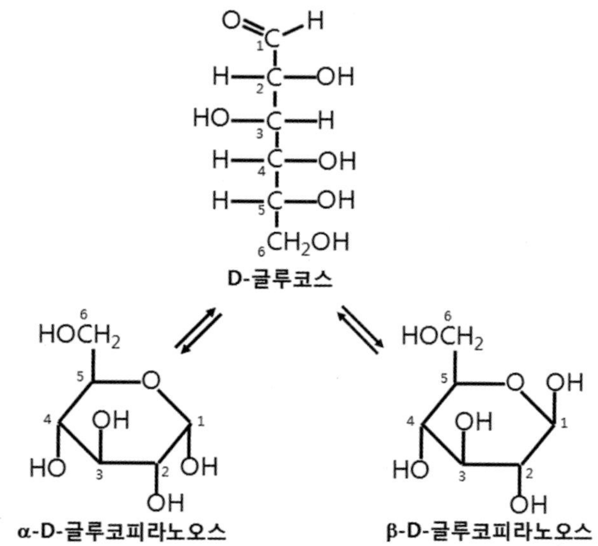

그림 11. 용액 내 포도당의 변광 회전

면 α위치나 β위치로 고정되게 됨으로서 이때 당은 변광회전을 할 수 없게 된다. 효소는 당과 다른 분자 사이의 α 결합 위치나 β 결합 위치에만 반응하는 반응 특이성을 갖는다.

4) 기타 당 유도체

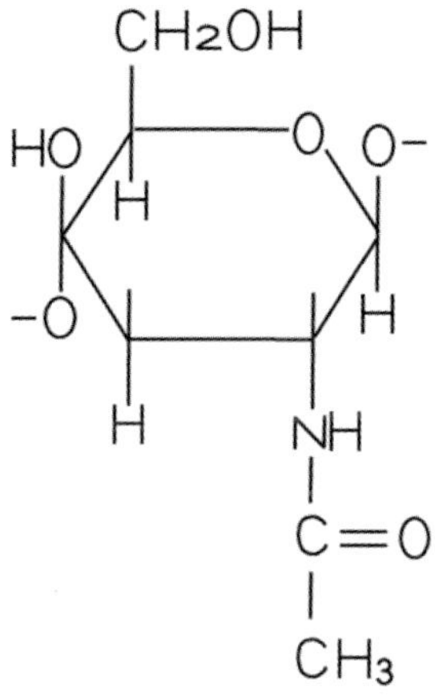

그림 12. N-아세틸-β-글루코사민

당은 흔히 인산염기, 아미노기, 황산염기, 또는 N-아세틸기를 갖고 있다. 세포 내 존재하는 대부분의 단당류는 마지막 탄소가 인산화 되어있다. 그 이유는 유입된 당이 인산화 되면 세포 밖으로 빠져나가는 것이 방지되기 때문이다(그림 5 참조). 갈락토사민(galactosamine), 글루코사민(glucosamine)과 같은 아미노당(amino sugar)은 보통 2번위치의 탄소의 하이드록시기 대신에 아미노기를 가지고 있다(그림 12). 이들 아미노당의 아미노기는 아세틸화되어 N-아세틸화 당이 된다. 복잡한 구조를 가진 proteoglycan은 음전하를 띤 황산염이 포함된 N-아세틸화 당은 당의 하이드록시기와 결합되어 있다.

5) 산화 및 환원당

당의 알데히드 탄소가 산화되어 산을 형성 할 수 있으며, 이러한 화합물은 더 이상 당류가 아니기 때문에 이것을 구분하기 위하여 접미사 "-ose" 대신에 "-onic acid" 또는 "-onate"를 붙여준다(예: gluconic acid). 말단 하이드록시기를 갖는 탄소가 산화되면 이때 당을 uronic acid라고 한다.

만약 당의 알데히드가 환원되면 모든 탄소원자가 알코올기(하이드록시기)를 갖게되는데 이러한 당을 polyol이라고 한다(예: sorbitol). 당의 하이드록시기의 한 개만이 환원되어 탄소에 수소만 결합 되어 있다면 이러한 당을 deoxysugar라고 하며 DNA의 deoxyribose가 대표적인 예이다.

Proteoglycan은 중심단백질에 많은 수의 가지가 없는 긴 사슬의 다당류를 가지고 있다. Glycosaminoglycan이라고 불리우는 다당류 사슬은 산화된

acid sugar(예, glucuronic acid), sulfates sugar, N-acetylated amino sugar를 포함하는 반복된 이당류단위로 구성되어있다. 많은 수의 음전하는 glycosaminoglycan 사슬을 단백질로부터 방사상으로 뻗게 하고 이로 인해 전반적인 구조가 병 브러시(bottle brush) 모양이다. Proteoglycan는 세포 밖 기질, 안 방수, 점액을 생산하는 세포의 분비물, 연골의 필수요소이다.

나. 글리코사이드(glycosides)

1) N-,O-글리코사이드 결합

단당류 아노머 탄소의 하이드록시기는 다른 화합물의 -OH 또는 -NH 그룹과 반응해 글리코사이드 결합(배당체결합, glycosidic bond)을 형성한다. 결합은 당의 아노머 탄소에 부착한 위치에 따라 α형 β형으로 구별한다 N-글리코사이드 결합은 뉴클레오사이드와 뉴클레오타이드에서 관찰된다. 예를 들어, ATP의 아데노신 구조는 질소성 염기인 아데닌(adenine)이 β-N-글리코사이드 결합을 통해 sugar ribose에 연결 되어있다(그림 13). 반면에 젖당(lactose) 에서 발견되는 O-글리코사이드 결합은 당과 당 사이를 연결하거나 단백질 내 아미노산의 하이드록시기를 당과 연결한다.

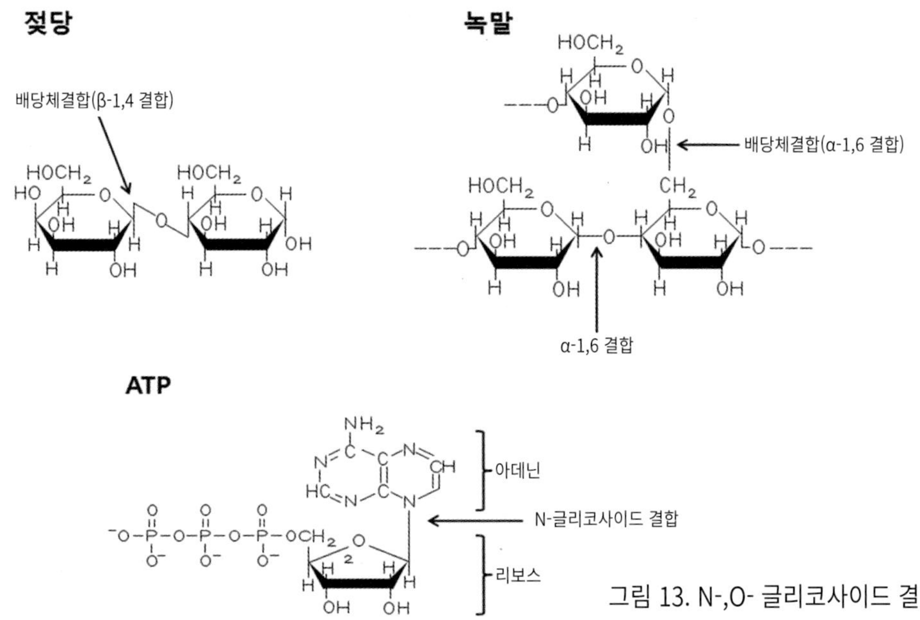

그림 13. N-,O- 글리코사이드 결합

2) 이당류, 올리고당, 다당류

이당류는 O-글리코사이드 결합에 의해 연결된 두 개의 단당류가 결합하여 형성된다. 우유 속에 함유된 젖당(lactose)은 갈락토스(galactose)과 포도당이 갈락토스의 아노머 탄소 β-OH기와 포도당 4번 탄소의 하이드록시기의 β(1→4) 결합에 의해 형성된다(그림 13). 올리고당은 3-12개 정도의 단당류가 서로 연결되어 만들어진 구조다. 올리고당은 종종 단백질과 N-, O-글리코사이드 결합으로 당단백(glycoprotein)을 형성한다. 다당류는 10개에서 수 천 개의 단당류로 구성되는데 이들 단당류가 서로 글리코사이드 결합으로 직선형 사슬 또는 가지를 가진 구조를 형성한다. 아밀로펙틴(전분의 성분)과 글리코젠(동물에서 포도당의 저장형태)은 α(1→4)와 β(1→6) 결합으로 포도당잔기가 연결된 가지가 있는 당 중합체이다.

(6) 지질

가. 지방산

지방산은 대부분 한 쪽 끝(ω-탄소)에 메틸기를 가지고 한쪽 끝에는 카르복실기를 가진 곧은 지방족 사슬이다(그림 14). 체내에 존재하는 대부분의 지방산은 16-20개의 짝수개수의 탄소를 갖고 있다. 포화지방산은 사슬 내 탄소에 이중 결합을 갖고 있지 않으나, 불포화 지방산은 한 개 이상의 이중결합을 갖고 있다. 세포 내 존재하는 지방산중 가장 흔한 것은 palmitic acid(탄소 16개), stearic acid(탄소 18개)이다. 이 두 개의 지방산은 일반명으로 불리우고 있지만, 좀더 짧은 지방산은 octanoic acid(탄소 8개), decanoic acid(탄소 10개)와 같이 탄소 수를 라틴어를 사용해 표기한다. 사슬길이가 길어지면 지방산의 녹는점은 증가하지만 포화도에 따라 녹는점은 감소한다. 따라서, 식물성 기름과 같이 많은 수의 이중결합을 갖고 있는 지방산은 상온에서 액체 상태이지만, 버터지방 같은 동물성 포화지방산은 고체 상태로 있게 된다. 녹는점이 낮은 지질은 체온에서 더 유동적 성질을 갖게 됨으로 세포막에서 파동성을 나타나게 된다.

한 개의 이중결합을 가지면 단일불포화 지방산으로, 2개 이상의 이중결합을 갖게 되면 다중 불포화지방산으로 부른다(그림 14). 이중결합 위치는 이중

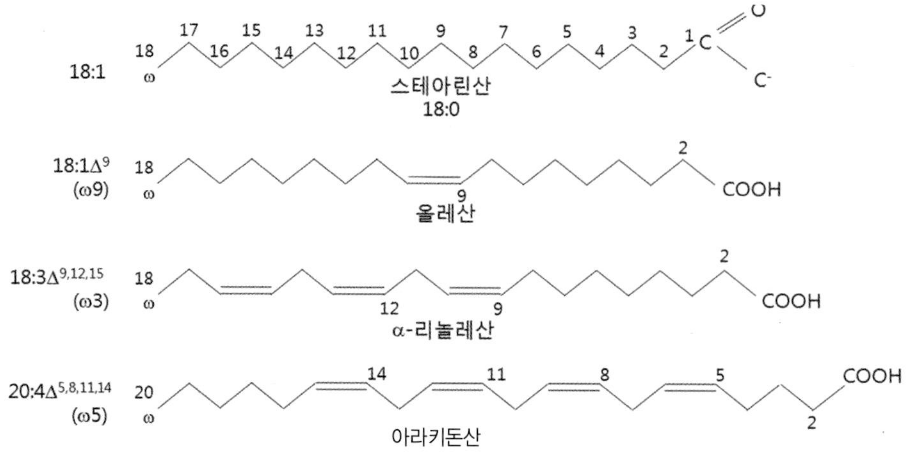

그림 14. 포화지방산과 불포화 지방산

결합의 개수와 카르복실기에서 가장 가까운 이중결합의 위치로 표시한다. 예를 들어 18개의 탄소를 가지고 9번, 10번 탄소 사이에 이중결합을 가진 oleic acid 는 18:1,Δ^{9} 표시한다. 18은 탄소의 수를, 1은 이중결합의 개수를 9는 9번과 10번 탄소 사이에 이중결합이 있음을 나타낸다. Oleic acid는 또한 Δ 표시 없이 18:1(9)만 으로도 표시한다. 지방산은 또한 제일 끝에 위치한 ω말단 끝에서 가장 가까운 이중결합의 거리에 따라 분류되기 도 한다.

그러므로 oleic acid는 ω9지방산, linoleic acid는 ω3지방산이다. Arachidonic acid 은 다중불포화지방산으로 20개의 탄소와 4개의 이중결합을 갖는 ω6지방산 인데, 정확한 20:4$\Delta^{5,8,11,14}$으로 표지한다. Eicosanoid는 체내 많은 세포에서 생성되는 호르몬유사 화합물 그룹으로 탄소 20개를 가지며(eicosa), 3, 4개 또는 5개의 이중 결합을 가진 arachidonic acid와 같은 다중불포화지방산으로부터 만들어진다. Prostaglandin, thromboxane, leukotriene은 이들 그룹에 속한다.

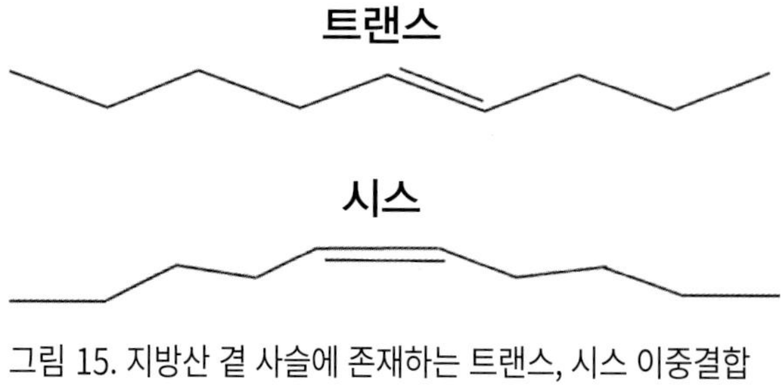

그림 15. 지방산 곁 사슬에 존재하는 트랜스, 시스 이중결합

지방산에서 만들어지는 대부분의 이중결합은 *cis* 형태 구조를 갖고있다(그림 15). *Cis* 는 수소가 이

중결합의 같은 면에 존재하고 아실 사슬은 다른 면에 존재 하는 것이며. *trans* 지방산은 아실 사슬이 이중결합 반대편에 있다. 마가린과 감자튀김을 만들 때 사용되는 지방은 체내에서 발견되는 *trans*지방의 주요한 원천이다. *Trans*지방산은 식물성 기름에 존재하는 다중불포화 지방산에 수소 첨가 반응에 의해 형성된다.

나. 아실글리세롤(acylglycerols)

Acylglycerol은 글리세롤에 한 개 이상의 지방산이 에스테르 결합으로 연결되어 형성된다. Monoacylglycerol, diacylglycerol, triacylglycerol은 각각 글리세롤에 한 개, 두 개, 세 개의 에스테르된 지방산을 갖고 있다. 대부분의 triacylglycerol은 에스테르화된 세 개의 위치에 각각 다른 종류의 지방산을 함유하고 있어 mixed triacylglycerol이라고도 부른다(그림 16).

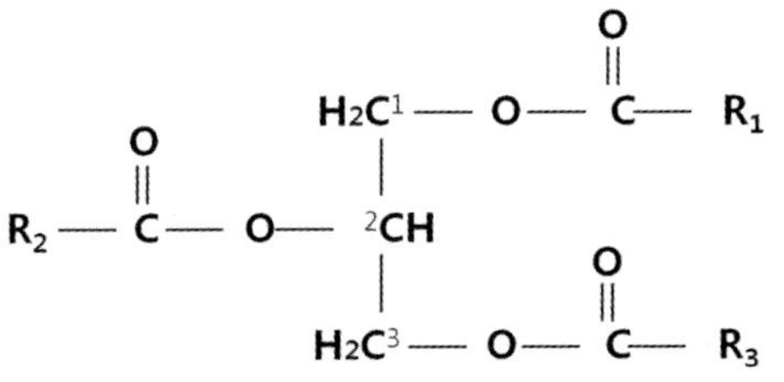

그림 16. 트리글리세리드

불포화지방산은 대게 2번 탄소가 에스테르화 된다. 글리세롤의 삼차원적인 구조상에서 1번 탄소와 3번 탄소는 동일한 모양이 아니어서 각각에는 다른 효소가 특이적으로 작용한다.

다. 인지질(Phosphoacylglycerols)

인지질은 글리세롤의 1번, 2번 위치에 에스테르화되어 결합된 지방산과 3번 위치에 인산염이 결합되어 있다. 인산염기가 3번 탄소에 결합해 있으면 phosphatidic acid 라고 한다(그림 17). phosphatidic acid 는 다른 인지질 합성의 전구체로 쓰인다.

Phosphatidylcholine은 세포막에서 발견되는 주요한 인지질 중 하나이다(그림 17). phosphatidylcholine의 amine은 중성 pH 에서 양전하, 인산염은 음전하를 띠므로 양친매성(amphipathic)이다. 즉, 이 분자는 극성인 부분과 비극성인부분을 동시에 가지고 있다. Phosphatidylcholine은 lecithin이라고도 한다. 인지질에서 fatty acyl기를 제거하면 lysolipid가 되는데 예를 들면, lecithin에서 fatty acyl기를 제거하면 lysolecithin이 된다.

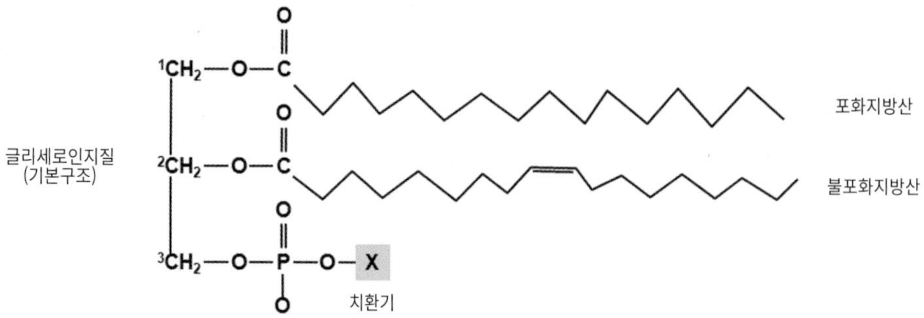

글리세로인지질 이름	X의 이름	X의 화학식	순전하 (pH 7)
포스파티드산	—	—H	-1
포스파티딜에탄올아민	에탄올아민	$—CH_2—CH_2—\overset{+}{N}H_3$	0
포스파티딜콜린	콜린	$—CH_2—CH_2—\overset{+}{N}(CH_3)_3$	0
포스파티딜세린	세린	$—CH_2—CH(COO^-)—\overset{+}{N}H_3$	-1
포스파티딜글리세롤	글리세롤	$—CH_2—CH(OH)—CH_3—OH$	-1
포스파티딜이노시톨 4,5-비스인산	이노시톨 4,5-비스인산	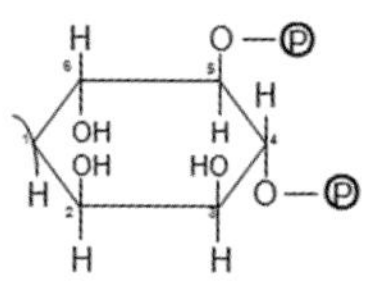	-4
카르디올리핀	포스파티딜 글리세롤	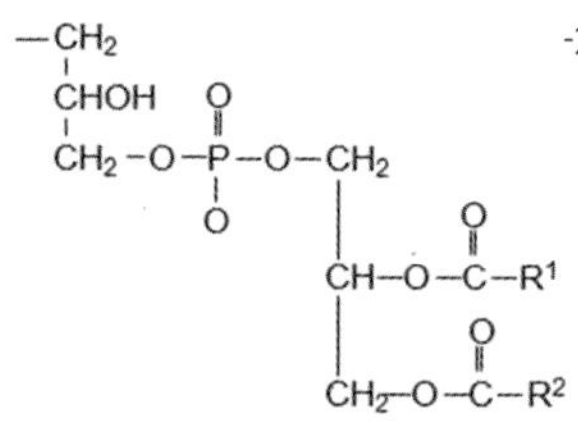	-2

그림 17. 인지질

라. 스핑고지질(Sphingolipids)

스핑고지질은 글리세롤 골격을 가지지 않으며, 스핑고신(sphingosine)으로부터 형성된다. 스핑고신은 아미노산 세린(serine)과 palmitate로부터 만들어진다. Ceramide는 지방산이 아미노기와 결합하여 만들진 스핑고신으로부터 형성된 일종의 amide이다. 다양한 스핑고 지질은 세라마이드 하이드록시기에 다양한 기가 결합되어 형성된다. Cerebrosides와 gangliosides의 이름에서 알 수 있듯이, 이러한 스핑고지질은 세라미이드의 하이드록시기와 당이 글리코사이드 결합으로 서로 연결되어 있다. 세라마이드에 phosphorylcholine기를 가진 스핑고마이엘린은 세포막과 신경주위를 둘러싼 말이집(수초, myelin sheath)의 구성성분이다.

마. 스테로이드

스테로이드는 스테로이드핵이라 불리우는 네 개의 고리구조를 기본으로 한다(그림 18). 콜레스테롤은 체내 세포에서 만들어지는 스테로이드 전구체이며 스테로이드 호르몬은 고리나 곁사슬의 20번 탄소가 변형되어 생성된다. 콜레스테롤은 물에 잘 녹지 않지만 cholic acid와 결합하여 양친매성질의 수용성 쓸개즙산염(담즙산염, bile salt)으로 전환된다. 쓸개즙산염은 수용액 환경인 장 내강에서 유화되어 방울형태를 유지하는 미이셀이라 불리는 지질방울의 표면을 둘러싼다. 콜레스테롤은 isoprenyl unit이라는 가지를 갖는 다섯 개 탄소 단위체로부터 합성되는데 이들 단위체는 이중결합을 한 군데 갖고 있다. Isoprenyl unit는 서로 결합하여 긴 사슬을 형성하게 되며 동물체에서는 coenzyme Q의 곁가지, 식물은 비타민 A와 같은 구조물을 만든다.

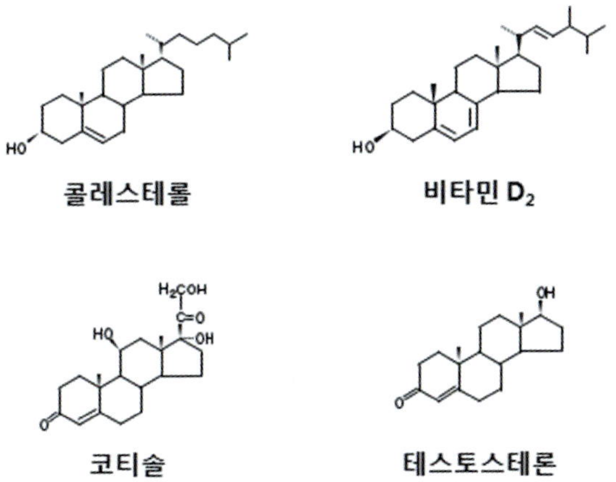

그림 18. 콜레스테롤과 콜레스테롤 전구체

(7) 질소 함유 화합물

질소는 최외각 껍질에 두 개의 비공유 전자를 가진 비금속성 원자이다. 중성 pH에서, 아미노기의 질소는 대게 네 개의 원소와 결합하고 양전하를 띤다. 그러나, 유기화합물내의 질소원자의 존재는 질소가 전하를 띠거나 띠지 않거나 상관없이 물에서의 용해도를 증가시킨다.

가. 아미노산

아미노산은 아미노기와 카르복실산기를 가진 화합물이다. 단백질에서 아미노산은 항상 L-α아미노산형태이다. 이러한 아미노산은 체내에서 phosphatidylcholine과 같은 질소를 함유한 화합물의 전구체로 작용하고(그림 19), 대부분의 아미노산 대사의 주성분이다. 그러나 때때로 대사반응에 의해 신경전달 물질인 γ-aminobutyric acid와 같은 β ,γ-아미노산이 만들어 지기도 한다. 하지만 오직 L-α 아미노산만이 단백질을 만드는데 이용된다. D-아미노산이 생물체에서 단백질을 만드는데 사용되지 않지만, 이것은 세균의 세포벽에서 교차결합 합성과 같은 여러 다른 기능을 수행한다.

나. 질소를 함유한 고리구조

1) 퓨린, 피리미딘, 피리딘

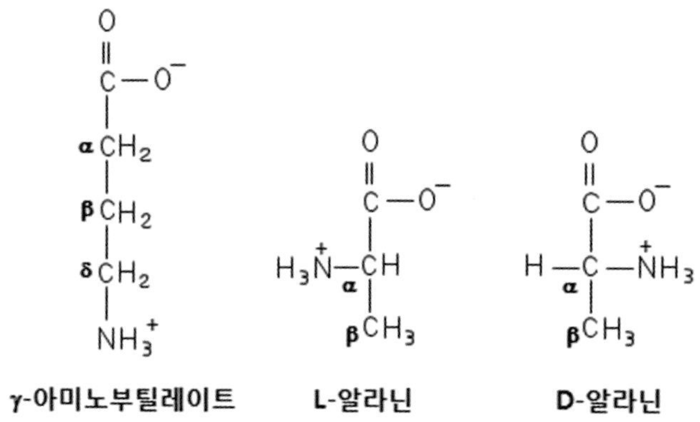

그림 19. 아미노산의 구조

질소는 헤테로고리 또는 질소성 염기라고 하는 고리구조의 하나의 구성성분이 된다. 질소를 함유한 고리구조중 가장 흔한 세가지 형태는 퓨린(예; aden**ine**), 피리미딘(예; thym**ine**), 피리딘(예; vitamins nicot**in**icacid =niacin, pyridox**ine**=vitaminB_6)이다(그림 20). 접미사 "-ine" 은 고리내 질소(am**ine**)가 있음을 나타낸다. 피리미딘 우라실은 이러한 일반적인 명명법을 따르지 않는다. 이러한 질소를 함유한 고리구조의 유용성은 질소가 수소결합을 형성하고 고리구조를 형성 하는 동안 전자를 내놓는 능력에 달려있다. 반면에 치환되지 않은 방향족 벤젠고리는 전자가 여섯 개 탄소에 균질히 분포되어 있어 비극성이며 소수성이고 상대적으로 반응성이 낮다.

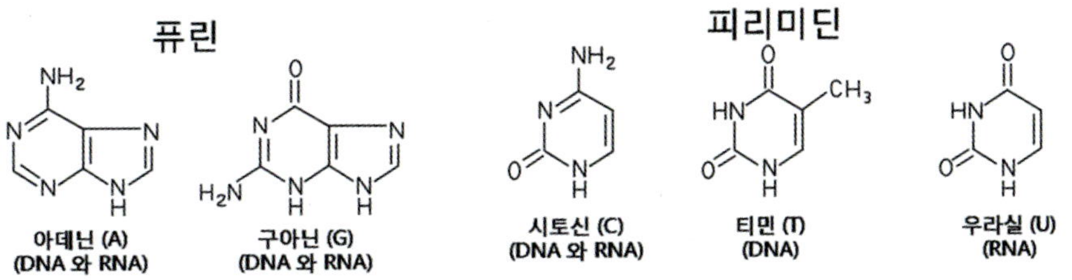

그림 20. 퓨린, 피리미딘

2) 뉴클레오사이드와 뉴클레오타이드

질소성 염기는 뉴클레오사이드 와 뉴클레오타이드를 형성한다. 뉴클레오사이드는 당(ribose 또는 deoxyribose)에 N-글리코사이드 결합으로 연결된 질소성 염기로 구성된다(그림 13). 만약 인산기가 당에 결합되면 뉴클레오타이드가 된다. 뉴클레오타이드인 아데노신 삼 인산(ATP)에서 아데노신은 아데닌(adenine)에 ribose가 글리코사이드 결합에 의해 첨가되었음을 나타낸다. 인산, 이 인산, 삼 인산은 뉴클레오타이드에 각각 한 개, 두 개 , 세 개의 인산기가 결합된 것이다.

3) 토토머(Tautomers)

질소를 포함한 고리 대부분은 수소가 토토머를 만들 수 있는데 토토머란 수소와 이중결합이 자리를 바꾼 화합물이다(예: -N=C-OH → -NH-C=O). 토토머는 동일한 화합물이며 같은 구조를 가진다고 생각되어진다. 일반적으로 하나의 토토머형태는 다른 것보다 반응성이 크다. 예를 들어 두 개의 요산(uric acid) 토토머형태에서 양성자는 enol 형태로부터 분리되어 요산염(urate)을 형성한다.

(8) 자유 라디칼

라디칼은 대개 오비탈 밖에 존재하는 홀 전자를 가진 화합물이다. 자유라디칼은 용액상에서나 지용성환경 속에서 독립적으로 존재하는 라디칼이다. 많은 효소가 반응중간체인 라디칼을 만들어 내더라도 이것이 세포 밖으로 방출되어 자유 라디칼이 되지 않는다. 체내 많은 화합물은 그들의 전자 중 하나를 제거나 복사(radiation)을 통해 자유 라디칼로 전환할 수 있다. 예를 들어 복사는 물을 수소원자와 하이드록실 라디칼로 분해한다.

$$H_2O \leftrightarrow H\cdot + OH\cdot$$

반면에, 물은 대개 양전하를 띤 수소이온과 음전하를 띤 하이드록실이온으로 분해된다. 하이드록실 라디칼은 한 개의 홑 전자를 가진 불포화된 막 지질과 같은 화합물로부터 하나의 원자를 뺏어 유리 라디칼이 된다. 라디칼인 화합물의 라디칼을 표현하기도하고 안하기도 한다. 예를 들면, 스모그와 담배연기에 존재하는 매우 강력하고 반응성 강하고 독성있는 라디칼인 NO_2를 $NO_2\cdot$이라고 쓰기보다는 NO_2라고 한다. 세포에서 생성되고 세포를 손상시키는 라디칼인 과산화물은 과산화음이온(O_2^-)이라고 쓴다. 그러나, 자유라디칼을 강조하기 위해 $O_2^-\cdot$을 사용하기도 한다. 만약 의학자료에 어떤 화합물이 라디칼이라고 명시되어 있다면 그것은 매우 반응성이 큰 라디칼이고 그것이 병태생리학적으로 매우 중요하다는 것을 의미한다.

▶ 비타민 C와 괴혈병

비타민 C(ascorbic acid)는 5각형의 락톤 구조를 갖고 있는 강한 환원제이다(그림 21). 대부분의 동물에서는 비타민 C를 합성할 수가 있는데, 기니피그, 사람을 포함한 영장류, 박쥐는 예외다. 따라서, 사람을 포함한 비타민 C 합성이 안되는 동물은 비타민 C를 반드시 섭취해야 한다. 비타민 C의 화학적 구조를 살펴보면 고리구조상 에스테르 결합에 관여하는 카르복실 산소를 제외하고 모두 하이드록시기와 결합하고 있다. 비타민C 합성에는 3가지 효소가 관여하는데 사람은 글루코락톤 산화효소가 결손되어 비타민C를 합성할 수가 없다. 비타민 C가 공기 중에서 쉽게 산화되어 에스테르 결합이 가수분해 되면 비타민으로서의 활성을 잃게 된다. 중세

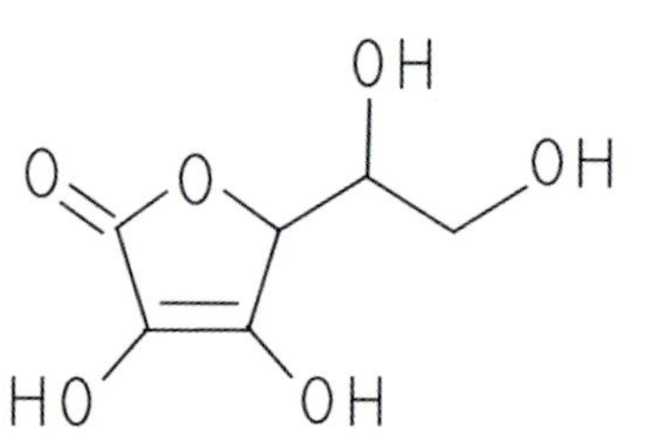

그림 21. 비타민 C의 구조

시대에 장기간 항해하는 선원들에게 원인 모르게 질병이 발생된다고 해서 괴혈병이라는 명칭이 붙게 되었다. 식품 보존법이 발달하지 못한 그 시대에 선원들이 장기간 항해할 때, 신선한 음식을 먹지 못하게 됨으로써 비타민C가 결핍되게 되고 따라서 괴혈병에 걸리게 되었던 것이다. 비타민C의 작용중의 하나가 콜라겐의 주성분중 하나인 하이드록시프롤린 합성에 반드시 필요한 cofactor로 작용한다. 즉 비타민C는 프롤린 수산화효소와 결합하여 콜라겐의 프롤린을 하이드록시프롤린으로 전환시켜주는 역할을 담당하고 있다. 그런데 하이드록시프롤린이 결핍되면 콜라겐 가닥끼리 수소결합을 하지 못하여 콜라겐의 안정성이 떨어진다. 장기간 비타민C가 결핍되면 콜라겐 구조의 결함으로 나타는 증상은 피부 손상, 혈관이 약해져서 잇몸에서의 출혈 등이 있으며, 다리로부터 붓기가 올라 전신으로 부종이 퍼지면 죽기도 한다.

1976년 영국왕실해군의 의사인 제임스 린드는 실험을 통하여 오렌지와 레몬이 괴혈병치료에 매우 효과적인 것을 발견했다. 따라서 영국 해군은 오랜 항해에는 반드시 괴혈병을 예방하기 위하여 선원들의 식품으로 오렌지와 레몬을 포함시켰으며, 그 후에 오렌지에 들어 있는 비타민C가 괴혈병을 예방한 다는 것을 알게 되었다.

07 수의약리학

(1) 약(drug)과 약리학(pharmacology)

가. 약이란

병이나 정신적 고통, 늙음과 죽음의 공포로부터 벗어나는 것이 인간의 절실한 소망이었으며 주술과 마술에 의존하기도 하고 약을 원하게 되었다. 경험에 의하여 식물 등의 생약이 가지는 유효한 작용을 이용함으로서 그 소망은 점차 실현되고, 과학기술의 발달과 더불어 유효성분인 화학물질을 분리하고 이것이 합성되어 약으로 사용되게 되었다. 지금은 목적에 따라 약이 개발되고 병의 진단, 예방, 치료 및 통증을 경감시키는데 사용되어 삶의 질 향상에 지대한 이바지를 하고 있다.

약이란 생체에 투여되면 생물학적 효과를 나타내는 구조가 알려진 화학물질로 정의될 수 있으나, 합성된 화학물질, 식물 또는 동물에서 얻어지는 화합물, 또는 유전자기술의 생산물이 약이 된다. 오늘날은 한 가지 이상의 약물을 조제하여 치료효과를 목적으로 투여되는 것을 'medicine'이라 하여 'drug'와 구별하며, 결합제, 안정제, 용매 등의 다른 물질을 섞어 사용을 용이하게 하기도 한다. Drug라 함은 medicine과 구별하여 탐닉성약물, 마약, 기분고양 등의 목적으로 사용되는 사회적 남용성 약물을 일컫는 용어가 되었다. 약이라 함은 생리적 기전에 의하여 유리되는 양 이상으로 투여되어야 하며 내인성 호르몬인 insulin이나 thyroxine도 의도적으로 투여되면 약이다.

획기적인 치료약의 개발에 의하여 의료행위의 큰 변화를 일으킨 몇 가지 예를 들어보자. 1848년, Moron에 의한 ether의 발명에 의하여 고통 없는 외과수술이 가능하게 되었고, 1928년의 Fleming에 의한 penicillin의 발견에 이은 1941년의 치료에의 응용은 감염증에 의한 사망을 격감시킨 것으로 유명하다. 최근에는 histamine(H)$_2$ blocker의 개발이다. 70년대까지 출혈을 동반하는 위궤양으로 수술을 필요로 하는 경우가 많아 위장내과전문병원이 많았다. 1980년대 초에 사용되기 시작한 H_2 blocker는 이 수용체의 차단에 의하여 위산의 분비를 강하게 억제하고 위궤양을 약으로 치료하는 것이 가능하게 되었다. 동물약의 예로는 개의 사망원인의 반 이상이 사상충증이었으나 현재에는 사상충유충을 구제하는 사상충감염예방약(ivermectin)의 보급으로 사상충감염예가 감소하고 사상충보유 모기도 감소하고 있다. 사람의 천연두와 마찬가지로 장래에는 사상충이 구축될지도 모른다.

동물에 약을 사용하게 된 것은 아주 최근의 일로, 반려동물에 약을 투여하는 목적은 사람의 경우와 거의 동일하나, 산업동물의 경우 그 뿐만 아니라 생산성의 향상이라는 경제적 이유도 매우 크다. 동물에 사용하는 동물약 중에는 동물만을 위하여 개발되어 동물에만 사용하는 약은 적고, 사람과 공통으로 사용하는 약이 많다. 이것은 생체의 기본적인 기전이 사람과 동물에서 많은 부분 같으므로 사람에서 유효한 약의 대부분이 동물에서도 유효하며, 또 동물만을 위한 약을 개발하는 것이 경제적으로 곤란한 경우가 많기 때문이다. 그러므로 수의약리학에 기재되는 약물은 대부분이 사람에서 사용되는 것이다.

질병은 신체의 내부환경의 항상성(homeostasis)의 교란이며 동물은 이를 스스로 회복시키려는 자동조절기구를 갖는다. 약은 이 항상성기구를 보조하는 작용을 가지는 것으로 원래 동물이 가지고 있지 않은 생리작용을 창출하는 일은 없다. 약을 사용함에 있어, 암에 항암제를 사용하거나 감염증에 원인균을 살멸하는 항생물질을 사용하듯이 병의 원인을 직접 제거하는 원인요법으로 사용하는 경우와, 감기에 해열진통약을 사용하듯이 병의 증상을 억제하여 고통을 없애는 대증요법으로 쓰이는 경우가 있다.

약은 사용하는 방법에 따라 부작용, 의존 등의 심각한 문제를 일으키기도 하므로 약에 관한 정확한 지식으로 정확하게 사용하는 것이 중요하다.

나. 약리학의 태동

약리학(pharmacology)은 생체 기능에 대한 약의 효과를 연구하는 학문으로 정의될 수 있으며, 19세기 중엽 실험적인 원리에 기초를 둔 새로운 생의학(biomedical sciences)의 하나로서 태동하였다. 그보다 아주 오래전인 시민혁명기의 태동기부터 약초 요법은 널리 사용되었고 약전(藥典)도 쓰여졌으며,

약재 거래도 활발했지만 어떤 과학적인 근거도 치료제에 적용되지 못했다. 17세기 중엽 화학의 과학적인 토대를 마련한 Robert Boyle 조차도 벌레, 변, 소변, 죽은 사람의 두개골에 낀 이끼를 치료제로 추천하였다 (A Collection of Choice Remedies, 1692). 약리학에 대한 움직임은 임상적인 관찰과 진단에는 능했으나 효과적인 치료를 할 수 없었던 의사들의 치료행위 결과를 향상시키려는 노력에서 비롯되었다. 그러나 19세기말 까지도 신체기능에 대한 지식이 너무 초보적인 수준이어서 약물의 효과를 이해하기 위한 근거를 제시하지 못하였고 동시에 질병과 죽음은 거의 신성한 것으로 여겨져서 과학적으로 다루어지지 못했다. 임상적인 행위는 종종 권위에 대한 복종을 나타냈고 쉽게 확인 가능한 사실도 무시되었다. 예를 들어 키나나무 뿌리(cinchona bark)는 효과적인 말라리아 치료제로서 구체적이고 확실한 치료프로토콜이 1765년 Lind에 의해 만들어졌다. 그러나 1804년 Jhonson은 이것이 열이 가라앉기까지는 안전하지 않다고 공표하고, 대신에 과량의 감홍(calomel; 염화 제 1수은)을 초기단계에 사용할 것을 추천하였고 향후 40년간 이 살인적인 치료법이 계속되었다. 1858년에 Virchow가 cell theory를 제안하였고, 화학물질을 설명하기 위해 구조식을 처음으로 사용한 것도 1868년부터이다. 1878년 Pasteur에 의해서 세균이 질병의 원인임이 밝혀졌다. 이전까지는 약리학의 기반이 없었으나 이런 생리학, 병리학, 화학 등의 발달에 힘입어 약리학이 성립되기 시작하였다.

합성 유기 화학의 출현이전의 초창기의 약리학은 대부분의 식물 유래의 천연물질과 일부 수은과 비소 같은 독성 화학물질의 효과를 이해하는데 관심을 두었다. 화학의 초기발달로 식물로부터 활성 화합물을 분리해 낼 수 있었고, 1805년 독일의 젊은 약사인 Friedrich Sertürner은 양귀비로부터 morphine 을 분리해 냈다. 구조를 알 수 없었지만 다른 물질들도 분리되면서 식물에 의한 치료효과가 마법이나 주술에 의한 것이 아니라 이들 화합물들에 의한다는 것을 확립하였다. 초기의 약리학자들은 quinine, digitalis, ephedrine, strychnine과 같은 식물 유래의 약물에 관심을 두었다.

20세기의 시작과 함께 합성화학의 새로운 바람이 제약산업과 약리학의 과학의 혁명을 불어왔다. Barbiturate와 국소마취제 같은 새로운 합성 약물들이 나타나기 시작했고 1909년 Paul Ehrlich가 매독치료제로 비소화합물을 개발하면서 항생 화학요법의 시대가 시작되었다. 더 눈부신 발견은 1935년 Gerhard Domagk에 의해서 개발된 최초의 항생제인 sulfonamide와 2차

세계대전 중의 Fleming의 연구에 기초한 Chain과 Florey의 penicillin의 개발이다. 이와 같이 새롭게 출현된 약 종류는 약리학자들에게 새로운 도전을 부여하였고 20세기 전반 약리학의 정체성을 확립하는데 공헌하였다. 치료물질의 풍부한 성장과 동시에 생리학의 발전에 힘입어 생체내 chemical mediator로서 호르몬, 신경전달물질(neurotransmitter), 염증매개인자들이 이 시기에 발견되었다. 화학매개물질에 대한 수용체(receptor)란 개념이 1905년 Langley에 의해서 제안되었고 Clark, Gaddum, Schild등에 의해서 바로 받아들여져서 현재 약리학에서는 불변의 주제이다. 수용체 개념과 이것으로부터 개발된 기술은 약의 개발과 치료법에 큰 영향을 주었다. 20세기초 생화학의 태동과 더불어 효소의 발견과 생화학적인 pathway의 확립은 약물의 효과를 이해하는데 또다른 뼈대를 만들었으며, 계속된 생체를 이해하기 위한 과학의 발전과 질병의 치료를 위한 새로운 약물의 개발과 함께 오늘날의 약리학으로 발전하였다.

다. 약리학이란

약리학은 주로 약의 작용, 작용기전, 동태, 사용법을 연구하는 학문이다. 약리학을 이해하기 위해서는 생리학, 생화학, 면역학 등의 교과서를 참고로 이들 학문을 잘 이해하고 항상성기구를 충분히 이해하지 않으면 안 된다. 한편 약리학은 약의 생체에 대한 작용형식을 연구하는 고전적 약리학과 생화학·분자생물학적 수법을 사용하여 약의 작용점을 분명히 하는 분자약리학으로 나뉘어 있기도 하며 이 둘을 적절히 조화시켜야 한다.

수의약리학(veterinary pharmacology)은 동물약에 관한 약리학이지만, 약의 기본적인 작용에 관하여는 거의 사람과 동물의 차이가 없으므로 약리학의 기초도 사람과 동물의 구별이 없다. 실제로 사람을 위한 약의 개발을 위하여 동물을 사용하여 유효성과 부작용 시험을 행한다. 그러나 약의 사용법과 부작용은 동물종에 따라 다른 경우가 있으므로 약을 임상에 사용하는 경우는 주의하지 않으면 안 된다.

임상약리학(clinical pharmacology)은 약의 효과적인 투여방법, 부작용의 경감, 동물종차 등의 관점으로부터, 실제로 치료를 받는 동물종을 사용하여 약물동태와 약리학의 연구를 행하는 학문으로 내과학의 약물치료법과 관계가 깊은 분야이다.

약의 작용을 연구하는 분야를 약력학(pharmacodynamics), 약의 체내에서의 움직임을 연구하는 분야를 약물동태학(pharmacokinetics)이라 한다.

독성학(toxicology)은 약을 비롯하여 많은 천연물질유래 또는 합성화학물질유래의 물질이 동물의 신체에 직접 중독을 일으키거나 또는 환경오염을 통하여 간접적으로 유해작용을 일으키는 것을 연구하는 분야로 중독학이라고도 한다. 중독물질의 작용과 치료법을 연구하는 임상중독학(clinical toxicology)도 있다.

(2) 약리작용

가. 작용의 기본형식

1) 흥분과 억제

약은, 생체의 기능을 증강시키는 흥분작용과, 반대로 이를 감소시키는 억제작용을 갖는다. 예를 들어 심장의 수축력이 약하게 되면 순환장해에 의하여 복수 등의 전신증상이 나타난다. 이런 동물에 강심약을 투여하면 심장의 운동이 왕성해지고 전신증상이 개선된다. 억제작용의 예로는 흥분하여 수의사의 처치를 거부하는 동물에 진정약을 주사하면 중추신경계의 활동이 억제되어 취급이 용이해진다. 그런데 이와 같은 흥분과 억제는 가역적이어야 할 것이 약물작용의 중요한 조건이다.

2) 직접작용과 간접작용

직접작용은 약이 어떤 기관의 작용점에 작용하여 그 기관의 움직임을 변화시키는 것을 말한다. 예를 들면 nitroglycerin은 표적장기인 혈관에 직접 작용하여 혈관을 이완시킨다. 간접작용이란, 그 기관의 작용이 변화한 결과, 그 이외의 기관의 작용도 영향을 받는 경우를 말하며, clonidine은 신경으로부터 혈관수축물질 norepinephrine의 유리를 억제하여 간접적으로 혈관을 이완시켜 혈압을 낮춘다.

3) 주작용과 부작용

약에 기대하는 치료효과를 주작용이라 한다면 그 이외의 바람직하지 않은 작용을 부작용이라 부른다. 이들 작용은 약의 양에 따라 결정되는 경우가 많으며 다량을 투여하면 대부분 부작용이 나타난다. 디기탈리스는 강심약으로 심장의 운동을 증강시키며 이것이 주작용이라면, 치료에 사용하는 양의 1.5 - 3 배량을 투여하면 부정맥이나 구토가 일어난다. 이것이 부작용이다. 그러나 같은 투여량에서도 주작용과 부작용이 동시에 나타나는 경우도 있다.

나. 약물작용의 발현기전

1) 약의 작용점과 수용체

● 작용점

약은 신체내에서 항상성을 조절하고 있는 생체내 생리활성물질이 작용하는 곳과 같은 장소에 작용하여 생리활성물질과 같은 작용을 일으키거나 또는 생리활성물질의 작용을 막는다. 그 결과, 항상성이 유지되고 병이 치료되는 것이다. 이와 같이 내인성의 생리활성물질이나 약이 작용하는 수용체나 효소, 이온채널 등을 작용점이라 하며 주로 세포를 구성하는 단백질이 약물의 작용점, 즉 약물 target이 된다.

● 수용체

수용체는 세포가 가지는 특수한 구조를 한 단백질로 여기에 생리활성물질이 결합하면 입체구조가 변하고 그 정보가 효소, 이온채널 등에 전달되어 그들의 활성이 변한다. 수많은 생리활성물질이 각각의 독자적인 수용체를 가지며 생리활성물질 특유의 화학구조와 그 수용체의 특정 단백질구조(결합부위)가 열쇠와 자물쇠의 관계처럼 딱 들어맞는다. 결합부위구조가 다른 수용체와는 결합할 수 없으므로 작용이 일어나지 않는다. 하나의 생리활성물질이 결합할 수 있는 것은 한 종류의 수용체라고는 할 수 없고 결합부위의 구조만 같다면 다른 수용체와도 결합하여 작용할 수 있다. 이와 같은 공통의 결합부위를 가지는 수용체를 수용체subtype이라 부른다.

수용체는 세포막의 수용체와 세포내 수용체로 나뉜다. 많은 약물은 주로 세포막수용체에 결합하나, 스테로이드호르몬 등은 세포내에 들어간 후에 세포질 또는 핵의 수용체에 결합하여 유전자전사에 영향을 미친다. 세포막수용체에는, norepinephrine, histamine 등이 결합하는 수용체로 GTP결합단백질에 연결되는 타입(G-protein coupled receptor)과 acetylcholine, glutamate 등에 의하여 활성화되는 이온채널을 내장하는 타입(ion-channel coupled receptor), 그리고 cytokine 등의 수용체자신에 효소활성이 있어 tyrosine잔기를 인산화하는 타입(tyrosine kinase-linked receptor)으로 대별된다.

대부분의 약물은 수용체에 결합하여 간접적으로 효소나 이온채널의 활성을 변화시키나, 효소나 이온채널에 직접 결합하여 그 활성을 바꾸는 약물도 있다. 예를 들면 aspirin은 prostaglandin합성효소에 작용하여 그 활성을 직접 억제하며, verapamil은 칼슘채널에 직접 결합하여 채널을 통한 Ca^{2+}의 통과를 차단한다.

2) 세포내 정보전달계

G-protein coupled receptor는 세포막을 7회 관통하는 형태를 가져 세포막의 외측부분에 생리활성물질이나 약물과 결합한다. 세포막의 내측에는 정보전달장치인 G-protein과 연결되고 있다. 수용체에 약물이 결합하면 수용체의 입체구조가 변하면서 G-protein의 활성화에 이어 여러 효소가 활성화 또는 억제되어 cAMP, cGMP, IP_3, DAG 등의 세포내정보전달물질(second messenger)의 양이 증감한다. Second messenger는 단백질 인산화효소(protein kinase)를 활성화하여 세포기능을 담당하는 단백질을 인산화하거나 세포내의 Ca^{2+}을 증가시키고, 그 결과 세포의 기능이 변화한다(그림 1). 인산화된 단백질은 입체구조가 변하고 기능이 변하며, 탈인산화효소(phosphatase)에 의하여 원래의 상태로 돌아온다. 대표적인 수용체와 G-protein과 효소와의 관계를 표 1에 나타낸다.

표1. G-protein coupled receptor

수용체	G-protein	효소의 반응	second messenger	대표적 효과
α_1 adrenoceptor	Gq	phospholipase C 활성	IP_3, DAG 증가	혈관수축
β adrenoceptor	Gs	adenylate cyclase 활성	cAMP 증가	심수축력증가
Muscarinic	Gi	adenylate cyclase 억제	cAMP 감소	심수축력감소

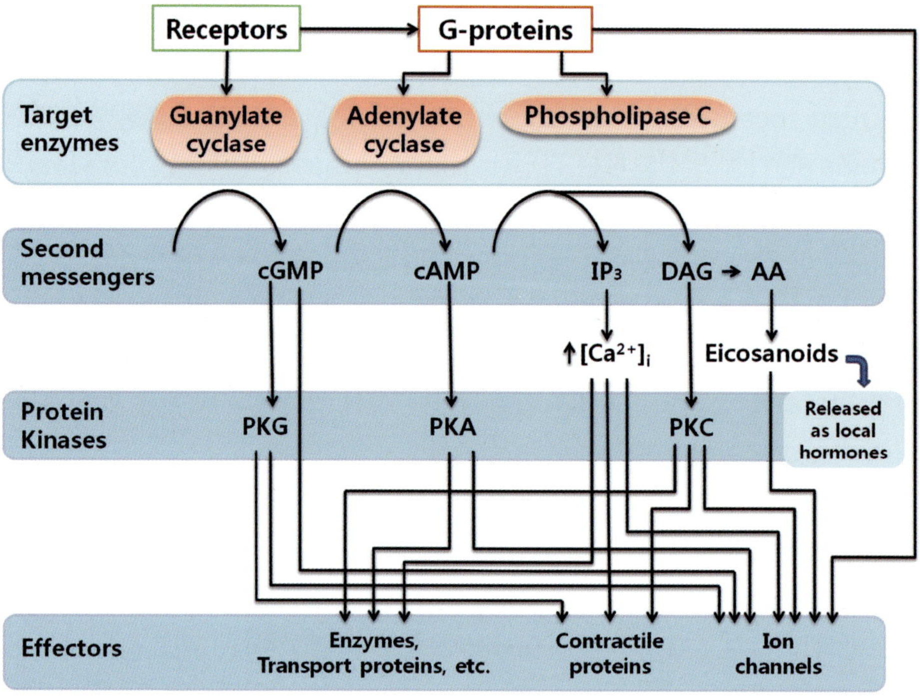

그림 1. 수용체활성에 의한 G-protein 활성을 통한 second messenger의 생성에 따른 세포효과의 조절 기구. AA, arachidonic acid; DAG, diacylglycerol; IP3, inositol triphosphate.

3) 용량반응관계

수용체점유설에 의하면 약과 결합한 수용체(DR)의 양이 반응의 크기와 비례한다고 생각되어 다음과 같이 나타낼 수 있다.

$$\text{약(D)} + \text{수용체(R)} \rightleftarrows \text{약이 결합한 수용체(DR)}$$

해리정수(Kd)

Kd = [D][R]/[DR] 로 표시되며 작을수록 약물의 수용체에 대한 친화성이 높다.

DR x 내활성(E) = 효과

약물의 농도가 높을수록 많은 수용체에 결합한다(질량작용의 법칙). 수용체에 대한 결합의 용이성은 약에 따라 다르며 이를 친화성(affinity)이라 하고, 해리정수는 친화성의 지표가 된다. 비록, 두 개의 약물의 친화성이 같아서 같은 양의 약물이 수용체에 결합하여도 나타나는 효과는 동일하지 않다. 이는 약물이 수용체를 활성화시킬수 있는 능력의 차이에 의한다. 이 힘을 효력(efficacy) 또는 내활성(intrinsic activity)이라 하며, 이처럼 약물의 효과는 농도[D], 해리정수 Kd, 내활성 E에 의하여 결정된다(그림 2).

구조-활성 관계

친화성은 해리정수의 역수(결합정수)로 표시된다. 결합정수와 내활성을 결정하는 것은 약의 화학구조이다. 화학구조의 사소한 차이에도 약물은 수용체 단백질의 자물쇠구멍에 원활히 들어갈 수 없게 되고, 구멍에 들어가도 효력을 나타내지 않기도 한다. 이처럼 약의 화학구조와 그 약리활성의 크기와의 관계를 '구조-활성 관계'라 한다.

용량반응곡선

약의 효과는 작용점부근의 약의 농도에 비례하므로 횡축에 약의 농도의 대수를 취하고 종축에 반응의 크기를 취하여 그래프를 그리면 어떤 농도로부터 반응이 나타나기 시작하여 농도가 높아질수록 반응이 커지며 어떤 농도이상이 되면 반응은 최대에 달한다(그림 2).

4) 약의 양과 작용의 관계

약은 경구투여, 정맥내주사 등의 경로로 동물에 가하나 어떤 경우에도 약의 작용은 혈장중 농도로 결정된다. 혈장중 농도는 투여량에 비례하며, 혈장중 농도가 낮은 경우에는 약은 어떤 작용도 나타내지 않으나 일정농도에 도달하면 작용이 나타난다. 농도가 증가하면 작용이 강하게 되고, 더욱 농도가 커지면 부작용이 나타난다. 더욱 커지면 부작용도 더욱 강하게 되며 사망할 수도 있다. 이런 혈장중 농도에 대하여 각각 최소유효량, 최소중독량, 최소치사량으로 부른다. 이와 같은 관계로부터 최소유효량보다 높고 최소중독량보다 낮은 범위(약용량)의 용량으로 약을 투여하지 않으면 안 된다.

50% 유효량(ED_{50})

약의 작용을 나타내는 지표로서 ED_{50}(50% effective dose)를 사용한다(그림2). 이것은 1군의 동물에 약을 투여했을 때에 그의 반수에 효과가 인정되는 양이다. 50%유효량을 음의 대수치로 표시한 것을 pD_2라고 부른다. 예를 들어 ED_{50}가 10^{-7} mol/l (M)이라면 $pD_2=-\log(10^{-7})=7$이다.

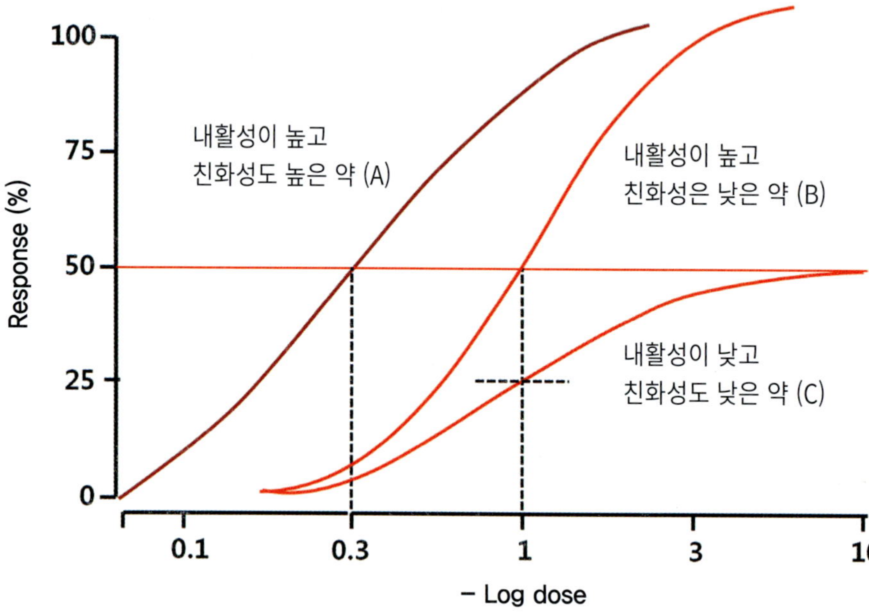

그림 2. 약물의 용량반응 곡선. 약의 농도의 대수를 횡축에, 약의 작용을 종축에 취하면 양자의 관계는 그 중앙부분이 직선에 가까운, 즉 sigmoidal 곡선이 된다. 친화성이 높은 약은 저농도부터 약효를 보이며, 내활성이 높은 약은 최대반응이 크다. 내활성이 최대(1)를 나타내는 약물을 완전작용약(full agonist)라고 하며 내활성이 1보다 적으나 0이 아닌 것을 부분 작용약(partial agonist)이라 한다. C는 부분작용약이며 내활성이 0.5이다. 이들 약물들의 최대반응의 50%의 반응을 일으키는 약의 농도(점선)을 50% 유효농도(ED_{50})이라 한다. C는 최대반응이 50%이므로, ED_{50}은 25%의 작용을 일으키는 농도가 된다. 따라서 약 B와 C는 최대반응은 다르나 ED_{50}은 같다.

● 50% 치사량(LD_{50})

약의 독성의 지표로서 LD_{50}(50% lethal dose)를 이용한다. 이것은 1군의 동물에 약을 투여하였을 때, 그 반수의 동물이 사망하는 양이다. 통계학적인 계산에 의하여 산출한다.

● 치료계수(안전역)

LD_{50}와 ED_{50}의 비(LD_{50}/ED_{50})를 약물의 치료계수 또는 안전역이라 부른다. 이 값이 클수록 유효량과 치사량의 차가 크므로 약물의 안전성의 기준이 된다.

5) 상호작용

2종류의 약을 동시에 투여하면 각각의 약의 작용이 상호 증강시키거나 소멸시킬 수 있다. 증강시키는 것을 협력작용, 소멸시키는 것을 길항작용이라 한다.

협력작용

2종류의 약을 병용하였을 때 각각의 약의 효과를 합한 이상의 강력한 효과가 나타나는 경우가 있다. 예를 들어 acetylcholine의 작용은 cholinesterase inhibitor를 병용하면 증강된다.

길항작용

2종류의 약을 병용하면 약의 효과가 약하게 될 수 있는데, 이는 2종류의 약물이 화학반응을 일으켜 작용이 없는 물질이 되는 경우(화학적 길항)와, 각각의 약물이 생리적으로 반대작용을 발휘하는 작용점에 작용하는 경우(생리적 길항), 활성이 있는 약과 없는 약이 동시에 같은 수용체에 작용하는 경우(경쟁적 길항 competitive antagonism과 비경쟁적 길항 noncompetitive antagonism)가 있다. 수용체에 결합하여 작용을 나타내는 약을 작용약(agonist), 결합하면 작용을 나타내지 않는 약(내활성이 제로인 것)을 길항약(antagonist)이라 한다.

a. **경쟁적 길항** 수용체에 가역적으로 결합하여 작용약의 결합을 저지하는 길항약을 경쟁적 길항약이라 부른다. 작용약과 길항약의 수용체 결합은 각각 약물의 농도와 친화성에 따라 결정된다. 경쟁적 길항약이 존재할 때에 저농도의 작용약은 수용체에 결합할 수 없으므로 작용을 볼 수 없다. 그러나 작용약의 농도를 증가시키면 작용약은 수용체에 경쟁적 길항약과 치환하여 결합하고 효과를 나타낸다. 이처럼 경쟁적 길항약이 있을 때는 반응을 유발하기 위하여 필요한 작용약의 농도를 증가시킬 필요가 있으나 고농도에 의하여 최대반응도 나타나므로 용량반응곡선은 고농도쪽으로 평행이동한다(그림3).

b. **비경쟁적 길항** 비경쟁적 길항약은 수용체와 비가역적으로 결합하여 작용약이 결합하는 수용체의 수를 감소시켜 버리는 길항약이다. 따라서 비경쟁적 길항약이 있으면 작용약의 농도를 아무리 높여도 최대반응은 얻을 수가 없으며 용량반응곡선은 하향이동한다(그림3).

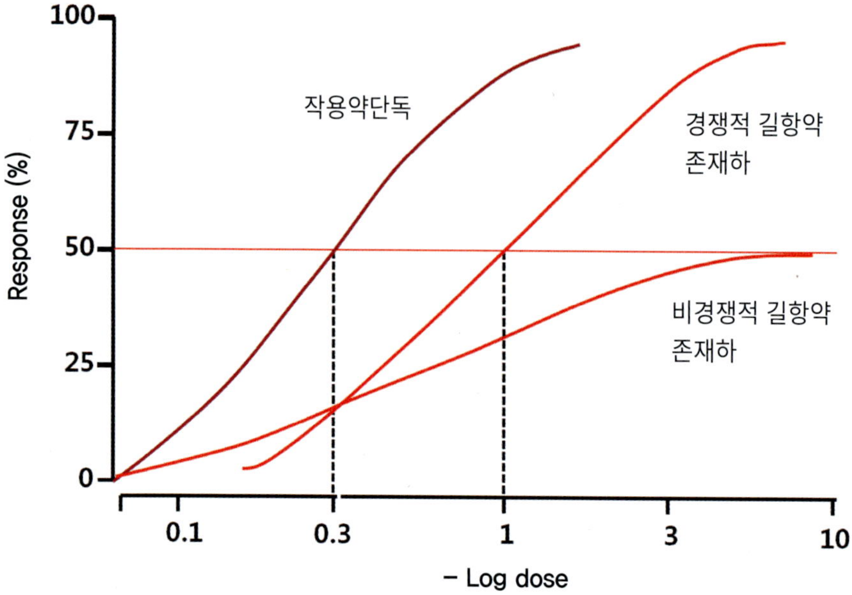

그림 3. 경쟁적 길항약과 비경쟁적 길항약의 작용. 수용체에 가역적으로 결합하여 작용약의 결합을 저해하는 경쟁적 길항약은 작용약의 용량반응곡선을 고농도쪽으로 평행이동시킨다. 비경쟁적 길항약은 수용체에 비가역적으로 결합하여 작용약이 결합할 수 있는 수용체수를 감소시키므로 용량반응곡선의 최대반응을 저하시킨다.

(3) 약의 작용의 강도 및 지속시간을 변화시키는 요인

가. 약의 성질

약이 가지는 성질, 즉 흡수와 대사의 속도, 대사효소유도의 유무, 혈장단백질과의 결합정도, 막투과성, 수용체와의 결합도(친화성)등의 요인에 따라 약의 작용강도가 변화한다.

나. 약의 투여량

투여량은 약물 작용강도를 결정하는 가장 큰 요인이다.

다. 투여법

약물의 투여법은 전신작용을 기대하는 전신투여와, 약물투여부위에서의 국소작용을 기대하는 국소투여로 나누어진다. 국소투여를 하여도 약물은 흡수되어 주변에 퍼지므로 이러한 약물의 이동을 기대하는 경우도 있다. 예를 들어 nitroglycerin을 관상동맥의 협착을 개선하기 위하여 사용하는 협심증의 치료약이나, 설하에 분무제나 정제로 투여하는 외에 흉부에 국소적으로 도포하면 흡수되어 심장에 작용한다. 전신투여에는, 경구투여법과 비경구투여법(주로 주사투여)이 있다. 일반적으로 주사투여하면 경구투여보다 흡수량이 많다.

라. 반복투여의 영향

약을 반복하여 투여하면(연용) 급속히(분 단위로) 약효가 사라지는 일이 있다. 이를 급성내성(acute tolerance), 또는 탈감수성(desensitization)이라 부른다. 실험적으로는 탈감수성은 고농도의 약물이 작용점에 장시간 머무르는 것에 의하여 발생한다. 이와 같은 약은 치료약으로서 사용할 수 없다.

내성(tolerance)이란 약을 장시간(시간, 일 단위) 반복하여 투여했을 때에 그 효과가 없어지는 현상을 말하며, 이 원인은 수용체수의 감소, 수용체와 약의 친화성의 감소, 세포내정보전달계의 억제, 약물대사의 항진 등이 있다. 이와 같은 현상은 생체의 항상성 기구의 일부이다.

마. 약의 상호작용

협력작용과 길항작용 : 복수의 약을 조합하여 투여하면 약의 효과가 변화하는 일이 있다. 그 예로서 협력작용과 길항작용이 있다.

바. 종차와 개체차

1) 동물종차와 개체차

체중에 따라 같은 양을 투여하여도 동물종에 따라 그 작용의 강도, 지속시간 등에 차가 보이는 경우가 있다. 여러 종류의 동물을 취급하는 수의임상에 있어서는 이와 같은 동물종차를 생각하여 약물을 투여할 필요가 있다. 약물대사효소의 동물종차가 약물감수성 차이의 원인인 경우가 많다. 약에 대한 감수성에 개체차가 있는 경우도 많으며, 그 원인은 종차의 경우와 거의 같다. 사람을 포함하여 많은 동물종에서는 암수간에 약에 대한 감수성이 크게 변하는 경우는 거의 없다.

2) 연령차

어린 동물과 늙은 동물에서는 약물작용이 강하게 나타나는 경우가 있다. 그 주된 원인은 이들 동물에서는 약물대사효소의 활성이 낮기 때문이다. 출생 직후의 동물에서는 소화관으로부터의 고분자물질의 흡수율이 높다. 또 혈액뇌관문이 발달치 못하였으므로 약이 뇌내로 이행하여 중추신경에 작용하기 쉽다.

태아에 대한 약의 작용과 부작용에는 주의하지 않으면 안 된다. 태반은 형태학적인 종차가 크나, 약은 동물종에 관계없이 태반을 통과하여 태아에 도달하는 가능성이 높다. 태아기는 간의 약물대사능력은 낮고, 신장의 기능도 발달하지 못하여 노폐물의 일부가 양수 중에 배설되는 것만으로도 약의 작용이 강하게 나타나기 쉽다. 또, 출생 직후의 동물과 마찬가지로 혈액뇌관문이 미발달이다.

태아기는 발생학적으로 ① 착상전기 ② 기관형성기 ③ 태아성장기로 나뉜다. 약의 부작용으로서 착상전기에는 태아사망, 기관형성기에는 기형이 발생하기 쉽다. 기관형성기는 동물종에 따라 다르므로 임신동물에 약물 투여는 주의를 필요로 한다.

3) 병적 상태

간의 대사기능에 장해를 가진 동물에서는 약의 대사속도가 저하되고, 약의 작용이 보다 강하게 나타나거나 작용시간이 길어지는 일이 있다. 역으로, 간장에서 대사되어 약효를 가지는 물질로 변하는 약의 경우는 그 작용이 감소된다. 또, 신장의 기능에 장해가 있는 동물에 주로 신장으로부터 배설되는 약을 투여하면 약은 배설되지 못하고 혈중에 머물러 작용시간이 연장되는 일이 있다.

▶ 공해물질과 노벨상

1998년 노벨생리학상은 미국의 3인의 약리학자가 수상하였다. Acetylcholine을 주사하면 혈관이 확장되어 혈압이 떨어지나 적출한 혈관에서는 acetylcholine의 혈관이완작용이 나타나지 않는다. 이 수수께끼를 풀은 것은 Furchgott이다. 그는 acetylcholine이 혈관내피세포로부터 이완물질을 유리한다는 것, 적출한 혈관에서는 내피세포가 상처를 입었기 때문에 이 작용이 나타나지 않는다는 것을 밝혔다. Ignarro는 이 이완물질이 일산화질소(NO)인 것을 밝혔다. 공해물질이었던 질소화합물이 생리적으로 중요하다는 사실은 세간의 주목을 받았다. 최후의 1인이었던 Murad는 nitroglycerin의 연구를 하고 있었다. Nobel이 억만장자가 되었던 것은 nitroglycerin을 사용하기 쉬운 다이나마이트로 가공하는 일을 성공하였기 때문이나, nitroglycerin은 혈관확장작용을 가지며 협심증의 치료약으로 널리 사용되고 있다. Murad는 nitroglycerin이 체내에서 일산화질소로 변하고 이것이 혈관을 이완시키는 것을 분명히 하였다. 일산화질소는 세포내의 cGMP를 증가시켜서 이완작용을 나타내나 이 cGMP를 파괴하는 효소인 phosphodiesterase를 억제하여 cGMP를 증가시켜 페니스를 발기시키는 것이 '비아그라'이다.

기초수의학

08 수의독성학

(1) 독성학은 어떤 학문인가?

독성학(toxicology)은 독(toxin)의 작용원리(-ology)를 연구하는 학문으로, 인간을 비롯한 생물체에 유입되어 직접적으로 해로운 작용을 나타내거나 환경을 오염시켜 생태계에 악영향을 미치는 독성요인과 그들의 독성작용원리를 파악함으로써 안전성을 확보하기 위한 과학이다. 우리 주변의 독성물질로는 사염화탄소와 같은 화학물질, 뱀독과 같은 생물독소, 납과 같은 중금속, 멜라민(melamine)과 같은 식품오염물질, 다이옥신(dioxins)과 같은 환경오염물질, 사이클로포스파마이드(cyclophosphamide)와 같은 의약품, 우라늄과 같은 방사능 물질, 줄기세포(stem cells)와 같은 유전자 및 세포치료제의 부작용 등 매우 다양하다. 특히 휴대폰 등에서 방출되는 전자파, 휘황찬란한 조명, 그리고 현대인의 가장 무서운 적 스트레스(stress) 등 물질이라고 하기 어려운 독성요인도 산재해 있다. 이들 독성요인은 우리 몸의 세포와 조직을 손상시키고, 암을 유발하거나 기형아를 낳게 하며, 생체기능과 리듬을 파괴하여 죽음에 이르게 하는가 하면, 정신병을 앓게 하거나 극심한 스트레스로 자살을 유도하기도 한다. 독성학자는 이러한 독성요인의 종류와 작용기전을 연구하고, 그에 대한 예방 및 치료방안을 제시함은 물론, 피할 수 없는 독성요인에 대해서는 안전기준을 제시함으로써 국민의 건강유지 및 보건향상에 기여하고 있다.

(2) 독성학의 분야

고전적인 독성학의 분야는 1) 중독을 일으키는 독성물질의 구조, 성질 및 독력을 연구하는 독극물학, 2) 독성물질이 체내로 어떻게 흡수(absorption)되고, 분포(distribution)하며, 대사(metabolism)된 후 배설(excretion)되는지를 탐색하는 독성동태(ADME) 연구, 3) 독성물질이 주된 독성을 나타내는 표적장기(target organs) 및 그 독성의 형태를 연구하는 표적장기 연구, 그리고 4) 해독제 및 치료제를 개발을 위한 독성물질의 독성발현 및 해독제의 해독기전 연구를 들 수 있다.

산업발달로 수없이 많은 합성화학물질과 환경오염물질은 물론 사회적 요인으로 인해 독성학의 분야는 크게 확장되고 있다. 즉, 피해 대상이 인체와 동물체에 국한되지 않고 생태계의 모든 생물체(wildlife population)로 확대되었다. 또한 독성물질의 독성 강도(toxic potency)의 분석에 그치지 않고 생물체에 미칠 수 있는 위해성 평가(risk assessment)가 요구되고 있다. 또한 고전적인 약물의 부작용 분석에서부터 환경오염물질, 스트레스, 전자파 등의 자기장(magnetic fields), 비만, 유전자조작 식품(genetically-modified organism, GMO) 등 환경요인과 식품 및 식품첨가물로 확대되고 있다. 특히 현대 독성학에서는 새로운 약물이나 화학물질의 독성을 확인(toxicity evaluation)하는 데에서 더 나아가 안전성 확보(safety assurance)를 목표로 하고 있다.

이러한 목표의 달성을 위해 현대 독성학의 분야는 새롭게 재편되고 있다. 즉, 1) 이론독성학(mechanistic toxicology)에서는 독성물질의 독성발현 기전, 표적장기 및 ADME를 연구한다. 2) 평가독성학(descriptive toxicology)에서는 의약품, 의약부외품, 위생용품, 식품과 식품첨가물, 의료기기, 화장품, 기능성식품 등등 인위적으로 생체에 적용하는 물질의 효능(약효)과 부작용(독성)은 물론, 불가피하게 생물체가 노출되게 되는 농약 및 환경오염물질의 독성과 위해성을 분석하고 안전(무해)용량을 제시한다. 3) 임상독성학(clinical toxicology)에서는 중독에 따른 영향을 연구하고, 중독을 예방하거나 환자를 해독 및 치료(casualty treatment)하며, 안전관리방안을 강구한다. 4) 환경 및 생태독성학(environmental toxicology/ecotoxicology)에서는 독성물질의 인체, 동물체 및 생태계에 대한 영향을 연구하고, 자연환경에서의 분해경로를 추적함은 물론, 제독원리와 관리방안을 제시한다. 5) 산업독성학(industrial toxicology)에서는 유해 작업환경에서 독성물질에 의한 근로자의 폭로(노출)와 장애를 연구하여 예방 및 관리방안을 마련한다. 6) 법독성학(forensic toxicology)

에서는 독성물질을 분석하여 사고(망) 원인과 발생시간 등을 규명하고 해석한다. 또 7) 규제독성학(regulatory toxicology)에서는 의약품과 산업화학물질의 생산, 판매, 유통 및 합법적 이용에 관한 정부의 법률적 규제를 통해 안전관리 업무를 수행한다.

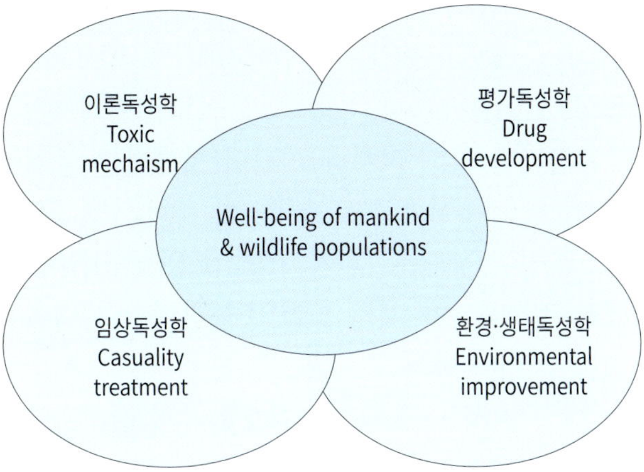

그림 1. 인류의 안녕을 추구하는 종합학문으로서의 독성학.

(3) 독성학의 주요 술어

독성물질의 총칭은 toxic substances 또는 poisons이라고 하는데, 이러한 독성물질은 체외나 체내에서 생성될 수 있다. 그 중에서도 독물(toxicants)은 인간에 의해 생산되거나 자연광물로부터 추출한 독성물질로 주로 화학물질을 의미한다. 이러한 예로는 파라싸이온(parathion) 농약, 환경오염물질 다이옥신, 구운 고기에 생성되는 벤조피렌(benzo[a]pyrene) 등을 들 수 있다. 독소(toxin)는 자연에서 생물(동·식물)에 의해 생산되는 독성물질로 주로 단백질(proteins), 알칼로이드(alkaloids), 배당체(glycosides) 등의 구조이다. 즉, 탄저균 치사독소(anthrax lethal toxin), 보툴리누스균 신경독소(botulinum neurotoxin, BoNT), 아주까리(castor bean)의 라이신(ricin), 녹조류(blue-green algae)의 microcystin 등이 그 예이다. 이에 비해 독(venom)은 생물독소 중 체외로 분비되는 독소로, 뱀독(snake venoms), 벌독(bee venoms) 등이 대표적이다. 한편 형태가 없는 스트레스, 전자파, 인공조명 등은 독성물질이라 할 수 없으므로 독성요인이라 표현할 수 있다.

독성물질의 독력(toxic potency), 위해의 정도 및 형태를 총칭하여 독성(toxicity)이라 하며, 독성물질이 체내에 유입되는 것을 중독(poisoning, intoxication)이라고 한다. 중독에 의해 생체 내에서 독작용을 나타내는 현상과 그 증상을 중독증(toxicosis)이라 하는데, 이러한 독성물질과 증상의 제거과정을 해독(detoxification, detoxication)이라 한다. 한편 독성물질이 생체 내로 유입되지 않고 피부나 인간이 사용하는 물질에 접촉된 상황을 오염(contamination)이라 부르는데, 이 중에서도 환경(공기, 물, 토양)에 독성물질이 혼입된 상태는 (환경)오염(pollution)이라 한다. 이러한 오염, 즉 체외에서 독성물질을 제거 또는 중화하여 무독화하는 과정은 제독(decontamination)이라 한다.

독성물질로부터의 안전성(safety)를 확보하기 위해서는 독성물질의 독성을 예측하기 위한 위험성 분석(hazard analysis)을 통해 독성물질이 생체 및 환경에 유해한 영향을 일으킬 잠재성을 파악해야 하며, 위해성 평가(risk assessment)를 통해 유해 영향의 발생 확률을 측정하게 되는데, 이러한 분석정보는 국민의 보건향상을 위해 제공된다.

아무리 좋은 약이라 할지라도 적정 용량을 초과하면 부작용(side-effects 또는 adverse-effects)을 낳게 된다. 즉, 모든 의약품과 환경오염 물질은 위해농도(critical concentration)에 도달하면 독성을 발현하게 되는 바, 사람이 평생 섭취해도 우려할 만한 위해성이 없는 용량을 1일섭취허용량[tolerable (acceptable) daily intake, TDI (ADI)]이라 한다. 인체에 대한 TDI는 동물실험을 통해 예측 가능하다. 즉, 실험동물에 최소 90일 이상 투여하여 얻어진 무해용량, 즉 무관찰부작용량(no-observed adverse-effect level, NOAEL)을 안전계수 100(사람이 실험동물보다 10배 이상 민감하여 x10, 사람의 유전적 차이를 반영하여 x10)으로 나눈 값이다. 따라서 약효가 뛰어나고 부작용이 적은 약이 안전한 우수의약품이라 할 수 있다. 약물의 안전한 정도는 약효를 나타내는 용량과 치사량과의 비율로 나타낼 수 있는데, 치료지수/치료역(therapeutic index/window)은 반수치사량(median lethal dose, LD_{50})를 반수유효용량(median effective dose, ED_{50})으로 나눈 값이며, 안전역(standard safety margin, SSM)은 최소치사량(minimum lethal dose, LD_1)을 전수유효용량[100% effective dose, ED_{100}(현실적으로 ED_{99})]으로 나눈 값이다. 그러므로 치료지수/치료역과 안전역이 클수록 과다복용의 경우에도 치사에 이르지 않고 안전하다고 알 수 있다.

(4) 생물독 및 독소

지구상의 대부분의 생물은 천적으로부터 자신을 보호하거나 먹이를 사냥하기 위해 독을 지니고 있다. 열대지방의 뱀들은 주로 신경마비독을 가지고 있는데, 코브라의 α-cobratoxin, 방울뱀의 crotoxin과 mojave toxin, 우산뱀의 α-bungarotoxin, 바다뱀의 erabutoxin이 대표적이다. 반면 온대지방의 살모사 등은 혈액독인 phospholipases 효소를 가지고 있어 혈관과 세포를 파괴하며, 벌독에는 mellitin이 들어 있어 phospholipases를 활성화시킨다. 또 많은 종류의 거미와 전갈(scorpions)도 다양한 독을 지니고 있다.

어류 중에서는 복어(puff fish) 등에 존재하는 마비독소인 tetrodotoxin과 인도-태평양 연안에 서식하는 시가테라(ciguatera) 물고기의 ciguatoxin이 있는데, 이들 모두 신경독이다. 또 적조(red tide) 현상을 일으키는 해양성 편모류(Dinoflagellate)의 일종인 *Ptychodiscus brevis*가 생산하는 신경독 brevitoxin과 담수성 녹조류가 생산하는 간독성 물질인 microcystin이 있다.

한편 조개 섭취로 인한 식중독은 해마다 발생하고 있는데, 특히 마비성 패독(paralytic shellfish poisoning, PSP)으로 유명한 섭조개중독(mussel poisoning)은 해양성 플랑크톤(phytoplanktons) 중 편모조류인 *Protogonyaulax catanella, P. tanarensis* 등이 만드는 독성 대사산물을 섭조개, 홍합, 대합조개 등이 섭취하여 축적된 독소를 사람이 섭취하여 일어난다. 또 설사성 패독(diarrheic shellfish poisoning, DSP)은 일본의 경우 와편모조류(*Dinophysis fortii*와 *D. acuminata*), 유럽에서는 *D. acuminata*와 *D. acuta*가 주원인 플랑크톤으로 급성 위장염을 일으킨다. 한편, 모시조개중독은 모시조개, 바지락, 굴 등에 의해 일어나는 식중독으로, 바지락의 학명인 *Venerupis semidecussata*에 따라 venerupin이라고 명명하였다.

독소를 생산하는 곰팡이로는 *Aspergillus, Fusarium, Penicillium* 등이 대표적이다. *Aspergillus*가 생산하는 aflatoxin B1과 *Fusarium*으로부터 발생하는 fumonisin은 강력한 간 발암물질로 유명하다. 또 *Fusarium*이 만들어 내는 zearalenone은 여성호르몬처럼 작용하여 암컷 돼지의 발정을 유도하는 특징을 지닌다. 또 *Penicillium*과 *Aspergillus*에서 생산되는 ochratoxin A와 citrinin은 콩팥독성을 유발한다.

한편, 우리 주변의 많은 식물도 초식동물로부터 스스로를 보호하기 위해 독성성분을 지니고 있다. 표 1에 독성성분을 가지고 있는 식물을 소개한다.

표1. 주요 독성식물 및 성분

주요 증상	식 물	독성성분	비 고
경련, 중추흥분	독당근	cicutoxin	
	현호, 금낭화	isoquinoline	
	황자스민	gelsemine	
기립불능, 이상행동	마로니에	aesculin	
	자운영	miserotoxin	
	나팔꽃	lysergic acid	
중추기능 억제	마리화나, 대마초	tetrahydrocannabinol	
	사근, 미역취	trematone	
	양귀비	opioids (morphines)	
콜린성 신경 억제	벨라도나, 독말풀, 미치광이풀	atropine, scopolamine	
	감자, 까마중	tropane	변비 유발
콜린성 신경 자극	감자, 까마중, 노박덩굴	solanine, solanidine	설사 유발
니코친성 신경 자극	독미나리	coniine	
	참제비고깔	diterpene	
	빨간로벨리아(숫잔대)	lobeline	
	층층이부채꽃	lupine	
	담배	nicotine	

주요 증상	식 물	독성성분	비 고
구토, 설사	염주홍두	abrin	
	개사프란	colchicine	
	월계수(서향나무)	daphnetoxin	
	홍성초	diterpene	
	담쟁이덩굴	hederagenin, falcariol	
	수선화	lycorine	
	흰독말풀(mandrake)	podophyllin	
	피마자(아주까리)	ricin	
	쥐엄나무	robin	
간독성	달걀파리버섯	amanitin	
	소철	cycasin	
	녹조류	microcystin	
	우엉	carboxyatractyloside	
콩팥독성	사탕무우, 아마란스, 대황	oxalates	뇨결석
	참나무	gallotannin	
심장독성	계수나무, 진달래, 철쭉	andromedotoxins	

(5) 중금속 및 농약

중금속 중 비소는 모세혈관의 확장과 점막의 괴사를 초래하여 심한 설사와 전해질 손실 및 콩팥손상을 유발한다. 구리는 산화반응으로 급성 용혈성 빈혈(acute hemolytic anemia)을 초래한다. 철 역시 산화반응을 유도하여 간, 장점막 및 혈관손상을 일으켜 출혈과 설사의 원인이 된다. 납은 헤모글로빈(hemoglobin) 합성을 억제하여 빈혈을 초래하고 신경세포괴사로 뇌수종을 일으킨다. 한편 수은은 역사적으로 Minamata disease로 유명한데, 단백질 변성을 통해 위장염과 콩팥괴사를 유발하고, 신경손상으로 시력, 청력 및 전신마비를 초래한다. 아연중독은 콩팥과 위장염을 유발하며, 카드뮴은 고환변성과 관절염 및 골다공증을 특징으로 하는 이타이이타이병을 일으킨다.

한편 농약은 살충제, 제초제, 살균제, 살서제 등으로 구분된다. 가장 광범위하게 사용되고 있는 유기인계(organophosphates) 및 카바메이트계

(carbamates) 살충제 중독시에는 기관지 수축 및 분비물 증가에 따른 호흡곤란과 경련이 초래된다. 유기염소계(organochlorines) 살충제는 흥분과 경련을 초래하는데, 과거에 다량 사용되어 내분비계장애물질(endocrine-disrupting chemicals, EDCs), 일명 환경호르몬으로 자연계에 잔류해 있다. Pyrethrins 살충제는 제충국 식물유래로 상대적으로 안전하지만 오용할 경우 구토와 경련을 초래한다. Rotenone 살충제는 튜바나무 뿌리에서 추출한 것으로 장염과 폐수종을 일으켜 구토와 호흡곤란을 유발한다. Phenoxy 제초제는 위장 기능을 억제하여 소화불량을 일으키며, 콩팥의 울혈을 초래한다. 비선택성 paraquat 제초제는 폐수종과 폐섬유화를 초래하여 호흡곤란을 일으킨다. Pentachlorophenol 살균제는 체온상승을 통해 신생돼지를 사망에 이르게 하고, 체중감소와 산유량 저하를 가져온다. 항응고 살서제는 혈액응고를 억제하여 과도한 출혈에 따른 빈혈과 마비로 사망에 이르게 한다.

(6) 내분비계장애물질(환경호르몬)

하나뿐인 지구를 인간이 너무 심각하게 오염시킴으로써 3천여 종의 동물과 1만 6천 종류의 식물이 멸종위기에 직면해 있고, 인류의 생존마저도 위협받고 있다. 이러한 환경오염 물질 중에서도 체내에 유입되어 내분비계에 장애를 초래하는 물질을 환경호르몬이라 한다. 이러한 환경호르몬은 체내에 들어오면 잘 배출되지 않고, 환경 중에서도 분해되지 않고 안정하며, 먹이사슬의 상층으로 올라갈수록 계속 축적된다. 환경호르몬은 생식능을 저하시키고, 기형을 유발하며, 성장장애를 초래하고, 각종 암을 유발한다. 특히 대다수의 환경호르몬이 여성호르몬처럼 작용하여 여성화 현상을 초래하기 때문에 수컷의 생식능이 저하되고 여성암이 발생한다. 우리 생활주변의 주요 환경호르몬을 표 2에 나타내었다.

표 2. 내분비계 장애가 우려되는 물질 및 주변 생활용기

환경호르몬	주요 문제점	용출되는 생활용품
다이옥신 등 유기염소계	기형아 출산	환경오염 물질
DDT 등 농약류	여성암, 갑상샘암, 음경 왜소화, 알의 부화율 감소	유기염소계 농약
PCB 등 산업물질	여성암, 갑상샘암, 알의 부화율 감소, 면역능 저하	절연물질
알킬페놀(alkylphenols)	여성화, 자웅 동체화	합성세제
비스페놀 A(bisphenol A)	생식기능 저하	플라스틱 용기, 음료캔, 병마개, 수도관의 내장코팅제, 치과치료용 코팅제
프탈레이트류(phthalates)	고환발율 장애	플라스틱 장난감, 1회용 주사기 등의 의료용품
스티렌 다량체 (styrene dimers & trimers)	호르몬 합성 저해	컵라면 용기
벤조피렌	발암	구운 고기, 가열 식품
중금속(수은, 납, 카드뮴)	유산, 산유량 감소	폐건전지

(7) 발암물질과 암예방

암은 유전자의 돌연변이나 염색체 손상, 호르몬 변화 또는 자극성 요인 등에 장기간 노출될 경우 발생한다. 실제로 우리 몸의 각 세포는 시간당 5천 번 이상의 DNA 손상을 겪지만 복구 기능이 그 200배 이상 작용하기 때문에 정상적으로는 암이 발생하지 않는다. 그러나 이 수복 능력에 문제가 생기면 DNA 손상과 유전자 돌연변이에 따라 종양이 발생한다.

주요 발암물질로는 인간이 석유화학 제품을 사용하면서 오염시킨 벤조피렌과 같은 방향족 탄화수소류(polycyclic aromatic hydrocarbons, PAHs), 2-acetylaminofluorene과 같은 방향족 아민류(aromatic amines), nitrosamine과 같은 질소화합물(nitroso-compounds) 등과 mustards와 같은 항암제류, aflatoxin B_1과 같은 곰팡이 독소, 비소, 카드뮴, 크롬, 니켈과 같은 중금속, 석면(asbestos)과 같은 미세입자, 천연

및 합성 호르몬 등 다양하다.

표 3. 암예방 효과를 갖는 식품 성분

성 분		식 품
Micronutrients & vitamins	minerals, vitamin C & E	오렌지(노란색소)
Vitamin A & carotenoids	carotenes	당근(붉은 색소)
	lycopene	토마토(붉은 색소)
	lutein	시금치, 파슬리
	fucoxanthine	갈색 해초
	astaxanthine	게껍질
Flavones	flavonoids (genistein)	콩
	flavonoids	녹차
	catechins (EGCG)	
	curcumin	카레(노란 색소)
Fish oils	docosapentaenoic acid (DHA)	생선
	eicosapentaenoic acid (EPA)	
Saponins	protopanaxadiols, protopanaxatriols	인삼, 허브
Alcohols (wines)	resveratrol	포도
	flavonoids	
	catechins	
Sulfur compounds	allicin, diallyl sulfide	마늘
	sulforaphane	십자화과 식물 (브로콜리, 양배추, 컬리플라워)
	isothiocyanates	
	indole-3-carbinol	
Immunomodulators	muramyldipeptide (MDP)	유산균, 호모
	Zymosan, β-glucan	
	β-glucan	보리, 귀리
Paste, cheeze	lactoferrin	발효식품

일반적으로 암은 유전자 이상을 초래하는 개시단계(initiation), 전암병변(preneoplastic lesions)으로의 촉진단계(promotion), 악성 종양화하는 진행단계(progression), 그리고 다른 부위로 이동하는 전이단계

(metastasis)의 다단계 과정을 거친다. 따라서 현대의학에서는 조기진단으로 암을 제거하여 완치하거나 천연물로부터 암예방 물질을 탐색하여 사전에 암의 발생을 줄이는 노력을 기울이고 있다. 표 3에 식품 중의 암예방 성분을 소개한다.

(8) 스트레스

현대인에 있어서 스트레스는 만병의 근원이 되고 있어 현대 독성학에서의 스트레스 연구는 중요한 과제로 떠오르고 있다. 스트레스는 눈에 보이지 않는데다, 스트레스로 인한 부작용이 충분히 설명되지 않고 있다. 그러나 의학적인 관점에서 스트레스는 명확한 부작용을 가져 온다. 1) 스트레스는 위궤양 등 위장관염증을 유발하는데, 이는 부신겉질에서 분비되는 스트레스호르몬이라 일컫는 corticosteroids가 위점막 혈류를 감소시키기 때문이다. 2) 분비된 corticosteroids는 면역세포를 사멸시키거나 불활화하여 면역기능을 떨어뜨린다. 3) 면역기능이 억제되면 암, 특히 유방암 성장이 촉진된다. 4) 임산부가 스트레스를 받으면 corticosteroids의 영향으로 미숙아와 기형아를 출산한다. 5) 심한 스트레스는 뇌 내 γ-aminobutyric acid (GABA) 분비를 촉진하여 기억력 저하를 가져 온다. 6) 또한 지속적인 스트레스는 혈류를 방해하고 동맥 내 지질침착을 촉진하여 동맥경화 등의 심혈관계 질환을 촉진시킨다.

(9) 동물의 5대 중독 원인

이러한 다양한 중독요인 중에서 애완동물과 가축의 5대 중독원인을 살펴보면 표 4와 같다. 즉, 개는 살충제와 살서제 중독이 빈번하며, 쓰레기를 뒤지다 중독되는 경우, 그리고 자동차 문화에 따른 부동액 및 기호식품인 초콜릿 중독이 주요 원인이다. 흥미롭게도 심계항진(심장박동 증가 및 흥분)을 유발하는 초콜릿 중독은 주로 발렌타인데이(Valentine day)에 많이 발생한다. 고양이는 살충제와 뇨결석 유발 식물성분, 그리고 가정의 상비약 중독이 수위를 차지하고 있다. 한편 초식동물인 소는 사료오염 곰팡이독소에 이어 식물의 독성성분, 페인트 내 납, 살충제 및 사료첨가제가 주요 중독요인이며, 말의 경우에는 사료오염 곰팡이가 대다수이며 성장촉진 및 체력증강용 사료첨가제가 또 다른 원인이다.

표 4. 애완 동물 및 가축의 주요 중독 원인

동 물	중독요인
개	① Organophsphates(유기인계) 및 carbamates(카바메이트계) 살충제 ② Anticoagulants 살서제 ③ Garbage(쓰레기 내 다양한 중독원인) ④ Ethylene glycol(부동액 성분) ⑤ Theobromine(초콜릿)
고양이	① Organophsphates 및 carbamates 살충제 ② Pyrethrins(제충국) 살충제 ③ Calcium oxalate plants(사탕무우, 명아주, 대황 등) ④ Acetaminophen 진통해열제 ⑤ Ibuprofen 소염진통제
소	① Vomitoxin(젖소) 곰팡이 독소 ② Plants(주목, 참나무, 김의털 등) ③ Lead(페인트 등) ④ Organophsphates 및 carbamates 살충제 ⑤ Urea 사료첨가제
말	① Slaframine(클로버 오염 곰팡이 독소) ② Fumonisins(옥수수 오염 곰팡이 독소) ③ Fescue(김의털 기생 곰팡이 독소) ④ Ionophores(성장촉진 및 체력증강제) ⑤ Black walnut(검은호두 오염 곰팡이 독소)

(10) 중독관리

중독이 발생하면 응급처리를 해야 하는데, 가장 시급한 것은 기도를 확보함으로써 호흡을 가능케 하는 것이다. 기도 내의 이물질을 제거하고 필요시 인공호흡을 해야 하며, 적절한 체온관리, 통증완화 및 쇼크예방이 필요하다. 독성물질을 삼켰을 때 구토(emesis) 유도, 위세척(gastric lavage), 활성탄(activated charcoal) 투여 또는 삼투압성 설사제(osmotic cathartics) 투여 등의 방법으로 위장관 내의 독성물질을 제거한다.

구토제 투여는 의식이 있을 때 수행하는데, 의식이 없거나 경련 중일 때는 토물이 기도로 들어가 질식을 유발하거나 이물성 폐렴을 일으킬 수 있고, 부식성 물질인 경우에는 식도를 재손상시킬 수 있어 금기이다. 구토제로는 가정용 Ipecac syrup(개 1-2 ml/kg, 고양이 3 ml/kg), 과산화수소(3%, 1-5 ml/kg), 주방용세제(30 ml 물에 3 tea spoons을 타서 10 ml/kg), apomorphine 주사(개에게만 사용), xylazine 주사(고양이에게 사용) 등이 있다. 위세척은 구토와 반대로 의식이 없을 때와 고독성 물질을 다량 삼켰을 때 시행하는데, 동물에서는 따뜻한 정제수나 생리식염수(saline)를 10ml/kg정도 사용하여 세척액이 맑아질 때까지 지속한다. 구토와 위세척은 독성물질이 위 내에 존재하는 4시간 이내에 이루어져야 한다.

활성탄 투여는 시간이 더 경과해도 적용 가능하고 위장관 내에서 광범위한 독성물질을 흡착할 수 있지만 장폐색이나 장천공의 위험이 있는 환자에게는 적용할 수 없다. 활성탄은 물에 1 g/5 ml 정도로 현탁하여 10-25 ml/kg으로 투여한다. 설사제는 보통 활성탄 투여 후 사용하게 되는데, 장폐색이나 전해질 이상 또는 설사환자에게는 금기이다. 설사제로는 saccharide 계통의 sorbitol (3 ml/kg)과 saline 계통의 sodium sulfate (250 mg/kg)가 대표적이다.

응급처치 절차가 끝나면 해독제를 투여하여 중독환자를 회복시켜야 한다. 표 5에 주요 해독제를 제시한다.

표 5. 수의학에서 주로 쓰이는 해독제

해독제	중독제	비 고
N-acetyl-L-cysteine (NAC)	acetaminophen	6-16시간 이내 투여
Ammonium molybdate	copper	양의 구리중독
Anti-venins	snake venoms	뱀독 항체
Ascorbic acid (vitamin C)	methemoglobinemia (MetHb)	고양이 MetHb 환원
Atropine 2-Pralidoxime (2-PAM)	organophosphates (carbamates)	병용투여시 상승효과, 단 2-PAM은 carbamates에 사용 안함
Ca,Na-EDTA	lead, zinc	중금속 흡착
Dimercaprol	arsenic	British anti-lewisite (BAL)
Ethanol	ethylene glycol	부동액 중독
4-Methylpyrazole (4-MP)	ethylene glycol	부동액 중독
Methylene blue	methemoglobinemia	대동물 MetHb 형성 경감
D-Penicillamine	copper, lead, mercury	중금속 흡착
Phytonadione (vitamin K_1)	Coumarin anticoagulants	살서제
Sodium nitrite /sodium thiosulfate	cyanide	청산

(11) 신약, 건강기능식품 및 기능성화장품 개발

신물질을 탐색하여 신약, 건강기능식품 및 기능성화장품을 개발하기 위해서는 유효성(효능)과 함께 안전성(독성) 평가가 필수적이다. 인체용 의약품, 건강기능식품 및 기능성화장품은 식품의약품안전처에서, 동물용 의약품은 수의과학검역원에서 허가를 내 주는데, 제품 개발을 위해서는 절차에 따른 각종 시험이 요구된다.

즉, 과학적인 유효성 평가를 통해 효능과 약리작용이 확인되면 제품의 용도에 따라 *in vitro* 및 *in vivo* 비임상시험(non-clinical tests)으로서 일반독성시험(general toxicity tests)과 특수독성시험(special toxicity tests)을 수행하게 된다. 일반독성시험은 단회투여독성시험과 반복투여독성시험으로 구성되며, 특수독성시험에는 생식독성시험, 유전독성시험, 면역독성시험, 발암성시험, 의존성시험, 국소독성시험(피부자극성시험, 안점막자극성시험, 광과민반응시험), 부작용약리시험(일반약리시험, 안전성약리시험) 및 독성동태시험 등이 있다. 비임상독성시험은 우수동물시험인증기관(Good Laboratory Practice, GLP)에서 동물실험윤리위원회(Institutional Animal Care and Use Committee, IACUC)의 승인하에 수행된다.

동물시험이 완료되면 조건부신약(Investigational New Drug, IND)으로서 인체를 대상으로 하는 임상시험(clinical tests)에 들어가게 되는데, 이를 위해서는 중앙약사심의위원회에서의 안전성·유효성 시험결과에 대한 검토와 임상시험계획서의 적절성 심사를 통과해야 한다. 심사를 통과하면 우수임상시험인증기관(Good Clinical Practice, GCP)에서 임상시험윤리위원회(Institutional Review Board, IRB)의 승인을 거쳐 수행된다. 임상시험은 3단계로 구성되는 바, 1상 임상시험에서는 정상인을 대상으로 안전성을 평가하며, 2상 시험에서는 대상 질환자에서의 유효성을, 3상 시험에서는 대규모의 환자를 대상으로 유효성, 용법·용량, 사용상의 주의사항 등을 종합적으로 평가하고 결정한다. 임상시험에서 안전성과 유효성이 확인되면 신약허가를 득하게 되며, 우수의약품제조인증기관(Good Manufacturing Practice, GMP)에서 생산되어 시중에 판매된다. 또한 시판 후 일정기간 동안 부작용 사례를 수집하여 보고하는 4상 임상시험 절차를 거치는데, 심각한 부작용이 발견되면 시판이 중지된다.

이와 같이 평가독성학 뿐 아니라 약리학 및 실험동물학이 어우러져 각종 신약, 건강기능식품 및 기능성화장품 개발에 있서 각 분야를 담당함으로써 국민보건과 국제경쟁력 향상에 기여하고 있다.

제2장 예방수의학

01 수의병리학
02 수의바이러스학
03 수의면역학
04 수의세균학
05 수의기생충학
06 수의공중보건학
- 06-1 수의역학
- 06-2 식품위생학
- 06-3 환경위생학

07 실험동물의학
08 조류질병학
09 수생동물질병학

예방수의학

01 수의병리학

(1) 수의병리학의 개요

수의학을 배우고자 하는 학생들에게 있어 병리학만큼 매력적인 학문도 없을 것이다. 왜냐하면 병리학은 질병의 현상과 원리를 깨우쳐주는 학문이기 때문이다. 유능한 수의사란 진단과 치료-이 둘을 아울러 진료라고 한다-에 능통해야 하는데 그것은 병을 이해하는 데에서부터 출발하고 거기에 가장 중요한 역할을 해주는 것이 바로 병리학이다.

질병이란 무엇인가? 한마디로 우리 몸을 일정한 상태로 유지해주는 항상성(homeostasis)이 무너진 상태이다. 항상성이란 무엇인가? 끊임없이 가해지는 외부 자극에 대하여 우리 몸을 항상 일정한 정상상태(건강상태)로 유지하도록 하려고 하는 성향을 말한다고 할 수 있다. 항상성을 유지하기 위한 장치가 신체내부에는 잘 마련되어 있다. 병리학적 측면에서는 염증반응이나 면역반응 등이 그 예이다. 염증반응과 면역반응은 외부에서 침입한 병원체를 물리치기 위한 우리 몸의 내부 방어작용이다. 즉, 병원체가 침입하면 우리 몸에서는 이들을 물리치기 위한 반응을 하는데 이것은 한마디로 몸내부에서 벌어지는 전쟁이다. 외적이 침입하면 전쟁이 벌어지는데 실제로 전쟁을 수행하는 군인이 잘 싸우려면 적군이 침입한 현장으로 신속히 파견하고 싸움에 필요한 물자를 넉넉히 제공해주어야 한다. 이처럼 전쟁을 수행함에 있어 보급과 전투의 2가지 요소가 있다면 염증반응도 이와 똑같다. 염증반응은 크게 혈관반응과 세포반응으로 구분하는데 세포반응이 염증세포가 염증부위로 이동하여 병원체와 싸우는 과정을 말한다면 혈관반응은 전투를 수행하는 염증세포가 병원균의 침입부위에 쉽게 도달하도록 혈관이 확장되는 변화를 말한다. 혈관이 잘 확장되도록 도와주는 물질들이 분비되는데 이러한 것을 염증

매개물질이라고 한다. 염증은 우리말로 그대로 풀면 불꽃처럼 뜨겁다는 말이다. 영어로 inflammation이라고 하는데 역시 불꽃을 뜻하는 flame에서 유래하였다. 염증이 일어난 부위는 열이 나고(heat), 붓고(swelling), 붉은 색(redness)을 띠며 통증을 일으키고(pain), 기능의 상실(loss of function)을 불러온다. 이것을 염증의 주요 증상(cardinal signs)이라고 한다. 우리는 여기에서 항상성의 두 가지 측면을 이해하여야 한다. 염증반응이 일어나는 것은 병원체의 공격으로부터 몸을 방어하기 위한 것으로 우리 몸의 항상성의 발현, 다시 말해서 정상상태를 유지하기 위함이다. 그러나 염증반응 도중에 발생하는 염증의 주요증상은 적당히 일어나면 유익한 결과로 종결되지만 과하게 일어날 경우에는 부정적인 결과로 이어지게 된다. 염증을 억제하는 기능을 가진 소염제를 복용하는 이유는 염증 시에 발생하는 주요 증상을 달램으로써 염증에서 초래되는 손상으로부터 보호하기 위함이다. 염증 자체는 유익한 반응이지만 그로부터 파생되는 반응의 부작용이 만만치 않기 때문이다. 염증세포가 세균을 죽일 때는 또 어떤가? 세균을 죽이는 호중구(neutrophil)는 세포질 내에 많은 과립을 가지고 있는데 과립 속에는 세균을 죽일 수 있는 단백질분해효소가 매우 많다. 세균을 죽이려고 분비한 이러한 효소들이 많이 분비되면 세균만 죽이는 것이 아니라 주변조직에도 함께 손상을 가하게 된다. 그렇기 때문에 염증이 심하게 일어나면 우리 몸 또한 적잖은 손상을 받게 된다.

출혈이 있으면 출혈을 멈추게 하는 항상성이 작동한다. 이것을 지혈(hemostasis)이라고 하고 혈소판(platelet)과 혈장 속에 들어있는 여러 종류의 응고인자들의 합동작용의 결과이다. 이러한 응고인자가 혈관내부에서 작용을 하면 혈관벽에 혈전(thrombus)이라고 하는 혈액응고물이 생기는데 이것이 혈관을 막아서 혈액의 원활한 흐름에 장애를 초래함으로써 치명적인 독작용을 일으킨다. 같은 혈액응고 과정이지만 지혈과정이 출혈을 방지함으로써 건강을 유지하고자 일어나는데 반해 혈전은 혈관을 막아서 경색(infarction)이라고 하는 병리현상을 일으킨다. 경색은 혈관이 막혀서 혈액공급이 차단되면 말초조직에 산소가 부족하여 세포와 조직이 죽는 것을 말한다. 세포와 조직이 죽는 것을 병리용어로 괴사(necrosis)라고 한다. 뇌에서 이런 일이 일어나면 뇌경색(cerebral infarction), 심장에서는 심근경색(myocardial infarction)이 되는데 뇌경색은 뇌세포가 죽는 것이고, 심근경색은 심근세포가 죽는 것이다. 심장과 뇌는 다른 어느 장기에 비하여 중요도가 높기 때문에 이러한 경색이 발생하면 치명적인 결과를 초래하게 된다. 일반적으로 모든 세포는 산소가 있어야 에너지를 만들 수 있다. 산소는 혈액을 통하여 전신에 공급되므로 생명유지에 있어서 혈액순환만큼 중요한 것은 없다고 보아도 된다. 산소가 부족하다고 해서 곧바로 세포가 죽는 것은 아니다. 초기에는 가역적인 손상을 입게 되는데 가역적이라는 말은 원인이 사라지면 정상으로 되돌아갈 수 있다는 말이다. 즉, 혈액순환기능이 회복되면 세포도 정상적으로 회복된다. 그러나, 어느 수준을 넘어서면 비가역적인 손상을 입게 되고 이것은 죽음으로 연결된다. 그러면 산소가 부족하면 세포는 왜 죽을 수밖에 없는가? 세포는 세포막이라고 하는 껍질로 둘러싸여 있다. 세포의 중심에는 역시 껍질로 싸인 핵이 있고, 핵을 제외한 나머지 세포내 공간이 있는데 이 공간을 세포질이라고 한다. 핵에는 유전물질(DNA)을 담고 있어서 세포가 살아갈 수 있는 여러 가지 환경을 조화롭게 유지할 수 있도록 총체적으로 지휘하는 역할을 한다. 핵에서 어떤 명령을 내리면 그 명령은 RNA를 통하여 세포질로 전달이 되고 세포질에서 명령을 직접 수행한다. 세포질에는 여러 소기관이 존재하는데 단백질을 생산하는 과립세포질그물(rER), 에너지를 생산하는 미토콘드리아, 생산된 단백질을 포장하는 Golgi complex, 외부에서 들어온 물질을 대사시키는 무과립세포질그물(sER), 탐식과 소화기능을 하는 용해소체(lysosome) 등이 그 예이다. 그런데 이러한 세포소기관들은 모두 막으로 구성되어 있기 때문에 막구조물이라고 한다. 세포의 안쪽은 이러한 소기관들을 비롯하여 여러 가지 단백질성분이 많기 때문에 세포바깥보다 삼투압이 높다. 따라서 세포바깥으로부터 수분이 항상 들어오게 되어 있다. 그러나 계속 수분이 유입되기만 하고 나가지 않으면 세포막은 터지게 되고 세포는 죽게 된다. 다행히도 세포막에는 sodium-potassium 펌프가 있어서 수분을 적절한 양만큼만 남기고 세포밖으로 퍼낼 수가 있다. 이 펌프를 쉬지 않고 움직이려면 에너지가 있어야 하는데 이 에너지는 혈액을 통하여 공급된 산소로부터 나온다. 따라서 산소가 부족하면 물을 퍼내는 펌프가 힘이 부족하여 세포내에는 물이 많아지게 되고 이렇게 되면 세포가 커지게 되는데 이것을 병리학에서는 종창(swelling)이라고 한다. 계속 종창이 되면 세포는 막이 파열되어 죽게 될 것이다.

혈관의 내피세포는 손상받으면 정상으로 되돌리기 위하여 혈전을 형성하는 기전을 발동한다. 그러나 형성된 혈전이 그냥 방치되면 앞에서 언급한 것과 같은 조직의 괴사를 초래하므로 혈전을 분해하는 plasminogen activator 같은 것도 분비한다. 즉, 혈전이 형성되더라도 혈전을 분해하는 작용이 정상적으로 작동하면 회복될 수 있는 것이다. 그렇기 때문에 혈전을 형성하는 것과 혈전을 분해하는 작용이 모두 항상성의 일환으로 발생하는 것이다. 결국 병이란 항상성이 무너질 때 발생하는 것이라는 것을 알 수 있다. 병리학을 통하여 이러한 현상을 잘 이해하게 되면 어떻게 병이 발생하는지 알 수 있다. 병리학은 이처럼 질병에 대한 이해를 돕는데 결정적 역할을 한다.

(2) 병리학의 정의

병리학은 질병의 이치를 탐구하는 학문이다. 자연에 이치가 있어서 이치대로 돌아가듯 질병에도 그것이 발생하는 기본 원리, 원칙, 본성, 본질, 다시 말해서 이치가 있고 그것을 탐구하는 것이 병리학이다. 병리학은 질병의 본질을 탐구하기 위하여 변화에 관심을 두는데 바로 형태학적인 변화와 기능적 변화가 병리학의 주된 관심의 대상이다. 다시 말해서 현상적으로 드러난 변화의 모습을 통하여 본질에 접근해 들어가는 것을 추구하는 것이 병리학이라고 볼 수 있다. 학생들이 공부하는 병리학은 아픈 동물에서 질병이라고 하는 비정상 과정이 발현되는 과정을 이해하기 위한 수단이되지만 임상수의사들은 질병을 진단하는 주요한 수단으로 병리학을 생각한다. 병리학자들에게 있어서 병리학은 질병이 발생했을 때 나타나는 형태학적 변화, 즉 병변을 분석하여 질병이 발생하는 기전을 탐구하는 수단이 된다. 이처럼 병리학이 다양한 시각으로 비춰진다고 해서 서로 모순이 있다고 생각해서는 안되고 오히려 병리학이 그만큼 쓸모가 많기 때문으로 이해하여야 한다. 그래서 많은 사람들이 수의학의 중심에 병리학이 있다는 것에 동의한다. 여하튼 특정 질병이 발생하면 특이적인 형태학적인 변화가 있고 병리학은 그것을 연구하는 것을 기본으로 한다. 그러므로 그러한 병변이 어떻게, 왜 발생해서 기능적인 이상으로 이어지는지를 연구하는 것을 병리학이라고 생각하면 된다. 이러한 병리학의 학문적 특성 때문에 병리학은 기초과학과 임상학의 가교역할을 한다고 볼 수 있다. 해부학, 조직학, 생리학, 생화학, 미생물학 등은 병리학을 이해하기 위하여 필요한 선행학문이라고 할 수 있지만, 병리학의 목적은 임상진단에 있다. 그렇기에 수의병리학은 기초수의학에 뿌리를 두고 임상수의학을 지향한다.

(3) 근대병리학의 태동

의학의 역사는 크게 보면 기초학문이 진보하면서 얻은 성과를 질병의 진단과 치료에 적용하게 됨으로써 임상의학이 진보한 역사로 정의할 수 있다. 그러나 의학발달사의 초창기부터 기초의학이 있었던 것은 아니다. 처음에는 환자를 진료하는 내과의사나 외과의사만이 있었을 뿐이다. 병리학의 학문발달사로 볼 때 초창기의 병리학자들은 임상수의사였다. 그들은 환자들의 질병을 설명할 수 있는 무엇인가를 얻기 위하여 형태학적인 변화에 관심을 두었다. 따라서 병리학은 부검대에서 시신을 해부하면서 질병에 대한 궁극의 의문을 해소하고자 했던 영역으로 국한되었다. 그러다가 점차적으로 별도의 학문영역으로 발전하게 되었고 오늘날에는 형태학의 뿌리이자 병의 본질을 연구하는 학문으로 공인되기에 이르게 된 것이다. 학문의 기원부터 따지면 수천 년에 이르지만 근대병리학이 본격적으로 문헌상에 등장한 것은 19세기 중반으로 볼 수 있다. 1832년에 Thomas Hodgkin은 7구의 시신을 해부하여 지금은 호지킨병으로 알려진 질병의 육안적 변화의 특징을 기술함으로써 병의 실체에 대하여 인식하였다. 그로부터 10년 뒤인 1842년에는 스코틀랜드에 있는 에딘버러대학교의 Hughes Bennett는 병리학의 기초가 되는 조직학을 처음으로 강좌로 개설하여 교육을 시작하였다. 따라서 이 시기에 이미 현미경을 가지고 세포와 조직을 연구하는 전문가그룹이 이미 존재하고 있었다는 것을 알 수 있다. 이보다 앞서 Marcello Malpighi (1628-1694)는 지라(비장)의 미세구조를 그렸고, 적혈구를 붉은 산호가 염주알처럼 보이는 작은 지방방울이라고 묘사함으로써 적혈구와 지라(비장)의 구조를 관찰한 것으로 기록되어 있다. Hughes Bennett가 조직학 강좌를 개설하여 대학에서 처음 가르치기 시작했다면 조직병리학 교과서를 저술하여 병리학강의에 이용한 사람은 독일의 병리학자인 Rudolf Virchow였다. 그는 1858년에 Cellularpathologie를 출판하였는데 이 책의 내용은 그의 강의를 바탕으로 구성된 것이었으며, 현미경으로 조직과 세포를 자세히 관찰함으로써 여러 질병의 진단과 예후를 할 수 있다는 개념을 확립하게 되었다. Cellularpathologie로 인하여 현미경해부학, 현미경병리학이 급속히 성장하게 되었고 임상의와 과학자들은 현미경을 이용하여 오래된 질병을 새롭게 규명하거나 발견되지 않은 실체를 밝히는 데 많은 노력을 하게 되었다. 현미경을 통하여 조직을 관찰하는 것이 학문의 한 분야로 자리 잡게 되면서 조직 내 세포질, 핵, 세포외조직성분 등을 구분해서 관찰할 수 있는 다양한 염색기술이 개발되었다. 이러한 공덕으로 그는 현대병리학의 아버지로 칭송되고 있다. Rudolf Virchow의 대표적 학문적 업적으로 혈전증의 병리를 밝힌 것

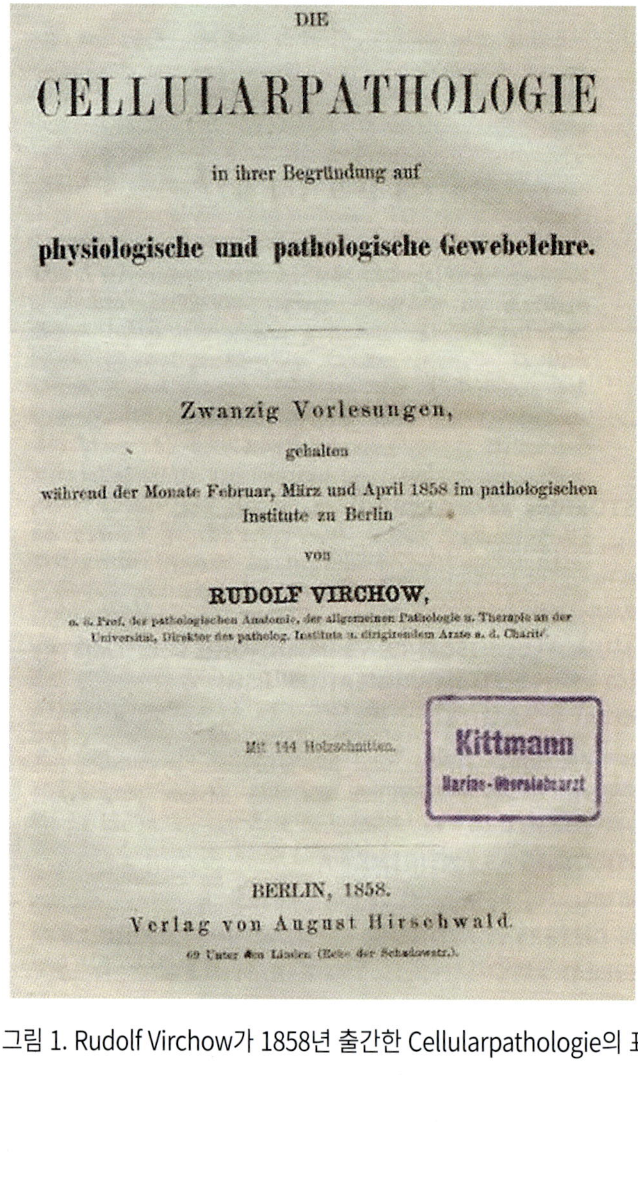

DIE

CELLULARPATHOLOGIE

in ihrer Begründung auf

physiologische und pathologische Gewebelehre.

Zwanzig Vorlesungen,

gehalten

während der Monate Februar, März und April 1858 im pathologischen Institute zu Berlin

von

RUDOLF VIRCHOW,

o. ö. Prof. der pathologischen Anatomie, der allgemeinen Pathologie u. Therapie an der Universität, Direktor des patholog. Instituts u. dirigirendem Arzte a. d. Charité.

Mit 144 Holzschnitten.

BERLIN, 1858.

Verlag von August Hirschwald.

69 Unter den Linden (Ecke der Schadowstr.).

그림 1. Rudolf Virchow가 1858년 출간한 Cellularpathologie의 표지

을 들 수 있다. 그는 혈전증의 발생원인을 세 가지로 제시하였다. 즉, 혈관 손상, 혈류의 변화, 혈액의 변화가 혈전증을 일으키는 3대 원인이라는 것이다.(그림 2) 그가 이러한 주장을 한 것이 150년이 지난 지금에도 변하지 않고 있는 사실이라는 것을 미루어본다면 그가 근대병리학에 얼마나 지대한 공헌을 하였는지 미루어 짐작할 수 있을 것이다.

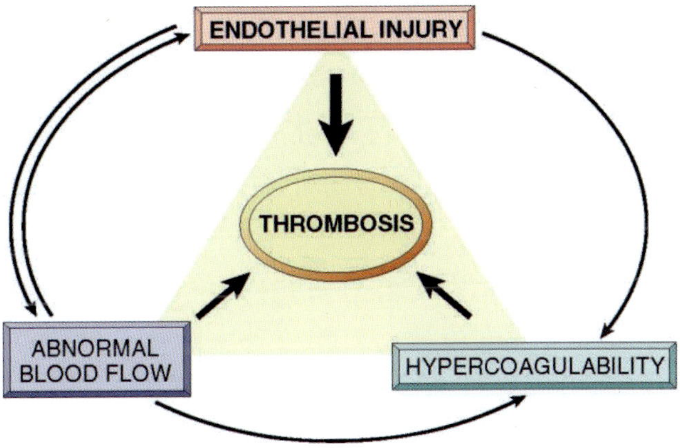

그림 2. Virchow's triad

(4) 병리학의 구분

병리학은 내용이나 지향하는 바에 따라 여러 가지로 구분되고 있다. 사람을 대상으로 하면 (인체)병리학(pathology, medical pathology, human pathology)이라 하고 동물에서는 수의병리학(veterinary pathology)이라고 한다. 사람과 동물을 굳이 구분하지 않고 질병의 병리현상을 연구하는 분야는 비교병리학(comparative pathology)이라고 한다. 일반병리학(general pathology)은 모든 질병의 발생에 공통적으로 작용하기 때문에 병리학의 기본이 되는 세포손상 및 괴사, 염증과 복구, 순환장해, 성장장해, 종양, 질병의 원인론 등을 다루며, 흔히 병리학 총론이라고 한다. 이에 반해 각 기관, 장기계통별로 발생하는 특정 질병을 배우는 특수병리학(special pathology)은 흔히 병리학각론이라고 한다. 병리학 총론에서 배운 지식이 병리학 각론을 이해하기 위한 기본이 됨은 강조할 필요가 없는 것이다. 염증이 폐에서 발생했건 콩팥에서 발생했건 다른 장기에서 발생했건 간에 염증이라면 공통적인 특징이 있기 때문에 총론에서 배운 지식이 각론에서 응용이 될 수 있는 것이다. 동물이 죽으면 사인을 파악하기 위하여 부검을 통하여 육안적 변화를 확인하고 채취한 조직에서 나타나는 현미경적 변화를 관찰하고 때로는 감염 미생물을 분석을 시도하기도 하는데 이것을 진단병리학(diagnostic pathology)이라고 한다. 동물을 죽음에 이르게 한 원인이 되는 질병을 진단하거나 사인을 조사하는 것이 진단병리학의 목적이다. 진단병리학을 사람의 사체에 시도할 때는 특별히 법의학(forensic pathology)이라고 해서 대개 범죄수사에 활용한다. 진단병리학이 자연적으로 발생한 개체의 질병을 진단하고 사인을 규명하는 것에 관심이 있다면 독성병리학(toxicologic pathology)은 알고 있는 어떤 물질을 실험동물의 체내에 주입하여 나타나는 형태학적 변화를 분석하는데 주안점을 둔다. 이때 동물에서 나타나는 변화가 모든 동물에서 동일한 결과를 보여 준다면 분석이 수월하겠지만 실제로 그런 일은 거의 없다. 사람도 여러 체질이 있다고 하듯이 동물도 마찬가지여서 어떤 물질이 동물체내에 주입되었을 때 나타나는 반응은 정도 차이가 심한 경우가 많다. 그래서 독성병리학에서는 조건(투여량, 투여기간, 투여경로 등)을 달리한 여러 실험군을 두게 되고, 각 실험군 내에서도 개체수를 많이 하는 것이 보통이다. 따라서 독성병리학에서는 한 개체에서 나타나는 반응이 중요한 것이 아니라 군간의 차이를 알아내는 것이 중요하다. 그렇게 하기 위해서는 병리학적 분석과 더불어 통계학적 분석을 함께 활용한다. 독성이 아니라 반대로 실험동물을 이용하여 약물의 효과를 연구하기도 하는데 이때는 어떤 질병을 유발한 다음 그것을 치료하거나 증상을 완화시키는 효능이 있는지 검사하게 되는데 그 결과를 분석할 때도 병리학이 매우 좋은 수단이 된다. 이러한 병리학을 실험병리학(experimental pathology)으로 통칭하며 독성병리학은 실험병리학의 한 부분이다. 모든 병리분야에서 공통적으로 이용하는 병리학의 가장 기본이 되는 수단이 현미경을 통하여 조직내 변화를 관찰하는 것이다. 조직내 변화란 어떤 손상자극이나 질병에 의하여 조직과 세포가 죽거나 형태가 변하는 것을 말하는데, 그러한 변화의 특징을 파악해서 그 상태를 진단하는 것을 조직병리학(histopathology)이라고 한다. 이때의 조직은 죽은 동물에서는 부검을 통해서 얻거나 살아있는 동물을 수술을 통하여 외과적으로 떼어서 얻기도 한다. 외과적으로 얻은 조직을 검사하는 것을 외과병리학(surgical pathology)이라고 하며, 병원에서 임상적으로 빈번하게 활용된다. 암 환자에 대하여 시행하는 수술의 경우 병리학적 진단의 결과에 따라 수술의 범위가 결정되는 경우가 많다. 예를 들어, 위암 1기, 2기 등과 같은 표현은 조직병리학적 검사 결과를 바탕으로 내려진 진단이다. 환자가 병원에 오면 조직검사보다는 혈액이나 뇨검사 등을 먼저 하게 되는데 이처럼 체액을 분석하여 진단하는 분야는 임상병리학(clinical pathology)이라고 하며, 최근에는 진단검사의학으로 부르고 있다.

(5) 병리학자의 역할

질병을 연구한다고 아무나 병리학자가 되는 것은 아니다. 병리학자라 함은 기본적으로 질병의 결과로 발생하는 형태적 변화를 연구하는 사람이어야 한다. 병리학자가 되기 위해서는 형태학적 변화를 제대로 판독할 수 있는 체계적인 훈련과정을 거쳐야 한다. 물론 형태학적인 변화에 조예가 깊다는 것이 기능적인 변화에 소홀해도 된다는 것을 의미하는 것은 아니다. 이러한 병리학의 성격상 병리학자가 되기 위해서는 의학이나 수의학을 전공해서 수련과정을 거친 다음에 전문의 자격(specialty board certification)을 취득해야 한다. 전세계적으로 가장 유명하고 권위있는 수의병리전문의 자격증은 미국수의학협회에서 발행하는 ACVP(American College of Veterinary Pathologists)이고 우리나라에서는 한국수의병리학회에서 발행하는 수의병리전문의(KCVP), 한국독성병리학회에서 발행하는 독성병리전문의(KCTP)가 있다. 여러 가지의 다양한 종류의 병리학이 존재한다는 것을 앞에서 알아보았다. 마찬가지로 병리학자도 다양하게 이름붙일 수 있다. 진단병리학에 관심이 많으면 진단병리학자, 독성병리학에 대해서는 독성병리학자라고 하는 식이다. 병리학자라고 해서 모든 질병에 전문가가 될 수는 없다. 질병의 종류가 너무도 많고 광범위하기 때문이다. 그래서 대개 특별히 조예가 깊은 장기나 기관이 있게 마련인데 이때 장기별 전문가를 강조하기 위해서 신경병리학자, 신장병리학자, 위장관병리학자, 심혈관병리학자, 간병리학자, 호흡기병리학자, 골격계병리학자 등과 같이 구분하기도 한다. 그렇기 때문에 신장병리학자가 신경조직에서 발생한 병변에 대하여 신경병리학자에게, 그리고 진단이 쉽지 않은 심장의 병변을 만난 신경병리학자는 심장의 병변을 심혈관병리학자에게 자문을 구하는 것이 병리학의 세계에서 흔히 볼 수 있는 일이다. 대부분의 병리학자는 병리학의 전 영역에 대하여 지식을 축적하고자 노력하지만 특정분야에 전문가가 될 필요가 있다는 것을 모두가 인식하고 있다. 면역병리학자는 림프절, 가슴샘(흉선), 지라(비장), 편도 등과 같은 면역장기의 질병이나 조직손상에 관한 전문가들이다. 임상병리학자는 살아있는 동물의 질병을 실험실 분석기술로 진단하는데 매우 중요한 역할을 한다. 그들이 주로 사용하는 분석기술은 혈액학, 혈청생화학, 세포학, 뇨분석, 호르몬분석 등이다. 실험병리학자는 형태적이상, 기능적 이상에 대하여 실험적으로 분석하고 재현함으로써 질병의 발생기전을 밝히는 역할을 한다. 물론 이들은 서로 관심분야가 겹치는 경우가 많다. 예를들어, 진단병리학자의 경우에는 면역병리학의 기술을 이용하기도 하고, 실험병리학자가 진단병리학자가 될 때도 있다. 독성병리학자는 어떤 물질의 독성을 병리학적으로 밝히는 역할을 한다. 제약회사에서 개발된 신약은 제품으로 판매되기 전에 실험동물을 이용한 전임상시험과 사람에 대한 임상시험을 거쳐야 하는데 독성병리학자가 관여하는 부분이 바로 전임상시험이다. 신약후보 물질이 사람에서 안전한지 여부를 파악하기 위한 수단으로 동물체내에 미리 주입해서 결과를 보고 판단하는 것인데 이때 발생되는 각 장기별 조직의 변화를 검사하는 전문가가 독성병리학자이다. 어느 장기에 어떤 종류의 손상이 발생하는지, 어떤 종류의 동물에서 어느 정도 투여했을 때 그러한 반응이 나타나는지 등과 같은 매우 중요한 정보를 분석하게 되는데 그것은 형태학적 변화를 판독할 수 있는 고도의 훈련을 받은 전문가만이 할 수 있는 영역이다. 그러므로 독성병리학자는 후보물질의 안전성에 대하여 최종적으로 판정을 하는 중요한 위치에 있다고 볼 수 있다.

(6) 병리학 교육과 도제수업

병리학에서는 병변을 이해하기 위하여 많은 수단과 기술을 필요로 한다. 특수한 검사를 위해서 고가의 장비들이 필요한 경우도 많지만 가장 기본이 되는 수단은 병리학자의 눈과 손이다. 왜냐하면 검사시료를 세심하게 검사하고 관찰하는 기본과정을 통하여 많은 정보를 얻기 때문이다. 그래서 병리학자는 관찰력이 뛰어나야 한다. 뛰어난 기술적인 촉진(만져서 진단하는 것)이나 세심한 관찰이 학문적 재능이라면, 다양한 경험은 물질적으로 계산하기 어려운 병리학자가 되기 위한 자산이다. 병리학 지식이란 육안으로 보이는 변화와 현미경을 통하여 볼 수 있는 변화를 판독할 수 있는 기반이 되는 지식을 말하는데 이러한 형태학적 변화에 대한 지식은 인간의 언어로 기술된 책자를 통한 교육을 통하여 얻는 데에는 한계가 있고, 경험 많은 스승으로부터 직접 증례를 접하면서 차근차근 배워야 온전한 지식을 얻을 수 있기 때문에 병리학교육을 흔히 도제수업이라고 한다. 미국의 수의병리전문의 자격을 취득하기 위해서는 최소한 3년 이상 도제수업을 받은 후에 시험을 볼 수 있도록 제도적으로 정하고 있다.

(7) 광학현미경

병리학자에게 있어서 가장 기본이자 중요한 도구는 바로 광학현미경이다. 조직내에서 일어난 변화를 1,000배까지 확대해서 관찰할 수가 있고 현미경을 통하여 소견을 보면서 공부와 교육을 하게 된다. 현미경으로 관찰할 수 있도록 준비된 슬라이드는 병변이 있는 조직을 일부 떼어서 매우 얇게 잘라서 염색을 한 것이다. 염색을 해야 관찰하기가 수월한데 염색을 하기 위해서는 먼저 조직을 포말린으로 고정을 해야 한다. 고정은 동물이 죽으면 세포와 조직이 부패하기 때문에 조직의 상태가 살아 있을 당시와 가장 비슷하도록 유지하기 위한 것이다. 고정한 조직은 얇게 자르기 위해서 알코올로 탈수를 한 후에 파라핀에 매몰하여 단단한 상태로 만든 후에 염색을 하게 된다. 염색은 일반적으로 헤마톡실린과 에오신으로 이중염색을 실시한다. 푸른색깔을 띠는 염기성의 헤마톡실린과 붉은 색을 띠는 산성의 에오신이 각기 세포와 조직의 산성과 염기성을 띠는 부분과 결합함으로써 이루어지는 것인데, 푸른색과 붉은 색의 대비로 인하여 세포와 조직의 구조를 수월하게 판별할 수 있는 것이다. 핵과 세포질로 구성된 세포에서 산성을 강하게 띠는 핵은 염기성 매염제인 헤마톡실린에, 염기성을 강하게 띠는 세포질은 산성 매염제인 에오신에 염색된다. 이러한 헤마톡실린-에오신(H&E)염색은 모든 형태변화 관찰에 이용되므로 염색의 기본이 된다. 그러나 세포와 조직 속에는 이러한 H&E 염색만으로는 관찰할 수 없는 성분이 있게 마련이다. 이때에는 특정한 성분을 염색하기 위한 특수염색을 하게 되는데 지금까지 알려진 특수염색의 종류만 해도 수백 종류에 이른다. 대표적으로 PAS 염색은 글리코젠 같은 조직내 탄수화물 성분을 관찰하고자 할 때 이용되며, toluidine blue 염색은 비만세포의 세포질에 있는 과립을 염색할 때 사용된다. 비만세포가 증식하여 형성된 비만세포종양이 의심될 때 이 염색을 이용하면 진단에 도움이 된다. 광학현미경도 암시야현미경, 위상차현미경, 형광현미경 등과 같은 특수현미경이 있어서 특정목적에 맞게 활용되고 있다. 형광현미경의 경우에는 광원으로 자외선을 이용하는데 조직 내에 침착된 특정단백질에 대한 항체에 형광을 붙여 반응시킨 후 반응결과에 따라 단백질의 존재여부를 진단할 수 있다. 예를 들어 말에서 만성 감염성 질환이 있으면 혈중에 만성적으로 존재하는 항원과 항체가 결합하여 덩어리를 이룬 다음 혈중에 순환을 하다가 사구체모세혈관벽에 침착함으로써 만성사구체신염이 발생할 수가 있는데 이것은 항원항체복합체가 혈관벽에 침착하면 보체결합반응을 불러와 조직손상을 일으키고 염증세포가 침윤하기 때문이다. 이것을 광학현미경으로 관찰하면 사구체를 구성하는 세포의 수가 증식하거나 혈관기저막이 두꺼워지거나 두 가지 모두 발생할 수가 있다. 이에 대한 확진은 단순 HE 염색소견만으로는 어렵고 사구체혈관벽에 항체가 있다는 것을 확인하여야 하며, 이때 형광물질이 부착된 항체를 이용할 수 있다. 이때 이용되는 항체는 말의 항체인 IgG에 대한 것이다. 만성감염성 질환에 의한 항원항체복합체가 사구체모세혈관에 침착되어 있으면 우리가 넣어준 항체가 가서 결합을 하게 되고 이것을 형광현미경으로 관찰함으써 진단을 하게 되는 것이다. 형광현미경은 자외선을 조사하게 되는데 조직속에 있는 형광물질은 자외선에 노출되면 형광빛을 발하게 되고 우리가 이것을 암시야상태에서 관찰할 수 있는 것이다.

(8) 전자현미경(Electron microscope, EM)

사람 눈이 식별할 수 있는 서로 다른 두 점간의 최소거리는 0.2 밀리미터로 알려져 있다. 광학현미경은 사람이 눈으로 볼 수 있는 것보다 최대 1,000배 확대해서 사물을 판별할 수 있고 전자현미경은 광학현미경보다 최대 1,000배의 해상도를 갖고 있다. 따라서 세포와 조직의 전체적인 관계를 관찰하기 위한 것이 광학현미경이라고 한다면 전자현미경은 광학현미경으로는 볼 수 없는 세포 내 미세구조물의 변화까지 모두 관찰할 수 있다. 바이러스처럼 나노미터 수준의 크기를 가진 미세한 감염체의 형태도 전자현미경을 통하여 알려지게 되었다. 한마디로 전자현미경의 발명으로 인하여 근대생물학은 비약적으로 발전하게 되었다고 할 수 있다. 세포는 세포막으로 둘러싸여 있고 그 속에는 사립체, 리보소체, 골지복합체, 세포질그물, 용해소체 등의 미세구조물들이 있으며, 핵은 이중막으로 둘러싸여 유전물질을 담고 있다는 세포의 기본개념은 모두 전자현미경의 덕분이다. 투과전자현미경(transmission EM)은 관찰하고자 하는 시료를 60-80나노미터 두께로 얇게 잘라서 우라늄과 납과 같은 중금속으로 염색을 해서 전자빔을 투과시켜서 세포내의 구조를 관찰하는데 사용된다. 따라서 이것은 세포의 단면구조만을 관찰할 수 있다. 이에 반해 주사전자현미경(scanning EM)은 세포와 조직의 3차원적 입체구조를 관찰하는데 이용된다. 탈수 등 적당한 조직처리를 거친 조직에 도금을 한 후 시료에 전자빔을 주사하면 조직의 표면에서 반사되는 2차 전자가 발생하는데 이것을 이용하여 입체적인 이미지를 재구성하게 된다. 이들은 서로 장단점이 있으므로 용도에 맞게 활용함으로써 초미세구조의 변화를 관찰할 수 있는 훌륭한 장비들이다.

(9) 분자병리학

최근에는 분자병리학이 병리학에서 중요한 분야로 부각되고 있다. 질병발생과정에서 분자생물학적 지식이나 유전학적 지식이 새롭게 알려지고 있으며, 핵산을 분석하거나 유전자 단백질을 분석하는 생물공학적 기술이 엄청나게 발달하면서 병리학적 진단이나 질병의 원인을 밝히는 방법에도 커다란 변화가 오고 있다. 분자병리학에서 이용되고 있는 기술로는 PCR(polymerase chain reaction), in situ hybridization, microchip, microarray technology, Southern blot, Northern blot, western blot, 유전자염기서열분석, restriction fragment length polymorphism analysis, immunofluorescence, mutation screening 등 셀 수 없이 많다. 그러나 이러한 기술이 모두 병리학적 진단에 반드시 필요하다고 볼 수는 없지만 이러한 기술들은 무척 빨리 진화하고 있고 이러한 기술적 진보에 뒤지게 되면 학문의 첨단지식을 놓칠 수 있기 때문에 분자병리학은 병리학에서 매우 중요하다고 볼 수 있다.

(10) 주요 술어

조직내에 존재하는 비정상부위를 병변(lesion)이라고 하며, 일반적으로 형태학적인 이상을 지칭할 때 사용된다. 병리발생(pathogenesis)은 질병이나 병변이 진행되는 과정을 말하며, 병변이 발생하기까지의 내재된 기전(mechanism)을 말하는 것이다. 다시 말해서 병변은 관찰하는 대상이 되는 것이고 병리발생은 그러한 병변이 왜, 어떤 과정으로 발생하는지를 설명하는 것이라고 할 수 있다. 그러면 병변이나 병리발생이라고 할 때 병(disease)이란 무엇인가? 한마디로 정의하기 어렵지만 세포와 조직수준에서 발생된 결함, 결핍, 비정상, 과다, 손상 등으로 인하여 마침내 임상적으로 기능의 이상이라는 현상적 결과를 말한다. 그러나 조직 속에서 오랫동안 병변이 있어도 실제 임상에서 병을 감지하지 못하는 경우도 많이 있다. 예를 들어 암같은 경우가 특히 그러한데 몸속에서는 오래 전부터 암조직(병변)이 생겨서 자라고 있지만 계속 모르고 지내다가 상당한 정도로 진행된 다음에 갑자기 통증이 나타날 때 병원에서 정밀진단을 받고 나서야 병이 있었다는 것을 알게 된다.

질병이나 병변은 분류하기가 어려운 경우가 흔하며, 용어는 혼동스러운 경우도 많다. 개에서 발생하는 렙토스피라증을 예를 들면, 렙토스피라증이라고 이름을 붙이면 그것은 질병에 대한 확진에 해당하는 용어이다. 렙토스피라증에 걸린 개는 아급성비화농성간질성신염(subacute nonsuppurative interstitial nephritis)을 특징적으로 보여주게 되는데 이렇게 진단하면 이것은 병변의 특징을 나타내기 때문에 형태학적인 진단(morphological diagnosis)이 된다. 이 질병의 원인체는 *Leptospira canicola*이므로 콩팥에서 발생한 병변에 대하여 병인론적으로 진단(etiological diagnosis)을 하게 되면 렙토스피라 감염에 의한 신염(leptospiral nephritis)이라고 할 수 있다.

예방수의학 02 수의바이러스학

(1) 개요

지구상에서 바이러스는 어느 시기부터 존재하였을까? 바이러스는 어디에서 기원한 것일까? 이러한 바이러스에 대한 의문점은 많은 사람의 궁금증을 일으킬 정도로 오래 전부터 야기되어 왔다. 바이러스가 언제부터 존재하였는가에 대해서는 의견이 분분하다. 아주 오래 전 DNA가 발견되기 전에 존재하였던 RNA 세계의 잔존물이 현재의 RNA 바이러스로 되었다고 주장하는 사람도 있다. 바이러스는 수억 년 전부터 존재해 왔으며 숙주의 진화에 도움을 주었다는 의견이 대부분 받아들여지고 있는 듯하다. 우리는 흔히 생물체의 화석을 통하여 그 생물체가 생존하였던 시기를 추정할 수 있다. 바이러스는 크기가 작기 때문에 바이러스의 화석은 생각할 수도 없다. 왼쪽 그림은 기원전 18세기경에 제작된 것으로 추정되는 이집트의 돌판인데 그림 속의 사람을 자세히 보면 오른쪽 다리가 왼쪽 다리에 비하여 가늘고 짧은 것을 알 수 있다. 즉, 그림 속의 사람이 소아마비에 걸린 것으로 추정할 수 있으며 소아마비의 원인체인 폴리오바이러스(poliovirus)가 적어도 이 시기에 존재하였다는 것을 알 수 있다.

소아마비에 걸린 사람이 조각된 이집트의 돌판

또한, 기원전 10세기경에 제작된 것으로 알려진 메소포타미아의 함무라비 법전에는 광견병에 걸린 개의 주인이 자신의 개로 인하여 발생된 사건에 대한 의무가 기술되어 있어 우리가 현재 알고 있는 광견병의 원인체인 광견병바이러스(rabies virus)가 적어도 이 시기에는 존재하였다는 것을 추정할 수 있다. 이렇게 바이러스가 인류 역사에서 매우 오래 전부터 존재하고 있다는 사실을 확인할 수 있으나 바이러스가 사람이나 동물에 있어서 감염병의 원인체라는 것이 밝혀진 것은 오래되지 않는다. 즉, 1892년 Ivanovsky는 담배모자이크병의 원인체가 바이러스라는 것을 처음으로 확인하였으며, 1898년에 Loeffler와 Frosh가 구제역의 원인체는 세균이 아닌 바이러스에 의하여 전파된다는 것을 처음으로 확인하였다. 그리고 약 80년 전에 바이러스의 구조가 알려졌으며, 전자현미경으로 바이러스의 입자를 관찰할 수 있게 된 것은 더욱 최근의 일이다. 그러나 지난 30년간 분자생물학 및 생물공학의 눈부신 발전으로 바이러스의 생물학적 특성은 물론 바이러스와 숙주와의 상호작용기전이 자세하게 규명되었다. 바이러스학에서는 바이러스 복제에 대한 분자생물학적 특성은 물론 바이러스의 구조, 바이러스와 숙주와의 상호관계, 바이러스의 진화와 역사, 바이러스성 감염병학 그리고 바이러스가 일으키는 질병 등 여러 분야를 다루고 있다.

(2) 바이러스는 질병을 일으키지만 생물학 연구의 도구로서도 유용하다

바이러스는 세균, 곰팡이, 식물, 곤충 그리고 척추동물 등 대부분의 유기체에 감염되는 것으로 알려져 있으며, 사람과 동물 그리고 농작물에 심각한 질병을 일으키는 매우 중요한 병원체로 인식되어 있다. 선진국에서는 20세기 초만 하더라도 감염병으로 해마다 0.8%의 인구가 사망하였으나 오늘날에는 공중위생의 향상, 안전한 식수공급 그리고 항생제 및 백신개발 등 의학의 발달로 사망자의 수가 10분의 1로 감소했다. 특히 바이러스성 감염병의 경우, 백신개발 및 접종으로 바이러스 감염의 위험으로부터 효과적으로 벗어날 수 있게 되었다. 천연두바이러스는 백신접종의 결과, 지구상에서 박멸되었으며 소아마비바이러스도 백신접종에 의해 거의 박멸되었다. 또한, 홍역, 광견병, 풍진, 황열, 일본뇌염 등의 다른 바이러스성 질병에 대하여 방어할 수 있는 백신도 개발되었다.

사람에 있어서 감염병에 의한 사망률은 예전에 비하여 크게 감소하였으나 아직도 바이러스성 질병은 세균, 원충, 진균, 그리고 기생충에 의한 감염병처럼 사람을 비롯한 동물에서 커다란 문제가 되고 있다. 1998년에 세계보건기구(WHO)에서 전 세계적으로 감염병으로 죽은 사람을 원인체 별로 분석하였을 때, 바이러스성 급성호흡기질환이 300만명 그리고 설사질환이 200만 명 이상이었다. 또한, 후천성면역결핍증(acquired immunodeficiency syndrome: AIDS)으로 200만 명이 사망하였으며 아직도 개발도상국에서는 홍역으로 많은 사람이 죽고 있다. 아직도 예방접종으로 정복하지 못한 바이러스성 감염병이 증가하고 있으며 바이러스는 새로운 환경에 빠르게 변화하며 적응하는 능력을 가지고 지속적으로 감염되고 있다.

최근에는 이전에는 알려지지 않은 새로운 바이러스가 출현하여 심각한 질병을 야기하고 있다. Sin Nombre virus는 50%의 치사율을 가진 hantavirus로 1994년에 폐질환을 일으켰고 지금은 전 북미로 퍼져나갔으며 Ebola virus는 1970년대부터 치사율 70%로 아프리카에서 유행하였다. Nipha virus는 전에는 알려지지 않았지만 1998년에 말레이지아와 싱가포르에서 치사율 40%의 뇌염을 일으켰다. 또한, 2002년과 2003년에 걸쳐 전 세계적으로 발생하여 많은 사람을 공포에 떨게 하였던 중증급성호흡기증후군(severe acute respiratory syndrome: SARS)도 최근 새로 발생한 바이러스성 감염병의 하나이다. 이들 바이러스는 비행기에 의한 보다 빠르고 빈번한 장거리 여행이 가능해지면서 바이러스의 전파도 더 신속하게 일어나게 되었다. 약 반세기 전 HIV가 아프리카에서 발생한 이후 전 세계적으로 전파되었으며, 2009년 미국과 멕시코에서 시작한 신종인플루엔자가 전 세계적으로 확산되는 데에는 오랜 기간이 걸리지 않았다.

최근에 새로 발생하는 바이러스만이 사람에 문제가 되는 것은 아니다. 오랜 전부터 알려져 있고 현재 예방수단으로 백신을 접종하고 있는 많은 바이러스들이 아직도 계속해서 문제를 일으키고 있다. 예를 들면, 로타바이러스는 유아에서 대표적으로 설사를 주 증상으로 하는 장염을 일으키는 바이러스로 알려져 있으며 오래 전부터 많은 연구에도 불구하고 효과적인 백신이 아직 개발되어있지 않다. 심지어 백신이 개발되어 있어도 일부 바이러스에서는 문제가 계속되고 있다. 인플루엔자바이러스(influenza virus)는 바이러스항원이 매우 빠르게 변화하여 해마다 백신에 첨가하여야 할 바이러스의 종류를 결정하여야 한다. 인플루엔자바이러스의 주요 숙주가 야생조류이므로 박멸하기가 불가능하며, 따라서 인플루엔자를 조절하기 위해서는 해마다 모든 사람이 예방접종을 해야 한다. 비록 인플루엔자바이러스 감염으로 인한 사망률이 유아와 노인에 있어서 높긴 하지만, 1918년에 전 세계적으로 발생한 스페인플루가 대유행하였을 때, 5,000만 명 이상이 사망한 것을 보면 젊고 건강한 사람도 사망에 이를 수 있다는 것을 확인할 수 있다. 미국에서는 스페인플루 대유행 당시 약 1%의 인구가 사망하였다. 따라서, 인플루엔자바이러스의 복제와 바이러스와 숙주와의 상호관계에 대한 지속적인 연구, 바이러스에 대한 감시, 새로운 백신을 만드는 노력은 이 질병에 대한 방제관리 만큼 중요하다.

앞에서 기술하였듯이 바이러스는 사람에서 중요한 질병을 일으키지만 분자생물학과 세포생물학의 연구에 있어서 매우 중요한 도구로 사용되었다. 또한, 바이러스가 유전자발현을 위한 벡터로 개발되어 과학 및 의학 발달에 커다란 기여를 하고 있다. 생물학 연구에서 바이러스를 하나의 연구용 도구로 사용하여 얻은 획기적인 연구 결과가 전 세계적으로 인정받아 많은 노벨상이 수상되었다. 예를 들면, 1946년 Delbruck은 박테리오파지(bacteriophage) T4를 이용하여 유전자재조합 현상을 밝혀 오늘날의 분자생물학의 기초를 확립한 공로로 노벨상을 수상하였다. 세포의 암유전자는 배양세포에서 형질전환을 유도할 수 있는 retrovirus에서 그 존재가 확인되면서 발견되었는데, 이 발견은 형질전환형의 retrovirus를 발견한 Rous(1911년)에게, 그리고 형질전환능이 있는 retrovirus의 유전자가 고유의 암유전자를 가지고 있다는 것을 발견한 Bishop과 Varmus(1976년)에게 노벨상을 안겨주었다. 유전자 크로닝 방법을 위해 필요한 제한효소와 재조합 DNA 개념은 SV40(simian virus 40) 바이러스를 연구한 Berg(1972년)에 의해 처음 개발되었으며, 역전사효소는 retrovirus를 연구한 Baltimore와 Temin(1970년)에 의해 개발되었는데 이들도 또한 바이러스 연구를 통해 노벨상을 수상하는 영광을 안았다. 또 다른 예로, 바이러스와 면역계의 상호반응에 대한 연구에서 림프구에 바이러스 항원을 제시하는데 있어서 주조직적합성복합체의 역할을 규명한 Zinkernagel과 Doherty(1973년)에게 노벨상이 수여되었다. 1983년에는 Barre-Sinoussi와 Montagnier가 후천성면역결핍증의 원인체 바이러스를 발견한 공로로 노벨상을 수상하였다.

(3) 바이러스의 특징

바이러스는 살아있는 세포 내에서만 증식하는 기생체이다. 바이러스는 자연계에서 계속 살아남기 위하여 숙주세포를 감염시키고 세포 안에서 새끼바이러스(progeny virus)를 생산하여야 한다. 성숙한 세포 밖에 있는 성숙한 바이러스를 "비리온(virion)" 또는 "바이러스 입자"라 한다. 비리온의 구조를 살펴보면, 비리온은 DNA 또는 RNA를 유전물질로 가지고 있으며, 이 유전물질은 뉴클레오캡시드(nucleocapsid) 또는 캡시드(capsid)라 불리는 단백질 덮개로 둘러싸여 있다. 그리고 어떤 바이러스는 뉴클레오캡시드 밖에 지질막을 가지고 있는데 이 지질막에는 바이러스 자신의 유전물질에 의해 암호화된 당단백질을 포함하고 있다. 캡시드와 지질막은 바이러스가 세포 밖에 있을 때 유전물질을 보호하고 새로운 숙주세포에 침투할 때 유전자가 그 세포 내로 유입되도록 도와주는 기능을 하고 있다. DNA 또는 RNA와 같은 핵산, 즉 바이러스의 유전물질은 바이러스가 감수성이 있는 숙주세포 내로 침입한 후, 자신이 복제하고 새로운 비리온을 생산하는데 필요한 정보를 가지고 있다. 비리온은 숙주세포 표면에 있는 수용체에 부착(attachment)해서 여러 과정을 통해 바이러스의 유전물질을 숙주세포의 세포질로 유입시킨다(penetration and uncoating). 이 유전물질은 바이러스 자신이 복제할 장소로 이동하고 그곳에서 새끼바이러스를 생산한다. ATP 합성과 같은 에너지생산과 단

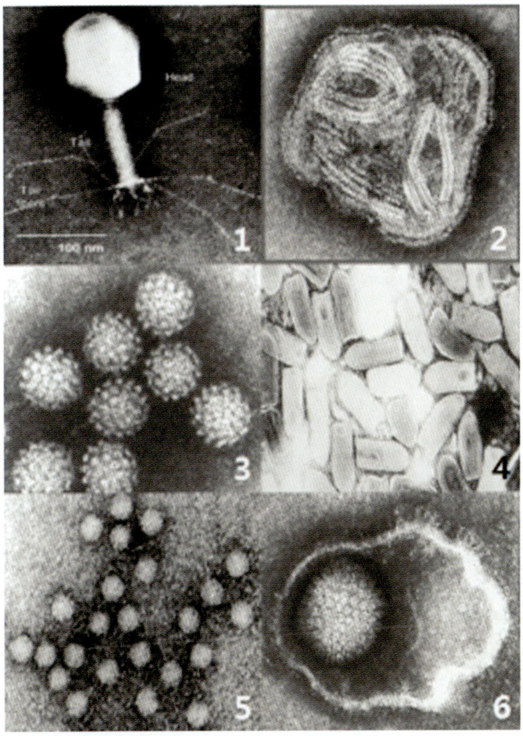

전자현미경으로 본 각 종 바이러스 입자
1: T4 박테리오파지, 2:파라믹소바이러스, 3:파필로마바이러스, 4:광견병바이러스, 5:파보바이러스, 6:허피스바이러스

백질 생산에 필요한 세포 내의 기관은 바이러스가 복제하는데 필수적인 요소이다.

바이러스의 유전물질에 의하여 만들어지는 단백질은 구조단백질과 비구조단백질로 크게 나눌 수 있다. 구조단백질은 글자 그대로 바이러스 입자를 구성하고 있는 단백질이다. 바이러스는 새끼 바이러스의 생산을 위해 필요한 단백질을 암호화해야 한다. 가장 단순한 바이러스를 예로 들면, 이 바이러스들은 새끼 바이러스가 가지고 있는 유전물질과 조립되는 하나 또는 두세 개의 구조단백질을 가지고 있다. 조금 더 복잡한 바이러스의 경우, 이들 바이러스는 비리온에는 구조적으로 존재하지 않지만 조립에 필요한 발판이 되는 단백질(scaffolding protein)을 암호화하기도 한다. 어떤 경우에는 조립을 위해 필요한 바이러스 단백질 자체가 단백분해 기능을 가진 경우가 있기도 하다.

비구조단백질에는 대부분의 바이러스에서 유전자 복제와 그 유전자로부터 mRNA를 생산하는데 필요한 효소가 이에 해당된다. RNA 바이러스가 감염된 숙주세포에는 RNA 복제능력이 없기 때문에 RNA-의존성 RNA 중합효소를 암호화하여야 한다. 대부분의 DNA 바이러스는 감염시킨 숙주세포 핵 내의 DNA 복제/전사 체계를 이용하여 DNA 복사 및 전사에 필요한 효소를 생산하지 않는다. poxvirus의 경우, 바이러스의 복제가 핵 내가 아닌 세포질 내에서 일어남으로써 바이러스 자신의 유전자복제를 위하여 새로운 DNA-의존성 DNA 중합효소와 DNA-의존성 RNA 중합효소를 암호화해야 한다.

또한, 크기가 크고 복잡한 바이러스의 경우, 숙주의 방어기전을 방해하는 virokine이라는 단백질을 만들어 내기도 한다. 숙주세포의 방어기전의 예로써 특이항원에 대한 면역반응과 인터페론(interferon)반응을 들 수 있는데, 이들은 상당히 진화된 형태로 바이러스의 감염을 억제하고 제거하는 효과적인 방법이다. 따라서, 바이러스는 숙주동물에서 자신의 복제가 효과적으로 일어나게 하기 위하여 숙주의 방어기전을 방해하는 물질을 생성하는 것이다.

헤르페스바이러스(herpesvirus)와 같이 커다란 크기의 유전자를 가지고 있으며 많은 수의 단백질을 암호화하는 바이러스는 작은 크기의 유전자를 가진 폴리오바이러스보다 더 복잡한 복제과정을 통해 바이러스 입자를 조립한다. 박테리오파지 MS2와 같이 세 개의 단백질을 암호화하는 바이러스부터 30Kb보다 큰 RNA를 유전자로 가진 RNA 바이러스인 코로나바이러스(coronavirus), 그리고 가장 큰 DNA virus로 알려진 380Kb의 유전자를 가진 poxvirus까지 매우 다양한 크기의 바이러스가 존재한다. Poxvirus는 수백 개의 단백질을 암호화하면서 숙주의 면역체계와 같은 방어기전을 효과적으로 방해하는 단백질을 만들어 낸다. 이러한 큰 바이러스의 유전자도 세균의 유전자 크기(2,000Kb)에 비교하면 아주 작은 것이며 사람의 유전자 크기(2 x 10^6Kb)에 비하면 너무나도 작은 것에 불과하다.

바이러스는 식물이나 동물보다 10^6배 빠른 속도로 일어나는 염기서열변이로 야기되는 항원변이(antigenic drift)과정과 완전히 다른 형태의 바이러스로 변화시킬 수 있는 재조합과정 등을 거치면서 매우 빠르게 변화될 수 있다. 이러한 이유로 수천 년 또는 수백만 년을 거친 바이러스의 진화과정을 조사하는 것은 불가능하다. 하지만, 유전자염기서열 분석방법의 개발과 다소 느린 변화를 거치는 구조단백질을 확인하면서 이전에는 명백하지 않았던 바이러스 사이의 관계를 규명할 수 있게 되었다. 바이러스와 그들의 숙주가 어떻게 함께 진화해왔는지를 규명하는 것은 아주 흥미로운 연구 대상이며 이러한 연구를 통해 동물바이러스학에 대한 많은 정보를 확인할 수 있을 것이다.

예방수의학

03 수의면역학

여러 가지 면역 현상의 성립 원리나 메커니즘, 면역반응 그리고 그 조절에 관계하는 세포군 및 생체성분, 이들 유전자 등을 대상으로 하는 분야의 학문이다. 생명의 유지와 보수를 담당하는 면역현상을 다루며, 기본적으로 신체적 자기(physical self)에 대한 학문이다.

(1) 신체방어

질병에서 자유로워지기 위해서는 다양한 기전이 필요하다. 이 기전에는 침입자를 차단하는 신체의 물리적 방어벽(피부, 정상세균총)과 초기 방어에 신속하게 대응하는 선천(자연)면역, 장시간 지속되는 효과적인 면역인 후천(획득)면역이 포함된다(표 1-1).

표 1-1. 선천면역과 후천면역의 비교

	선천면역 - 항상 작용	후천면역 - 항원에 의해 작용
관련세포	Macrophage, Dendritic cell, neutrophil, NK cell	T cell, B cell
작용시작	빠름 (min-hr)	느림 (days-weeks)
특이성	일반 미생물의 구조	해당 항원
기 억	없 음	있 음
효 과	개선되지 않음	반복노출 되면서 개선됨

신체는 여러 층의 방어 시스템을 가지고 있다(그림 1-1). 선천면역은 미생물의 침입을 침입 시점에서 일정 선까지 차단시킨다. 선천면역은 침입한 병원

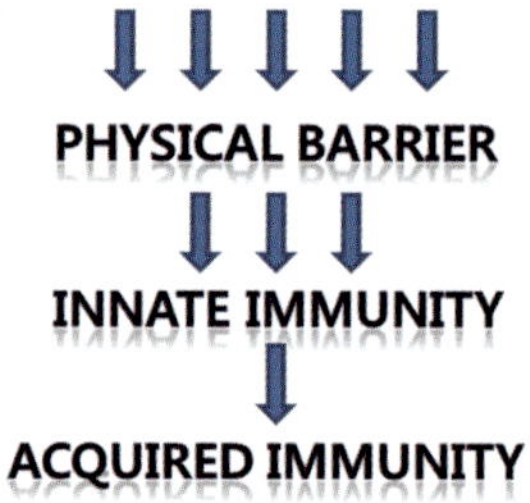

그림 1-1. 미생물의 침입에 대항하는 세 가지 주요방식

균이 정상적인 신체성분과 다르다는 사실에 착안, 세균의 세포벽과 세균을 덮고 있는 탄수화물 결합 단백질을 소화할 수 있는 효소 등으로 세균의 파괴를 촉진한다. 동물의 신체는 미생물 침습 부위에 자신의 선천적 방어기전을 복잡한 일련의 반응인 염증을 일으킴으로써 집중시킬 수 있다. 선천면역은 어떠한 형태의 기억이 없으며, 따라서 각각의 감염은 동일하게 취급된다. 그러므로 염증과 같은 과정의 강도와 지속 기간은 매우 빈번하게 특수한 침입자와 마주치더라도 변화가 없다. 반면에 침입자가 발견되면 즉시 대응을 시작한다.

후천면역의 한 형태는 항체에 의해서 매개된다. 항체는 세균과 같은 세포외의 침입자를 방어한다. 항체는 체액, 특히 혈류 내에서 순환한다. 다른 형태의 후천면역은 세포매개면역이다. 이 면역은 바이러스와 같은 세포내의 침입자에 저항하여 동물을 보호한다(그림 1-2). 후천면역시스템은 이전에 노출된 외부 침입자를 기억하는 능력을 가지고 있으며 그 후에 동일 침입자에 노출될 때 더 신속하고 더 효과적으로 높은 반응을 보인다. 이 현상은 계속되는 세균의 공격에도 불구하고 동물의 생존을 효과적으로 유지시킨다.

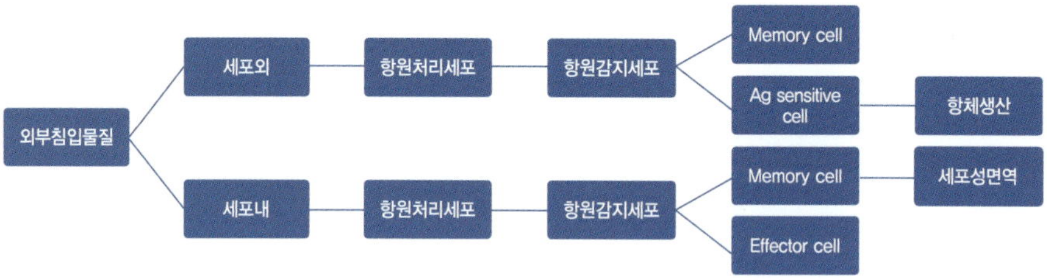

그림 1-2. 후천면역시스템의 간략한 기전

(2) 염증 및 관련 면역세포

가. 염증

조직 손상 또는 세균 감염은 염증반응을 유발시킨다. 염증의 5대 증상은 발적, 발열, 부종, 통증, 기능상실이다(그림 2-1). 세균 감염부위에 혈관이 확장되어 발적과 발열을 유발하며, 모세혈관의 투과성이 증가되어 조직으로 체액과 세포들이 나와 삼출액이 축적되어 부종을 유발한다. 모세혈관 투과성 증가로 phagocyte(대표적으로 macrophage와 neutrophil)가 조직으로 빠져나오게 한다. 혈관을 빠져 나온 phagocyte는 화학주성인자의 유도로 세균 감염 부위로 이동되어 앞에서 설명한 바와 같이 세균을 처리하게 된다.

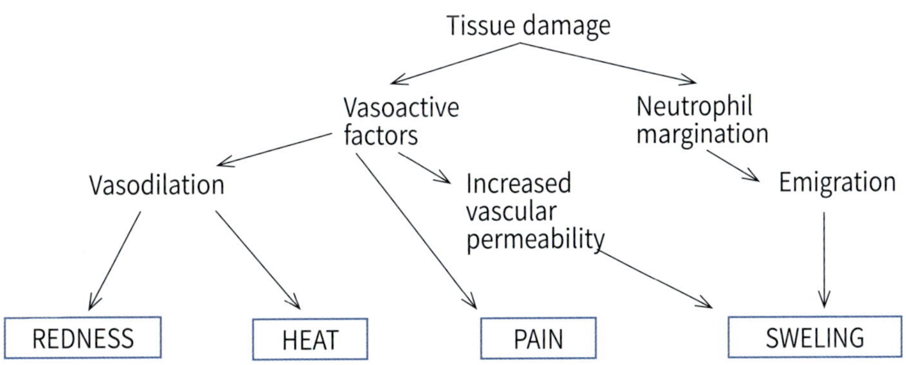

그림 2-1. 급성 염증의 증상과 그 기전

신체는 미생물의 표면에 발현되는 공통된 분자 또는 이들의 특징적인 핵산에 의해 침입한 미생물을 인식한다. 이들을 병원체 관련 분자 패턴(pathogen associated molecular patterns, PAMPs)이라 한다. 큰포식세포와 호중구(호중백혈구)와 같은 면역세포들은 또한 손상된 세포에서 방출되는 분자의 출현을 인식한다. 이 분자를 알라민(alarmin)이라 한다.

PAMPs는 세포 표면에 있는 toll-like receptors(TLRs)와 세포 내에 위치하는 다른 수용체들이 인식한다. 패턴 인식 수용체는 많은 종류의 세포에서 발견된다. 가장 중요한 세포는 macrophage, dendritic cell 및 mast cell인데, 이들이 보초의 역할(sentinel cell)을 하기 때문이다.

TLRs로부터의 신호는 sentinel cell을 활성화시켜 많은 종류의 분자들을 방출하게 한다. 이러한 분자 중, cytokine은 inflammation pathway를 작동시킨다. 가장 주된 염증유발 cytokine은 tumor necrosis factor-α(TNF-α), interleukin-1(IL1), interleukin-6(IL6) 등이다. 이러한 분자 중 일부는 국소적으로 혈류를 증가시키고 혈관 투과성을 증가시켜 neutrophil이나 macrophage와 같은 phagocyte의 이주를 돕는다.

나. 호중구(Neutrophil)

호중구는 염증반응이 발생한 부위로 유인되는 주요 세포이다. 호중구는 분당 약 800만 개의 속도로 골수에 있는 줄기세포에서 생산되어 혈류로 이동하고 약 12시간 후에 조직으로 이동한다(그림 2-2). 이들은 며칠 뒤에 사멸하므로 끊임없이 교체되어야 한다. 혈중 호중구는 순환 저장소와 모세혈관 내에 저장되어 있다. 세균감염이 일어나면 골수와 고립된 저장소로부터 유리되어 순환 호중구가 10배가량 늘어난다.

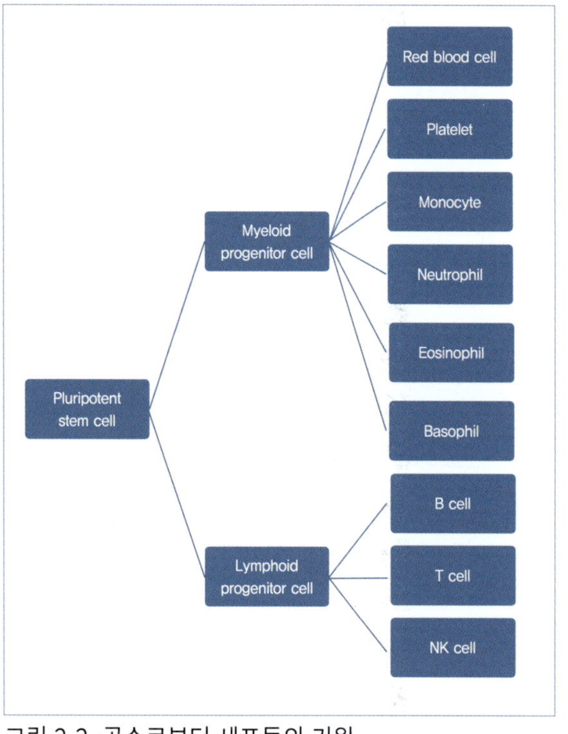

그림 2-2. 골수로부터 세포들의 기원

염증성 cytokine은 혈관상피세포를 활성화시켜서 혈중 호중구가 세균의 침입 또는 조직손상이 일어난 곳으로 이주하기 전에 상피에 부착하게 한다. 혈관 내피세포의 selectin은 혈중에 돌아다니는 호중구를 속박하고, 호중구가 구르도록 자극한다. 호중구가 멈출 때, integrin은 호중구를 혈관 내피세포에 강하게 결합시키고, 호중구에 신호를 보내 조직으로 이주하게 한다(그림2-3).

호중구는 침입한 미생물과 결합하여 phagocytosis(포식작용)을 한다. 미

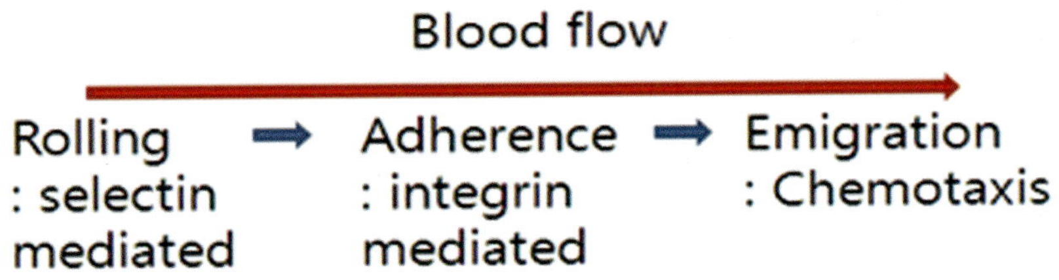

그림 2-3. 혈관으로부터의 호중구의 Adhesion과 Emigration

생물이 효과적으로 포식되고 죽기 전에 옵소닌화(opsonization)되는 것이 필요하다. 가장 효율적인 옵소닌으로는 항체와 보체가 있다.

포식된 미생물은 respiratory burst라고 불리는 과정을 통해 생성된 강력한 산화제와 defensin이라 불리는 항균단백질이나 lytic enzyme에 의해 죽는다. 호중구는 장시간 포식과정을 수행할 수 없는 짧은 수명의 세포다.

다. 큰포식세포(Macrophage)

큰포식세포는 호중구 다음으로 염증부위로 이동하여 생존한 미생물 침입자들을 섭취하여 죽이고 죽어가는 호중구를 섭취하여 호중구로부터 나오는 효소에 의해서 일어날 수 있는 손상을 억제한다. 큰포식세포는 강력한 산화물질인 산화질소를 생성한다. 큰포식세포는 혈류와 호흡기로부터 외래입자를 효과적으로 제거한다. 큰포식세포는 손상된 조직에서 일어나는 치유과정의 시작을 책임진다(표 2-1).

표 2-1. Macrophage에 의해 분비되는 cytokine과 그 기능

Macrophage가 분비하는 cytokine	기능
TNF-α	세포독성, T cell성장 촉진, acute phase response 자극, 염증촉발
Interleukin-1	Th2 cell의 공동자극인자, acute phase response 자극
Interleukin-6	B cell 분화 조장, acute phase response 자극
Interleukin-12	Th1 cell의 공동자극인자
Interleukin-18	Th1 cell에서 Interferon gamma 생산 조장

하지만 모든 큰포식세포가 산화질소를 생성하지는 않는다. 산화질소를 생성하는 큰포식세포를 M1세포라고 부른다. 이들의 주요 기능은 NO

를 지속적으로 생성하여 세균, 곰팡이, 원생생물, 특정 연충과 종양세포를 죽여 숙주를 방어하는 역할을 하고, M2라고 불리우는 큰포식세포의 두 번째 군은 arginase를 이용하여 arginine을 ornithine으로 전환하고 NO를 생성하지 않는다. M1세포는 미생물 침입자에 대해서 방어하고 proinflammatory cytokine을 생성하는 한편 M2세포는 염증을 감소시키고 면역반응을 억제하는 cytokine을 생성한다. M1세포는 염증반응 초기에 생성되고, M2세포는 치유가 요구되는 과정에서 늦게 나타난다. 그러므로 M2세포는 혈관 형성, 조직 리모델링과 조직 치유를 촉진한다(그림 2-4).

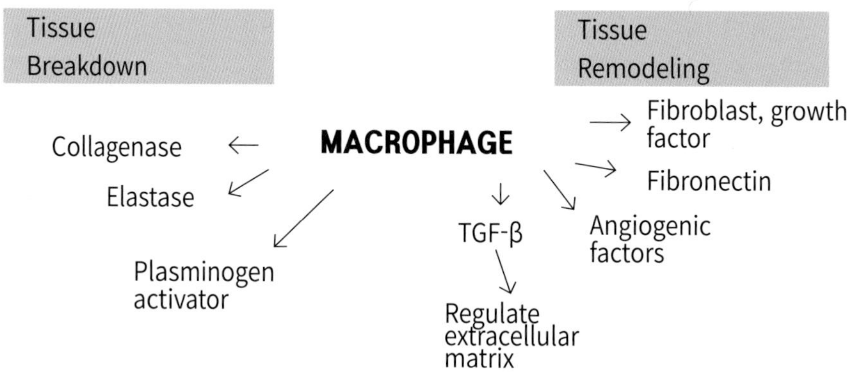

그림 2-4. 상처치유 과정 중 조직 파괴와 조직 복구에서 M2 macrophage의 역할

라. 염증후기

일단 침입한 생물이 파괴되면 조직반응은 죽이는 과정에서 회복과정으로 전환되어야 한다. 큰포식세포도 염증이 진행될 때처럼 그들의 특성을 바꾼다. 큰포식세포는 우선 섭취한 세균을 죽이기 위해서 TNF-α에 의해 활성화된다. 그러나 이들 M1 큰포식세포는 결국 M2세포로 전환되고 항염증 특성을 나타낸다. 그러므로 동일한 세포가 감염된 시점에서는 염증 방식으로 작용하지만 일단 감염이 극복되면 항염증 활동으로 전환한다.

(3) 보체계

보체 단백질은 정상 혈청에서 발견되며 보체계는 선천 및 후천면역의 주요 구성요소이다. 보체 구성요소들(특히C3b)은 침입한 미생물에 공유적으로 결합하여 그들을 옵소닌화하고 세포막공격복합체(membrane attack complex)를 형성하여 미생물에 구멍을 생성한다.또한 보체계는 강력한 화학유인물질인 C5a의 분비를 통하여 염증을 유발하는데 중요한 역할을 한다. 따라서 특정 보체 구성요소의 결핍은 감염에 대한 감수성을 증가시킨다.

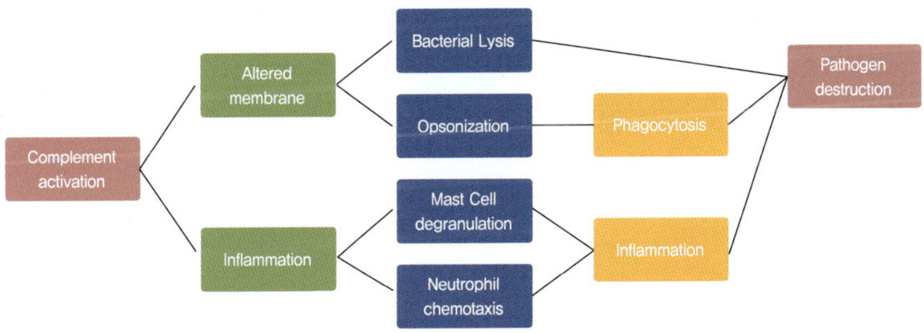

그림 3-1. 보체계의 기능

가. 보체계의 기능

보체는 미생물막을 변화시키거나 대체적으로 염증을 유발한다. 두 방법 모두 그것은 미생물의 침입자의 제거를 촉진하기 때문에 선천면역계의 중요한 구성요소이다(그림 3-1). 보체계는 두 가지 선천적 경로(alternative pathway, lectin pathway)에 의해서 활성화되고, 항원에 결합한 항체에 의하여 활성화된다(classical pathway). 보체 구성요소의 단계적인 집합은 결국 C9의 중합체와 막공격복합체의 조립에 이르게 한다(그림 3-2).

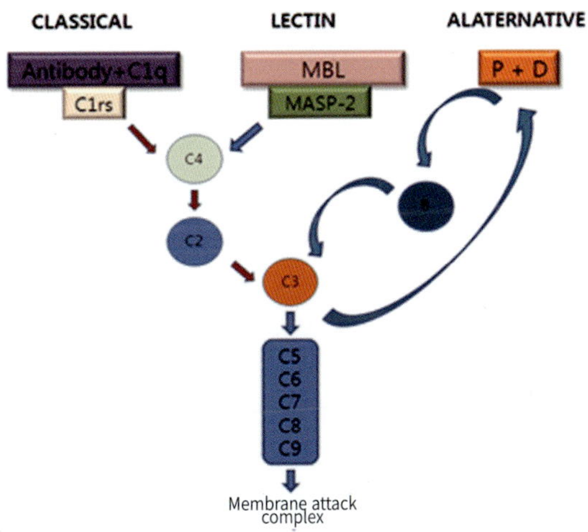

그림 3-2. 보체계의 세 가지 경로

나. 보체활성화의 다른 결과

1) 옵소닌화

미생물 표면에 공유결합된 C3b와 C4b는 미생물이 외래물질임을 효과적으로 표시하는 매우 강력한 옵소닌으로 작용한다.

2) 화학주성

보체계는 급성염증에 기여한다. C5a와 C5b67을 포함한 다수의 강력한 화학주성 peptides를 생성한다.

3) 염증

작은 펩타이드인 C3a와 C5a는 피부에 주사되었을 때 급성염증을 일으킨다. 이들 분자는 비만세포를 탈과립시키고 혈소판이 혈관에 작용하는 분자인 히스타민과 세로토닌을 분비하도록 자극한다.

4) 면역조절

보체는 항원에 결합한 C3d를 통하여 항체 형성을 조절한다. C3d에 의해서 둘러싸인 항원은 항원이 가지돌기세포(dendritic cell)에 있는 CR2에 결합하는 것을 가능하게 하여 항원처리에 영향을 준다.

(4) 항원, 가지돌기세포 및 항원처리

가. 항원(Antigen)

후천면역시스템은 미생물의 거대분자를 인지하기 위하여 최적화되어 있다. 숙주는 면역반응을 자극하기 위하여 침입한 미생물들을 외래성이고 위험한 것이라는 것을 인지할 수 있어야 하는데, 선천면역시스템의 경우 주요 병원체군에 특정하게 존재하는 제한된 수의 PAMPs만을 인지한다. 그러나 후천면역시스템은 막대한 수의 외래 분자 구조들을 인지하고 반응할 수 있다. 이 같은 분자 구조를 항원이라고 한다.

크고 복잡하며 안정적인 외래성 단백질이 항원성이 크고, 크기가 5000 kDa 이하인 작은 분자는 보통 항원성이 약하다. 이러한 작은 분자는 커다란 단백질에 그들을 결합시켜 항원성을 부여할 수 있는데 이 방법에서 항원성을 획득하는데 사용된 작은 분자를 hapten이라고 부른다.

면역계는 외래 항원의 표면에 있는 항원결정인자 또는 epitope라고 불리는 특정 부위를 인지한다. 세균, 유핵세포, 그리고 적혈구 같은 외래 입자들은 단백질, 당단백질, 다당류, 지질다당류, 지질, 그리고 핵단백질의 복잡한 복합물이다. 그러므로 그러한 외래입자에 대한 후천면역반응은 복합물 내에 존재하는 각각의 외래분자에 대하여 동시에 일어나는 많은 복합체적인 면역반응이다.

또한 단백질과 같은 단일 커다란 분자는 다수의 면역반응을 자극할 수 있다. 커다란 분자는 면역반응을 일으키는 특정한 부위를 가지고 있다. 일반적으로 분자의 표면에 존재하는 이들 부위를 항원결정인자 또는 epitope라고 부른다.

나. 가지돌기세포(Dendritic cell)

가지돌기세포, 큰포식세포 및 B세포와 같은 항원제시세포들은 획득면역을 개시할 수 있도록 항원을 탐식하고 처리할 수 있다(그림 4-2). 이들 항원제시세포 중 가장 강력한 세포는 가지돌기세포이며 유일하게 naive T cell을 효과적으로 자극할 수 있다. 미성숙 가지돌기세포는 몸 안에 흩어져 있으며 외부 유래 항원을 탐식할 수 있다.

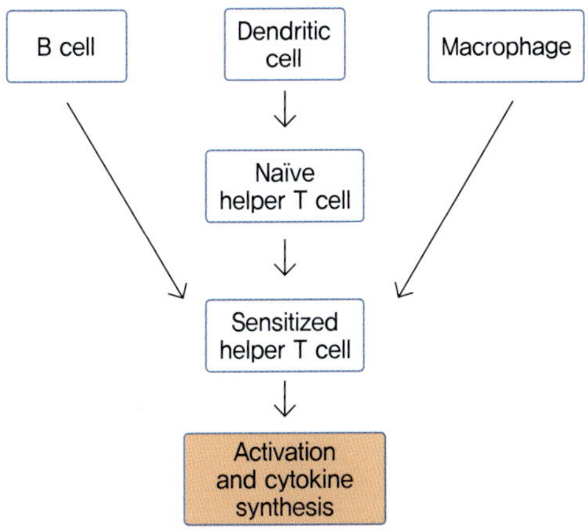

그림 4-2. 세 가지 주요 항원제시세포 : B세포, 가지돌기세포, 큰포식세포

외인성 항원에 의해 자극을 받은 후, 가지돌기세포는 외인성 항원을 T cell에 효과적으로 제시할 수 있도록 성숙한다. 이를 위해 가지돌기세포는 MHC class II라는 항원수용체를 많이 발현한다. 가지돌기세포는 외인성 항원을 탐식하고 작게 분절시킨 뒤, 표면 MHC 분자에서 제시하여 T cell이 인식할 수 있게 한다.

가지돌기세포에는 myeloid와 plasmacytoid 가지돌기세포 두 가지 subtype이 있다. Plasmacytoid 가지돌기세포는 제 1형 interferon을 생산하는 주요 세포이다.

다. 항원처리(Antigen processing)

B cell 또한 항원제시세포(antigen presenting cell)이며 이차면역반응에서 매우 효율적인 항원제시세포이다. 반면 큰포식세포는 항원제시세포이지만 탐식된 항원을 파괴시키기도 하기 때문에 가지돌기세포에 비해 덜 효율적이다.

외인성 항원의 제시는 MHC II 분자에 의해 이루어진다. 비록 많은 세포가 외부입자를 탐식할 수 있지만, MHC II와 연결된 항원을 발현하는 세포만이 면역반응을 일으킬 수 있다.

외인성 항원을 처리하는 과정은 여러 단계를 거친다. 항원은 탐식된 후, phagosome으로 들어간다. Phagosome은 단백분해효소를 갖고 있는 lysosome과 융합된다. 탐식된 peptides는 다양한 길이의 조각으로 단백분해효소에 의해 깨진다. 이들 peptide 조각을 포함하는 섭취소체(endosome)는 새롭게 합성된 MHC II 분자를 운반하는 다른 endosome과 융합한다. 새로 합성된 MHC II chain은 소포체에 위치하고 거기서 invariant chain(Ii)이라 불리는 peptide와 함께 큰 복합체를 이루게 된다. 항원성 펩타이드는 MHC II 분자의 binding groove에 위치하며, 이후 복합체는 세포표면으로 이동하고 helper T cell에 항원을 제시한다(그림 4-3).

내인성 항원의 처리는 새로 합성된 단백질이 proteasome에 의해 잘리기 전, ubiquitinated된다. 이들 peptide는 내형질세방의 막에 위치한 transporter protein에 결합한다. 이후, 내형질세방의 내강으로 전달되고, 그곳에서 MHC class I 분자의 Ag binding groove에 위치하게 된다. MHC class I/peptide complex는 cytotoxic T cell을 만나는 세포표면에 전달된다.

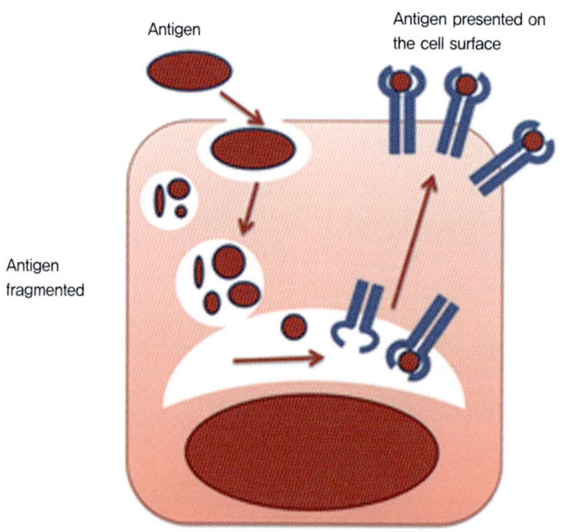

그림 4-3. 외인성 항원의 항원제시세포(APC)에 의한 처리.

(5) 주조직적합복합체(MHC, Major Histocompatibility Complex)

후천면역반응이 일어나기 위해서는 체내 침입한 항원이 세포내에서 파편으로 처리되어 적절한 항원제시세포 수용기에 결합되어야 한다. 이 당단백질로 이루어진 수용기는 '조직적합성 분자'라고 불리며 '주조직적합(성)복합체'라고 불리는 유전자 다발에 위치한 유전자에 의해 암호화되어 있다. 그리고 항원은 MHC 분자와 결합되어야 T세포 항원수용기와 결합할 수 있으며 이 필수조건을 MHC제한이라고 부른다.

연골어류에서 포유류까지 모든 척추동물들은 정상적으로 MHC내에 모여있는 조직적합적 분자를 보유하고 있다. 각 MHC는 3종류의 유전자자리로 구성되어 있다. class I 자리는 핵이 있는 대부분의 세포에서 발현되는 MHC 분자를 암호화하며 class Ⅱ 자리는 오직 전담 항원제시세포(dendritic cell, macrophage, B cell)에서 발견되는 다형성 MHC 분자를 암호화한다. MHC class Ⅲ 자리는 선천면역과 관계된 다양한 역할을 수행하는 단백질을 암호화한다. 각 MHC가 모든 3 class의 유전자자리를 포함하고 있다고 할지라도, 그 숫자와 배열은 변화한다. 인간에서는 이러한 분자가 인간백혈구항원(HLAS)이라고 불리며 개에서는 DLA, 토끼에서는 RLA, 소에서는 BoLA, 말에서는 ELA, 돼지에서는 SLA으로 불린다.

가. MHC class Ia 분자

대부분의 핵이 있는 세포에서 발현이 되는데 예를 들면 림프구, 혈소판 과립세포, 간세포, 신장세포 그리고 정자 등에서 발현되며 적혈구, 생식체 신경세포, 또는 세포영양막 세포에서는 보통 발현되지 않는다.

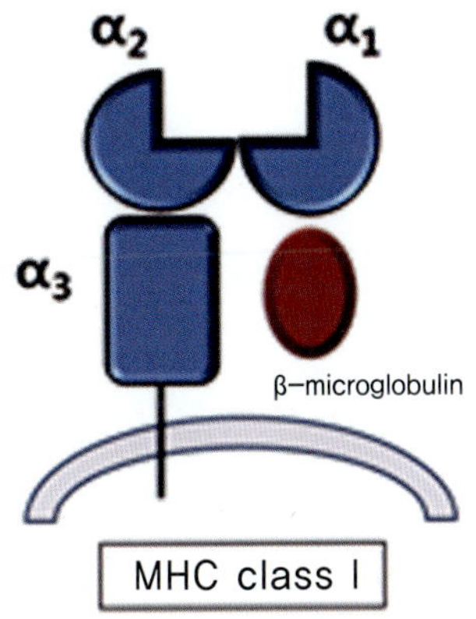

그림 5-1. MHC class Ⅰ 분자구조

구조

Class I분자는 2개의 당단백 고리(α chain, β2-microglobulin)로 구성되어 있다. α chain은 세포막에 결합되어 있으며 5영역으로 구성되어 있다; α1, α2, α3의 3가지 세포외 영역과 막관통 영역, 세포질 영역으로 이루어져 있다. Class Ia 분자에서 항원-결합부위는 α1과 α2영역이며 β2M분자는 구조를 안정화 시키는 역할을 한다(그림 5-1).

나. MHC class II 분자

포유류간에는 MHC class Ⅱ의 발현이 차이난다. 설치류에서는 주로 항원제시세포(dendritic cell, macrophage, B cell)에서 발현되며 T cell, keratinocyte, 혈관의 내피세포에서 유도될 수 있다. 마우스의 휴면중인 T cell에서는 MHC class Ⅱ 분자가 발현되지 않지만, 돼지와 개, 고양이, 밍크, 말에서는 거의 모든 휴면 중인 T cell에서 지속적으로 발현된다.

다. MHC class III 분자

MHC내에 위치한 나머지 유전자는 class Ⅲ 유전자로 분류된다. 이들은 매우 다른 역할을 지닌 단백질을 암호화한다. 보체 구성성분인 C4, factor B, C2을 위한 유전자를 포함하며 이들은 신체의 방어역할에 매우 중요한 역할을 한다. 또한 이 외에도 스테로이드 합성, cytochrome P450, 종양괴사인자, 몇가지 림프독성, 일부 NK cell 수용체 등을 암호화하는 유전자를 지닌다.

라. MHC 분자와 질병

MHC 분자는 면역체계의 세포들에게 항원을 제시함으로써 면역반응을 조절하는 역할을 한다. MHC 분자와 결합하지 않는 항원은 면역반응을 일으키지 못한다. 따라서 MHC 대립유전자에 의해 면역반응이 관여하는 질병에 대한 감수성이 결정된다. 이것은 감염뿐만 아니라 자가면역질환의 경우에도 해당된다. Class Ia와 class Ⅱ MHC는 다형성으로 각각의 MHC 대립유전자는 서로 다른 구성의 항원성 세포수용체에 결합할 수 있다. 한 동물이 가진 MHC가 다양할수록, 반응할 수 있는 항원이 다양해진다. 이렇게 MHC 이형 접합 동물은 더 다양한 대립유전자를 가지게 되고 이로 인해 동형 접합 동물보다 훨씬 다양한 항원성 펩타이드에 결합할 수 있게 되어 더 많은 항원에 반응함으로써 더 다양한 감염성 질환에 대해 생존할 수 있는 장점을 가지게 된다.

(6) 면역기관 및 림프구

가. 면역기관

항원은 dendritic cell, macrophage, B cell에 의해 탐지되고 처리되지만 실제로 최종적으로는 림프구라 불리는 세포에 의하여 능동면역반응으로 해결된다. 림프구는 주로 지라, 림프절, 가슴샘과 같은 기관에 많이 존재한다. 이들 면역기관에서는 림프구가 항원과 적절히 반응할 수 있도록 하고 림프구가 자가세포에게 반응하지 않도록 선택과정을 거치게 하고 림프구의 반응이 지나치게 일어나지 않도록 조절하는 역할을 한다. 이러한 림프기관의 기능으로는 림프구의 생성과 생산 조절, 항원의 탐지를 위한 환경제공, 이물 항원의 처리, 처리된 항원감작세포와 림프구가 상호작용할 수 있는 기회를 최대한 제공하는 것으로 분류된다.

1) 일차 림프 기관 : 림프구의 발달을 조절하는 기관

① 가슴샘(흉선, Thymus)

골수에서 생성된 전구체가 이곳으로 이동하고 성숙하여 T cell이 생성되는 장소이다. 상대적인 크기는 신생동물에서 가장 크고, 절대적인 크기는 성숙기에 가장 크다. 그러나 성체가 되면 퇴축하여 찾아보기 힘들게 된다. 구조적으로 림프구가 많이 침윤되어 있는 겉질과 상대적으로 림프구가 적고 가슴샘소체(Hassall's corpuscle) 구조가 존재하는 속질로 나누어진다. 가슴샘의 절제 실험의 결과는 신생 동물의 가슴샘은 혈중 대다수 림프구를 제공하며, 림프구는 세포 매개성 면역반응을 일으키는데 주요한 역할을 한다는 것을 시사한다. 가슴샘 속질에서는 T cell의 성숙과정으로 중요한 두 단계의 과정이 이루어지는데 첫번째는 자가항원에 강하게 반응하는 세포를 걸러내는 음성 선택 과정과 특정한 MHC class Ⅱ-항원 복합체를 인식하고 반응할 수 있는 세포가 성숙될 수 있도록 자극하는 양성선택 과정이 일어난다.

② 배설강주머니(Bursa of Fabricius)

새에서만 존재하는 기관으로 배설강 근처에 위치하는 둥근 주머니이다. 1~2주에 최고 크기에 다다르며 이후에는 나이가 들면서 퇴축하여 늙은 새

에게 주머니를 확인하기는 매우 어렵다. 이 주머니는 항체형성 세포를 위한 성숙과 분화의 기능을 담당하는 첫번째 장기이며 따라서 이 주머니에서 유래하는 림프구를 B cell이라 부른다.

③ Peyer's patches(PPs)

소장의 벽에 위치한 림프장기이며 동물의 종에 따라 구조와 기능이 다양하다. 회장에 집중되어 있는 group I(되새김동물, 돼지, 말, 개, 사람)과 회장과 공장에 임의의 간격으로 분포하는 group Ⅱ(토끼, 설치류)로 나누어질 수 있다. Group I에서의 B cell의 역할은 조류의 배설강 주머니에서의 B cell과 유사하여 B cell의 왕성한 증식이 일어나는 장소이다

④ 림프절 복합체

말, 되새김동물, 개, 돼지에서 대장, 맹장의 벽에서 발견되며 림프조직의 점막밑 덩어리로 구성된다. 이 구조물은 점막밑 림프소절을 관통하며 잔세포, 상피내 림프구 그리고 M세포를 함유하는 장관 원주형 상피에 의해 이루어져 있다. 기능은 알려져 있지 않지만 많은 형질세포를 함유하는 것으로 미루어 항체를 생산하는 장소라고 생각되고 있다.

⑤ 골수

특화된 회장 PPs를 가진 Group I 포유류(되새김동물, 돼지, 및 개)에서는 특화된 회장 PPs가 유일하게 B cell의 일차 림프기관이지만, group II 포유종에서는 골수가 이와 같은 기능을 하는 것으로 생각된다. 비록 골수 외곽에서의 전구 B cell은 중앙으로 이동해서 성숙되고 증대되는 것으로 생각되어지지만 이것이 B cell의 유일한 성숙 장소는 아니다.

2) 이차 림프 기관

일차 림프 기관과는 대조적으로 이차 림프 기관은 태아기의 막판에 생기기 시작해서 성인기 내내 존재하며 항원의 자극에 반응하여 비대된다. 또한 일차 림프 기관과 달리 외과적으로 제거하여도 면역 기능의 현저한 저하가 발생하지 않는다. 이차 림프 기관은 지라, 림프절, 편도 그리고 장관, 호흡기, 비뇨기에 존재하는 림프조직이 있다.

① 림프절(Lymph node)

림프절은 림프구, 큰포식세포, 가지돌기세포로 구성되어 있다. 겉질에는 주로 B cell이 분포되어 있으며 겉절이 형성되어 있어 항원에 의해 자극되면 종자 중심(germinal center)이라 불리는 부위를 형성한다. T cell과 dendritic cell은 곁겉질(paracortex)에 많이 존재한다. 다른 종류의 세포(그물세포, dendritic cell, macrophage, plasma cell)는 속질에 존재한다(그림 6-1). 림프절과 같은 이차 림프 기관의 주요기능은 항원제시세포와 항원감작 T cell과 B cell간의 상호작용을 용이하게 하는 것이다. 이 작용은 면역세포가 chemokine에 의해 림프절로 유인되어 이루어지는데 chemokine은 림프구의 재위치와 재순환을 제어하고, 정확한 림프구가 정확한 위치에 가도록 한다.

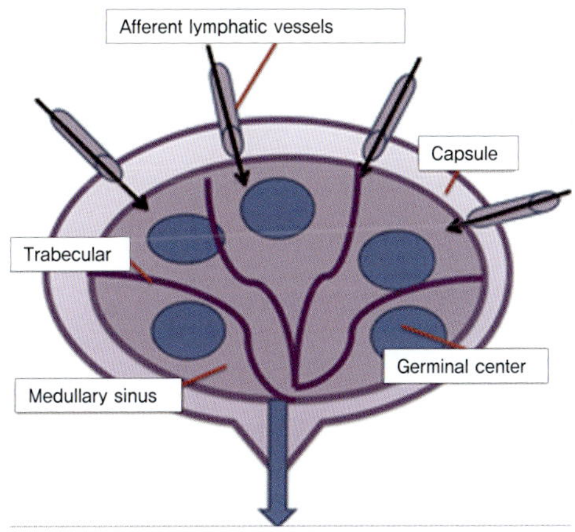

그림 6-1. 림프절 구조

② 혈액림프절(Hemolymph node)

되새김동물과 다른 포유류에서 혈관과 관련하여 발견되며 림프절과 구조적으로 유사하지만 기능은 정확히 알려져 있지 않다. 일반 림프절과는 달리 적혈구를 포함하고 있으며 지라와 림프절의 특징이 혼합된 것으로 나타난다.

③ 지라(Spleen)

림프절에서 항원을 걸러내는 것처럼 지라에서는 혈액을 걸러낸다. 이 곳에서는 혈액운반 미생물, 세포파편, 나이든 혈액세포와 같은 항원입자를 제거한다. 면역기능과 더불어 지라는 적혈구와 혈소판을 저장하고, 철을 재순환시키고 태아에서 적혈구 생산을 맡는다. 구조적으로는 혈액을 거르고 적혈구를 저장하는 적색속질(red pulp)과 림프구가 풍부하여 면역반응이 일어나는 백색속질(white pulp)로 나누어진다.

나. 림프구

림프구는 외부항원을 인식하고 반응하는 세포로 세포표면 물질의 특징적 발현에 따라 구분된다. NK cell은 선천면역에 대한 역할을 하고, T cell은 후천면역을 조절하고 세포매개면역에 역할이 있으며 B cell은 항체생산의 역할을 한다. 림프구는 직경이 7~15㎛인 작고 원형인 세포이다. NK cell은 대개 T cell이나 B cell보다 크고 명확한 세포질 과립을 갖고 있다.

1) 항원수용체 복합체

림프구 표면에서 가장 중요한 구조물이며 T cell의 항원수용체는 TCR, B cell의 항원수용체는 BCR이 존재한다. 일부는 여러 항원결합단백질이고, 다른 것들은 신호전달에 이용된다. NK cell은 질병이 없는 상태의 건강한 정상 세포가 표면에 발현하는 분자에 대한 수용체를 가지고 있어서 이러한 표면 분자를 발현하지 않는 세포를 죽인다. CD3는 TCR에서 신호를 전달해주는 기능을 하며 모든 T cell에 존재한다. MHC class Ⅱ 수용체인 CD4는 helper T cell에서만, 비정상적은 세포들을 공격하는 CD8은 cytotoxic T cell에서만 발현된다.

2) 림프구의 기능을 조절하는 분자

- Cytokine receptor
- Antigen receptor
- Complement receptor

3) 부착분자

- Integrin
- Selectin
- Immunoglobulin superfamily
- CD58과 CD2

(7) Helper T 세포와 cytotoxic T 세포

가. Helper T 세포 (Th 세포)

T cell의 종류로 면역반응세포로는 특이하게 세포독성작용이나 식세포 기능이 존재하지 않으면서 다른 면역반응세포의 협력이 있어야 항원을 제거할 수 있다. 이 작용은 Th cell이 다른 면역세포를 활성화하고 유도함으로써 이루어지며 면역반응에서 매우 중요한 역할을 한다. B cell의 항원 class switching, cytotoxic T cell의 활성화와 성숙, macrophage와 같은 포식세포의 포식 작용 촉진기능들이 이에 속한다. 성숙 Th cell에서는 세포표면에 CD4 단백질이 발현되어 $CD4^+$ T cell로도 불리운다.

1) Signal 1

성숙 후 항원에 노출된 적이 없는 naïve T cell 이 항원제시세포에 의해 처리되어 MHC class Ⅱ와 결합된 항원과 TCR와 CD4가 결합하게 되면 TCR, CD3, CD4 단백질이 인산화되면서 활성화된다. 이 과정에 CD45분자의 세포내 부위가 phosphatase로 작용한다.

2) Signal 2

T cell이 외부유래 항원에 제대로 반응하는지 여부를 확인하는 단계이다. 이 신호가 정상적으로 일어나지 않으면 이 세포는 자가반응을 하는 것으로 간주되어 anergic 상태로 전환되어 기능없이 수명을 다하게 된다. 이 두번째 신호단계는 Th cell 표면의 CD28과 CD80 또는 CD86 간의 상호작용에 의해 진행된다. 이 두 분자들은 모두 Th cell을 활성화시키는 기능을 가져 co-stimulatory 분자라고 한다.

3) 증식 단계

앞의 두 단계가 끝나면 interleukin 2(IL-2)와 같은 T cell 성장인자에 의해 Th cell의 증식이 일어난다. 이 신호는 주변의 T cell도 받게 되어 함께 활성화하게 되며 이 과정에서 IL-2, IL-4, interferon gamma이 관여하며 cytokine에 따라 Th1 cell 또는 Th2 cell로 분화하게 된다.

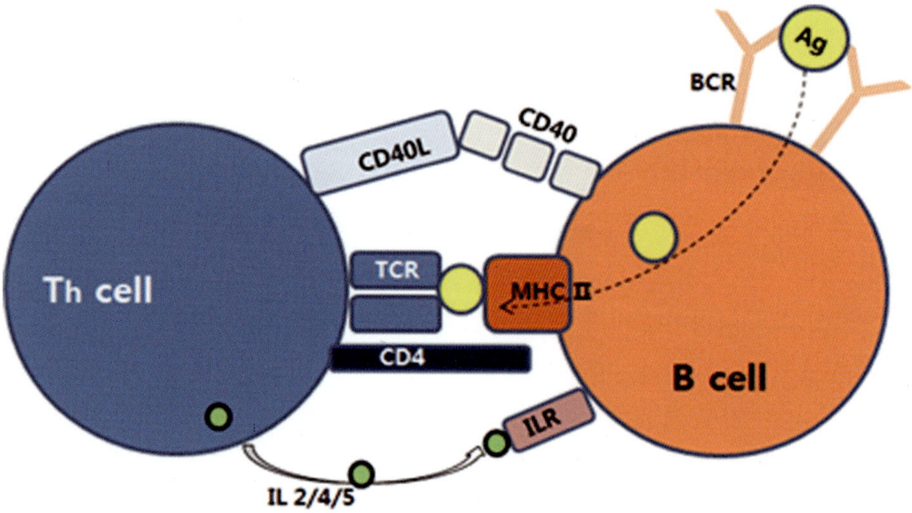

그림 7-1. Th 세포, 가지돌기세포 및 B세포와의 상관 관계 그림표

4) 성숙 단계

Effector Th cell, memory Th cell, regulatory Th cell로 분화하게 된다.

나. Cytotoxic T 세포 (Tc 세포)

T cell의 일종으로 감염된 세포나 종양세포를 죽이는 기능을 한다. 대부분의 Tc cell의 MHC class I에 결합된 특정 항원 펩타이드를 인식하는 TCR과 CD8을 세포막에 발현하며 따라서 $CD8^+$ cell로도 불리운다. 활성화된 Tc cell은 perforin, granzyme, granulysin과 같은 cytotoxin들을 유리시킨다. 이러한 세포독소는 표적세포의 세포막을 통과하여 cysteine protease에 의한 caspase cascade를 일으켜 세포의 apoptosis를 일으킨다. 세포막에서는 Tc cell의 FAS ligand와 표적세포의 Fas 분자와 결합하여 FADD(FAS-associated death domain)이 DISC(death-induced silencing complex)와 함께 procaspase 8와 10을 작동시켜 effector caspase인 3,6,7을 활성화시킨다. 최종적으로 lamin A, lamin B1, lamin B2, PARP, DNAPK와 같은 기질이 활성화되어 apoptosis를 일으키게 된다.

(8) B 세포와 항체

가. B 세포

세포매개성면역 반응을 일으키는 T cell과 달리 B cell은 체액성 면역반응에 관여하는 림프구이다. 이들의 주요 기능으로는 항체 생산, 항원제시세포로서의 작용, 면역기억세포로서의 기능이 있다. 이 기능의 특성으로 인하여 B cell은 획득성 면역 시스템의 핵심적인 요소로 작용하게 된다. 각 B cell은 세포막에 B cell receptor(BCR)가 존재하여 수용체마다 특정한 항원과 결합할 수 있다. 일단 B cell이 특정 항원과 결합하고 Th cell에게서 신호를 전달받게 되면 2종류의 세포로 분화가 일어나게 된다. 첫번째는 plasma cell이며 두번째는 memory B cell이다(그림 8-1). B cell은 직접적으로 이들 세포로 분화하거나 림프절의 종자중심(germinal center)에서 somatic hypermutation 또는 class switching을 거쳐 변이를 거쳐 분화하게 된다. 이외의 기능으로는 cytokine 생산과 림프조직의 구성 등이 있다.

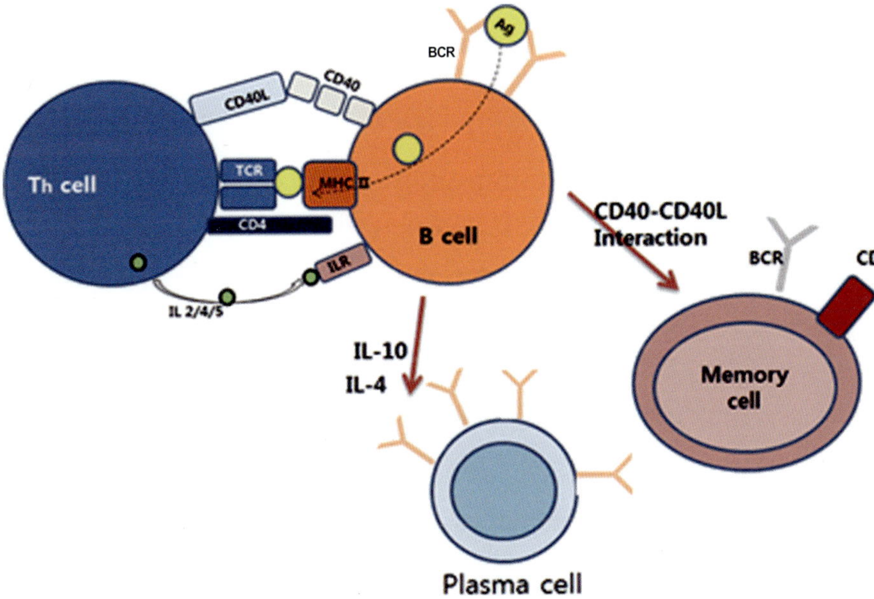

그림 8-1. B 세포의 활성화 그림표

"B" 약자는 조류의 bursa of Fabricius에서 유래하며 포유류에서는 미성숙 B cell가 골수에서 형성되며 이들 세포의 이름을 backronym이라 부른다. 미성숙 B cell은 골수에서 떠나기 전에 자가반응 여부를 확인 받게 되는데 이 과정에서 자가항체와 지나치게 강하게 결합하는 BCR을 가진 세포는 성숙이 더 이상 진행되지 못하게 된다.

나. 항체(Antibody)

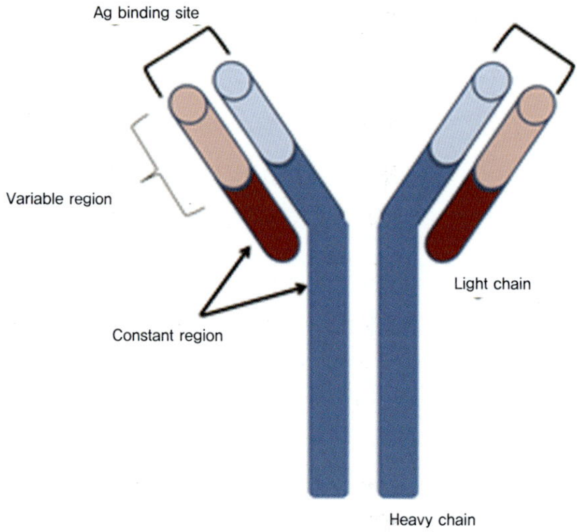

그림 8-2. 항체의 구조

항체란 면역시스템에서 세균이나 바이러스와 같은 외부 물질을 중화시키는 Y 구조의 단백질이다. 항체는 외부유래 물질의 특정 부위를 인식하는데 이를 항원(antigen)이라 하며 체액성 면역의 중요한 역할을 수행한다. 항체는 위에 언급한 B cell의 plasma cell에서 생산된다. 물리적으로 2가지로 분류될 수 있는데 세포에서 분비되는 수용성 형태와 세포막에 결합된 형태로 나누어지며 후자를 BCR이라 한다. 항체는 immunoglobulin superfamily에 속하는 당단백질이며 특정한 기본 구조로 이루어져 있다. 각 항체는 2개의 large heavy chain과 2개의 small light chain으로 이루어져 있다(그림 8-2). 여러 종류에 heavy chain이 존재하며 이에 따라 구분하는 것이 isotype이다. 포유류에서는 5종류의 isotype이 알려져 있으며 각기 다른 기능을 하며 상대하게 되는 이물질의 종류에 따라 적당한 반응으로 대응할 수 있도록 해준다. 항체의 종류가 다양할수록 면역체계는 그에 상응하는 만큼의 다양한 항원에 대응할 수 있게 된다. 이를 위해 광범위한 종류의 항체가 생산될 수 있도록 유전자 분절의 무작위적인 재조합이 이루어지며 더 나아가 각 항체 유전자는 heavy chain의 배열에도 변이를 일으켜 isotype을 변화시키는 class switching도 일으켜 최대한 다양한 항체가 생산될 수 있도록 한다.

항체는 중화(opsonization), MAC cytolysis, 병원체나 독소의 neutralization, agglutination 등의 방법을 통하여 체내를 침입으로부터 보호한다.

표 1. 항체의 종류

	IgA	IgD	IgE	IgG	IgM
types	2	1	1	4	1
기 능	점막부분에서 발견되며 장, 호흡기계, 비뇨기계에 존재하며 병원균의 증식을 억제한다. 또한 타액, 눈물, 모유에 존재한다.	대부분 항원에 노출되지 않은 B cell 표면에 항원 수용체로 존재하며 호염기구와 비만세포를 활성화시켜 항미생물 인자를 생성하게 한다.	allergen에 결합하여 비만세포와 호염기구에서 histamine이 유리되게 하여 알러지반응을 일으킨다. 또한 기생충으로부터 체내를 방어한다.	4가지 형태가 존재하여 침입한 병원체에 대한 면역작용의 대부분을 수행한다. 유일하게 태반을 통해 태아에게 전달되는 항체이기도 하다.	단량체로 B cell표면에 존재하는 형태와 세포에서 유리된 5량체 형태가 있다. B cell에 의한 체액성 면역의 IgG가 대량으로 생성되기 전인 초기 단계에 병원체를 제거하는 역할을 한다.
구 조		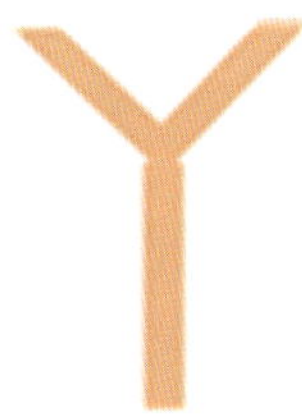			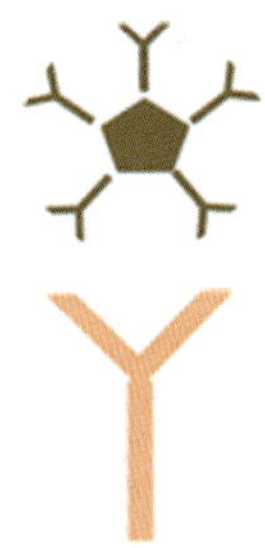

예방수의학

04 수의세균학

(1) 미생물학의 개요

미생물(microorganism)이란 눈으로는 관찰되지 않는 아주 작은 생물을 의미한다. 수의학에서 중요한 미생물의 종류에는 세균(bacteria), 바이러스(virus), 진균(fungus) 등이 있다. 세균에는 대장균, 포도상구균, 결핵균, 브루셀라균, 탄저균 등과 같이 사람이나 동물에게 매우 위험한 질병을 일으키는 것도 있지만, 질병과는 관계없는 비병원성 세균이 우리 주변의 자연계에는 더 많이 존재하기도 한다. 예를 들어 우리 몸의 대장 속에는 내용물 1g 당 10^{10}마리라는 매우 많은 세균 덩어리인 장내세균총(intestinal microflora)이 정착되어 평생을 공생하기도 하며, 우리가 매일 먹는 김치나 요구르트 속에도 수많은 유산균이 존재하여 유익한 정장작용을 하기도 한다.

수의세균학과 수의세균성 감염병학에서는 세균이라는 미생물의 분류, 구조, 배양성, 대사과정, 유전형질의 전달, 질병발생의 개요, 병원성, 항생물질, 소독과 멸균 등에 관한 기초 지식을 습득하고, 이것을 바탕으로 여러 동물에서 발생하는 세균성 감염병에 대해 그 특성과 원인체, 역학, 임상증상, 부검소견, 진단법, 예방치료법 등에 대해 강의하게 된다.

이 과목은 미생물학을 바탕으로 한 기초수의학과 감염병학을 바탕으로 한 예방수의학의 영역에 속하며, 나아가 임상수의학을 이해함에 있어서 매우 중요한 과목이기도 하다. 따라서 여기에서는 세균이란 무엇인지 그 특성을 설명하고, 세균의 감염(infection)에 의해 발생하는 세균성 감염병(infectious disease)에 대해 이해함으로써, 수의세균학과 세균성감염병학이 갖는 학문적 의미를 쉽게 설명하고자 한다.

(2) 세균(Bacteria)이란?

세균은 보통 단세포로 이루어진 원시적인 원핵생물(prokaryote)이라고 정의할 수 있다. 원핵생물이란 세포내에 막으로 둘러싸인 핵과 세포소기관을 갖고 있지 않아, 핵막(nuclear membrane)과 사립체(미토콘드리아)와 같은 세포소기관을 갖는 진핵생물(eukaryote)과는 구별된다. 세균은 원시적인 단세포생물이기 때문에 대부분 고등생물인 진핵생물에 비해 비교적 단순하고 간단한 구조와 형태를 갖고 있다.

가. 세균의 구조(Structure)와 형태(Shape)

세균의 크기는 보통 1㎛ × 10㎛이며, 펩티도글리칸(peptidoglycan)으로 구성된 세포벽(cell wall)으로 둘러 쌓여있다. 세균은 세포벽의 특성과 그람염색 성상에 따라, 파랗게 염색되는 그람양성균(Gram positive bacteria)과 빨갛게 염색되는 그람음성균(Gram negative bacteria)으로 크게 나눌 수 있다. 포도상구균(*Staphylococcus*), 연쇄상구균(*Streptococcus*), 탄저균(*Bacillus anthracis*) 등은 대표적인 그람양성균이며, 대장균(*E. coli*), 살모넬라균(*Salmonella*), 브루셀라균(*Brucella*) 등은 대표적인 그람음성균이다.

그림 1. 세균의 일반적인 그림표

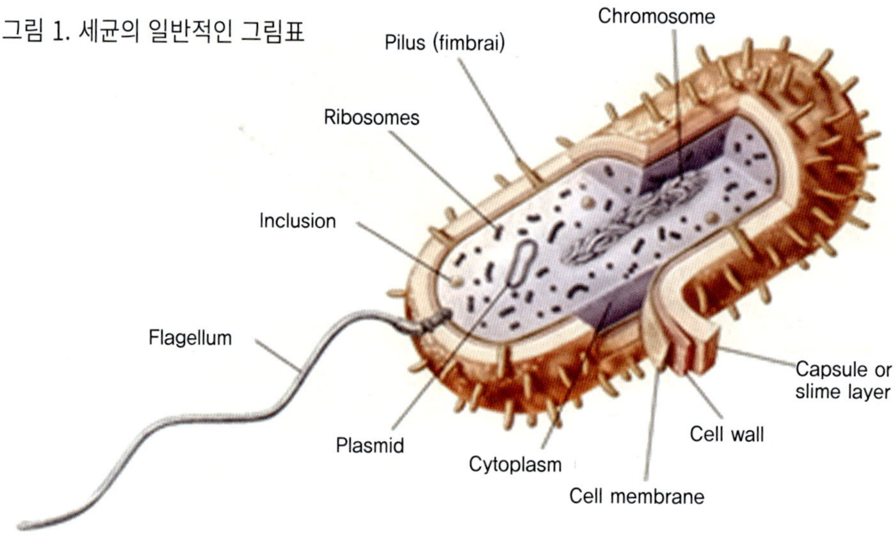

세포벽의 바깥 구조물로는 운동성 기구인 편모(flagellum)와 부착기능을 갖는 섬모(pilus, fimbria)가 있으며, 세포벽을 둘러싸는 점액질의 고분자 화합물인 협막(capsule, slime layer)이 있다. 세포벽의 안쪽에는 세포질을 둘러싸는 세포막(cell membrane)이 있는데, 이것은 선택적 투과막의 기능과 호흡과정이 이루어지는 중요한 에너지(ATP) 합성의 장소로 이용된다.

세포벽의 안쪽에는 액상의 세포질(cytoplasm)로 채워져 있는데, 주성분인 물(70-80%)과 당류, 아미노산, 염류 등의 영양물질이 존재한다. 안쪽 구조물로는 유전정보를 함유하는 염색체(chromosomal DNA)가 있으며 핵막으로 둘러싸여 있지 않아 진핵생물과는 구분된다. 일부 세균에서는 작은 DNA조각인 플라스미드(plasmid)를 갖고 있기도 한데, 이것은 항생제 내성 등과 밀접한 연관성을 갖고 있다. 또 세균은 세포질 내에 수천 개의 리보소체(ribosomes)을 갖고 있는데, 단백질 합성의 장소로 사용되고 있다. *Bacillus*나 *Clostridium*속 세균은 세포질 내에 포자(spore)라고 하는 견고한 구조물을 갖고 있는데, 보통 높은 열이나 건조한 환경 등에서도 사멸하지 않는 강한 내성과 생존능력을 갖게 된다.

세균의 형태는 크게 모양에 따라 둥근 공 모양의 구균(coccus), 막대기나 원통형 모양의 간균(rods, bacillus), 나사모양을 하는 나선균(spirillum, spirochetes)으로 나눌 수 있다. 포도상구균(*Staphylococcus*)이나 연쇄상구균(*Streptococcus*)은 구균에 속하며, 대장균(*E. coli*)이나 살모넬라균(*Salmonella*)은 간균, 매독균(*Treponema*), 돼지적리균(*Brachyspira*)은 대표적인 나선균에 속한다.

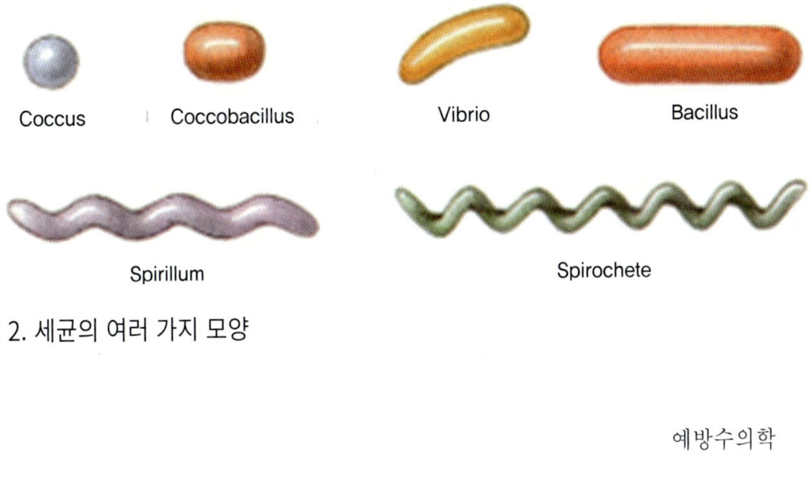

그림 2. 세균의 여러 가지 모양

나. 세균학의 역사

300여 년 전 네덜란드의 한 아마추어 과학자인 레벤후크(Antonie van Leeuwenhoek, 1632-1723)가 수작업으로 제작한 단안현미경을 통해 역사상 처음으로 미생물을 관찰, 기록하면서 세균학의 근대 역사가 시작되었다. 그 당시는 과학자들조차도 생물이 무생물로부터 자연적으로 발생한다는 자연발생설(spontaneous generation)을 믿고 있었으며, 썩은 고기에서 구더기가 자연적으로 발생하며, 부패한 빵에서 곰팡이가 자연적으로 발생한다고 믿고 있던 시대였다. 이런 시대적 배경에서 관찰된 적이 없었던 눈에 보이지 않던 미생물의 발견은 많은 호기심을 가져왔고, 그 생명의 기원에 대해서도 논쟁을 하기 시작했다. 오랜 기간 동안의 논쟁을 잠재운 것은 프랑스의 유명한 세균학자인 파스퇴르(Pasteur)였다. 그는 S자로 구부린 둥근 플라스크에 배양액(broth)을 넣고 가열한 후 시간이 지나도 미생물이 자연적으로 발생되지 않음을 확인함으로서, 자연발생설이 틀린 학설임을 실험적으로 입증하였다. 이후 미생물의 기원은 다른 미생물로부터 기원한다는 생물속생설(biogenesis)이 확립되게 되었다.

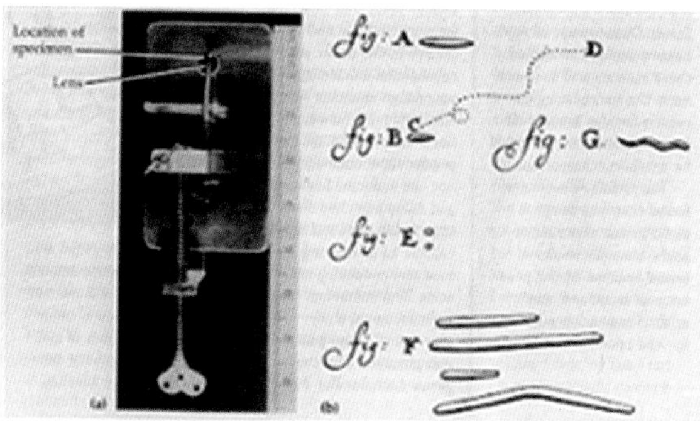

그림 3. 레벤후크의 세균 발견과 기록

19세기 중반부터 20세기 초반까지의 70여 년을 미생물학의 황금기라고 하는데, 그 이유는 이 시기에 중요한 많은 미생물의 발견과 업적이 발표되었기 때문이다. 그 당시 프랑스의 파스퇴르와 독일의 코흐가 쌍벽을 이루는 업적을 발표하였는데, 파스퇴르는 와인을 제조한 후 오래되면 식초로 산패되는 고질적인 문제점의 원인을 연구하면서, 수확한 포도로부터 알코올(와인)이 만들어지는 것이 효모(yeast)라는 미생물의 발효(fermentation) 과정에 의한 것이라는 점을 처음으로 발견하였다. 또한 알코올이 식초로 바뀌는 것도 *Acetobacter*라는 초산균의 2차 발효에 의한 것임을 처음으로 밝혀내었다.

파스퇴르는 와인의 산패를 막는 방법으로, 알코올 농도와 맛을 변화시키지 않으면서, 산패를 막을 수 있는 저온살균법(pasteurization, 63℃, 30분 가열)이라는 식품보존법을 개발하였다. 이 방법은 식품산업과 보건위생에 큰 변화를 가져오게 되었으며, 우리가 산패되지 않은 와인을 마음 놓고 마실 수 있게 된 것도 파스퇴르의 발견 덕분이다. 이와 같은 살균법은 우유에도 적용되어, 우유의 맛과 풍미는 떨어뜨리지 않으면서, 우유를 통해 사람에게 전파될 수 있는 결핵이나 브루셀라증과 같은 인수공통전염병의 전염을 열처리를 통해 예방할 수 있게 된 것이다.

독일의 코흐는 그 당시 유럽에 대유행하였던 탄저의 원인체가 *Bacillus anthracis*라는 세균의 감염에 의한 것임을 처음으로 발견하였다 또 이와 같은 감염병이 원인체인 미생물에 의해 발생됨을 코흐의 가설(Koch's postulate)을 통해 과학적으로 입증함으로써 질병의 배종설(germ theory)을 확립하는 큰 업적을 발표시켰다. 이와 같은 업적을 통해 인류를 괴롭혔던 수많은 전염병의 원인체가 하나씩 발견됨으로써, 인류는 감염병의 고통으로부터 벗어날 수 있는 학문적 기초를 갖게 된 것이다. 이외에도 황금기를 통해 세균의 염색법(staining method), 무균수술법, 백신예방법 등을 포함하여 많은 감염병의 원인체인 세균이 발견됨으로써, 의학과 수의학은 비약적인 발전을 하게 되었다.

다. 세균의 배양

세균은 외부의 유기물로부터 에너지를 얻는 화학종속영양생물(chemoheterotrophs)에 속하기 때문에 세균을 배양하기 위해서는 탄수화물, 단백질, 지방, 무기염류, 미량원소 등이 포함된 적합한 배지(media)를 멸균된 용기에 넣고 배양하게 된다. 세균의 발육에 영향을 미치는 온도, pH, 산소농도 등의 조건이 알맞으면 세균은 이분열(binary fission)에 의해 무한 증식을 하게 되어 육안으로는 관찰되지 않던 세균이 육안으로도 관찰되는 덩어리, 즉 세균의 집락(colony)을 배지 위에 형성하게 된다.

수의학에 관련된 세균은 보통 37℃를 최적온도(optimum temperature)로 하는 중온균(mesophile)이 대부분이지만, 자연계에는 45℃-80℃를 생장온도로 하는 고온균(thermophile)이나, 15℃ 이하를 최적온도로 하는 저온균(psychrophile)도 있다. 드물지만 온천이나 화산에서는 80℃-250℃의 온도에서도 생존하는 극호열성세균(extreme thermophile)이 발견되기도 한다.

대부분의 세균은 중성의 pH를 선호하지만, 일부 헬리코박터균(*Helicobacter*)과 같은 내산성세균은 pH 2-3의 낮은 pH에서도 생존이 가능하다. 또한 세균은 산소의존성에 따라 호기성 세균과 혐기성세균으로 구분이 되는데, 대부분은 산소 유무에 관계없이 발육이 가능한 통성혐기성세균(facultative anaerobes)이지만, *Clostridium*속 세균 등은 반드시 산소가 없어야 배양되는 편성혐기성세균(strict anaerobes)에 속한다. 따라서 혐기성 세균을 배양하기 위해서는 산소를 제거할 수 있는 gas-pak법과 같은 혐기성배양법을 반드시 사용하여야 한다.

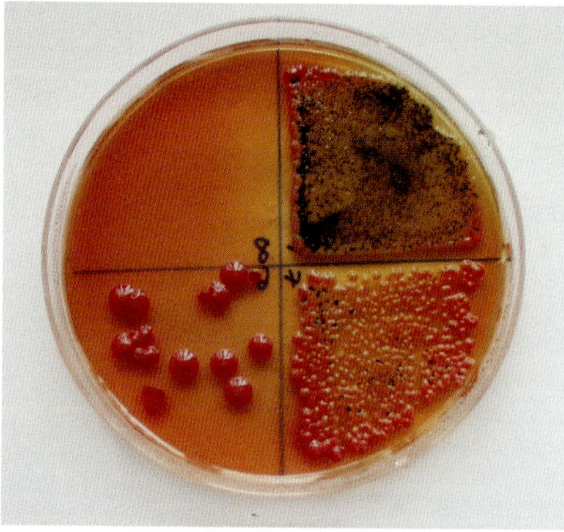

그림 4. 선택배지에서의 집락 모습(대장균)

세균의 정확한 이름을 밝혀내는 동정작업(identification)에는 많은 생화학적, 혈청학적, 분자생물학적 방법을 사용하여 많은 시간과 노력이 필요하지만, 손쉽게 배양집락의 모양을 관찰하고 잠정적인 동정을 할 수 있는 선택배지(selective media)의 개발이 병원성 세균을 중심으로 사용되고 있다. 예를 들면 심한 설사증을 보이는 돼지의 설사분변으로부터 신속하게 대장균을 확인하기 위해서 맥콘키(MacConkey agar) 배지라는 선택배지에 설사분변을 도말하고, 24시간 후에 핑크색의 집락을 형성하면, lactose를 이용하는 대장균임을 쉽게 추측하게 된 것이다.

라. 항생제(Antibiotics)란 무엇인가?

1928년 세균학의 역사에서 우연한 기회에 중요한 발견을 하게 되는데, 그것이 바로 페니실린(Penicillin)이라는 항생제의 발견이다. 그 당시 많은 질병의 원인체는 발견하였지만, 이것을 치료할 수 있는 마땅한 치료제는 발견되지 않은 상황이어서, 수많은 사람들이 폐렴, 장염 등과 같은 지금은 가벼운 흔한 질병에도 속수무책으로 목숨을 잃어가던 상황이었다. 플레밍(Alexander Fleming)은 어느 날 포도상구균을 계대 배양하던 배양접시

그림 5. 페니실린을 발견한 플레밍

를 바닥에 떨어뜨렸는데, 이 때 우연히 바닥으로부터 곰팡이가 오염되었고, 며칠 후 곰팡이 주변의 포도상구균이 발육하지 못하는 억제대(inhibition zone)를 형성하는 것을 관찰하였다. 이 푸른곰팡이(*Penicillium*)로부터 세균의 발육을 억제하는 인류 최초의 항생제인 페니실린을 발견함으로써 인류는 세균이 일으키는 질병으로부터 치료받을 수 있는 길이 열리게 되었다. 이후 스트렙토마이신, 테라마이신 등 수 많은 항생제가 발견되어, 현대 의학과 수의학에서 감염병 치료의 시대가 시작되었다.

항생물질은 항생작용기전에 따라 크게 5가지로 구분되기도 한다. 첫째는 페니실린 계열과 같은 항생제로서 세균의 세포벽 합성을 저해하는 항생제가 있으며, 둘째는 스트렙토마이신이나 테라마이신과 같은 계열로서 단백질 합성을 저해하는 항생제이다. 셋째는 세포막을 손상시키는 항생제로서 폴리믹신 등이 있다. 넷째는 핵산의 합성을 저해하는 퀴놀론계 항균물질이며, 마지막 다섯 번째로는 세균의 대사경로를 저해하는 것으로 설파제(sulfa drug)가 대표적이다.

이와 같은 항생물질의 발견으로 질병치료는 가능하게 되었지만, 사회적으로는 항생제 내성세균의 출현이 문제가 되고 있다. 과거에는 손쉽게 치료되었던 세균들이 점점 항생제 오남용의 결과, 많은 항생제에 대해 내성을 띄게 되었고, 이제는 MRSA(Methicillin resistant *Staphylococcus*),

VRE(Vancomycin resistant *Enterococcus*)처럼 모든 항생제로 치료할 수 없는 슈퍼박테리아까지 출현하게 되었다. 요즘 유럽에서 큰 문제가 되고 있는 장출혈성대장균(EHEC)도 기존의 항생제로 치료하지 못해 수십 명의 사망자를 내기 시작하고 있다.

이처럼 세균이 기존의 항생제에 대해 내성을 갖게 되는 이유는 무엇일까? 미생물도 사람처럼 생존을 위해 환경에 적응하고 진화하는 능력을 갖고 있기 때문에, 사람이 항생제를 무분별하게 오남용하게 되면, 세균은 이와 같은 항생제에 대항하는 내성인자(resistance factor)인 플라스미드를 접합(conjugation), 형질전환(transformation), 형질도입(transduction) 등의 방법을 통해 상호 전달함으로써 자신을 항생물질로부터 보호하려고 한다. 따라서 사회적으로는 꼭 필요한 경우에만 항생제 감수성 검사 등을 통해 적합한 최소한의 항생제를 선택적으로 사용함으로써, 항생제 내성 문제를 극복해나가야 할 것이다.

마. 세균의 제어방법

세균을 제어하기 위해서는 살균(disinfection)이나 멸균(sterilization)이라는 과정을 사용한다. 보통 살균제(germicide)는 병원성 미생물을 사멸시켜 그 숫자를 줄여주는 화학제제를 말하며, 알코올, 과산화수소, 포비돈과 같은 상처 소독제를 생각할 수 있다. 수의학에서 위생적인 살균처리를 통해 병원균의 오염을 최소화하는 것이 질병예방과 치료에 매우 중요하기 때문에 세균의 효과적인 제어방법을 습득하는 것이 매우 필요하다.

멸균이란 모든 살아있는 미생물을 제거하는 절대적인 과정을 의미하는데, 물리화학적으로 세균을 멸균하는 일은 쉬운 일이 아니다. 대표적인 물리적 멸균법으로는 121℃, 15분간 가압가열하는 압력증기멸균법(autoclaving)을 사용하는데, 내열성 구조인 포자(spore)까지도 멸균이 가능하다. 화학적 멸균법으로는 일회용 수술기구나 주사기의 멸균에 사용하는 Ethylene oxide(EO) 가스가 많이 사용되고 있다.

바. 세균의 병원성

병원성 세균이 사람이나 동물에 감염되어 감염병을 일으키는 과정을 살펴보자. 우선 외부의 병원체(pathogen)가 적합한 전파경로(transmission route)를 통해 감수성 있는 숙주(susceptible host)체내로 침입함으로써 질병을 일으킬 수 있다. 예를 들어 식중독균인 포도상구균은 부패한 식품 속에 존재하다가 음식물과 함께 사람 체내로 경구 감염되어 소화기내로 들어가서, 장관의 점막상피세포를 파괴하고 설사증과 같은 임상증상을 나타내는 질병을 일으키게 되는 것이다.

대부분 병원성세균은 자신이 좋아하는 침입문호를 갖고 있다. 예를 들어 파상풍균은 경구적으로 감염되어도 질병을 일으키지 않지만, 못에 찔리는 것처럼 깊은 상처를 통해 침입하면 특징적인 근육의 강직을 동반하는 파상풍 증상을 유발시킬 수 있는 것이다. 자신이 좋아하는 침입문호를 통해 숙주체내로 침입한 후, 협막(capsule)이나 섬모(pili)등의 구조물을 이용하여 부착하고, 숙주세포의 비특이적인 방어기전인 포식작용(phagocytosis)으로부터 자기 자신을 보호하게 된다. 이때 협막과 같은 물리적인 보호막을 이용하기도 하지만, leukocidin과 같은 물질을 분비하여 포식작용으로부터 벗어나기도 한다. 그 후 세균은 조직침습성을 더욱 높이기 위해 collagenase, hyaluronidase와 같은 체외효소(exoenzyme)을 분비함으로써 숙주 체내로 침입하게 되어 세균의 병원성을 한층 높이게 된다.

이와 같이 숙주조직의 저항성을 뚫고 침입에 성공한 세균은 독성을 갖는 특수한 화학물질인 독소(toxin)를 분비함으로써 궁극적으로는 병원성을 발휘하게 된다. 독소를 구분할 때, 살아있는 세균으로부터 감염조직으로 분비되는 독소를 외독소(exotoxin)라고 부르며, 분비되지 않고 세균이 사멸하면서 세균의 구성성분이 방출되어 독성물질로 작용하는 것을 내독소(endotoxin)라고 한다.

외독소는 대부분 그람양성세균에서 생산되는데, 일반적으로 단백질 성분으로 독성이 매우 강하기 때문에 치사성이 높고, 열에 약하며 항독소(antitoxin)에 의해 쉽게 중화되는 특성을 갖고 있다. 외독소는 생산하는 세균의 종류에 따라 숙주 특이성이 모두 틀린데, 그 독소의 작용부위에 따라 신경독(neurotoxin), 세포독(cytotoxin), 장관독(enterotoxin) 등으로 구분되기도 한다. 대표적인 신경독에는 파상풍 독소(tetanospasmin)와 보툴리누스 독소가 있다. 파상풍 독소는 특징적인 근육의 강직성 마비를 일으키는데 비해, 보툴리누스 독소는 근육의 이완성 마비를 일으키는 것이 특징이다. 여성의 얼굴 주름을 없애기 위해 주사하는 "보톡스" 주사는 보툴리눔균

(*Clostridium botulinum*)이 생성하는 외독소인 보툴리누스 신경독을 아주 소량 얼굴 피부에 주사함으로서 주름을 제거시키는 것이다. 이와 같은 신경독은 과량 사용하게 되면 무서운 살상무기로도 사용될 수 있기 때문에, 국제적인 바이오테러(bioterrorism)에서 항상 경계해야만 한다.

내독소는 주로 그람음성세균이 사멸할 때 세포벽의 구성성분인 지질다당체(lipopolysaccharide, LPS)가 독성물질로 작용하는 것을 말하며, 외독소에 비해 독성이 약하기 때문에 치사성은 낮은 편이다. 그람음성균의 종류에 관계없이 보통 발열(fever)이나 쇼크(shock) 등의 공통된 증상을 일으키게 된다.

(3) 세균성 감염병

세균이 사람이나 동물에 감염(infection)되어 일으키는 질병을 세균성 감염병(infectious disease)이라고 하는데, 결핵, 브루셀라증, 탄저, 기종저, 돼지단독, 장염, 폐렴 등등 수백 종류의 질병이 존재한다. 이 질병들 중에서 사람과 동물이 같이 전염되거나 발병될 수 있는 감염병을 인수공통전염병(zoonosis)이라고 하며, 수의학과 의학에서 공중보건학적으로 매우 중요한 의미를 갖게 된다.

동물의 종류에 따라 중요한 세균성 감염병을 열거해보면, 우선 산업동물인 소의 경우 탄저, 기종저, 악성부종, 장독혈증, 브루셀라증, 우폐역, 결핵, 요네병 등이 있으며, 돼지의 경우 돼지단독, 대장균감염증, 살모넬라증, 위축성비염, 마이코플라스마폐렴, 흉막폐렴, 돼지적리 등을 열거할 수 있다.

가. 탄저(Anthrax)

탄저(anthrax)는 *Bacillus anthracis*라는 탄저균에 감염되어 발생하는 소, 말, 돼지, 면양 및 사람의 대표적인 인수공통전염병이다. 특히 초식동물(herbivores)이 감염되면 병의 경과가 매우 짧아서 보통 발병 1-3일 이내에 대부분 사망하기 때문에 방목장에서는 주로 죽은 후에 발견되기도 한다. 사망한 초식동물은 콧구멍(비공), 항문 등을 통해 응고되지 않는 암적색의 혈

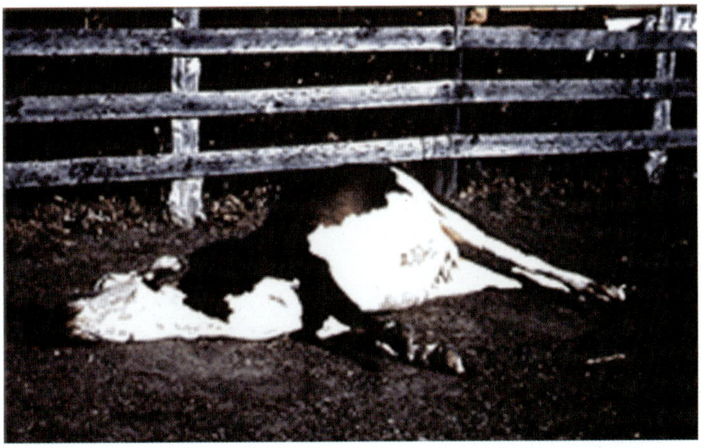

그림 6.
탄저에 감염되어
폐사한 소의 모습

액이 누출되는 것이 특징이며, 부검시 전신 피하조직의 부종과 출혈, 비장(spleen)의 종대 등이 특징인 제2종 가축전염병에 해당된다.

탄저는 역사상 매우 오래 전부터 인류에 큰 피해를 입혔으며, 가축 뿐 만이 아니라 사람에서도 탄저가 발생하여 큰 사회적 문제를 일으켰다. 사람에서 발병하는 탄저는 크게 피부탄저(cutaneous type), 장탄저(gastrointestinal type), 폐탄저(inhalation type)의 세가지 타입으로 구분되는데, 전 세계적으로 대부분 피부의 상처를 통해 감염되는 피부탄저의 발생이 많다. 그러나 2001년 미국에서 발생한 9.11. 무역센터 테러시 우편물 속에 탄저포자를 묻혀 일반 시민에게 전파시켜 온 세계를 "백색가루 공포증"에 떨게 만들었던 기억은 폐탄저에 해당된다.

나. 소결핵(Bovine tuberculosis)

소결핵(bovine tuberculosis)은 소에서 소결핵균인 *Mycobacterium bovis* 감염에 의한 만성 전염병으로, 감염된 소는 지속적인 체중감소, 기침 등의 호흡기 증상, 림프절의 종대 및 결핵결절(tubercle)의 형성을 특징으로 한다. 이 질병이 목장에 침입하면 우군에 급속하게 전염되어 근절시키기 힘들며, 또한 사람으로의 전파 위험성 때문에 양성반응을 보이는 소는 발견 즉시 도살처분하도록 지정한 중요한 제2종 법정가축전염병이다.

우리나라의 소에서는 매년 투베르쿨린반응(tuberculin test)검사를 실시하고 양성우는 검사 후 도살정책(test and slaughter method)을 엄격하게 실시하고 있지만, 매년 수백 마리의 소가 발견되고 있어 공중보건학상 주

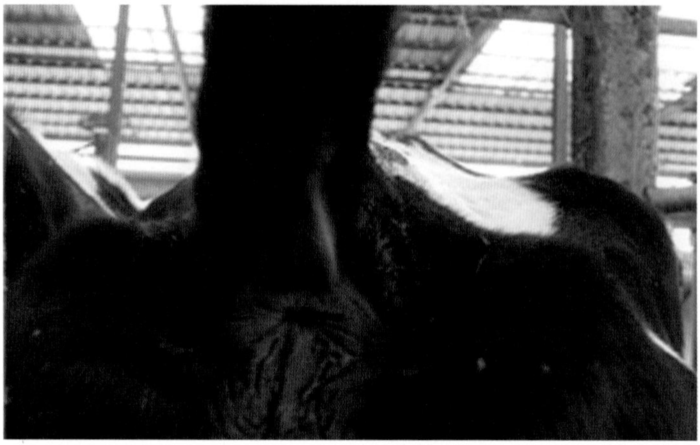

그림 7.
투베르쿨린 반응에서
양성판정인 꼬리 부위

의해야할 질병 중의 하나이다. 사람의 경우 결핵예방을 위해 BCG접종을 실시하며, 감염시 항결핵약을 복용하여 치료하지만, 가축에서는 질병의 확산을 막기 위해 예방접종은 물론 치료제의 사용도 금지하고 있다.

결핵(tuberculosis)이나 브루셀라증(brucellosis) 또한 사람과 동물에서 모두 발병하는 대표적인 인수공통전염병이다. 결핵이나 브루셀라증에 걸린 젖소의 우유를 살균하지 않고 사람이 마실 경우, 또는 고기를 익혀 먹지 않을 경우에는 사람도 결핵에 감염될 수 있기 때문에, 우유는 항상 철저한 위생과 살균과정을 거치게 되는 것이며, 도축장에서도 수의사들이 엄격한 식육검사를 실시하여, 합격한 고기만을 국민이 안심하고 소비하게 되는 것이다.

우유의 살균처리 방법으로는 63℃, 30분간 저온에서 오랫동안 처리하는 저온살균법(pasteurization)이 있으며 72℃, 15초 동안 열처리하는 HTST법(high temperature short time), 최근에 많이 사용하는 120℃, 1-2초미만의 UHT법(ultra high temperature) 등이 사용되고 있다.

다. 브루셀라증(Brucellosis)

브루셀라증(brucellosis)은 *Brucella abortus, B. suis, B. melitensis* 등의 감염에 의해 소, 돼지, 산양, 개 등의 여러 동물과 사람에게 감염되는 중요한 인수공통전염병이다. 감염된 소는 주로 임신한 암소에서 태반의 염증과 괴사가 생겨, 임신말기인 임신 7-8개월령에 유산, 사산, 조산 등을 일으킨다. 이와 같은 유산 후 분비물과 접촉하게 되면 다른 동물과 사람이 감염되게 된다. 따라서 사람은 대부분 목장주인, 수의사, 도축장 종사자, 정육업 종사자 등 직업적 연관성이 높은 사람이 감염된다. 그러나 살균되지 않은 우유나 유제품(치즈, 버터 등)을 섭취하여도 일반인이 감염되기 때문에 식육위생상 항상 주의해야만 하는 중요한 질병이다. 브루셀라 근절을 위해서 매년 우리나라에서는 우유윤환반응(milk ring test)을 통해 브루셀라 양성목장을 찾아내고, 개체별로 혈청응집반응(serum agglutination)을 통해 양성우를 발견한 후, 도살처분하고 있다.

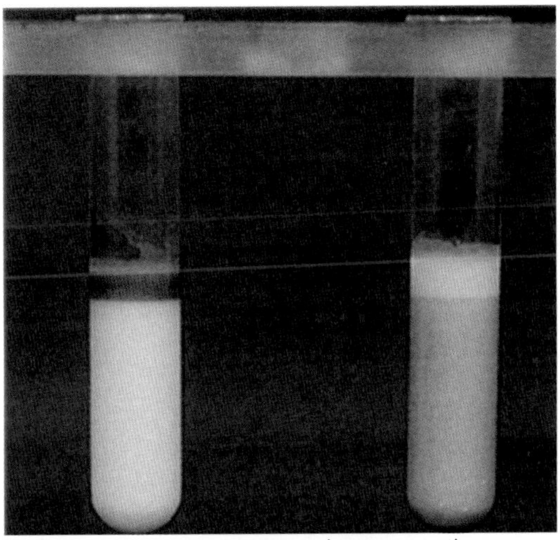
그림 8. 브루셀라 우유윤환반응(왼쪽이 양성)

브루셀라에 감염된 사람은 파상열(undulant fever)이라고 하는 부정기적인 고열과 통증을 나타내며, 수개월간 지속적인 항생제 치료를 받아야 하는데, 그 이유는 브루셀라균의 특성인 세포내 기생성 때문에 쉽게 단기간에 치료할 수 없어서이다.

이와 같이 동물에는 수많은 세균성 감염병이 있으며, 그 중에 상당수는 사람에게도 감염되는 인수공통전염병이기 때문에 수의학에서 중요한 감염병은 동물을 위해서만이 아니라, 사람으로의 전파를 차단하는 의미에서도 매우 중요한 의미를 갖게 된다.

따라서 수의세균학을 이수하게 되면 감염병의 원인이 되는 세균의 분류, 구조, 배양성, 대사과정, 유전형질의 전달, 병원성 발휘, 항생물질, 소독과 멸균 등과 같은 전반적인 총론을 습득하게 된다. 그 후 수의세균성전염병학에서는 수의세균학 총론을 바탕으로 여러 동물에서 발생하는 세균성 전염병의 개요, 원인체, 역학, 임상증상, 진단법, 예방치료법 등에 대해 이해하게 된다. 이와 같이 수의세균학과 수의세균성전염병학은 기초수의학, 예방수의학, 임상수의학을 연결시켜주는 수의학에서 매우 중요한 의미를 갖고 있다.

예방수의학

05 수의기생충학

(1) 동물의 공동생활

지구상에 존재하는 생물은 서로 여러 가지의 밀접한 관계를 맺으면서 생활하고 있다. 어떤 두 종류의 생물 개체를 생각해 보면, 어떤 한 생물이 독립하여 생활하는 경우와, 다른 생물의 체표 또는 체내에서 생활하는 경우가 있다. 전자를 자유생활(自由生活), 후자를 공동생활(共同生活; 연합)이라고 하며, 편리공생(片利共生), 공서생활(共棲生活), 상리공생(相利共生), 영동(泳動), 기생생활(寄生生活) 등으로 나누고 있다.

편리공생(commensalism)은 한 생물이 다른 생물에게 손해를 끼치지 않고 그로부터 영양분을 섭취하는 상호관계이며, 공서생활(symbiosis)은 서로 닮지 않은 두 생물이 서로 이익을 주고받으며 같이 생활하는 관계이다. 또한 상리공생(mutualism)은 본질적으로 공서생활과 같지만 서로 더 많은 이익을 취하는 관계이다. 영동(phoresy)은 일반적으로 신진대사적 종속관계가 없으며, 한 생물이 다른 생물을 운반하거나 숨겨주는 일시적인 상호관계이다. 이에 반하여 기생생활(parasitism)은 기생충이 숙주에게 손해를 끼치면서 생활하는 해로운 공동생활을 의미한다.

그러나 최근에 기생충에 대한 분자 생물학적 연구가 진전됨에 따라 모든 기생충이 숙주에게 큰 해를 끼치는 원인이 되는 것이 아니라는 것이 밝혀지고 있다. 그러므로 기생생활이란 한 생물체(기생충)가 정도의 차이는 있지만, 다른 생물체(숙주)에게 신진대사적으로 종속되어 있는 상태로 정의할 수 있다. 이와 같은 테두리 안에서 기생충은 숙주에게 해를 끼치는 형, 해를 끼치지 않는 형, 이로운 형으로 나눌 수 있다. 예를 들어 설명하면, 새김질동물(반추동물)의 1위(혹위) 및 2위(벌집위), 말이나 토끼의 맹장에 서식하는 섬모충류는 신진대사적(영양과 거처)으로는 숙주에게 종속되어 있지만 이는 병인작용과 무관할 뿐만 아니라 매우 많은 이익을 주는 기생충으로 알려져 있다. 즉, 숙주의 1위와 맹장은 섬모충의 좋은 서식처가 되고, 섬모충은 숙주가 섭취한 사료(곡물, 섬유소)를 소화(발효)하여 활발히 증식한다. 숙주는 이렇게 많이 증식한 섬모충을 4위 및 소장에서 소화효소(trypsin)에 의하여 단백질원으로 이용한다. 이에 반하여 면양의 4위에 기생하는 염전위충(*Haemonchus contortus*)은 숙주의 4위 점막을 날카로운 입으로 찔러 혈액을 빨아 먹으며, 상처난 위점막에서 흘러나오는 혈액의 손실은 상당한 양으로 심한 병원성이 있는 해로운 기생충의 예라고 할 수 있다.

(2) 기생충학(Parasitology)

기생충과 숙주(host)사이의 상호관계를 연구하는 학문으로서 생화학, 생리학, 세포생물학, 면역학, 약리학 등의 각 분야를 포함한 여러 연관 학문의 지식을 다루는 학문이다. 미생물학은 바이러스, 세균, 리케차, 조류(藻類), 균류 등에 대하여 연구하는 것이고, 기생충학은 원생동물(식물, 동물의 중간영역 제 3의 界; Protista)을 기점으로 하는 동물 중에서 고등동물의 체표 또는 체내에 기생하여 여러가지 병해를 일으킬 뿐만 아니라 고등동물에게 질병을 일으키는 병원체를 지니고 있어 이를 전파, 매개하는 모기, 파리, 쥐 또는 독사 등과 같이 직접 위해를 끼치는 것까지 그 연구대상이 광범위하다. 이와 같이 동물이 관여하는 가축의 질병을 연구 대상으로 하는 것을 수의기생충학이라 하고 사람의 질병을 취급하는 것을 인체기생충학이라 한다.

수의기생충학(Veterinary parasitology)에서 배우는 기생충은 크게 다음과 같이 분류할 수 있다.

1) 원충학(Protozoology)
2) 절지동물학(Arthropodology)
   : 곤충강(Class Insecta), 거미강(Class Arachnida) 등

3) 연충학(Helminthology)

: 선충(Nematode), 조충(Cestode), 흡충(Trematode) 등

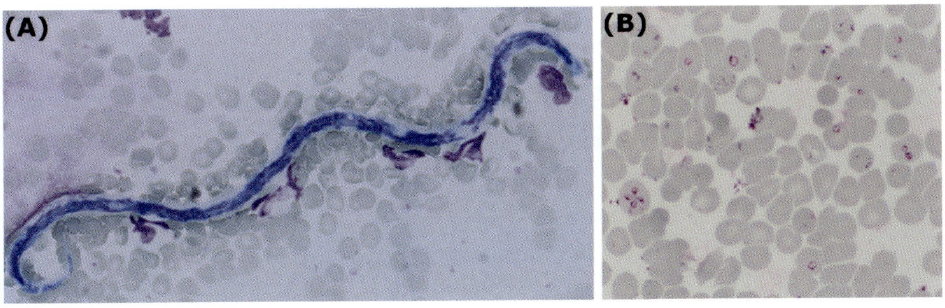

그림 1. 혈액에서 관찰할 수 있는 기생충. (A) 심장사상충(*Dirofilaria immitis*)의 자충 (B) *Babesia* sp.

3) 기생충의 정의

기생충(parasite)이란 자기 스스로 영양(nutrition)과 거처(habitat)를 해결하지 못하고 다른 동물(숙주)에게 영양과 거처를 제공받는(의존하는) 생물체를 말한다. 이 때 기생충이 감염된 동물을 숙주(宿主; host)라고 한다. 기생충은 종류에 따라 생활환(life cycle)이 다르다. 생활환이란 기생충이 숙주에 침입하여 여러 단계의 발육과정을 거쳐 다음 세대의 후손을 배출하고 후손이 또 다른 숙주에게 침입하여 그 종족을 영위해 가는 일련의 사이클이다. 기생충이 살아가는 데 한 숙주만을 필요로 할 때 이를 직접 생활환(direct life cycle)이라 하며, 두 숙주 이상을 필요로 할 때 이를 간접 생활환(indirect life cycle)이라 한다.

(4) 기생충의 분류와 명명

기생충의 분류는 다음과 같이 큰 군에서 점차 작은 군으로 나누어지며, 마치 인간 사회의 주소와 같다고 할 수 있다. 돼지회충(*Ascaris suum*)의 예를 들면 다음과 같다.

Kingdom(界) Animalia - 동물계

Phylum(門) Nemathelminthes - 선형동물문

Class(綱) Nematoda - 선충강

Order(目) Ascaridida - 회충목

Family(科) Ascarididae - 회충과

Genus(屬) *Ascaris* - 회충속

Species(種) *suum* - 돼지

이것을 다시 필요에 따라 세분하면, 각 단계 사이에 아문(subphylum), 아강(subclass), 아목(suborder), 상과(superfamily), 아과(subfamily) 등으로 분류할 수 있으며, 종(species) 아래에 아종(subspecies)을 둘 수 있다. 변종(variety)이나 품종(race)은 1960년 이후부터 명명 규정상 인정되지 않고 있다.

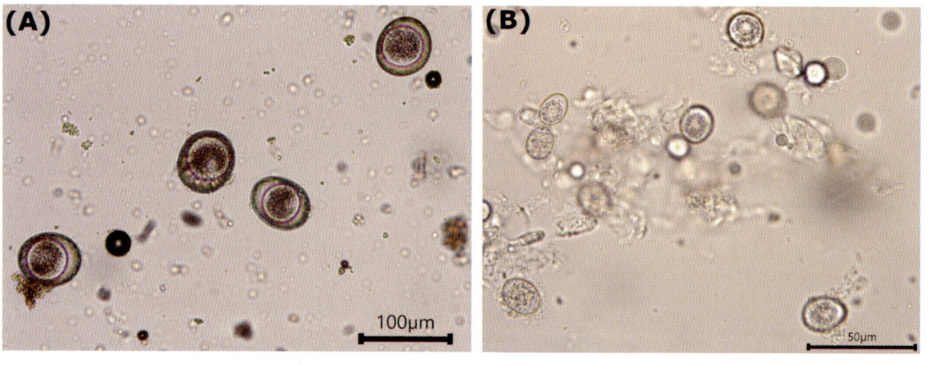

그림 2. 분변에서 관찰할 수 있는 기생충(란). (A) 개작은회충(*Toxascaris leonina*)의 충란 (B) 구포자충(*Eimeria* spp.)

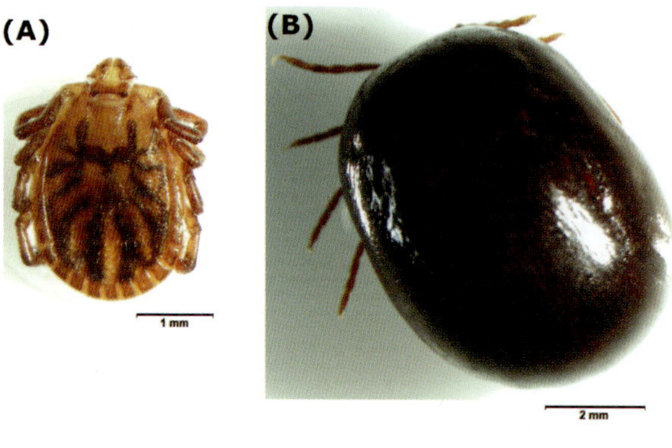

그림 3. 외부기생충인 작은소피참진드기(*Haemaphysalis longicornis*). 흡혈 전(A)과 후(B)

생물에 있어서 분류의 단위는 일정한 형태학적 특정과 일정한 유전적 형질을 지니고 있는 생물 집단인 종(species)이다. 이 종을 표현하는 데에는 라틴어 또는 라틴어화된 속명과 종명의 두 낱말을 사용한다. 그 뒤에는 그 생물을 처음으로 기재한 사람의 이름을 쓴 다음 코머를 하고 발표된 때의 연도를 쓴다. 이것이 만국 공통의 학명(scientific name)이다. 그 예로서 '*Ascaris lumbricoides* Linnaeus, 1758'이며, 속명과 종명을 다른 문자와 구별하기 위하여 이탤릭체로 표시한다. 이와 같은 생물의 명명법을 이명법(binominal nomenclature)이라 하며, 이 법은 Carl von Linnaeus가 1758년에 확립한 것이다.

어떤 기생충이 기재된 다음에 조사, 연구 결과 다른 속에 편입될 경우에는 명명자와 연도는 괄호 안에 넣고, 그 다음에 편입시킨 사람의 이름과 연도를 쓴다. 이를테면, *Metagonimus yokogawai*(Katsurada, 1912), Katsurada, 1912는 가쓰라다에 의하여 1912년 5월에 *Heterophyes yokogawai*로서 기재된 다음, 같은 해 6월에 같은 사람인 가쓰라다에 의하여 *Metagonimus*속에 편입되었다는 표시이다.

동물의 분류에 있어서 상과, 과, 아과의 이름은 어떤 상과, 과, 아과를 설정하는 기준이 된 속인 격식속(type genus)의 이름에 -oidea, -idae, -inae의 어미를 붙여서 표시한다. 그러나 목(目; Order)이나 강(綱; Class)에는 특별한 어미가 없다.

(5) 기생충의 진화(Evolution of Parasite)

기생충이 어떠한 진화과정을 거쳐 숙주에 기생하게 되었는가를 명확하게 밝힐 수 없지만, 기생충은 숙주와 더불어 진화되어 현재에 이르렀다. 최초에는 기생충과 숙주관계가 현재처럼 숙주특이성(host-specificity)[1]은 거의 없었겠지만, 기생충은 점차 숙주환경에 적응(adaptation)하고, 숙주는 체내에 침입한 기생충을 강한 거부보다는 수용하는 방향으로 진화되었을 것으로

1 숙주 특이성(host-specificity) : 특정한 기생충은 특정한 숙주에서만 기생하는 특성. 즉, 같은 편충이라도 개편충은 개에게 기생하는 데, 돼지편충은 돼지에만 기생하고 개에게 감염되지 않는 특수한 숙주와 기생충의 관계이다.

추정된다. 기생충이 숙주에게 너무 심한 병원성(pathogenicity)을 나타내면, 숙주가 치명적인 손상으로 죽게 되고 기생충은 영양과 거처를 잃게 되어 살아 남을 수 없었을 것이다. 이러한 관점에서 현재까지 살아남은 기생충은 수백만년 동안 숙주에게 최소한의 피해를 주면서 숙주에 대한 적응과 진화를 거듭하면서 현재의 숙주와 기생충의 특별한 관계, 즉 숙주 특이성에 이르렀다고 할 수 있을 것이다.

기생충-숙주 상호관계의 진화에 대한 최근 견해는 면역학적 이론으로 설명할 수 있다.

즉, 오랫동안 잘 적응된 병원성이 적은(진화가 잘 된) 기생충은 숙주에게 이물이 되는 항원(antigen; 이종단백질)을 점차 감축시켜 잘 적응하였을 것이다. 결국, 이러한 기생충은 숙주에 일치하는 많은 공통항원을 가지고 있을 것이다. 바이러스, 세균은 단크론항원, 항체로서 단일 항원, 항체인데 반면 기생충은 고등동물로서 복합항원, 항체이다. 그러므로 숙주와 기생충 사이에 있어서 항원의 강약 차이는 기생충의 생사를 좌우하게 될 것이다. 이러한 가설은 병원성 기생충이 숙주를 거의 자극하지 않거나, 또는 숙주 쪽에서 볼 때 면역반응이 거의 일어나지 않는 단계까지 진화되어야 하므로, 기생충 중에서 병원성이 강한(동물에게 피해를 많이 주는) 종류들은 진화과정에서 가장 짧은 기간 동안 기생충으로 생활하여 왔다고 추론할 수 있다. 그러므로 병원성이 강한 기생충은 진화도가 낮다고 할 수 있다.

기생충-숙주 상호관계의 진화과정에 있어서 생물학적 및 형태학적 특징을 잃은 반면에 얻은 것도 많을 것이다. 이러한 현상이 일어나는 정도는 여러 가지 요인 중에서 숙주의 종류, 기생부위, 숙주의 환경에 달려 있다. 오늘날 같은 선조로부터 진화되어 분명한 혈연 관계를 맺고 있는 숙주들의 기생충들은 그들 숙주들이 진화한 것과 거의 비슷한 생리학적 적응을 겪어 왔을 것이다. 이러한 생리학적 변화는 역시 형태학에서 일어나는 변화와 비슷하다고 생각할 수 있으므로, 오늘날 같은 계통의 혈연관계가 있는 숙주들의 같은 서식지 안에서 비슷한 계열의 기생충을 관찰할 수 있다.

기생충의 해작용이 매우 커서 숙주를 죽인다면 기생충 자신도 죽게 되기 때문에 그동안 이와 같이 병원성이 큰 계통의 기생충은 도태되었으며, 기생충은 과거 개념의 기생생활에서 편리공생, 상리공생의 방향으로 진화되어 간다고 할 수 있다.

(6) 기생충의 생활환(Life cycle of Parasite)

기생충의 생활환은 그 종류에 따라 다르지만, 기생기간의 길이와 기생충의 생태에 따라 다음과 같이 나눌 수 있다.

1) 숙주의 체표에 일시적으로 기생, 흡혈한다. - 모기, 등에, 깍다귀
2) 기생기간이 전자보다 길지만 자유생활기도 길다. - 진드기, 란솜간충
3) 생활환의 대부분을 숙주의 체내에서 보내며, 다른 숙주에 감염될 때에 충란, 자충으로 숙주체외에서 보낸다(단일 숙주). - 대부분 선충류(회충 등), 콕시듐
4) 전자와 비슷하지만, 숙주가 둘 이상이 필요하다. - 간질(肝蛭), 간흡충, 디스토마
5) 숙주를 벗어나지 않고 다음 세대를 이어간다. - 선모충, 개선충(옴)

한편, 기생충의 습성과 생활환에 따라 기생충을 분류하면 다음과 같다.

1) 기생길이

① 일시기생충(temporary parasite) : 흡혈곤충(모기, 파리 등)
② 정류기생충(stationary parasite) : 진드기(3-host tick)
③ 주기기생충(periodic parasite) : 말파리 구더기
④ 영구기생충(permanent parasite) : 흡충, 조충(촌충)

2) 기생부위

① 외부기생충(ectoparasite) : 이, 옴, 진드기 등
② 내부기생충(endoparasite) : 회충, 편충, 간질 등

3) 숙주특이성

① 우발기생충(incidental parasite) - 비고유숙주에 기생
② 이상기생충(erratic, aberrant parasite) - 비고유 기생부위에 기생

4) 기생여부

① 진정기생충(obligate parasite) - 전 생활환의 기생생활

② 임의기생충(facultative parasite) - 자유생활, 기생생활 모두 가능

기생충의 생활환에는 반드시 한 종류 이상의 숙주가 필요하며, 한 종류만을 필요한 경우는 직접생활환(direct life cycle), 두 종류 이상 필요한 경우를 간접생활환(indirect life cycle)이라 한다. 간접 생활환에서는 각 숙주의 체내에서 다른 발육과정을 거치는 데, 기생충이 숙주 체내에서 성숙하여 유성생식(sexual reproduction)이 일어나는 숙주를 종숙주(final host), 자충 및 유충기를 지내는 숙주를 중간숙주(intermediate host)라 한다. 직접 생활환을 갖는 기생충은 종숙주만 가지고, 간접 생활환을 갖는 기생충은 종숙주와 중간숙주를 가진다. 두 종류의 중간숙주가 필요할 때에는 제 1 중간숙주 및 제 2 중간숙주라 한다.

기생충이 발육하는 데 종숙주의 식성 등의 생태학적 관점에서 어떤 동물의 체내에서 피낭하고 있는 것이 종숙주에게 섭취될 경우에 그 동물을 운반숙주(transport host, 이동숙주)라 한다. 기생충이 수동적으로 음식물과 더불어 어떤 동물에 섭취되어 그 체내에서 발육, 증식, 피낭하지 않고 상당기간을 생존하고 있을 경우에 이 동물을 연장숙주(paratenic host, 전파자; carrier) 라 한다.

(7) 기생충의 감염경로

기생충병의 예방에 있어서 감염경로를 아는 것이 매우 중요하다. 중요한 감염경로를 열거하면 아래와 같다.

1) 천연공

① 경구감염

입은 가장 보편적인 감염경로로서 충란, 피낭한 충체, 감염자충 등이 음식물(사료)과 같이 섭취된다.

② 항문감염

말요충은 입뿐만 아니라 항문을 통해 감염된다.

③ 생식기 외구감염

소 세모편모충(*Trichomonas foetus*), 말 파동편모충(*Trypanosoma equiperdum*)와 사람의 질편모충(*Trichomonas vaginalis*)은 교미할 때 감염된다.

④ 호흡기

양파리(*Oestrus ovis*)는 자충을 양의 코 부근에 낳는다.

2) 경피감염

① 부화 직후의 쇠가죽파리(*Hypoderma bovis*)의 유충, 구충(*Ancylostoma* spp.)이나 돼지신충(*Stephanurus dentatus*)의 감염자충, 주혈흡충(*Schistosoma* spp.)의 유미유충(cercaria) 등은 능동적으로 숙주의 피부를 뚫고 침입한다.

② 흡혈 곤충이나 진드기가 흡혈할 때 주혈원충이나 사상충의 감염자충이 숙주의 피부를 뚫고 들어간다.

3) 태반감염

개회충(*Toxocara canis*)이나 톡소포자충(*Toxoplasma gondii*)과 같이 모체내의 태반을 거쳐 태아에 침입할 수 있다.

4) 경난소감염

진드기가 종숙주를 흡혈하면 *Babesia*속의 주혈원충이 진드기의 체내로 들어간다. 이 원충이 진드기 난소 내의 난자를 감염하면 이 진드기의 충란으로부터 부화된 유충은 부화 당시부터 주혈원충에 감염된 상태로 부화한다.

(8) 숙주-기생충 특이성 및 기생부위

어떤 종(계통)의 기생충이 어떤 특정한 종숙주나 중간숙주에만 감염되는 상호적응현상을 숙주-기생충 특이성(숙주 특이성)이라 한다. 숙주와 기생충의 공존은 인식기전에 근거를 두고 있으며, 이 기전은 숙주에서 유래된 것으로 정교한 특이성을 가지고 있다. 예를 들면 사람에게 감염되는 삼일열원충(*Plasmodium vivax*)에 대한 적혈구의 감수성 기전은 적혈구의 수용체로 작용하는 Duffy 혈액형 결정인자와 관련이 있다. 다른 예를 들면 *Babesia*가 적혈구에 부착, 침입하기 위하여 숙주의 보체계 성분을 이용한다. 그러나 숙주-기생충 특이성이 분자학적 수준에서 해명된 바는 없다.

기생부위의 선택과 숙주내 주위환경의 재구성 능력은 기생생활의 특징이며, 이에 대한 기전에 대하여 많은 연구가 수행되고 있으나 분명치 않다. *Toxoplasma, Leishmania*와 같은 세포내 원충은 큰포식세포(macrophage)의 포식작용(phagocytosis)을 완화시킬 수 있으며, 연충류인 선모충(*Trichinella spiralis*)은 생리적 요구를 충족시키기 위하여 숙주내의 기생충 주위환경을 고도로 변화시킬 수 있다.

숙주-기생충 특이성의 주요한 양상은 기생충에 대한 숙주응답의 회피이다. 이를 해명하기 이한 여러 가지의 기전이 있다. 즉, 어떤 기생충은 면역응답의 작용인자 영역을 제한하고, 어떤 기생충은 숙주의 특징을 획득하여 항원을 위장하며, 그 밖의 기생충은 표면항원을 매우 빨리 변화시킴으로써 숙주의 면역응답을 쉽게 회피할 수 있다.

(9) 숙주에 대한 기생충의 영향

숙주에 비교적 해를 끼치지 않는 종류의 기생충이 있는가 하면, 매우 심한 해를 끼치거나 죽음까지 초래하는 병리학적 변화를 일으키는 기생충도 여러 종류가 있다. 기생충의 해작용은 다양하며, 많은 예에서 여러 가지 해작용이 중복되어 있다.

기생충은 먹이를 얻기 위하여 숙주와 경쟁할 수 있는데, 예를 들어 광절열두조충(*Diphyllobothrium latum*)은 비타민 B_{12}를 섭취하려 하며, 숙주는 빼앗

기지 않으려 하지만, 기생충이 숙주의 비타민 B_{12}를 섭취하면 숙주에서는 빈혈의 증상이 나타난다. 장의 흡수표면에 생기는 변화로 장관에 수분과 나트륨 및 염소이온의 유출입 현상이 고도로 변화되고, 또한 장관 상피세포 및 미세융모의 형태학 및 생화학적 변화도 일어난다.

기생충에 의하여 숙주조직과 체액의 손실은 구충류(*Ancylostoma* spp.), 염전위충(*Haemonchus contortus*), 절지동물(진드기, 흡혈성 파리류)이며, 혈액의 과잉 유실로 숙주가 죽을 수도 있다. 가장 보편적인 해작용은 숙주 조직의 파괴이다. 예를 들면 기생충이나 자충이 조직이나 기관을 뚫고 이행 또는 증식할 때와 각종 부착기관(이의 발톱, 흡반)이 마치 닻과 같이 조직에 삽입되었을 때 기계적인 작용에 의하여 조직이 파괴된다. 또 다른 예로는 하나의 기생충(포충, 공미낭충)이 자라서 점차 커지므로 뇌 조직 등에 대한 압력, 혈관경색 및 혈관벽의 천공(말원충; *Strongylus* spp.), 사상충은 림프관을 폐쇄시켜 수종과 피부에 피부포자충증(각피증, elephantiasis)을 유발시키며, 회충은 뭉쳐서 장관을 폐색시켜 장이 괴사되거나 파열된다.

2차적인 해작용으로 조직파괴가 일어난다. 즉, 이는 기생충에 의하여 생긴 병소(장궤양)에 세균감염이나 기생충에 대한 숙주의 반응작용에 의한 해작용이 발생된다. 후자의 경우는 간질(肝蛭)에 의한 간 및 쓸개관(담관)의 섬유화, 집토끼의 간 및 쓸개관상피의 병소(*Eimeria stiedai*), 혈관 내피세포 손상(원충에 의한 동맥류; aneurysm), 림프조직의 과잉 증식 및 손상(leishmaniasis), 악성 종양 유발(개 식도충; *Spirocerca lupi*) 등이 있다. 숙주의 면역학적 응답에 의한 피해는 장결절충에 의한 결정의 과잉 형성으로 지속적 설사, 피부염(유미유충; Cercaria), 수종(회충증, 사상폐충증) 등을 일으킨다.

(10) 기생충에 대한 숙주의 면역응답

숙주에게 기생충의 재감염이 쉽게 이루어진다 것은 그 기생충에 대한 보호면역이 나타나지 않는다는 것을 암시한다. 숙주와 기생충이 생리학적 및 생화학적으로 비슷하다면 기생충의 항원성은 바이러스, 세균에 비하여 약하므로 기생충에 대한 강한 면역이 형성되지 않기 때문에 체액성(humoral) 또는 세포성(cellular) 면역을 피하여 숙주 체내에 안정적으로 기생한다. 숙주 체내에서 연충류의 방어는 주로 IgE, 비만세포(mast cell), 호산구(eosinophil), 큰포식세포(macrophage)의 협동작용에 의하여 이루어진다. 연충류의 항원과 비만세포가 탈과립되어 혈관활성 아민류인 히스타민이 방출된다. 이 물질은 평활근 수축을 자극시키고 혈관투과성을 항진시킨다. 또한 IgE는 동물에서 연충체의 수를 감소시키는 역할도 한다. 이를테면 큰포식세포는 자충을 파괴시키는 IgE와 결합하고, IgE는 비만세포의 탈과립을 매개함으로써 ECF-A(eosinophil chemotaticfactor of anaphylaxis)의 방출을 자극하게 된다. ECF-A는 체내의 eosinophil pool을 동원하여 많은 수의 호산구를 순환계통에 방출한다. 그러므로, 호산구증다증(eosinophilia; eosinophilic leukocytosis)은 연충류 감염의 특징이다. 첫째, 호산구는 비만세포에서 방출되는 혈관 활성인자를 중화시킬 수 있는 효소를 가지고 있으며, 둘째, 항체 및 보체와 결합하여 자충을 죽일 수 있는 동시에 방어기능도 가지고 있다. 또한 호산구는 IgE의 협동작용에 의하여 연충체에 부착한 다음 탈과립되어 충체표피에 과립성분을 방출하게 된다. 이 과립의 주요 기본 단백의 세포독성은 보체뿐만 아니라 히스타민과 같은 비만세포의 유래인자에 의하여 증진된다.

Glossary (Veterinary Parasitology)

Many words in this list apply also to organisms other then parasites but the definitions are given with special reference to parasitism.

Active transmission : Occurs when a vector carries the parasite to host to the host, as in Chagas' disease.

Anthroponose : Human disease that can be transmitted to animals.

Ascites : Accumulation of tissue fluid (clear or yellow) in mesenteries and abdominal cavity.

Autoinfection : Reinfection by the progeny of a parasite while they are still within the host, as sometimes occurs with *Strongyloides stecoralis*.

Axenic : Free from, other organisms, such as occurs in a "pure" culture of single species

Cell-mediated immunity : Immunity in which antigen is bound to receptor sites on the surface of sensitized T lymphocytes that have been produced in response to prior immunizing experience with that antigen and in which manifestation is through macrophage response with no intervention of antibody.

Circadian rhythm : Occuring approximately every 24 hours or about a day.

Cleptoparasite : A parasite that develps on the prey of its host; variations occurs, e.g. an adult parasitoid may lay its eggs on the parasitized host of another parasitoid.

Commensal : An organism living in close association with another and benefiting there from without harming or benefiting the other.

Complement : Collective name for a series of proteins that bind in a complex series of reactions to antibody (either IgM or IgG)when the antibody is itself bound it an antigen; produces lysis of cells if the antigens on the cell surface.

Coprophagous : Feeding on feces.

Cyst : A parasite that is surrounded by a resistant wall or membrane. Technically, that wall or membrane constitute the cyst.

Definitive host : In which a parasite becomes sexually mature.

Dioecious : Male reproductive organs in one individual and female organs in another, in contrast to Monoecious, in which both male and female organs exist in one individual.

Disease : A specific morbid process that has a characteristic set of symptoms and may affect either the entire body or any part of the body; the pathologic process, cause, and prognosis might not be known.

Disinsection : Freeing an area from insects.

Diurnal : Often used interchangeably with circadian, diel, or 24-hour period; also used to mean daytime, as opposed to nighttime. See Peridicity

Ectoparasite : A parasite that lives on the outside of its host.

Ecotype : A parasite strain adapted genetically to specific local ecologic conditions.

Endemic : Normally present in a particular geographic area.

Endoparasite : A parasite that lives within its host.

Entomophagous(=insectivorous) : Using insects as food.

Epidemiology : The study of the distribution and determinants of health-related states and events in populations.

Eukaryote : Organism with membrane-bound nuclei in its cells.

Facultative parasite : Capable of living apart from a host; that is, potentially free-living.

Final host : See "definitive host".

Habitat : The specific place where an organism usually lives (e.g.. the small intestine).

Host : Living animal or plant harboring or affording subsistence to a parasite.

Host specificity : Restriction of a parasite to one or more kinds of hosts.

Immunity : Those natural processes which prevent infection, reinfection or superinfection, or which assist in destroying parasite or limiting their multiplication, or which reduce the clinical effects of infection.

Incidence : The number of cases of infection occurring during a given period of time.

Infection : The entrance, establishment, or maintenance of a parasite within a host.

Infestation : The penetration of an endoparasite into the body or the establishment of an ectoparasite on the tegument.

Intermediate host : A host in which the parasite undergoes larval or juvenile development.

Latent infection : An infection that is neither visible nor apparent.

Monoxenous parasite : A parasite that has a single host in its life cycle.

Normal host : The host in which a parasite usually develops in nature.

Obligatory parasite : Unable to live and multiply except as a parasite on or in a host.

Parasite : An organism that depends on its host for some essential metabolite.

Parasitemia : The presence of parasites in the circlulating blood.

Parasitism : An intimate association between two organism in which the dependence of the parasite on its host is a metabolic one involving mutual exchange of chemical substances.

Paratenic host : A potential intermediate host in which there is no development of the immature parasite; the host does not favor or hinder the parasite in the completion of its life cycle.

Parthenogenesis : Reproduction by the development of an unfertilized egg.

Pedogenesis : Reproduction by young or larval forms.

Phoresy : A relationship between host and commensal involving only passive attachment of the commensal to the surface of host, for example, barnacle on whale.

Pinocytosis : Feedign by ingesting macromolecules in small pinocytic vesicles (also called pinosomes) that are formed by invaginations of the cell surface membranes.

Pleomorphic : Indicates the ocurrence of two or more different forms in one life cycle.

Predator : That which is predatory, living by preying on other animals; the predator consumes all or part of its prey, generally killing the latter.

Premunition : Sometimes called 'concomitant immunity, a state of protective immunity lasting only while the host continues to harbor the parasites; the host is susceptible to reinfection when the parasites have disappeared.

Prevalence : Number of individuals or proportion of the population infected at any one time by a particular organism.

Progenesis : Advanced development of genitalia without actual maturation in a larva; this term and neoteny are often used synonymously

Recrudescence : In malaria, a short-term recurrence of the disease due to the survival of intra-erythrocytic stages of the parasite

Relapse : In malaria, long-term recurrence of the disease due to the survival of dormant stages (hypnozoites) in hepatic parenchymal cells

Reservoir host : An infected difinitive host serving as a source from which other animals or man can become infected; for example, antelops are reservoir hosts for *Trypanosoma rhodesiense*, the causative agent of Africa sleeping sickness in man

Sanguinivorous : Blood feeding

Schizogony : Asexual reproduction by multiple or binary fission of a cell; merogony, gametogony, sporogony in some of the Apicomplexa, Myxozoa, and Microspora

Stenoxenous parasite : A parasite having a narrow host range

Sterile immunity : An immunity persisting after the host has lost its parasites

Symbiosis : The living together of different species of organisms.

Synergism : Cooperative action producing an effect greater than the sum of the two effects taken independently.

Transport host : An organism that merely carries the nondeveloping parasite to the next host

Trophozoite : The motile feeding stage of Protozoa

Vector : An agent of transmission. A biologic vector is usually an intermediate host such as a mosquito within which a malaria parasite grows and develops. Inanimate agents such as water and wind may also be vectors.

Virulence : The capacity to demage the host ; actual damage may be modified by the host defence mechanism.

Xenodiagnosis : Diagnosis of disease by infecting a test animal.

Xenology : Study of host-parasite relationships

Zoonosis : A disease or infection that is naturally transferable between animals and man; in the broad sense, it includes any animals, but most studies of zoonosis involve only diseases of vertebrates.

예방수의학

06 수의공중보건학

수의학의 한 분야로서 인류의 생명을 연장하게 하고 건강을 증진시키는 기술 및 학문

---

(1) 수의공중보건학의 정의

수의공중보건은 인류의 건강과 복지가 주된 목적인 공중보건의 가장 중요한 부분이다. 특히 WHO의 새로운 정의는 매우 포괄적인데, 수의공중보건학을 인류의 신체적 안녕과 이에 관련된 부분에 기여하는 학문으로 언급하고 있다. 수의학은 동물의 건강은 물론 인류의 신체적·정신적 그리고 사회적 안녕과 관련된 학문이며, 이러한 분야에 있어서 수의공중보건학의 공헌은 매우 중요하다.

수의공중보건학은 수의미생물학, 수의바이러스학, 수의기생충학, 수의병리학, 식품위생학, 가축사료위생학, 환경위생학, 그리고 수의독성학과 같은 전통적인 수의학의 다양한 영역들의 과학적 지식을 포함한다. 수의공중보건학은 여러 전문분야로 구성되어 있으며 수의학의 다른 전문영역들을 효과적으로 연결하여 조직화하는 학문영역이다.

수의공중보건학이 공중보건의 목적에 부응하기 위해서는 사람과 수의학 사이의 연결을 강화시키는 것이 가장 중요하다. 질병의 원인으로 알려진 1,700여 개 중 적어도 절반 이상은 동물이나 곤충과 관련성을 갖고 있으며, 많은 새로운 감염병들은 인수공통질병이거나 이와 유사한 것들로 알려져 있다.

동물-식품-사람의 관계에 있어서 수의공중보건학 임무의 다양성은 광범위한 문제들과 연관되어 있다. 이러한 전형적인 분야는 보건영역에 있어서 수의

역학이다. 수의역학에 있어서 가장 중요한 역할은 관련된 집단들, 즉 동물집단, 식품, 그리고 사람 사이의 관련성과 문제에 대하여 조사하고 기술하는 것이다. 현대 수의역학은 인수공통전염병의 전파만을 다루던 고전적 역학의 개념들보다는 한층 더 확장되었다.

유럽공동체 내의 국경의 철폐와 무역거래에 있어서 형식적인 절차의 간소화는 세계적으로 가축의 교역과 운송뿐만 아니라 가축유래식료품의 수·출입 증가를 이끌었으며, 보다 주의 깊은 감시를 요하는 축산물의 보급을 보다 빠르게 증가시켰다. 인수공통전염병의 적극적인 감시와 전파 억제는 실제적으로 매우 중요한 수의공중보건학의 중심적 업무이다. 수의공중보건학의 업무에는 사람에 대한 위해들의 문서화가 포함되는데, 이는 사람의 건강을 보호하기 위해 즉각적인 조치를 취하기 위한 목적이 있다.

수의공중보건학의 정의는 1951년 Joint WHO/FAO 인수공통전염병 전문가 그룹의 보고서에서 처음으로 언급되었다. "수의공중보건학은 질병의 예방, 생명의 보호, 그리고 사람의 능력과 건강 증진 등에 대하여 적용되는 수의학적인 기술과 과학에 의하여 영향을 받았거나 받은 모든 지역사회의 노력들을 포괄한다" 라고 정의하였다.

이 정의는 1975년에 WHO/FAO에 의해 "수의공중보건학은 인간 건강의 보호와 증진을 위하여 전문적인 수의학 기술, 지식, 그리고 기량 등의 적용을 위해 헌신하는 공중보건 활동들의 한 구성요소이다"와 같이 수정되었다.

WHO의 건강에 대한 정의에 따라 수의공중보건학에 대한 정의가 1999년 WHO의 "수의공중보건학의 미래 동향" 주제의 모임에서 다음과 같이 제안되었다. "수의공중보건학은 수의과학의 적용과 이해를 통하여 인류의 완전한 육체적·정신적, 그리고 사회적 안녕을 위해 기여하는 학문이다."

우리나라 수의사법 제1조에서는 수의사의 기능과 수의업무에 관하여 필요한 사항을 규정하고 있다. "수의사는 축산업의 발전과 공중위생의 향상에 기여함을 목적으로 한다."로 되어 있어 수의사의 임무 중에는 인류보건사업에 참여할 임무와 권한이 부여되어 있음이 명기되어 있는데, 수의공중위생은 수의공중보건의 의미로서, 수의공중보건학은 공중보건(public health)에 기여하는 수의학의 한 과목이며, 인류의 생명 및 건강을 위협하는 모든 위생과학적 요인을 제거하여 인류의 생명을 연장하게 하고 건강을 증진시키는 기술 및 학문이라고 정의할 수 있다.

(2) 수의공중보건학의 범위

미국의 수의학자 Schwabe C.W.는 그의 저서 'Zoonoses and Medical Research' 중 'Veterinary medicine and human health'의 첫머리에 Rudolf Virchow(1821~1902)의 다음과 같은 명언을 인용하고 있다.

> "Between animal and human medicine, there is no dividing line-nor should there be. The object is different but experience obtained constitute the basis of all medicine."

여기서 수의학이 갖는 의의는 인의학과 동일한 기초 밑에서 학문을 하고 있다는 뜻으로, 공중보건분야에서 수의사가 관여할 수 있는 분야가 곧 수의공중보건학분야라고 할 수 있다. 즉, 인류의 전염병 가운데에는 WHO/FAO에서 제시하고 있는 것 중 250여 종이 가축 또는 야생동물로부터 사람에게 전파될 수 있는 인수공통전염병(zoonoses)이라는 점만 보더라도 우리 수의학이 인류보건을 위하여 얼마나 많은 공헌을 하고 있는가를 알 수 있다.

수의공중보건학에 포함되는 핵심영역은 인수공통전염병, 수의역학, 식품위생학, 그리고 환경위생학 등이 있으며, 가축 및 야생동물의 관리, 실험동물의 건강관리, 바이오메디컬 연구, 그리고 보건교육 등이 수의공중보건학의 영역에 포함된다.

기존에는 식품위생(food sanitation)의 대상이 축산물로부터 유래한 식품에 한정되어 있었으나, 근래에는 전세계적으로 우유, 식육, 달걀 등의 축산식품 이외에 동물성 식품으로서 어패류의 위생검사와 더 나아가서 일반 농수산식품, 통조림, 보존음료 등의 검사업무 등 인류가 섭취하는 식품의 전반에 대한 위생이 수의공중보건업무 중의 하나이다.

환경위생(environmental hygiene)은 위생공학에서 생물위생공학(bioenvironmental hygiene) 분야와 위생곤충학(medical entomology) 분야가 있는데, 이는 미생물학과 생화학의 기초를 가지고 있는 수의사의 업무영역에 많은 부분이 포함된다. 예를 들면, 식품제조산업, 도축장, 도계장, 어시장, 야채시장, 우유처리 및 가공장, 요식점 등의 하수처리는 물론 축산폐수 위생처리시설, 생물학적 연구원으로서의 전문요원, 그리고 설치류와 해충의 구제 등 범위가 넓다.

그리고 의학적 연구사업의 각종 연구에 공동연구원의 일원으로 참여할 수 있는 실력을 양성시키고 있는 것이 현대 수의학으로서, 수의공중보건학의 범위를 다음과 같이 요약할 수 있다.

① 역학(epidemiology or epizootiology)
② 인수공통전염병(zoonoses)
③ 환경위생학(environmental hygiene)
④ 위생화학(chemical analysis for hygiene)
⑤ 식품영양학(nutrition)
⑥ 식품위생학(food sanitation)
⑦ 위생검사(food inspection technology)
⑧ 수의보건통계학(statistics method in veterinary public health)
⑨ 수의보건행정(administration for veterinary public health service)
⑩ 가축 및 야생동물의 관리(management of domestic and wild animal populations)
⑪ 실험동물의 건강관리(management of health aspects of laboratory animal)
⑫ 보건교육(health educations and extensions)
⑬ 생의학적 연구(biomedical research)

(3) 수의공중보건학의 역사

고대 그리스신화에 의하면, 아폴로(Apollo)의 아들이며 의학의 신인 아스클레피오스(Aesculapius)는 반인반마인 카이론(Chiron)에게 의학을 전수받았다고 전한다. 수의사를 나타내는 상징인 뱀이 감긴 지팡이는 아스클레피오스의 상징이다. 아스클레피오스에게는 이아소(Iaso, 의료), 판아케아(Panakeia, 만병통치), 아이글레(Aigle, 광명), 히게아(Hygeia, 위생)라는 네 명의 딸이 있었는데, 그들의 이름 역시 지금도 의학용어에 남아 있다. 오늘날 위생학을 하이진(hygiene)이라 하는 까닭도 여기에 있으며, BC 2세기 무렵에 고대 로마의 의학자 갈레누스가 이 단어를 사용한 것으로 알려져 있다.

'의학의 아버지'로 불리는 히포크라테스(Hippocrates, BC 460~BC 377?)는 질병과 환경을 연결시켜 과학적인 근거로 질병 발생을 설명하고자 노력한 최초의 인물이다. 그는 그의 저서 'Epidemic I과 Ⅲ', 그리고 'On Airs, Waters, And Places'에서 질병과 환경의 관련성, 질병 발생의 집단적 관찰·기록, 그리고 토착병과 유행병을 구분하였다. 그의 이러한 노력들은 오늘날 역학적(疫學的) 사고방식에 큰 영향을 주었다. 고대 이집트에서는 배수 및 관개를 위한 수로매장제도와 수육(獸肉)에 대한 검사가 있었으며, 가옥청결법과 신체섭생법 등이 실시되었다고 한다.

중세 유럽사회는 기독교적 세계관이 지배하는 사회였으며, 공중보건활동은 교회활동의 일부분으로 취급되었다. 질병과 죄는 본질적으로 관계가 깊다고 보았으며, 질병은 자신의 죄에 대한 벌이며 악마나 그 마법에 걸렸을 때에도 생긴다고 보았다. 따라서 질병의 치료를 위해서는 신에게 기도하고 참회하여 구원을 받는 것으로 가능하다고 생각하였다.

이 시기의 가장 특징적인 것은 도시의 형성에 따른 인구의 과밀현상이다. 도시에서의 인구집중은 비위생을 초래하였고, 이는 공중보건에 대한 관심을 증대시켰다. 중세 도시의 중요한 공중보건문제는 양질의 음용수 공급, 급수오염 방지, 청소와 쓰레기 처리, 그리고 가축으로 인한 오물 처리 등이었다. 1866년 독일의 뮌헨 대학가에서 최초로 Max Josef von Pettenkofer(1818~1901)에 의해 위생학교실이 창설되었고, 19세기 말엽에는 Louis Pasteur(1822~1895)에 의해 질병이 미생물에 의해 발생한다는 것이 처음 과학적으로 증명되어 예방의학에 새로운 전기가 마련되었다.

근대 우리나라의 경우 조선총독부가 생기고 칙령 354호에 의하여 동부경무국에 위생과를 두어 위생사무 전반을 관장하게 함으로써 위생행정은 경찰행정으로 일원화되었고 실질적인 식민지보건정책이 실시되었다. 이 기간의 가축위생분야를 중심으로 각종 법령이 만들어져, 1911년 우유영업취제규칙, 1915년 수역예방령, 1930년 조선가축전염병예방령 등이 공포되었다. 조선총독부 시대의 보건행정은 식민지정책 수행상 편의적인 시정에 불과했던 것이었으며, 8.15 해방과 더불어 남한에서는 급격하게 공중보건사상이 도입되고 각 방면에 걸쳐서 반영되었다. 1946년 보건후생부 수의국 방역과 및 위생과 설치, 1956

년 수의사법 공포, 1975년 한국수의공중보건학회 창립 등이 이루어졌다.

(4) 수의공중보건학의 이론적 체계

수의공중보건학을 학문적으로 체계를 세운다면 기초과학의 범주에 있는 학문에는 의학, 공통되는 많은 자연과학과 사회과학에 속하는 여러 학문, 그리고 수의학을 들 수 있다. 그리고 응용과학분야에는 도축검사원론을 포함한 병리학과 인수공통전염병, 미생물생태학, 저온미생물학, 식품미생물학, 환경미생물학 등을 망라한 위생미생물학, 그리고 영양학, 위생적 품질관리, 위해요소중점관리(HACCP), 식중독과 소화기전염병을 포함한 식품위생학, 또한 동물의 생태를 다루는 위생동물학, 이밖에 음용수, 하수, 축산폐수, 분뇨처리, 청소, 구충구서, 공해문제 등을 다루고 있는 환경위생학 등이 해당되며 이들을 생물학적 분야라 할 수 있다. 다음 위생화학분야로는 식품화학, 식품첨가물, 영양화학 등이 해당되며, 위생공학에는 상수, 하수, 오물처리 등이 이에 속하며 이들은 이화학적 분야라 볼 수 있다. 또한 보건행정학에서는 sanitary needs(위생상의 요청사항), 표본조사론, 효과판정론, 보건교육, 위생감시 등이 해당되며 이들은 축산학을 모체로 하는 농촌위생과 더불어 사회학적 접근으로서 체계가 정립된다.

이와 같이 여러 분야의 응용과학은 이상의 세 가지 분야를 근간으로 하고 공중보건학을 방법론으로 하는 보건통계학, 보건생태학, 역학 등을 망라한 여러 학문을 기반으로 한 공중보건활동을 통하여 궁극적으로는 인간의 건강을 향상 증진시키는 데에 기여하고자 하는 것이 수의공중보건학의 이론적이고 학문적인 체계라 할 수 있다.

(5) 공중보건수의사의 주된 직무와 활동분야

공중보건분야에서의 수의사의 역할은 동물에 관련된 분야이며, 생체의학적(biomedical)인 분야와 보다 전체적이면서도 일반적인 영역으로서 수의사와 다른 공중보건종사자들이 다함께 참여하는 활동분야가 있다.

공중보건분야에서의 수의사의 역할에 대하여 Joint FAO/WHO Expert Committee on Veterinary Public Health에서 제출한 종합보고서(1976)의 내용을 중심으로 소개하기로 한다. 첫 번째 영역으로는 동물의 질병이 인간의 건강과 복지향상에 관계가 있다는 사실로서, 이는 순수한 수의학의 영역이다. 이들 활동은 수의사의 특질을 유감없이 반영시킬 수 있으며, 일반보건위생 관계부처 내에 수의공중보건부문이 존재할 수 있는 기초가 되는 이유이다. 동물에 관련된 직무로서는 다음과 같은 것들이 있다.

① 인수공통전염병의 진단, 감시 및 방역활동
② 사람과 동물에 공통적으로 관여되는 환경, 또는 다른 영향인지도 모르는 동물의 비전염병의 역학에 관한 비교연구
③ 수의학 연구와 의학 연구간의 정보교환 및 수의학에서의 연구 성과를 인간의 건강증진에 응용하기 위한 정보교환
④ 교상동물, 유독한 동물, 독액분비동물, 기타 바람직하지 못한 동물들의 사람에 대한 위험성의 판정 또는 이들 동물들을 관리하는 방법의 연구
⑤ 동물성 식품(animal food)의 생산, 가공, 판매에 관한 위생관리
⑥ 동물폐기물의 안전한 처리를 포함한 동물과 관련된 산업보건에 관한 문제
⑦ 공중보건에 관계되는 시험연구기관에서 사용되고 있는 실험동물의 감독
⑧ 정부의 공중보건기관과 타분야의 수의학 또는 동물에 관계되는 기관, 이들 기관에 종사하는 수의전문직, 그리고 동물의 소유자, 농민조직, 타농업기관, 애완용 동물 및 기타 동물과 관련된 산업, 동물보호협회와 같은 민간 유관단체와의 계속적인 연결과 정보교환
⑨ 동물 및 그 질병과 관계되는 다른 모든 인간의 보건문제에 대한 기술적인 지원

두 번째 영역은 생체의학적(biomedical)인 분야와 보다 전체적이면서도 일반적인 영역으로서 수의사와 다른 공중보건종사자들이 다함께 참여하는 활동분야가 있다. 상기한 바와 같이 순수한 수의학적 직무는 공중보건조직 내에서 수의학적 역할을 감당하는 데 기초적인 기여를 하는 한편, 개별적으로 수의사는 biomedicine 과학에 대하여 폭넓고 기본적인 교육을 받았기 때문에 공중보건분야의 다른 많은 역할도 수행할 수 있는 자격이 있다. 이와 같은 역

할은 의사나 공중보건팀의 다른 분야 전문가들이 담당하고 있는 일반적인 분야의 역학적 관리, 보건위생에 관한 시험검사, 생물학적 제제의 생산과 품질관리, 모든 식품의 위생관리, 약품의 평가와 품질관리, 방사선의학 및 환경위생관리, 그리고 생식생리학 및 수태조절 등의 연구 등 대부분의 공중보건 분야의 활동은 수의사가 감당할 수 있는 분야이다.

표 1. 수의공중보건부문의 직무와 정보교환활동

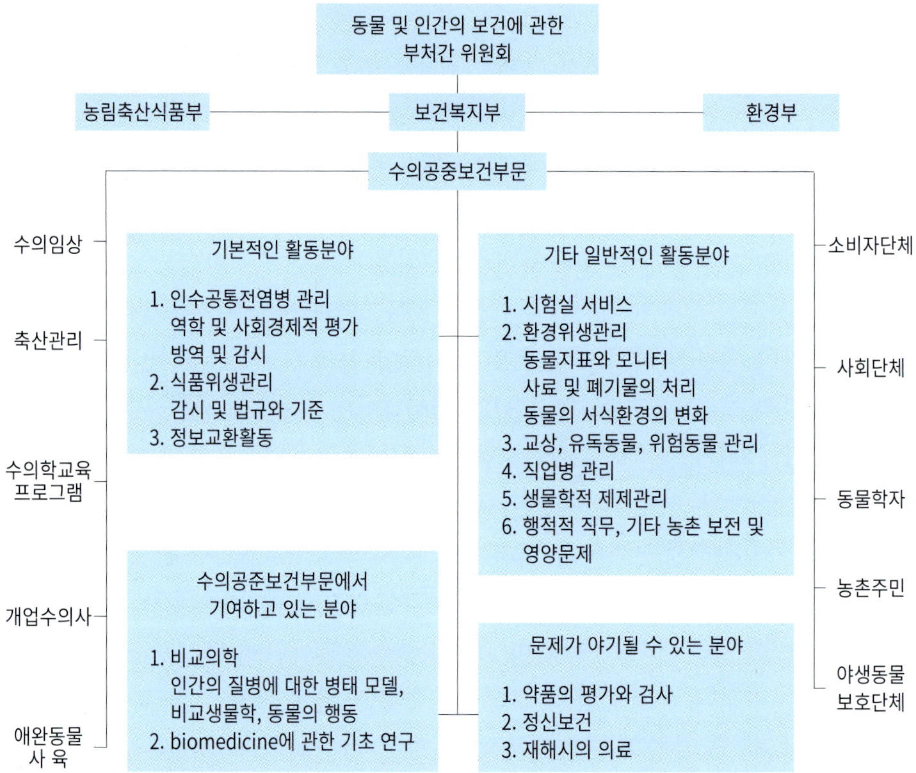

기타 일반적으로 공중보건수의사는 전술한 바와 같은 활동 이외에도 공중보건에 관한 행정·계획·조정 등 일반적인 공중보건업무를 수행하는 데 그 일원으로서 참여할 수 있는 능력을 갖고 있다. 즉,

① 수의사로서 요구되는 포괄적인 대학교육 과정
② 수의학 및 의학분야의 기초지식과 기술습득의 유사성

③ 동물의 질병과 건강관리 및 산업동물에 대한 경제적 관리 등 수의학적 교육이 전통적으로 중시되었기 때문이다.

전술한 구성요소 중에서 어느 것이 우선하느냐 하는 것은 각 국가에 따른 사회경제의 발전수준이나 나라마다 특수사정에 따라 다르다. 그러나 전반적으로 본다면 인수공통전염병의 예방과 식품위생관리의 기본적 수준유지의 두 가지 문제가 중시되어야 한다. 실제로 사회경제가 발전될수록 이 두 분야는 더욱 관심의 대상이 될 수 있으며, 그 결과 수의공중보건행정은 고도로 공업화된 사회에 관련된 문제, 즉 환경보전이나 비전염병에 중점을 둔 비교의학적 연구에 그 방향을 돌리게 될 것이다.

(6) 수의공중보건학의 현황과 전망

공중보건수의사의 활동분야에 따라 다소의 차이는 있겠으나, 현재 문제시되고 있으면서 앞으로 전망되고 기대할 수 있는 활동분야를 FAO/WHO 전문위원회의 보고서를 중심으로 간추려 보기로 한다.

가. 인수공통전염병 관리

동물과 관련된 공중보건수의사의 책무 중 가장 중요한 활동이 인수공통전염병의 진단, 감시 및 방역 등의 수의학적 관리라 함은 앞에서 이미 지적한 바 있다. 특히 근래 동물과 인간과의 관련성이 높아지고 있는 애완동물(pet animal)의 사육열이 개나 고양이에서 애완용 새나 야생동물에까지 확대되고 있는 선진국의 양상을 볼 때 인수공통전염병으로 인해 인간의 질병발생에 크게 영향을 미칠 가능성이 높아지고 있다. 최근 우리나라의 경우를 보더라도 과거 종종 야기되었던 광견병에 대한 두려움은 많이 사라지고 있으나, 식육, 우유를 매개로 하여 올 수 있는 Brucellosis(보신탕과의 관계) 등을 위시하여 오늘날 전세계적으로 분포되어 있는 인수공통전염병인 Leptospirosis, Salmonellosis, Rabies, Cysticercosis(포충증, 낭충증), Tuberculosis, Toxoplasmosis, 앵무병(Psittacosis, Ornithosis) 등을 들 수 있으며, 최근에는 Marburg virus disease(Green monkey or vervet monkey disease), Lassa fever, Hemorrhagic fever with renal syndrome, Kyasanur forest disease, Babesiosis, Anisakiasis, Angiostrongylosis, Philippine capillariasis 등 몇 가지 인수공통전염병이 새로 발견되었다.

실제로 근래 30년간 발견된 사람의 전염병의 대부분이 동물과 공통으로 감염됨이 밝혀졌으며, 과거에는 인간에게만 한정된 것으로 생각되어 왔던 많은 질병들이 최근에 와서 인수공통전염병임이 밝혀지고 있다. 이와 같이 새로운 인수공통전염병의 발생과 인간의 건강에 미치는 영향과는 밀접한 관계가 있으며, 현대의학의 발달을 위해서 마땅히 수의학적 연구에 기대하지 않을 수 없다. 이러한 흐름으로 볼 때 우리 수의공중보건분야의 종사자들의 책임 또한 중차대하게 되었으며, 그 활동도 크게 기대하지 않을 수 없게 되었다.

나. 식품위생관리

여러 선진국에서 일찍이 시작된 식육, 어패류 및 우유 등의 축·수산식품의 위생관리는 오늘날의 식품위생관리의 효시가 되었으며, 식품 전반의 위생적 관리를 발전시키는 데 모델로서의 역할을 한 바 있다.

이와 같이 축·수산식품의 위생관리가 곧 일반식품에 대한 위생관리의 기본이 된 연유를 간추려 보면 다음과 같다.

① 이들 축·수산식품은 소의 결핵, 브루셀라 등 인수공통전염병 원인균의 매개체로서의 역할을 할 수 있다.
② Botulinus 식중독(일명 sausage poisoning), Salmonella 식중독, 포도상구균 식중독, 장염비브리오 식중독 등 각종 세균성 식중독의 원인균이 축·수산물을 매개로 발생될 가능성이 가장 높다.
③ 디스토마, Trichina증, 낭충증, 톡소포자충증 등 기생충이나 원충성 질환 역시 축산식품의 섭취로 올 수 있다.
④ 가축사료에 첨가되는 항생물질, 인공호르몬제 등 유해첨가물이나 중금속류 등의 축산식품에의 잔류문제 등 가축의 사육과정에서 올 수 있는 인위적 또는 비인위적 함유물질들이 그대로 축산식품에 잔존하게 된다.
⑤ 부패, 변질의 우려가 가장 많은 식품이 축산식품이며, 따라서 부패변질에 관여되는 요인인 미생물학적·생화학적 기전을 가장 잘 이용하여

식품의 부패, 변질을 방지하는 수단이 곧 냉장냉동이나 가열살균방법의 개발로 식품의 보존성을 높일 수 있다.

⑥ 양질의 단백질인 동물성 단백질의 공급원이 곧 축·수산품이므로 식생활의 선진화는 바로 이들 식품의 위생관리에 주안점을 두어야 한다.

이상의 몇 가지 이유로서 축·수산식품의 위생관리는 오래 전부터 선진국에서는 중요시되어 왔으며, 생활수준이 발달한 나라일수록 그 비중이 절대적이다. 역사적으로 보더라도 식품위생관리를 다루는 규제 법률들이 나오게 된 동기는 축·수산식품이 문제가 된 사실이 계기가 되었으며, 이로 인해 미국의 식품·약품·화장품법(Federal Food, Drug and Cosmetic Act), 식육검사법(Federal Meat Inspection Act), 가금류제품검사법(Poulty Products Inspection Act), 난 제품검사법(Egg Products Inspection Act) 등의 제정을 서두르게 하였다.

다. 안전성 평가업무

인간의 실생활에 이용되는 여러 가지 화학물질 및 생물학적 제제(의약품, 농약, 식품첨가물, 사료첨가제, 동물약품, 기타 공업적 화학물질 등)들은 천연적으로 존재하거나 아니면 합성한 물질들이다. 이러한 물질들은 용도에 따라 허가관청은 다르지만 안전성에 관한 평가를 받지 않으면 안된다. 안전성 평가는 우선적으로 실험동물을 이용해야 하며 세계 각국의 규정도 그렇게 되어 있다. 따라서 동물을 이용하는 실험이므로 어느 학문분야보다도 안전성 평가부분은 수의사와 밀접한 관계를 가지며, 이는 국민보건을 대상으로 하기 때문에 공중보건수의사의 역할이라고 할 수 있다.

안전성 평가의 1차적인 시험은 비임상시험으로서 모두 실험동물을 이용하는 시험이다. 지금까지는 설치류(마우스, 랫드, 기니피그, 햄스터)와 토끼 등을 많이 사용하였으나 점차 사람과 해부, 생리학적으로 보다 가까운 개(beagle dog)나 돼지(miniature pig) 및 원숭이를 많이 이용하는 실정이다. 이러한 안전성 평가시험은 대체로 일반독성시험(급성, 아급성 및 만성독성시험)과 특수독성시험(생식독성시험, 발암성 독성시험, 신경독성시험, 흡입독성시험, 피부 및 안점막 독성시험 등)으로 되어 있으며, 이 모든 동물시험의 결과는 수의학적 실험지식 없이는 평가가 불가능하다고 볼 수 있다. 따라서 가까운 일본만 하더라도 1년에 배출되는 수의사의 1/3이 실험동물을 이용하는 안전성 평가부분에 취업하고 있다.

마지막으로 실험동물을 이용하는 안전성 평가시험(독성시험)이 수의공중보건학 부문에서 다루어져야 되는 이유를 살펴보자. 수의공중보건학은 하나의 학문영역이라기보다는 수의학의 기초학문인 병리, 미생물, 약리 및 독성, 해부, 생리 및 진단학을 기초로 하여 국가에서 정한 어떠한 법규와 기준 설정을 실천하는 학문이다. 식육검사 및 우유검사 등이 그 대표적인 예라고 볼 수 있다. 안전성 평가를 위한 독성시험도 세계 각국(FDA, EPA, OECD, 일본후생성, 한국 보건안전연구원 등)이 동물의 해부, 생리, 약리, 병리, 미생물 및 임상학적 지식을 바탕으로 한 법규를 가지고 시험을 하도록 하고 있다. 따라서 수의공중보건학 가운데에서 실험동물을 이용한 안전성 평가는 수의공중보건학에서 다루는 것이 가장 합리적이다.

라. 환경위생관리

수의공중보건 활동은 환경위생관리에 활발히 관여되고 있으며, 장차 보다 중요한 활동분야로 기대된다. 그 이유를 들어보면 동물은 예상되는 각종 질병에 대한 지표로서 역할을 한다는 사실이다. 즉, 동물에 나타나는 확실한 질병 또는 어떤 동물의 수적 변화는 그 환경에 병원체가 존재하며 질병이 만연되고 있다는 사실, 또는 환경에 어떤 독성물질이 축적되고 있다는 사실에 대한 조기경고가 될 수 있다. 이러한 사실은 결과적으로 인간이 이들 병원체 또는 독성물질로부터의 장애를 받지 않게 하기 위한 예방적인 방어활동을 가능하게 할 수 있다. 이러한 사례로는

① 수질오염이 원인이었던 공해병인 유명한 일본의 미나마타병의 원인규명의 동기가 물고기를 생식하는 고양이의 수은중독증이 계기가 되었다는 사실
② 런던의 대기오염으로 유명한 스모그(smog)현상이 건강에 유해하다는 확실한 초기경고가 1873년 개최된 가축품평회에서 소의 심폐질환이 유행한 원인이 바로 스모그현상이었다는 사실
③ 식품에 첨가되는 화학물질로 인한 문제로서 미국에서 주로 흰빵을 급여시킨 개에게서 다발한 산발성 간질성 질병의 원인과 소의 유행성 각

화증의 원인이 소맥분의 표백제로 사용된 삼염화질소가 원인이었다는 사실 등 많은 실례가 있다.

또한 동물은 환경오염의 검출기로서 생물학적으로나 식물연쇄에서의 특수한 위치에 있기 때문에 많은 이점을 갖고 있다. 그 좋은 예가 대도시 도로변에서 사육되고 있는 개의 폐검사로서 자동차 배기가스로 인한 납의 오염 정도를 알아낼 수 있다는 사실이다. 그리고 이러한 환경오염을 측정하는 모니터링(monitoring)에 실제 사용되고 있는 경우가 많다. 즉, 광산의 가스 유독수준의 검지기로서 카나리아 새의 역할, 발암성 곰팡이독(mycotoxin)의 검정에 송어의 치어를 이용, 수질오염의 지표로서 감시용 담수어의 사용, 절족동물 매개성 바이러스 질병인 일본뇌염 등의 확산을 검사하기 위하여 돼지나 닭의 이용, 이밖에도 동물의 폐기물에 관련된 위생상의 문제로서 각종 도축장(식육가공장) 등 동물산업의 폐기물로 인한 수질 및 토양의 환경오염은 농업이나 어업에 막심한 피해를 줄 뿐만 아니라 상수원 오염원으로서 높은 비중을 차지한다.

또한 폐수처리장(화장장) 및 각종 동물의 사체(특히 쥐, 고양이, 개 등) 등의 동물 폐기물은 또 다른 도시 공해문제로서 제기되고 있다. 특히 애완동물(pet animal)이나 반려동물(companion animal)의 인간과의 연대성이 점차 높아지고 있는 반면, 이들로부터 감염될 수 있는 인수공통전염병의 만연 등 공중보건상의 문제가 사회적 대두되고 있다.

마. 기타 관련분야

소비자에게 안전한 식량공급을 확보하고 동물산업의 종업원을 직업병으로부터 보호하여야 한다는 견지에서 볼 때 수의공중보건 활동은 동물사료의 조제, 동물의 사육, 축산부산물 및 폐기물에 관련된 일련의 산업을 감독하여야 한다. 즉, 가축사료의 안전성 확보상 필요조건으로서 병원성 미생물의 오염방지, 그리고 사료첨가제(항생물질, 구충제, 합성호르몬제, 살균제, 진정제 등)의 남용 및 오용방지 등에 대하여 감시 감독할 필요가 있다. 또한 최근에는 동물(개, 고양이, 원숭이, 야생동물 등)에 의한 물림(교상) 및 상해문제도 커다란 공중보건상의 문제로 대두되고 있으며, 유독동물(뱀, 쐐기, 벌, 모기 등)로 인한 물림도 지역에 따라서는 중요시되고 있다.

(7) 수의공중보건학과 관련된 정부조직과 업무

수의공중보건학의 활동과 관련이 있는 정부조직으로는 농림축산식품부, 식품의약품안전처, 질병관리본부, 그리고 환경부 등이 있으며, 기타 관련 기관들이 있다. 각각의 관련 정부조직에 대하여 관련 업무들을 살펴보도록 하겠다.

가. 농림축산식품부

농림축산식품부의 많은 부서들이 수의공중보건학과 관련이 있지만, 그 중에서도 관련이 깊은 부서는 식품산업본부이며, 소속기관으로는 농촌진흥청, 농림축산검역본부, 그리고 국립수산과학원 등이 있다. 식품산업본부에서 축산정책단의 업무가 수의공중보건학의 업무와 관련이 높은데, 축산정책단은 축산정책, 축산경영, 친환경축산, 축산물위생, 그리고 동물방역과 관련된 업무를 담당하며, 식품산업정책단은 식품산업정책, 식품산업진흥, 그리고 소비안전과 관련된 업무를 담당하고 있다.

농림축산검역본부은 우리나라 영토를 들고나는 모든 식물, 동물, 축산물, 농산물 및 수산물에 대한 검역 및 검사, 반려동물과 주요 가축들의 법정전염병을 비롯한 외래성 악성 질병과 인수공통전염병들에 대한 진단과 방역, 축산물의 안전관리, 동물약품의 품질관리, 동물보호와 복지의 정착, 그리고 수의학분야의 연구개발 등의 업무를 수행하고 있다. 부서별 담당업무를 살펴보면, 축산물안전부에서는 축산물안전, 검역검사, 축산물감시, 수입위험평가, 축산물규격 등의 업무를 담당하고 있으며, 동물방역부에서는 질병관리, 역학조사, 질병진단, 동물보호, 그리고 동물약품관리 및 검사 등의 업무를 담당하고 있다. 그리고 동물위생연구부에서는 수의생명공학, 세균 및 바이러스, 해외전염병, 그리고 조류질병 등에 대한 연구를 수행하고 있다.

농촌진흥청의 연구정책국은 수의·축산관련 연구개발을 수행하며, 농촌진흥청 소속기관인 축산과학원의 축산생명환경부에서는 동물유전체, 응용생명공학, 축산물이용, 그리고 축산환경개선 등에 관한 연구를 수행하고 있다.

국립수산과학원의 양식연구부에서는 양식생물질병의 예방 및 치료약제 개발 등의 병리연구와 수산물의 위생관리기준 설정 등의 식품안전연구 등을 수행하고 있다.

나. 식품의약품안전처

수의공중보건학의 업무와 관련이 깊은 식품의약품안전처의 부서로는 식품안전국, 의약품안전국, 그리고 생물의약품국이 있고, 소속기관으로는 식품의약품안전평가원이 있다.

식품안전국에는 식품평가부와 위해물질관리단이 있으며, 식품평가부는 식품미생물, 식품잔류약품, 식품잔류물질, 용기포장, 신종유해물질 등에 대한 업무를 담당하고 있으며, 위해물질관리단은 위해관리, 위해정보, 위해기준, 검사관리 등의 업무를 담당하고 있다. 식품의약품안전평가원은 실험동물과 관련된 제반업무를 담당하는 실험동물자원과, 식품 및 의약품의 안전성에 대한 평가업무를 담당하는 독성연구부, 의약품의 안전관리와 관련된 업무를 담당하는 약리연구부, 그리고 위해성 평가, 위해관리기술연구, 내분비장애평가, 인체노출평가, 그리고 응용통계 등의 업무를 담당하는 위해평가연구부로 이루어져 있다.

다. 질병관리본부

보건복지가족부 소속기관인 질병관리본부는 전염병대응센터와 질병예방센터가 있으며, 산하기관인 국립보건연구원이 있다. 국립보건연구원에는 생물안전평가과, 감염병센터, 면역병리센터, 생명의과학센터, 그리고 유전체센터 등이 있다. 질병관리본부의 전염병대응센터는 전염병관리, 검역지원, 전염병감시, 역학조사, 생물테러대응, 그리고 공중보건위기대응 등에 대한 업무를 담당하며, 질병예방센터에서는 에이즈, 결핵관리, 예방접종관리, 만성병조사, 그리고 혈액안전감시 등의 업무를 담당한다. 국립보건연구원의 생물안전평가과는 유전자변형생물체 및 고위험병원체 등에 대한 국가 생물안전평가 관리능력 강화에 대한 업무를 수행하고, 감염병센터에서는 장내세균 및 약제내성 등에 관한 연구를 수행하며, 면역병리센터는 에이즈, 종양바이러스, 인수공통전염병, 그리고 질병매개곤충 등에 대한 연구를 수행한다. 그리고 생명의과학센터에서는 뇌질환, 난치성질환, 그리고 대사영양질환 등에 대하여 연구하며, 유전체센터에서는 유전체역학, 형질연구, 그리고 생물자원은행 등의 업무를 담당하고 있다.

라. 환경부

환경부의 부서 중 수의공중보건학의 업무와 관련성이 높은 부서는 환경전략실과 환경보전국이다. 환경전략실은 환경유해인자의 위해성 평가·관리, 환경오염으로 인한 특수질병의 조사·관리, 화학물질의 위해성 평가, 내분비계장애물질관리 종합대책 수립·시행, 대기오염물질의 관리 등에 관한 업무를 담당하며, 환경보전국은 생물다양성 보전 및 복원, 멸종위기 및 보호 야생동·식물의 보호, 그리고 환경영향평가에 관련된 제반 업무 등을 담당하고 있다.

마. 기타 관련기관

미래창조과학부 출연연구기관 중 수의공중보건학의 활동영역과 관련성이 있는 기관으로는 한국과학기술연구원, 한국생명공학연구원, 한국식품연구원, 그리고 안전성평가연구소 등이 있다. 국방과학연구소는 국방기초연구사업를 통하여 수의공중보건학의 활동과 관련이 있는 기초연구들을 수행하고 있다.

예방수의학

06-1 수의역학

(1) 역학의 역사

질병은 신의 노여움과 벌에 의해서 발생된다고 믿고 있던 시대에 과학적인 근거로 설명하고자 노력한 사람은 Hippocrates였다. 그는 질병발생현상을 개인으로서 뿐만 아니라 집단현상으로, 또한 질병발생과 관련된 여러 요인들과의 연관성으로 해석하였다. 그러나 이러한 노력은 Hippocrates 이후 오랫동안 중단되었고 여전히 질병의 원인은 미신적인 개념으로 받아들여져 왔다. 그 후 1500년대의 Fracastorius의 전염성 생물에 의해 질병이 전파된다는 contagion theory가 등장했고, 1600년대에 들어서 John Graunt의 생정(生政)통계(Bills of mortality), 1700년대 중반 Jenner의 천연두 백신개발, 1854 년 John Snow(오른쪽 사진)는 콜레라의 원인균이 발견되기 수십 년 전이었지만 런던에서 콜레라 발생에 대한 역학조사를 해서 콜레라의 전파를 차단시키는데 큰 역할을 하면서 역학발전의 기초를 이루었다. 이와 같이 역학은 1800년대에 본격적으로 학문적 발전이 시작되었고, 1960년까지는 질병과의 전쟁으로 주로 미생물분야와 함께 응용되었다. 그 후의 역학은 좀더 광범위하게 적용되어 질병발생과 직접 관련된 병원체뿐만 아니라 잠재된 요인들의 역할규명이 이루어져 왔으며, 이러한 역학연구에 최근 들어서는 정량분석법이 도입되어 활용되고 있다.

(2) 역학의 정의

역학(Epidemiology)이란 군집 내에 발생하는 질병에 대한 조사와 질병 발생원인에 대한 연구이다. 역학이란 용어는 희랍어에서 유래되었다. epi("관하여" 또는 "대하여");demos("대중" 또는 "지역의 사람들");logos("단어," 그래서 과학 또는 학설)로, 사람을 대상으로 한 연구 또는 군집 내에서 발생하는 질병의 연구로 정의할 수 있다. 이와 같이 역학은 연구대상이 군집이며 내용은 질병발생에 관한 연구이다. 여기서 질병이란 그 범위가 전염병에 국한되지 않고 현재는 모든 생리적 상태와 이상(異常)상태로까지 확대 적용되고 있다. 따라서 역학의 포괄적인 정의는 다음과 같이 말할 수 있다. "역학은 군집 내에 발생하는 모든 생리적 상태 및 이상상태의 빈도와 분포를 기술하고, 그 빈도와 분포를 결정하는 요인들을 원인적 연관성(causal association) 여부에 근거를 두고 그 발생원인을 규명하여 효율적인 예방법을 개발하는 학문이다".

수의역학(Epizootiology) 역시 그리스 어원인 zoo(=animal)에 근거하며 그 주된 연구대상이 동물군집일 뿐 기본개념은 역학의 정의에서와 같다. 인간에게 발생하는 질병은 epidemics으로, 동물군집에서는 epizootics, 조류군집에서는 epornitics라고 불리나, 이러한 구분이 갖는 특별한 의미는 없다. 중요한 인간 질병의 많은 부분이 동물에 유래하는 zoonoses이며, 이에 따라 역학은 그 연구대상이 인간 또는 동물로 구분되는 대신 질병연구에서 같이 다루어지기 때문이다. 근래의 많은 책에서도 Epizootiology 대신 Veterinary Epidemiology로 표기하고 있다. 이와 같이 수의학은 의학과 밀접히 관련된 학문으로 사람의 질병발생 연구를 위해서는 동물실험으로 그 원인규명을 하게 되므로 epidemiology의 실제적인 연구는 epizootiology에 기초를 두는 경우가 많다. 이미 많은 동물질병 모델이 개발되어 있으며, 그 대부분이 epizootiology에서 규명된 업적에 기초하고 있음은 주지의 사실이다. 따라서 수의역학은 동물군집을 대상을 연구하여 궁극적으로 인류의 건강에 해를 주는 질병 및 이상상태를 유발하는 요인을 찾아내고 원인을 규명함으로써 예방적인 방향을 제시해주는 분야인 것이다. 동일시대에 발생하는 질병문제는 동물개체보다는 동물군집을 조사하여 해결방법을 찾을 수 있다. 질병의 자연사 중 특히 밝혀지지 않은 발생원인들을 다른 동물군집에서 그 분포와 양을 비교조사함으로써 규명할 수 있기 때문이다. 경제적인 측면에서 볼 때도 질병으로 인한 영향은 동물군집을 단위로 하여 그 범위를 개별농장에서 국가수준까지의 범위로 평가하고 있다.

(3) 역학의 영역

세상에서 가장 훌륭한 의사는 수의사라고 한다. 왜냐하면 수의사는 자신의 환축에게 무엇이 문제냐고 물어볼 수가 없다. 거의 모든 환축이 대답할 수가 없기 때문에 수의사들은 스스로 알아낼 수밖에 없다. 수의사들은 질병의 분포, 질병의 원인 및 질병에 걸린 개체수에 대하여 다음과 같은 질문을 통해서 조사한다.

- 어느 질병이 발생했는가?
- 왜 이 집단에서 질병이 발생했는가?
- 언제 질병이 발생했는가?
- 이 집단에서 무슨 일이 발생했는가?
- 어떻게 예방을 할 것인가?

역학은 딱딱한 과학법칙이라기 보다는 논리적인 접근이며 어떤 수의학분야에서든지 연구조사의 기초가 되며 통합된 체계인 것이다. 특히 임상과 연구 분야에 종사하는 수의사들에게는 꼭 필요한 분야이다. 그리고 모든 수의사들은 역학자가 되어야 하며, 그러기 위해서는 다음과 같은 학문들도 습득해야 한다.

- 논리적인 생각
- 동물학
- 미생물학
- 기생충학
- 병리학
- 임상학
- 통계학
- 경제학
- 컴퓨터 및 프로그램의 사용

한편, 역학의 범위는 다음과 같다.

① 역학은 군집 및 집단에 관한 연구이다.
② 역학자는 환경(숙주-원인체-환경사의의 상호작용, 예로 기생충의 생존과 같은)에서의 질병 원인체의 전염과 생존에 영향을 주는 요인들을 이해하기 위해 생태학(생태학적 역학)에 관심이 있다.

③ 집단은 다양한 환경적 자극에 대해 특정한 방법으로 반응한다. 군집, 집단 및 지역공동체의 반응은 집단을 구성하는 개개의 반응을 종합한 것이다. 각 개체에게도 임상소견과 증상이 있는 것처럼 동물군, 군집 및 집단에도 소견 및 증상이 있다. 역학자는 이런 소견과 조사 중 모인 자료를 함께 관찰하고 조사 중 조건의 원인인자들을 규명하는 시도를 한다.

④ 만일 원인인자가 규명되면 이후에 있을 발병에 대해 예방 및 처치프로그램이 만들어질 수 있거나 최소한 이후의 발병수를 감소할 수 있다.

⑤ 이미 말한 바와 같이, 역학자는 집단에서의 환축을 조사할 뿐 아니라 건강한 개체도 조사함으로서 환축과 정상개체 사이, 감염체 및 비감염체 사이, 그리고 노출 및 비노출개체 사이의 비교가 이루어질 수 있다.

⑥ 역학자는 이러한 집단 내 질병을 조사할 때 진단의 범위를 확대하기 위해 특별한 역학적 기술 및 다른 수의학적 기술을 사용한다.

(4) 수의학에서 역학의 사용

수의학에서 역학은 대동물이나 소동물의 진료활동이 주가 되는 수의 임상분야뿐만 아니라 정부 및 연구기관 등에서 다음과 같은 일을 하는 데 아주 유용하게 사용될 수 있다.

① 동물집단에서 질병(전염병과 비전염병 모두 포함)이 발생했을 때 조사
예 : 구제역 발생, 조류인플루엔자 발생 등

② 질병의 밝혀지지 않은 원인체 규명과 방역 프로그램 수립

③ 질병에 대한 감시, 추적보고 및 도축장 보고 등

④ 질병관리 프로그램의 계획, 협조 및 평가
예 : 돼지콜레라 발생 근절대책 등의 질병 발생을 효과적으로 감소시킬 수 있는 프로그램 개발

⑤ 동물집단의 건강과 생산 증진
예 : 동물 사육의 계획, 생산 통계 및 평가

⑥ 동물집단의 건강과 생산 증진

⑦ 대동물이나 소동물의 진료시 진료방향 결정

⑧ 계속적으로 발전하는 새로운 치료법, 진단법 및 새로운 질병 등의 의학연구와 의학적 논쟁

이밖에도 수의사 및 동물취급 직업인에게 올 수 있는 직업병 관리와 예방을 위한 적절한 조치, 그리고 의학 및 수의학에서 사용되는 생물학적 제제와 연구실험용 시약의 표준화문제, 기타 일반적 직무와 관련된 사항으로서 농촌보건관리에서 수의사는 적극적인 참여와 중요한 역할을 수행할 수 있는 입지적 여건과 교육적 배경을 갖고 있는 전문직업인의 한 사람이 될 수 있다는 사실이다. 그 예로서 미국에서 최초의 농촌보건부의 하나가 수의사에 의하여 설립된 바 있으며, 폴란드의 루부린에 있는 선구적인 국립농촌직업병 및 농촌보건연구소는 수의직에 의하여 설립되고 지도 운영된 바 있음을 인식하여야 한다.

또한 수의사가 가치 있는 역할을 수행할 수 있는 또 다른 영역이 인간의 영양관리이다. 즉, 동물성 식품은 인간의 영양불량을 방지하는 데 절대적인 존재이며, 농산물의 생산과 가축의 사육은 밀접한 관계가 있다. 이와 같이 농촌의 보건위생과 농업 및 축산생산과의 관계는 장차 사람에게 적절한 영양수준을 유지시켜주는 데 크게 이바지할 수 있는 분야인 것이다.

예방수의학

06-2 식품위생학

(1) 식품위생의 정의

인간이 생활을 영위하는 데 필요한 의·식·주 3대 요소 중에서 생명유지에 필수적으로 요구되는 것은 식품이다. 의복과 주거공간은 환경적 여러 조건에 따라서 어느 정도 생존이 가능하지만, 식품 없이는 생존에 한계가 있기 때문이다. 식품은 생명유지에 요구되는 적당한 영양소를 함유해야 하지만, 또한 건강과 생명에 어떠한 위해를 초래해서도 안된다. 아무리 완전한 영양소를 갖춘 식품이라도 인체에 해로운 위해요소를 포함하고 있다면 아무런 가치가 없는 것이다.

식품위생의 학문적인 정의는 1955년 세계보건기구(WHO)의 환경위생전문위원회에서 기술한바 있다. "Food hygiene means all measures necessary for ensuring the safety, wholesomeness, and soundness of food at all stages from its growth, production or manufacture until its final consumption." 즉, 식품위생이란 원재료의 생산, 제조 및 가공으로부터 최종적으로 사람이 섭취하기까지 모든 단계에서 식품의 안전성과 건전성 및 완전무결성을 확보하기 위한 모든 필요한 수단이다. 최근에는 soundness를 wholesomeness에 포함시켜 식품의 안전성과 완전무결성으로만 구분하는 경향이 있다.

Food hygiene이란 용어는 WHO에서 국제적인 표현으로 사용되었다. 영국을 비롯한 유럽에서는 과거부터 food hygiene이란 용어를 주로 사용한 반면 미국에서는 food sanitation으로 많이 표현하는데, 이는 작업환경 및 공정상의 설비, 장비, 기구 등 시설위주의 위생관리를 통한 안전성 확보에 중점을 두었기 때문이라고 할 수 있다.

정리하면, 식품위생학이란 인간이 항상 섭취하는 식품은 물론 식품과 관련된 첨가물, 기구 및 용기, 포장 등에 관하여 위해로부터 안전성을 확보함으로써 안전한 식생활을 통한 인간의 건강을 유지하기 위한 학문인 것이다.

(2) 식품의 안전성 확보

기존의 품질관리(quality control)란 용어는 생산제품의 품질에 영향을 주는 모든 요인들을 통제하는 개념으로 사용되었다. 품질관리에는 위생관리 분야도 포함되지만 과거에는 제품개발과 같이 회사의 경쟁력 강화 혹은 영업에 직접적인 이익이 되는 분야의 비중이 높았고 상대적으로 위생관리의 비중은 매우 낮았다. 그러나 소득 향상에 따른 삶의 질 개선을 추구하면서 안전한 식품을 원하는 소비자의 강력한 요구와 세계무역기구(WTO, World Trade Organization), 자유무역협정(FTA, Free Trade Agreement) 등의 영향으로 시장개방에 따른 국제사회의 필수조건이 되면서 식품의 안전성 확보는 국내외적으로 축산분야 및 식품분야 최대의 현안이 되었다.

식품을 모든 위해요인으로부터 안전하게 확보하기 위한 기본적인 원칙은 다음과 같다.

① 이질, 장티푸스, 콜레라 등의 경구전염병균, Salmonella, Staphylococcus aureus, Vibrio parahaemolyticus, Botulinus, Clostridium, 병원성 Escherichia coli 등의 식중독균에 식품이 오염되지 않도록 관리하는 것이 우선되어야 한다. 식품이 이들 원인균에 오염되었거나 오염되었을 우려가 있을 때에는 가급적 식용으로 사용하지 않도록 하는 것이 최선이며, 사용하는 경우는 독소 생성 여부 등을 고려하고 살균 등 식품위생학적으로 적절한 처리를 하여야 한다.

② 식품의 부패나 변패를 일으키는 미생물이 식품에 오염되지 않도록 해야 하며, 또한 안전한 방법으로 살균하거나 낮은 온도로 보존하여 미생물의 증식을 억제하는 등 식품의 부패나 변패가 발생되지 않도록 해야 한다. 부패, 변패된 식품이 반드시 위생상 위험한 것은 아니나 부패, 변패는 미생물이 상당히 증식한 결과라 볼 수 있으며, 더욱이 시간이 많이 경과하였거나 부적절한 보존조건하에 있었던 식품은 다른 병원성미생물에 오염되었

을 가능성이 있다. 따라서 부패, 변패된 식품은 위험발생 가능성이 매우 높아 위생상 문제가 된다.

③ 식품의 생산, 제조, 가공, 저장, 보존, 유통, 조리 등의 과정에서 유독 또는 유해한 물질이 혼입되거나 첨가되지 않도록 해야 하며, 유해물질이 함유된 사실이 판명되었거나 그 우려가 있는 식품은 식용으로 사용하지 않도록 조치해야 한다.

④ 위조, 변조식품이 제조되거나 유통되지 않도록 지속적인 식품위생 감시 및 적절한 조치를 취해야 한다.

(3) WTO 체제와 식품안전

우루과이라운드(Uruguay round)협상은 관세무역일반협정(GATT, General Agreement on Tariffs and Trade)에 의한 다각적 무역교섭협상의 일종으로 1986년 9월 남미 우루과이에서 열린 각료회의에서 시작되었다. 이는 무역장벽해소를 통한 국제교역의 활성화를 위한 목적으로 서비스분야(GATS), 지적소유권분야(TRIPS), 무역관련투자조치(TRIMS) 등을 포함하였고, 섬유, 농업 등 GATT 체제하에서 특별한 취급을 받아왔던 분야까지 교섭을 확대한 포괄적인 무역협상이다. 1991년 12월 GATT 사무총장이 마련한 최종합의문안(Draft Final Act)을 중심으로 UR 협상안이 마련되었고, 이 협상안을 토대로 지금의 협정안이 작성되었다. 그 후 미국과 EC의 농산물 합의, 동경 4자회담, G7 정상회담을 거쳐 1993년 12월 15일 마침내 최종안이 타결되었다. 그리고 1994년 4월 15일 모로코의 마라케쉬에서 개최된 각료회의에서 정식으로 조인되어 1995년 1월 1일 발효되었고, 그 결과로 WTO가 탄생되었다.

여러 협정문 중에서 식품의 위생 및 안전성 확보와 직접 관련된 협정문이 SPS(Agreement on the Application of Sanitary and Phytosanitary Measures, 위생 및 동·식물 검역조치) 협정문이다. SPS 협정문에서는 WTO 회원국이 국제교역시 자국의 위생기준이 아닌 SPS에서 요구하는 국제기준을 준수하고 국가간 동등성 원칙을 지키도록 요구하고 있다. 여기서 국제기준은 국제식품규격위원회(Codex), 국제수역사무국(OIE), 국제식물보호협약(IPPC)에서 정하는 기준이라고 해석할 수 있다.

예방수의학

06-3 환경위생학

(1) 환경위생의 개념

모든 생물은 자신의 생명을 유지하기 위하여 주위환경에 적응하고자 끊임없이 노력하고 있으며, 생명 유지에 부적합한 환경을 개선하여 생활에 알맞게 하려는 본능을 가지고 있다. 환경위생학이란 우리 주위를 둘러싸고 있는 모든 환경조건을 과학적으로 측정하고 연구하여 합리적이고 쾌적한 생활을 영위할 수 있도록 부적합한 환경을 개선하기 위해 연구하는 학문이라고 할 수 있다.

환경위생학은 19세기 후반 독일 München 대학의 생화학 교수였던 Max von Pettenkofer(1818~1901)에 의해서 학문으로서의 체계를 갖추기 시작하였다. 그 당시 유럽 각 도시는 비위생적인 생활상태로 인해 장티푸스가 많이 발생하였으며, 1854년에는 München시에 콜레라가 대유행하는 등 보건위생문제가 심각하여 이에 대한 관심을 갖게 되면서 전염병 예방과 위생상태의 개선을 위한 노력이 시작되었고, 1866년에 역사상 처음으로 München 대학에 위생학교실이 창설되면서 공기와 식수위생, 이산화탄소 측정, 주택의 환기 등에 관한 연구와 생활환경 중의 이화학적 환경이 인체에 미치는 영향을 과학적으로 규명하는 등 환경위생학의 기반을 확립하는 계기가 되었다.

그러나 이러한 연구방법은 전염병 퇴치의 목적을 달성하기에는 미흡하였으며, Koch나 Pasteur 등이 세균학을 접목시킴으로써 환경위생학의 목적을 충족시킬 수 있는 실험위생학(experimental hygiene)이 본격적으로 발달되기 시작하면서 인간생태학(human ecology), 생리위생학(physiological hygiene) 그리고 위생공학(sanitary engineering)적 영역으로 발전하게 되었다.

그러나 이렇게 발전된 실험위생학은 의식주의 이화학적 연구로 진보하여 인간의 건강을 유지하기 위한 인간 주위의 환경에 대한 분석목적은 달성할 수 있었으나 보다 좋은 생활환경으로 개선하고자 하는 목적을 충족시키기에는 부족하였다.

그런데 20세기부터 미국에서 발달한 토목공학, 기계공학, 전기공학 그리고 건축학 등의 생활과학의 발전으로 미국의 Massachusetts 공과대학의 교수였던 Sedwick에 의해 위생공학(sanitary engineering)이 체계화되면서 오늘날의 환경위생학(environmental sanitation)이 더욱 발전되는 기초가 마련되었다고 할 수 있다.

실험위생학은 인간의 생존현상에 영향을 주는 환경요인들의 작용기전 및 인체가 이에 순응하는 적응 및 순화의 서한도와 최적요건 등을 규명하는 학문인데 비해, 위생공학은 이것을 토대로 하여 인체가 생존하는 데 가장 유리하고 적합한 인위적 환경을 조성하는 데 공학적인 방법으로 접근하는 분야라고 할 수 있다. 환경위생학은 인간에게 부적합한 환경을 실험위생학적 접근이나 위생공학적 접근을 통하여 인간의 건강, 안전, 편의를 도모할 수 있도록 개선해 가기 위한 학문으로 공중보건의 향상을 위한 기술적 분야로서 중요한 역할을 담당하고 있다.

(2) 환경위생의 정의

세계보건기구(WHO) 환경위생전문위원회(Expert Committee on EnvironmentalSanitation)는 환경위생(environmental sanitation)을 다음과 같이 정의하고 있다.

> 'Environmental sanitation means the control of all those factors in man's physical environment exercise or may exercise a deleterious effect on his physical development, health and survival'.

즉, '환경위생이란 인간의 신체발육, 건강 및 생존에 유해한 영향을 미치거나 미칠 가능성이 있는 인간의 이화학적 환경요인 모두를 관리하는 것이다'라고 규정하고 있다.

따라서 환경위생은 인간의 신체발육, 건강 및 생존에 유해한 영향을 미치는 환경요인을 과학적으로 분석·검토하는 분야인 실험위생학, 생리위생학, 인간생태학과 어떤 유해한 환경요인을 인위적인 노력에 의해 통제하거나 개선하는 분야인 위생공학으로 인체생존에 가장 유리하고 적합한 인공적 환경을 조성하는 실천적 분야라고 할 수 있다.

(3) 환경위생의 범위

환경이 인간생활에 미치는 영향을 알기 위해서는 현실의 자연적 환경과 사회적 환경이 인간생활에 어떻게 영향을 미치는가, 또는 이를 어떻게 개선할 것인가를 연구하는 것이 중요하다. 환경위생학의 주요한 문제는 이화학적으로 환경이 인간생활, 특히 인체의 생리기능에 미치는 영향을 연구하는 것이며, 환경위생학에서 취급하는 이화학적 환경은 그 자체의 연구라기보다는 이것이 인간의 생리기능에 어떻게 작용하는가를 규명하고 개선방법을 연구하고 실천하는 데 있다. 인간주위의 환경을 그 요인에 따라 분류하면 크게 자연적 환경과 사회적 환경으로 나눌 수 있는데, 그 내용은 다음과 같다.

가. 자연적 환경

① 이화학적 환경 : 공기(기온, 기습, 기류, 기압, 매연, 가스, 공기조성, 공기이온), 물(강수, 수량, 수질, 지표수, 지하수), 토지(지온, 지균, 토지조성), 빛(광선, 자외선, 적외선, 방사선), 소리(음향, 소음, 잡음)

② 생물학적 환경 : 설치류(rodents), 모기, 파리 등 유해곤충과 절지동물, 병원미생물 등

나. 사회적 환경

① 인위적 환경 : 의복, 식생활, 주택, 위생시설 등

② 사회적 환경 : 정치, 경제, 종교, 교육 등

환경위생은 위에서 사회적 환경인 정치, 경제, 종교, 교육을 제외한 나머지 생활환경의 여러 요인들과 인간생활과의 관계를 규명하고 보다 좋은 환경으

로 개선하는 것이다.

환경위생이란 주로 이화학, 생물학, 의학, 공학의 기초적 원리나 토대 위에서 성립될 수 있다. 즉, 인간주위의 자연적 환경과 사회적 환경조건이 인체의 건강과 질병과의 관계를 규명하기 위해서는 이화학적, 생물학적, 의학적인 측면에서 연구되어야 하고, 이러한 조건의 환경개선이나 보완은 위생공학적인 원리나 기술에 의하여 연구되어야만 환경위생 개선사업을 실현시킬 수 있다.

또한 종래의 위생학은 주로 자연환경이 인체에 미치는 영향과 인위적 환경인 의복, 식생활, 주택, 위생시설 등을 대상으로 의식주의 개선을 도모하고 건강의 유지, 증진을 목적으로 하는 개인위생이 주가 되었으나 현대의 위생학은 이와 같은 개인위생은 물론 한걸음 더 나아가서 개인이나 가정이 사회공동체의 구성원이란 점을 고려하여 지역사회 전체의 대중을 대상으로 할 뿐만 아니라 보다 높은 목표와 넓은 분야에서 노력하여 지역사회 전체의 생활환경을 개선하고 도모하는 학문으로 연구되어가고 있다.

예방수의학

07 실험동물의학

(1) 실험동물의학이란?

수의학 교육과 연구에 있어 실험동물의 사용은 biomedical science의 지속적인 발전을 위해 꼭 필요한 요소이다. 실험동물의학은 실험동물 전반에 대하여 공부하는 매우 광범위한 학문으로서 수의학, 의약, 약하, 생물학, 분자생물학, 축산학 등 거의 모든 학문과 연관된 종합 학문이다. 이에 실험동물학에서는 여러 실험동물의 특성, 질병에 대한 진단, 치료, 예방, 번식, 육종, 영양, 사육관리, 동물복지, 동물실험기법 및 사용 용도 등 모든 분야를 다루게 된다.

(2) 동물실험의 개념

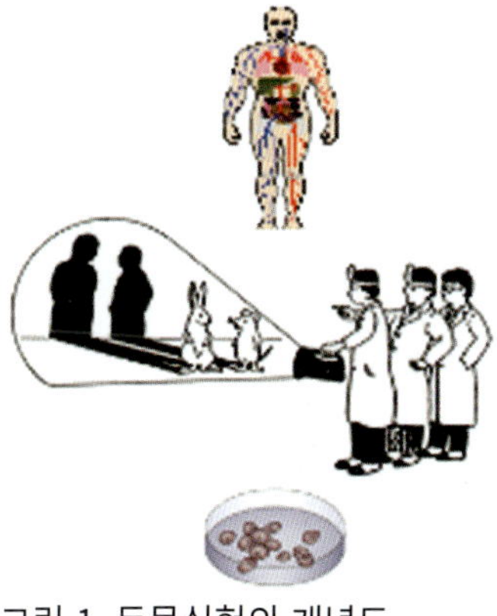

그림 1. 동물실험의 개념도

"동물실험"이란 교육·시험·연구 및 생물학적 제제의 생산 등 과학적 목적을 위하여 실험동물을 대상으로 실시하는 실험 또는 그 과학적 절차를 말한다. '실험동물'이란 이런 동물실험을 목적으로 사용 또는 사육되는 마우스, 랫드, 햄스터, 기니픽, 저빌, 토끼, 개, 돼지, 원숭이 등을 말한다. 동물실험은 생명연구 혹은 의학 · 생물학의 발전에 필수 불가결한 수단이다.

그림 1은 의학 연구에 있어 동물실험의 개

념도이다. 그림의 중간에 의학·생물학연구자들이 동물을 관찰하고 있지만, 이들의 목적은 동물에 대한 지식이 아니라 그 뒤에 있는 사람의 정보이다. 즉 동물실험이란 사람을 위하여 동물을 관찰하고 연구하는 행위이다. 그림 하단에서는 동물을 대신하여 세포를 이용하는 동물실험대체법을 설명하고 있지만 세포실험의 결과를 동물실험에 적용하고 동물실험의 결과를 다시 사람에 적용하여 해석하는 데는 어려움이 있다. 동물실험의 중요성으로 노벨의학상, 생리학 수상 예로 1901년 이래 100개 넘는 연구에 상이 수여되었는데 수상대상 95%이상이 동물실험의 성과로 이루어졌다. 동물실험이 아닌 수상의 예로는, X선에 의한 roentgen 진단법, 암호해석법을 응용한 유전해석, 옥수수를 이용한 유전전이 등 5%에 지나지 않는다. 이런 면에서 동물실험 없이 사람을 대신한 정보를 얻는 것은 불가능하다 사료된다.

(3) 동물실험을 하는 이유

일반적으로 동물실험이란 어떤 인위적인 처리가 첨가된 동물의 반응을 관찰하는 것이다. 실험동물 중 마우스의 유전자는 사람과 85%이상이 같으며 침팬지의 유전자는 99%이상이 사람과 유사하므로 실험동물로서의 가치가 있다. 동물실험을 진행하는 이유는 (1)인체실험의 대체 (2)정확한 의학·생물학의 정보수집 (3)경제성의 3가지 점 때문이다. 첫째, 동물실험은 의약품, 건강식품, 화장품 등의 안전성과 유효성의 예측을 위해 실시되므로 사람을 이용하는 것이 이상적이지만 생물활성의 강도나 방향이 미지인 신물질을 처음부터 사람에게 적용하는 것은 비과학적이며 비윤리적이므로 사람에 적용하기 전에 동물실험을 실시하는 것이다. 둘째, 동물실험의 최대 목적은 정확한 데이터의 수집이다. 동물실험에서는 일정한 실험조건(주령, 체중, 성별 등)의 실험동물을 동시에 다량 사용 가능하므로 정확한 데이터의 수집이 가능하다. 셋째, 사람을 이용한 임상실험과 비교해서 동물실험에 드는 경비가 대폭적으로 절약된다는 점이 중요하다. 통상, 체중 2kg의 토끼에 드는 사료, 사육관리, 투여약물 등의 경비는 체중 60kg인 사람의 1/30이며, 마우스의 체중은 약 20g이므로 토끼보다 훨씬 적은 1/100이다. 반면 의약품 개발에 있어서 임상실험의 경비는 동물실험의 수 십배 이상이다.

(4) 동물실험에서 얻을 수 있는 사람의 정보

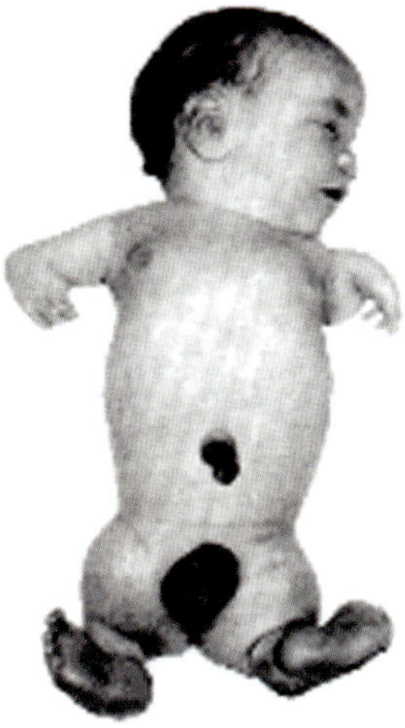

그림 2. Thalidomide에 의한 바다표범손발증

태아에 독성이 있는 약물을 임산부에 투여하면 대부분의 경우 기형이 유발된다. 대표적인 약화 사건으로 입덧억제제 및 수면제로 개발된 thalidomide에 의한 바다표범손발증(해표지증, phocomelia)이 있는데 임신여성이 임신초기(주요기관형성기)에 복용하면 태어난 아이에 사지결손증이 발생한다(그림 2). 이 사건은 약물 안전성의 중요성을 인식하지 못한 시대에 동물실험을 제대로 수행치 않아 생긴 비극적인 사건으로 그 후 연구를 통해 주요기관형성기에 토끼나 원숭이에 투여 시 기형이 유발되는 것을 입증하였다. 이외에도 수많은 약물들은 동물실험을 통해 위해성을 예측하므로써 불행한 비극을 막을 수 있었다.

(5) 동물실험의 한계

인간과 동물은 약물의 종류에 따라 특유한 반응의 차가 있다. 이런 특이성(종차)이 동물실험의 한계이다. 신생아에 바다표범손발증을 유발시키는 thalidomide는 사람, 원숭이 및 토끼에서 바다표범손발증을 일으키지만 설치류인 마우스와 랫드에서 기형이 유발되지 않는 것은 종 차이의 중요한 예이다. 이 사건을 계기로 기형(배·태아발생) 시험에는 토끼의 사용이 의무화되었다. 동물실험을 하는 것은 동물에서의 작용이 그대로 사람에서도 적용되리라는 전제하에 수행되지만 현 단계에서 예지성이 충분치 못하며 어떤 통계에서는 76.7%에 지나지 않는다고 한다. 동물의 종차에 따른 약물 반응의 예로서 고엽제로 알려진 TCDD(다이옥신)의 경우 경구 투여시 LD50치가 기니픽은 체중 kg 당 2㎍이지만 토끼 50㎍, 마우스 200㎍, 햄스터 2000㎍으로 종차가 크다. 따라서 사람에의 추론법(외삽, extrapolation)에는 반드시 종차를 고려해야 한다. 최근 약물대사에 있어서의 새로운 기법이 도입되고 병태동물의 이용으로 많은 문제점을 해결하였지만 사람과 동물의 차이를 완전히 극복할 수 없는 한계가 있어 동물의 특성을 잘 이해하는 것이 중요하다.

(6) 실험동물이란?

실험동물은 사람의 건강을 지키기 위한 역할을 담당하는 동물로서 과거에는 사람의 생체기능 규명에 관한 연구에서 시작하여 세균 또는 질병 관계의 해명, 약의 개발과 병의 치료에도 공헌하여 왔다. 또한 실험동물은 암, 에이즈, 고혈압, 노인성 치매, 당뇨 등 많은 난치병의 연구와 치료에 공헌하고 있을 뿐만 아니라 물, 공기, 토양 등의 환경이나 산업 현장에서 화학물질의 안전과 농약의 위해성으로부터 사람의 안전을 지키는 데에도 공헌을 하고 있다. 실험동물은 동물실험을 목적으로 사용 또는 사육되는 척추동물로 의약품, 건강기능식품, 화장품, 생활용품, 농약, 화학물질, 의료용구 등의 안전성 및 유효성 평가를 위해 사용되므로 "살아 있는 시약"이라 일컫는다. 이 실험동물의 생리학적 특징과 사용 용도를 요약하면 다음과 같다.

가. 마우스(*Mus musculus*, 그림 3)

마우스는 실험동물중 가장 많이 사용되는 동물로 잡식성으로 수명은 2~2.5년, 염색체 수는 2n=40으로 털색은 백색에서 흑색까지 다양하다. 크기는 계통에 따라 다르지만, 체장은 약 8cm, 꼬리길이 약 7cm, 체중 30~40g전후이다. 임신기간은 18~22일이며 10~23마리의 새끼를 낳는데 포유기간은 약 20일 전후이고, 암컷은 30~50일, 수컷은 45~60일에 교배가 가능하다. 마우스는 실험동물 사용량의 60~80% 점유하며 종양, 바이러스, 세균, 약리, 독성, 내분비 등 연구에 사용되는데 수명이 짧아서 장기 만성독

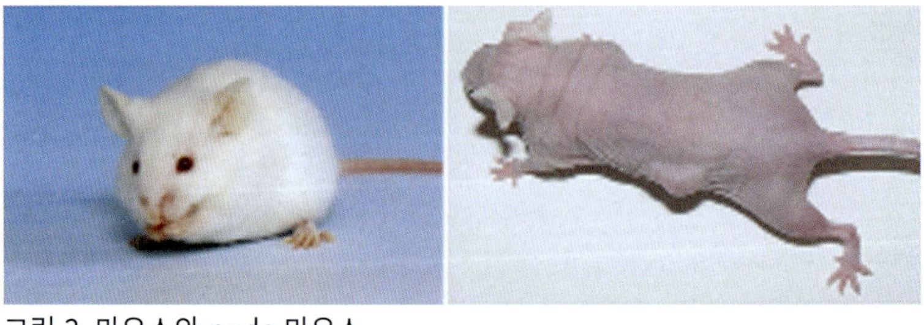

그림 3. 마우스와 nude 마우스

성시험, 노화, 유전 연구에 널리 이용된다. 마우스를 사용하는 이유로 신약 개발에서 사람과 가장 가까운 침팬지, 원숭이 등 유인원류를 이용하는데에는 엄청난 비용이 소모되고 실험에 필요한 적당 수를 확보하는 데에는 많은 어려움이 있기 때문이다. 마우스 사용의 장점으로는 유전적 특성을 달리하는 계통이 많아서 다양한 연구에 적합하며 생활주기나 수명이 짧아 세대교체가 빠르고 체형이 적고 번식능력이 높아, 사육관리가 용이하며 환경요인, 유전 외적인 요인 등 실험외적인 영향을 최소화 할 수 있다. 또한 체형이 작아 샘플량이 적게 소요되고 유전적 염색체상 배열이 매우 유사하게 보존되고, 사람과 유전적 상동성이 비교적 높다. 한편 체격이 작아 외과수술이 어렵고, 시료(혈액, 뇨)의 연속적 채취가 곤란한 단점이 있다. 마우스 계통 중 가장 많이 사용되는 것은 ICR 마우스로 독성, 약리, 내분비, 영양 실험 등 각종 연구에 사용되며, nude 마우스는 털과 가슴샘이 없어 면역기능이 저하된 마우스로 사람의 암세포 이식이 가능하여 암연구에 큰 기여를 하였다. 그밖에 제 1형 당뇨가 유발되는 NOD마우스 외에 nude 마우스 보다 암이식율이 높아 백혈병이식, 줄기세포 연구에 사용되는 SCID마우스가 있다.

나. 랫드(*Rattus norvegicus,* 그림 4)

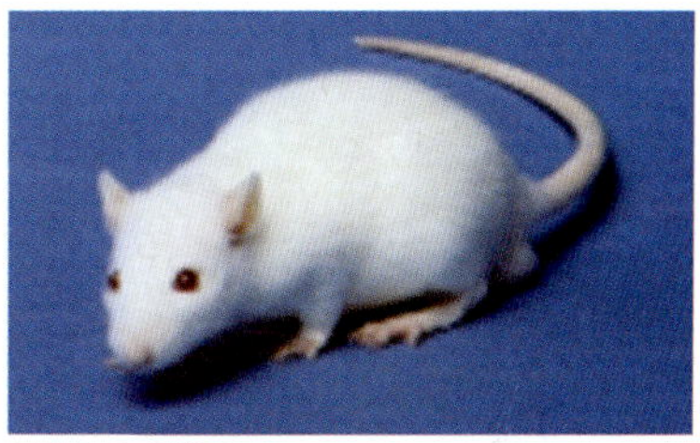
그림 4. 랫드

잡식성으로 수명은 2~3년, 염색체 수는 2n=44로 성질이 온순하며, 체중은 계통에 따라 다르지만 체장은 20~25cm, 꼬리길이는 체장과 거의 같은 길이인 15~20cm이며 체중은 암컷 200~400g, 수컷 300~800g이다. 임신기간은 21~23일이며 6~12 마리의 새끼를 낳는데 포유기간은 약 20일 전후이고, 암, 수 65~110일에 교배가 가능하다. 랫드가 많이 사용되는 이유로는 마우스와 비교하여 짧은 성장주기와 번식 능력이 유사하면서도 몸집이 크므로 외과적 수술조작이 용이하고 뇌하수체, 부신, 혈액, 혈청샘플 채취가 용이하여, 여러 검사가 가능하고, 생활주기나 수명이 비교적 짧아 세대교체를 빨리할 수 있다. 또한 내분비, 생식, 비유 측면에서 성주기 판정이 마우스 보다 편리하고 성주기(4~5일)가 규칙적이며 성주기와 사람의 월경주기와의 상관성에서 유사성이 높다. 영양, 대사 측면에서 다른 종류의 동물 보다 사람과의 유사성이 높고 종양연구에 관련된 기초 데이터가 확립되어 의약품, 농약 등 중장기 독성시험 및 발암성 시험에 많이 사용된다. 그러나 랫드는 많은 mutant가 존재하고 여러 질환 동물의 모델로 사용되지만 유전적으로 확실히 동정된 유전자를 갖는 것이 적은 것이 단점이다.

다. 햄스터(그림 5, 6)

실험동물로 육성되고 있는 종은 Golden hamster *(Mesocricetus auratus)*로 별명은 Syrian hamster인데 수명은 1~ 3년으로 염색체 수는 2n=44로 머리, 등, 측면에 붉은 금빛의 털을 가지고 배부위에는 회색의 털을 갖는다. 체장은 암, 수 약 12cm로 체중은 암컷 100~150g 수컷 90~140g으로 탄탄한 신체, 짧은 다리, 그리고 매우 짧은 꼬리(약 6mm)와 볼주머니를 갖는 것이 특징이다. 임신기간은 15~17일(평균 15.5일)이며 4~16마리의 새끼를 낳는데 포유기간은 약 21일이고, 암, 수 42~56일에 교배가 가능하다. 햄스터는 포도상구균, 결핵균, 광견병, 디스템퍼, 일본뇌염바이러스에 감수성이 높아 이들 감염실험에 이용되며 암컷은 28일에 번식가능하고 임신기간이 짧고 다른 동물에 비하여 성장이 현저히 빨라 발생연구에 사용되며, 볼주머니의 점막을 이용한 안점막자극시험, 암이식시험, 혈류동태의 연구에도 자주 사용된다. 또한 인터페론의 대량생산에 이용되며 기니픽과 유사하게 항생제 특히 그람음성균에 작용하는 항생물질에 민감하고, 그람양성균 또는 *Clostridium difficile*의 이상증식에 의해 치사하는데 이런 특성을 이용 약리학 연구, 향균제 개발연구에 사용된다.

그림 5. 골든햄스터

Chinese hamster(*Cricetulus griseus*)는 잡식성으로 수명은 3~4년이며 염색체 수는 2n=22, 체장은 10.3~11.5cm로 마우스와 거의 같은 크기이며 좌우 볼주머니가 있다. 체중은 암컷 25~34g 수컷 30~41g이다. 임신기간은 20~21일이며 1

그림 6. 차이니즈 햄스터

~9마리의 새끼를 낳는데 포유기간은 약 21일이고, 수컷은 15주령, 암컷은 17주령에 성성숙에 이른다. Chinese hamster는 당뇨병의 연구에 널리 사용되며, 염색체 수가 설치류중에서 가장 적고 각 염색체의 형상이 명료하여 세포유전학, 방사선 유전학 및 독성시험에서 약물에 따른 염색체이상 연구에 사용되며 시리안 햄스터와 같이 볼주머니의 점막을 이용한 이식암, 혈류동태의 연구 또는 감염실험에 이용된다.

라. 기니픽(*Cavia porcellus*, 그림 7)

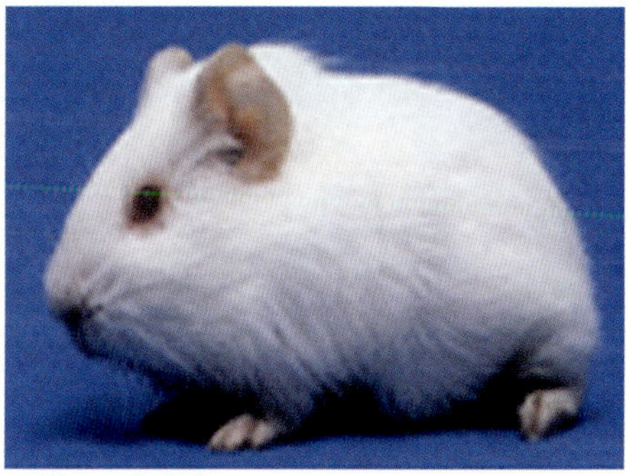
그림 7. 기니픽

기니픽은 설치목, 고슴도치류에 속하는 초식동물로 수명은 6~7년, 염색체 수는 2n=64로 털색은 백색, 흑색, 야생색, 회색, 크림색까지 다양한데 흰색의 Hartley계통이 많이 사용된다. 체장은 약 25cm, 꼬리길이 약 7cm, 체중 800~1200g전후이다. 임신기간은 60~75일(평균 68일)로 다른 동물 보다 길며 2~5마리의 새끼를 낳는데 포유기간은 14~21일 전후이고, 암컷은 2~3개월 수컷은 3~4개월에 교배가 가능하다. 기니픽은 임신기간이 길어 출생시 털이 나고 눈이 뜨인 상태에서 영구치를 갖고 태어나며 단핵구에 Kurloff body를 갖고 있다. 기니픽은 특히 페니실린 등 항생제에 마우스의 100~1000배 민감하여 지연성과민증, 아나필락시스반응이 잘 유발되어 알레르기의 연구에 널리 사용된다. 특히 항생제에 민감성은 햄스터 보다 높고, 그람 음성균에 대한 항생제 투여에 의해 맹장내 미생물의 증식에 의해 치명적 장염이 유발되어 항생물질의 생물학적 검정에 중요하다. 또한 와우각이 예민하여 청각연구 및 약물청각장애 연구에 사용되며 완전성주기동물로 성내분비 기능 연구에 활용되고 결핵, 브루셀라, 디프테리아, Q열, 뇌염 등의 감염 실험에도 사용된다. 그러나 비타민 C의 체내합성이 되지 않아 결핍시에는 괴혈병이 유발된다.

마. 몽골리안 저빌(*Meriones unguiculatus*, 그림 8)

저빌은 설치류에 속하며 수명은 3~4년, 염색체 수는 2n=44로 마우스나 랫드와 매우 유사하나 몸길이에 가까운 길이의 꼬리에 거칠고 강한 털이 밀집하게 자라는 것이 특징이다. 체장은 11~12㎝, 꼬리길이 8~10㎝, 체중은 암컷 60~70g 수컷 70~80g이다. 또한 임신기간은 60 ~75일(평균 68일)로 다른 동물 보다 길며 2~5마리의 새끼를 낳는데 포유기간은 14~21일 전후이고, 성성숙은 10~12주이다. 저빌은 중국의 사막지대에 서식하는 진기하고 냄새가 없는 일부일처제 동물로 1일 수분 섭취량은 다른 동물보다 적고 농축뇨와 건조변을 배설하므로 수분을 섭취하지 않고 45일 이상 생존할 수 있다. 저빌은 간질발작이 유발되는 동물로 간질 연구에 널리 사용되며, 뇌저에 있는 Willis환이 불완전해 한쪽 총경동맥을 결찰하여 실험적 뇌경색 유발이 가능하여 뇌경색모델로 사용된다. 또한 사막에 사는 동물이므로 신기능이 우수하여 수분대사, 중금속의 농축기능 등에 특이성이 있어 만성납중독에 이용되며, *Helicobacter pylori*에 의해 실험적 위염, 위궤양이 유발되어 위암 연구에도 활용된다.

그림 8. 몽골리안 저빌

바. 우드척(*Maramota monax*, 그림 9)

설치목, 다람쥐과에 속하는 토끼만한 동물로 수명 9~10년, 체중은 5~6kg으로 위아래 기다란 절치를 가지고 있다. 우드척은 동면동물로 동면중 내분비기능의 변화는 사람의 범하수체전엽기능저하증과 비슷하다. 사용영역으로는 사람의 B형 바이러스와 유사한 WHV(Woodchuck Hepatitis Virus)를 갖고 있어 사람의 B형간염 백신 및 치료제 연구에 활용된다.

그림 9. 우드척

사. 슨크스(*Suncus murinus*, 그림 10)

그림 10. 슨크스

식충목 슨크스속의 슨크스는 영장목과 설치목의 간격을 메우는 동물로 털은 검정색으로 주둥이가 돌출되고 촉모가 발달하고 눈이 작다(안구직경; 약 2 mm). 체중은 암컷 35~45g, 수컷 55~65g이며 체장은 수컷 20~21cm 암컷 19~20cm, 미장 7~8cm로 임신기간은 30~31일, 평균산자수 3.5 마리, 생후 18~21일경에 이유하며 2개월령에는 성성숙에 이른다. 슨크스는 생후 2주령쯤 어린 새끼가 어미 또는 형제의 꼬리를 순서적으로 입에 물고 열을 지어 이동하는 캬라반 행동을 한다. 슨크스는 구토, 멀미의 연구외에 면역 및 감염 실험에 사용된다.

아. 토끼(*Oryctolagus cuniculus*)

토끼는 중치목에 속하는 초식동물로 수명은 5~6년, 염색체 수는 2n=44로 소, 중, 대형 등 크기가 다양한데 New Zealand white종이 많이 사용된다. 또한 임신기간은 30~33일로 4~10마리(평균 8마리)의 새끼를 낳는데 포유기간은 약 21일 전후이고, 암컷은 5~7개월이면 출산이 가능하다. 토끼는 배란주기는 없고, 교미자극에 의해 배란이 유발되는 동물로 주간에는 딱딱한 분변을 배설하지만, 야간에는 피막으로 둘러싸인 부드럽고 윤기있는 분변을 배설하여 항문에 직접 입을 대고 섭취하는 습성이 있다. 토끼는 발열물질에 대하여 감수성이 높아서 약물의 발열물질 검색에 이용되며 thalidomide에 의해 기형이 최초로 인정되어 생식발생 독성시험에 사용된다. 또한 거의 눈물을 흘리지 않고 홍채에 색소가 없어 혈관 관찰이 쉬워 화장품 국소독성시험의 하나인 안점막자극시험(Draize test)에 사용된다. 또한 큰 귀와 굵은 귀정맥혈관이 있어서 혈관주사, 채혈이 용이하고 연속적인 시료채취도 가능하고 체중에 비해 채혈량이 많으며 항체생산량도 양호하여 면역혈청 생산에 사용된다. 한편 고지방, 고콜레스테롤 사료를 장기급여하면 쉽게 고콜레스테롤 혈증이 유발되고 죽상동맥경화증이 쉽게 유발되어 고지혈증 치료제 개발에도 사용된다.

자. 돼지(*Sus scrofa domesticus*)

돼지는 우제목, 멧돼지과에 속하며 수명은 평균 16년, 최장 27년으로 염색체 수는 2n=38이다. 돼지는 암, 수 모두 생후 5~8개월이면 성성숙에 이르고 발정주기는 평균 22일, 임신기간은 114일이며 산자 수는 품종에 따라 달라 6~12마리이지만 미니돼지는 5~8마리(평균 6.2마리)이다. 돼지는 생리학적으로 사람과의 유사성이 높아 생물의학 연구, 심혈관학, 운동생리학, 혈액동태학, 산과학, 영양학, 외과학, 동맥경화증, 당뇨병, 장기이식 등의 연구에 사용된다. 돼지 사용의 단점으로는 대부분 잡종으로 개체차가 크며, 체구가 커서 외과 실험에 취급이 곤란하여 주로 실험동물로는 크기가 작은 미니어처 또는 미니 돼지가 사용된다. 또한 세균, 바이러스, 기생충 등을 불현성으로 보유 하고 있는 경우가 많아 실험용 돼지로 적당치 못하였다. 그러나 최근 사람의 장기와 크기도 비슷하고 사육이 쉽고 면역거부반응 유전자를 제거한 α-1,3- galactosyltransferase-knockout 무균 돼지가 개발되므로써 이종 장기 이식이 가능하게 되어 사람의 각막, 이자섬(췌도), 신장 이식에 활용될 전망이다.

차. 개(*Canis familiaris,* 그림 11)

개의 종류는 380여종이 있으나 시험에 가장 많이 사용되는 개는 비글견이다. 개는 잡식성 동물로 수명은 10~15년, 염색체수 2n=78, 체중은 암컷 6~8kg, 수컷 8~10kg으로 4~10마리의 새끼를 낳는데 포유기간은 약 14~21일 전후이고, 암, 수 1년이면 성성숙에 이른다. 비글견이 시험에 사용되는 이유로는 중형으로 온순하여 취급이 용이하고, 중간정도의 크기로 혈액 등 생체시료의 경시적인 채취가 용이하고 외과적 처치가 가능할 만큼 크기이며 털이 짧으며, 산자수가 많고 유전적으로 잘 고정되고, 인내심이 강해 약물의 안전성 및 약효평가에 적합하기 때문이다. 또한 형태적, 기능적으로 사람과의 유사점은 원숭이류에 비해 적지만 설치류와 원숭이류의 중간적인 위치에 있어 의학, 약학, 수의학 영역의 여러 분야에서 광범위한 실험에 이용된다.

그림 11. 비글견

카. 고양이(*Felis catus*)

고양이는 최소 5천년정도 인간과 가장 오래 동거해온 동물로 수명은 9~14년이나 어떤 개체는 20년 이상 되는 것도 있다. 염색체 수는 2n=78로 체중은 암컷 3~4kg 수컷 3~7kg이나 거세한 경우 과도한 지방축적으로 훨씬 무겁다. 또한 암컷은 6~8개월령, 수컷은 7~10개월령에 성성숙에 도달하고 임신기간은 평균 66일(63~69)일이다. 교미자극에 의해 배란이 유발되며 가정에서 사육하고 있는 암코양이는 1년에 2~3회의 번식계절이 나타나나 인공조명 하에서 실내 사육하는 고양이는 1년내내 번식가능하다. 고양이는 몸 각 부위의 형태학적 균형이 비교적 일정할 뿐만 아니라 특히 두개골과 뇌의 형태 및 위치가 품종간의 차이가 적고 수술등의 외과적 처치에 잘 견디고 마취하에서도 혈압이 일정하게 유지되고, 평형감각 및 반사기능이 잘 발달하여 뇌속에 전극을 이식하거나 부분적인 뇌수술에도 유리하여 뇌신경생리학 연구에 사용된다. 또한 비설지류보다도 자연 발생 림프성 악성종양이 높게 발생되어 레트로바이러스성 종양유발모델로 고양이백혈병바이러스병(Feline Leukemia Virus, FeLV)이 이용된다. 또한 고양이면역결핍바이러스성질환(FIV)는 인간후천성면역결핍증후군(ADIS)의 이상적인 동물모델로 병인론 연구에 사용되며 *Helicobacter felis* 감염은 사람의 *Helicobacter pylori*의 모델동물이다.

파. 페렛(*Mustela putorius furo*, 그림 12)

페렛은 족제비과 동물로 체형은 족제비와 비슷하며 체중은 암컷은 0.8~1kg, 수컷은 1.4~2kg으로 야생족제비에서 볼 수 있는 번식계절이 실험실사육에도 유지된다. 번식기는 3~8월, 임신기간은 40~50일(평균 42일)로 새끼 수는 2~17마리(평균 8마리)이다. 페렛은 토끼, 고양이와 같은 교미배란동물로 디스템퍼바이러스의 연구, 인플루엔자바이러스의 연구, 신종인플루엔자인공감염실험에 사용되며, 결핵균, 포도구균에 감수성이 높고 구토가 잘 유발되어 항암제(Cisplatin)의 구토억제제 개발을 위한 모델동물로 활용된다.

그림 12. 페렛

타. 영장류(*Primates*)

영장류(primates)는 원숭이만이 아니라 동물분류상 사람도 포함되는데 실험동물로서의 원숭이류는 약 200종 중 30종 정도이다. 영장류는 흉곽에 쇄골이 있고 어깨관절이 있어 전지의 운동범위가 넓고, 5개의 손가락, 제1지와 다른 손가락을 이용하여 물건을 다루는 복잡한 동작이 가능하고 손끝에는 지각 신경이 발달해 있어 손으로 만져 물체의 크기와 형태를 인식할 수 있다. 영장류는 진화의 과정 중 후각을 인지하는 뇌영역이 퇴화한 반면 시각은 대단히 발달되어 있어 대부분 원숭이류의 눈은 직접 앞을 향하고 있어 완전한 양안시(입체시)가 가능하다. 또한 소뇌보다도 감각을 받아 통합하는 중추 및 기억 운동을 일으키는 대뇌가 발달되어 사람과의 공통점이 많으나 야수이기 때문에 흉폭하여 취급이 곤란하다. 원숭이류는 아목(suborder)인 원원류(原猿類)와 진원류(眞猿類)로 분류하는데 원원류는 하등영장류에 속하고, 진원류는 고등영장류에 속하며 실험에 사용되는 원숭이류는 대부분 진원류로 다시 광비원(廣鼻猿)과 협비원(狹鼻猿)으로 나누어진다. 협비원은 아시아, 아프리카 대륙 및 남태평양 제도에 서식하여 구세계원숭이라 불리는데 비공의 간격이 좁고, 광비원에 비하여 코등(비근)이 뻗어있는 느낌의 안면을 가지며 양볼 내측에 볼주머니가 있어 먹이를 저장하였다가 천천히 먹고 많은 종류에 있어 엉덩이가 벗어져 있다. 광비원은 중앙아메리카, 남아메리카대륙에 서식하여 신세계원숭이라 하는데 비공의 간격이 넓고 평탄하게 느껴지는 안면을 가지며 체격은 작은 것이 많고 어떤 것은 말기가 가능한 강력한 꼬리가 있다. 일반적으로 원숭이라 하면 여러 종류의 원숭이의 총칭이므로 막연히 원숭이라고 하지 않고, 히말라야원숭이, 필리핀원숭이, 일본원숭이 등의 종명을 사용한다.

그림 13. 히말라야원숭이

1) **히말라야원숭이**(Rhesus monkey, *Macaca mulata*, 그림 13)는 마카카속 붉은털원숭이라 불리우는 중형원숭이로 인도, 아프가니스탄, 중국 등 아시아 지역에 서식하는데 수명은 20년, 염색체 수는 2n=42로 체중은 암컷 6~8kg 수컷 9~11kg로 20~30cm의 꼬리를 가지며 월경주기는 29.2±0.7일, 임신기간은 165.7±

15일로 새끼수는 1마리이다. 이 원숭이는 복잡한 실험처치와 반복적인 채혈에 잘 견디고 지능이 높아 행동학적 연구 외에 백신의 검정, 면역, 감염 등의 연구에 많이 사용된다. 사람에 대해서 교차응집을 갖는데 Rh식 혈액형은 이 동물의 혈액을 토끼에 투여한 후 토끼의 항체에 대한 사람의 혈액 반응에서 유래된 것으로 앞 자를 딴 것이다.

그림 14. 필리핀원숭이

2) 필리핀원숭이(Cynomologus monkey, Crab-eating monkey, *Macaca fascicularis,* 그림 14)는 마카카속으로 인도네시아, 필리핀, 말레이시아 등 동남아시아에 서식하는 중형 원숭이로 크기는 일본원숭이 및 히말리야원숭이 보다 작다. 수명은 20년 염색체 수는 2n=42로 체중은 암컷 2.5~5.5kg 수컷 3.5~8.5kg이며 성성숙은 암컷은 4세 수컷은 5세, 포유기간은 4~5개월로 몸길이보다도 약간 긴 40~60cm의 꼬리가 있다. 암컷에는 사람과 같은 월경혈이 관찰되는데 월경주기는 28.5±3.3일 임신기간은 165±14일이다. 필리핀원숭이는 넓은 영역에 사용되는데 붉은털원숭이와 생리학적으로 유사하고 의약품의 안전성시험, 백신검정시험, 급성회백수염, 마진, 풍진, 홍역 등의 백신에 대한 신경독 효력시험에 사용된다.

3) 일본원숭이(Japanese Macaque, *Macaca fuscata,* 그림 15)는 수명은 25~30년, 염색체 수는 2n=42이며 6~9cm 정도의 짧은 꼬리를 가지고 있으며 체중은 8~20 kg(평균 9.8kg)이고 성성숙은 암컷은 3,5년, 수컷은 4.5년으로 임신기간은 170~180일이다. 생태 및 사회행동에 관한 연구에 유용하고 안과학, 신경생리학, 생식생리학 연구에 사용된다.

그림 15. 일본원숭이

4) 녹색원숭이(사바나원숭이)(African Green Monkey, Savannah Monkey, *Cercopithecus savaeus, Cercopithecus aethicps*, grivet monkey, 그림 16)는 긴

꼬리원숭이과의 구에논속 중형원숭이로 수명은 11~13년, 염색체수는 2n=60으로 75cm정도의 긴 꼬리가 있고 체중은 암컷 3~4kg 수컷 6~7kg이며 성성숙은 수컷은 5세 암컷은 3세이다. 암컷에는 월경혈 관찰되고 임신기간은 165일이며 포육기간은 4~5개월로 체모는 아름다운 녹색이 포함된 회색으로 녹색의 음낭을 갖고 있다. 1967년 아프리카에서 수입된 green monkey의 혈액이나 장기를 취급한 사람중 Marburg disease가 발생하여 31명 중에서 7명의 사망한 사건이 유명하다. 녹색원숭이는 Simian virus의 보유가 낮아 소아마비나 홍역의 생백신의 제조와 검정에 사용된다.

그림 16. 녹색원숭이

5) **침팬지**(*Pan troglodytes,* 그림 17)는 유인원류의 일종으로 오랑우탄과에 속하며 잠비아, 우간다, 탄자니아 등 아프리카 열대 강우림에 가족군으로 서식하는데 수명은 40년, 염색체 수는 2n=48이지만 핵형이 사람과 매우 유사하다. 침팬지는 체장 1.2~1.6m 체중은 암컷 45~65kg 수컷 60~80kg으로 사람에 거의 가깝다. 암컷 성성숙은 13~14세로 발정기에는 분홍색을 띈 생식기가 그레이프프루트 크기로 커져 수컷을 유인한다. 특히 해부학적 구조가 사람과 비슷하며 유전자적으로 사람에 가장 가깝고 무기도 사용할 만큼 지능이 높아 심리, 행동연구영역에서 많이 사용되고 사람의 B형간염바이러스에 감염되어 B형간염 치료제와 백신개발 및 AIDS 연구에도 사용된다.

그림 17. 침팬지

6) **개코원숭이속**(Baboon, *Papio,* 그림 18)는 긴꼬리원숭이과 개코원숭이속의 원숭이로 아프리카에 대륙에서 가장 번성하는 대형원숭이이다. 실험에 사용되는 종류로서는 기니아개코원숭이, 황색개코원숭이, 망토개코원숭이, 차끄마개원숭이, 겔라다비비 등이 있다. 수명은 30년이며 염색체 수는 2n=42로 체중은 암컷 11~15kg 수컷 20~40kg로 성차가 크다. 임신기간은 5~6개월, 포유기간은 5~8개월이며 번식은 1년내내 가능한데 성성숙령은 4~6

그림 18. 개코원숭이

년이다. 개코원숭이는 주둥이가 앞으로 튀어나와 얼굴이 개와 비슷하고 성숙할수록 주둥이 돌출이 뚜렷하고 수컷은 날카로운 송곳니를 가진다. 신체가 크고 장기 등의 크기가 비교적 사람에과 유사하여 외과영역의 실험에 잘 이용되며 최근 복제돼지의 장기이식 동물로 활용된 바 있다.

7) 일반다람쥐원숭이 (Common squirrel Monkey, *Saimiri sciureus,* 그림 19)는 광비원의 신세계원숭이로 중남미에 서식하는 소형원숭이다. 체모는 황색이고, 눈은 둥글고, 체장보다 긴 꼬리를 가지며 머리와 입 주위는 검다. 수명은 15~20년이며 염색체 수는 2n=44로 체중은 암컷 400~800g, 수컷 600~1200g으로 작고 성성숙은 암컷 3세, 수컷 4세이다. 임신기간은 168~182일, 새끼는 거의 1마리이며 구세계원숭이와 달리 월경혈이 없다. 일반다람쥐원숭이는 Vitamin D 결핍에 쉽게 구루병에 걸리므로 구루병 연구, 뇌신경 생리 및 정신약리 등의 실험, 약제의 안전성시험 등에도 사용된다.

그림 19. 일반다람쥐원숭이

8) 마모셋과의 원숭이(그림 20) 대표종으로 마모셋속의 일반마모셋종 외에 *Saguinus*속의 수염 다마린종, 붉은배 다마린종, 붉은모자다마린종 등이 실험에 사용된다. 수명은 10~15년이며 염색체 수는 2n=46으로 체중은 암컷 200~300g 수컷 200~400g이고 체장은 25~35cm로 소형이다. 번식은 140~150일에 가능하며 1~3마리의 새끼로 보통 2마리이다. 신체적 특징으로 얼굴과 손이 편평하고 얼굴은 털로 덮여 있고 갈고리형 손톱과 체장보다 긴 꼬리를 갖고 있다. 마모셋은 아주 작아서 사육이 쉽고 번식력이 강하고 Vitamin D3 요구량이 아주 높고, Vitamin D가 결핍되기 쉬워서 구루병 모델로 사

그림 20. 마모세트

용되며 사람의 여러 바이러스에 감수성이 높고 약물, 독물에 대한 반응이 사람에 가까운 특징이 있다.

하. 기타 실험동물

조류로는 닭이나 일본메추리가 실험동물로서 사용되고 있으며 특히 유정란은 바이러스 연구와 검정 제조의 분야에 사용되어 사용량은 마우스 보다 많다. 수생동물로는 어류, 양서류를 들수 있다. 어류 중 송사리와 잉어는 농약이나 화학물질의 환경생태독성 검정용으로 사용되고 양서류로는 *Xenopus laevis*(아프리카산 발톱개구리)가 사용된다.

(7) 질환모델동물

사람을 포함한 동물은 유전자적으로 공통성을 갖고 있기 때문에 사람에 있는 질병과 똑같거나 거의 비슷한 질병이 동물에도 있다. 이러한 질병을 가지고 있는 동물을 사람의 질환모델동물이라 한다. 이 질환모델동물은 사람의 여러 질병 기전 연구 및 치료제 연구에 사용되는데 이때 건강동물을 사용하기도 하지만 사람의 질병상태와 유사한 질환동물을 사용하여 개선 효과를 확인하는 실험이 중요하다. 이 질환모델은 자발적인(spontaneous) 모델과 유도된(induced) 모델로 구분된다. 자발적인 모델은 사람의 질병과 유사한 선천적 질환을 가진 정상적인 동물이거나, 자발적인 돌연변이가 일어난 비정상적인 동물들을 말한다. 유도된 동물은 외과적인 수술이나 약물처치, 기타 다른 조작을 통해서 비정상적인 상태가 된 동물을 말한다. 유도된 동물의 가장 일반적인 예로 유전자 조작을 들 수 있다. 이외에도 부정적(negative)동물이 있는데, 어떤 질환을 유도하고자 했으나 실패한 경우를 말한다. 예를 들어 감염이나 질병이 유발되지 않거나 어떤 자극에 대해 반응을 나타내지 않는 경우이지만 이런 동물들의 유전자와 특성을 연구하여 질병이나 자극에 대해 저항하는 유전자를 발견하기도 한다. 위와 같은 질환모델 동물들은 사람의 각종 성인병, 암, 유전병 외에 각종 난치성 질환의 규명과 치료에 지대한 공헌을 하였을 뿐 아니라, 신물질 개발에 있어 신속하고 정확한 약효 검색이 가능케 하여 전임상 시험에서 동물 수의 감소는 물론 시간적, 경제적 손실을 줄이는데 큰 역할을 하고 있다.

예방수의학

08 조류질병학

(1) 조류인플루엔자는 어떤 질병인가?

조류인플루엔자는 원래 닭에서의 조류인플루엔자 바이러스 감염에 의한 전염성질병으로 전혀 증상이 없는 경우부터 100% 폐사에 이르기 까지 다양한 형태의 임상증상을 보인다. 조류인플루엔자는 닭, 칠면조, 오리 등 가금류와 야생오리, 기러기 등 야생조류 모두에 감염이 되지만 바이러스의 종류, 감염된 숙주의 종류에 따라 다양한 임상증상을 발현시킨다. 이러한 임상증상 중 폐사율에 근거하여 고병원성, 저병원성, 비병원성으로 구분하고 있으며 그 중 고병원성 조류인플루엔자는 국제기구인 국제수역사무국(OIE)에서 가장 위험한 전염병 질병으로 분류하고 있으며, 국내에서도 가축전염병예방법상 법정 제1종 가축전염병으로 분류하고 있다. 닭의 경우 고병원성 조류인플루엔자 바이러스에 감염되면 일반적으로 사료섭취가 급격히 감소되고, 벼슬에서 청색증이 나타나고, 머리와 안면의 부종이 형성되며 80% 이상의 높은 폐사율을 동반한다. 그러나 오리의 경우 폐사나 산란율 저하 등의 임상증상이 뚜렷한 경우도 있지만 대부분 경미하기 때문에 오리에서 조류인플루엔자의 감염은 쉽게 발견되지 않는다. 2003년부터 2011년까지 국내에서 발생된 고병원성 조류인플루엔자의 경우에서도 경험하였듯이 실제 오리에서의 감염을 색출하는 것은 어렵다. 야생조류에서는 주로 물새류 등에서 고농도의 바이러스가 확인되지만 임상증상이 전혀 나타나지 않아 실제 감염여부를 알기 힘들다. 이와 같이 야생조류는 임상증상 없이 고농도의 바이러스를 주위환경에 배출하고 다시 물, 경구를 통하여 재감염이 이루어지기 때문에 방대하고 다양한 바이러스를 가지고 있는 거대한 바이러스 저장소와 같다.

(2) 조류인플루엔자는 사람에게도 감염되는가?

앞에서 설명했듯이 조류인플루엔자 바이러스는 매우 다양한 종류가 있지만 이 바이러스 모두가 사람에 감염되는 것은 아니고 더욱이 감염된 사람들이 모두 사망하는 것도 아니다. 그 중 일부 바이러스 만이 사람에 문제가 되며 최근에 우리가 주목하는 것이 H5형 조류인플루엔자 바이러스다. 어떻게 조류인플루엔자 바이러스는 사람에 위협이 되는가? 과거에 전 세계적으로 사람의 인플루엔자가 대유행을 한 적이 여러 번 있었다. 이러한 대유행의 원인에 대하여 많은 연구를 한 결과, 조류인플루엔자 바이러스가 유전자 재배열이라는 과정을 거쳐 사람 인플루엔자 바이러스와 합쳐 새로운 바이러스가 탄생되었다는 결론을 얻게 되었다. 특히 1997년 홍콩에서 발생한 조류인플루엔자의 경우에는 그동안 돼지를 통해서만 사람에 감염된다는 이론과 다르게 조류인플루엔자 바이러스가 직접 사람에게 감염됨으로서 새로운 경로로 사람에서의 대유행이 가능하다는 것을 보여준 계기가 되었다. 이 후 2003년 이후에 우리나라를 포함하여 태국, 베트남 등 동남아시아에서 조류인플루엔자가 대유행을 함으로서 양계산업에 막대한 경제적 피해를 입혔을 뿐만 아니라 동남아시아에서는 닭과 접촉한 사람들이 사망함으로서 더욱 조류인플루엔자 바이러스에 대한 경각심이 높아져 갔다. 다행히 아직은 사람 간 전파는 보고 되지 않았다.

(3) 조류독감인가 아니면 조류인플루엔자인가?

얼마 전까지도 대부분의 언론매체에서는 조류독감이라는 단어를 사용하였다. 영어로 bird flu라는 단어를 직역한 것으로 일반 사람들에게도 그 뜻이 쉽게 이해가 되어 광범위하게 사용되었다. 그러나 조류독감이란 단어는 질병의 일반적 명칭이라기보다는 임상증상을 표현한 용어이고 현재 우리가 주목하고 있는 바이러스는 독감바이러스 중 인플루엔자 바이러스이기 때문에 명확한 의미의 전달에 있어 혼동의 여지가 있었다. 또한 조류독감이라는 용어는 우리와 친숙한 닭, 오리 등의 가금류에 대하여 부정적인 이미지를 생산함으로서 소비감소로 이어져 관련 산업의 기반이 흔들리게 되었다. 다행히 최근에는 언론매체에서 조류인플루엔자로 올바르게 사용함으로서 과학적 의미 전달이 용이해졌고 관련 산업에 대한 충격이 완화될 것으로 예상되어 매우 다행스럽다.

(4) 조류인플루엔자 등 조류질병은 누가 관리하는가?

조류인플루엔자에 사람이 감염이 되면 당연히 사람과 관련된 보건당국, 즉 보건복지부, 질병관리본부가 주축이 되어 역학조사, 차단방역과 같은 다양한 조치를 취한다. 그러나 조류인플루엔자가 닭, 오리 등의 조류에 감염이 되었을 경우에는 농림축산식품부, 농림축산검역본부가 주축이 되어 가금(닭, 오리와 같이 사육을 하는 조류를 말함)에 대한 방역정책을 수행한다. 흔히 우리가 방송매체에서 보는 도로에서의 소독, 농장에서의 살처분 등이 이러한 방역정책에 속한다. 이러한 국가적 방역에 다양한 전문가들이 참여를 하지만 가장 주축이 되는 전문가는 당연히 수의사이며 특히 가금질병전문수의사가 최전방에서 역할을 담당하고 있다. 또한, 조류인플루엔자와 같이 사람과 동물 모두가 감염될 수 있는 전염병을 인수공통전염병이라고 하는데 이와 같은 질병에 사람이 감염되었을 경우에도 가금질병전문 수의사가 방역에 적극적으로 참여를 하고 있다. 이러한 이유로 보건복지부 및 질병관리본부, 식품의약품안전처와 같은 산하기관에도 수의사가 공무원으로서 일을 하고 있는 것이다. 물론 보건복지부와 농림축산식품부는 다양한 방법으로 상호 협조를 하고 있으며 대표적인 것이 인수공통전염병위원회가 양 기관에 구성되어 있다.

(5) 조류질병수의사는 누구인가? 또 무슨 일을 하는가?

조류질병수의사는 물론 수의사 면허증이 있어야 하며 현재는 일반조류, 야생조류 및 가금 질병에 대하여 각각 특화되어 업무를 수행하고 있다. 특화된 조류질병수의사에 대하여 간단히 설명하면 아래와 같다.

가. 애완조류질병수의사

애완조류란 우리가 흔히 주변에서 볼 수 있는 관상조류를 의미하는 것으로서 상업적 목적으로 사육하는 경우 다양한 질병으로부터 보호하기 위하여 조류질병수의사의 도움을 필요로 한다. 문조, 십자매, 잉꼬류 등 일반 가정에서 사육할 수 있는 조류에 대해서는 큰 농장에서 집단으로 부화, 사육을 하고 있기 때문에 다양한 전염성 질병이 발생할 수 있다. 이러한 조류에 대하여 연구를 하고 진단을 하는 조류질병수의사가 있지만 아직 국내에는 산업이 크지 않기 때문에 일반적으로 가금질병수의사가 겸업을 하는 경우가 많다.

나. 야생조류질병수의사

야생조류는 계절에 따라 지역을 이동하는 철새와 일정지역에서 산란과 생장을 하는 텃새로 구분하는데 최근 이들 야생조류로부터 인수공통전염병이 발견됨으로서 관심이 높아져가고 있으며 자연생태계를 보호하는 측면에서도 조류질병수의사의 역할이 나날이 증대하고 있다. 이미 외국에서는 야생조류에 대한 조류질병전문가가 상당히 많이 연구와 활동을 하고 있으며 국내에서도 최근 인수공통전염병으로 인하여 국민을 보호하고자 조직과 기구를 확장하고 있다. 그 중 하나가 야생동물보건원으로서 2014년에 환경부에서 개소를 할 예정이다. 이 보건원에는 앞으로 야생조류질병전문가가 채용되어 많은 일을 할 것으로 예상된다.

다. 가금질병수의사

가금질병이란 닭, 오리와 같이 사람이 사육하여 고기 및 계란 등의 부산물을 제공하는 동물의 질병을 말한다. 가금질병전문수의사는 현재 다양한 분야에서 일을 하고 있으며 조류질병전문수의사의 대부분을 차지하고 있다. 국가공무원으로서는 농림축산식품부의 가축방역과, 농림축산검역본부의 조류질병과 및 각 지방자치단체의 가축위생연구소 등에서 활동을 하고 있으며 학계에서는 당연히 수의과대학에서 조류질병학을 교육하고 있으며 최근에는 가금질병 전문연구소 혹은 진단실에서 연구활동을 하고 있다. 그러나 최근에는 조류와 관련된 조류인플루엔자 등 인수공통전염병이 많이 발생하여 보건복지부, 질병관리본부, 식품의약품안전처에서도 역할을 하고 있으며 야생조류의 질병관리와 관련하여 환경부, 환경과학원 등에서도 조류질병전문가로서 많은 일을 하고 있다. 또한, 가금질병전문수의사가 일하는 산업계로서는 가금산업

(양계산업, 오리산업 등)과 관련된 동물약품회사, 사료회사, 종계장, 양계장 등 다양한 회사가 있다. 그러나 가장 많은 가금질병전문수의사가 일하는 곳은 당연히 가금질병과 관련하여 가금진료전문병원을 개업하는 것이다.

1) 가금질병전문병원

현재 가금질병전문수의사들은 전국적으로 가금진료전문병원을 개원하여 활동을 하고 있으며 대부분 양계수의사회에 가입하고 있다. 현재 양계수의사회에 가입한 가금질병전문수의사는 78명이며 업무분야로 나누면 개업 34명, 컨설팅 2명, 제약회사 종사 27명, 공무원 2명, 교육 5명, 기타 8명으로 구성되어 있다. 따라서, 가금진료수의사 중 43.6%가 가금전문 동물병원을 개업하고 있다. 대부분 지방에 위치하고 있으며 평균 여러 개의 시, 군 단위을 영업권역에 포함하고 있고 농장에서의 진료가 필요하기 때문에 전화보다는 출장업무가 많은 실정이다. 최근에는 외국선진국과 마찬가지로 일인병원보다는 다인병원체제로 변화하고 있으며 수입은 일반 조류질병수의사보다 월등히 높은 수준으로 파악되고 있다.

(6) 어떻게 조류질병수의사가 되는가?

조류질병수의사가 되기 위해서는 가장 먼저 수의사 면허증을 취득하여야 한다. 현재 국내에서 수의사 면허증을 취득하기 위해서는 수의과대학을 졸업하고 국가에서 시행하고 있는 국가고시에 합격을 하여야 한다. 국가시험은 현재는 필기시험을 위주로 이루어지고 있지만 향후 실기시험을 병행할 것으로 예고되고 있다. 수의사국가고시는 수의과대학에서 수학한 모든 교과목을 대상으로 시험이 출제되고 있으며 조류질병학도 포함되어 있다.

(7) 수의과대학에서의 조류질병학

국내에는 9개의 국립대학과 1개의 사립대학교에 수의과대학이 있으며 모두 조류질병교과목이 편성되어 있으며 이중 9개 대학은 조류질병 전담교수가 편성되어 있다. 국내의 수의과대학은 6년제로서 예과 2년과 본과 4년으로 구성되어 있다. 조류질병과목은 본과 3학년 혹은 4학년에 편성되어 있으며 대부분 조류질병학, 조류질병학실습, 야생조류질병학 등으로 구성되어 있다. 하지만 조류질병전문수의사가 되기 위해서는 일반적으로 수의과대학원을 진학하는 경우가 많다. 대학원과정은 국내의 일반 과정과 마찬가지로 석사, 박사, 석박사통합과정으로 구분되어 있으며 조류질병에 관련하여 다양한 과목을 공부할 수 있는 기회가 제공된다. 특히, 산업현장과 밀접한 교류를 하는 수의과대학의 경우 가금진료수의사로서 반드시 필요한 농장에서의 질병진단 기회를 가질 수 있으며 일반적으로 혈청검사, 부검, 조직검사, 바이러스 및 세균의 분리 전과정을 습득하게 된다. 하지만 학교에서의 이러한 시스템이 활성화된 시기가 오래지 않아 아직은 모든 학교가 동일한 수준으로 운영되지 않으며 선진외국에 비하여 앞으로 많은 개선이 필요한 실정이다.

가. 수의사 자격증 취득 후 과정

국내의 경우 다른 분야와 마찬가지로 조류질병도 조류질병전문수의사가 되기 위해서는 앞에서 설명한 수의과대학의 조류질병학 대학원과정을 수료하는 것이 가장 바람직하지만 아직 논문을 작성해야하는 학위과정이 우선으로 되어 있어 현장 임상조류질병수의사 양성에는 다소 부족한 실정이다. 또한, 대학원 진학 등이 현실적으로 여의치 않을 경우 조류질병수의사가 되기 위해서는 스스로 각 분야 전문가 혹은 전문기관을 찾아가 체계가 잡혀 있지 않은 시스템으로 경험과 여러 지식을 획득하기 때문에 많은 노력이 필요하며 자질도 공식적으로 검증되지 않고 있다. 앞으로 수의과대학에서 조류질병임상 수의대학원제도가 개설되면 훨씬 많은 임상기회를 가질 수 있을 것으로 판단되며 조류질병전문의 제도가 정착이 되면 조류질병수의사에 대한 검증이 실시될 것이기 때문에 조류질병수의사에 대한 자질은 월등히 높아지고 이러한 양성과정은 현재보다는 훨씬 발전된 제도로 정착이 될 것으로 판단된다.

나. 양계선진국의 가금질병수의사의 양성은?

가금진료수의사를 양성하는 과정은 학부과정, 대학원과정, 전문의 과정 및 보수교육으로 구분할 수 있다. 국내의 수의과대학도 현재는 6년제로서 다른 선진 양계국가와 크게 차이가 나지는 않는다. 물론 학부과정에서의 과목 수학방법에 있어서는 차이가 있지만 전문수의사 양성에 지대한 영향을 줄 정도는 아닌 것으로 판단된다. 가장 큰 차이점은 앞에서도 언급이 되었지만 현장에 바로 투입할 수 있는 현장수의사를 양성하는 시스템이 대학원과정에 있다는 것과 가금질병전문의 제도가 있어 분야별 전문 수의사 양성을 하는데 큰 어려움이 없다는 것이다. 국내 대학원 과정은 학위를 기본으로 하는 시스템인 반면 선진국의 경우에는 임상을 중심으로 하는 과정이 추가로 편성되어 있어 연구를 위주로 하는 학문적 대학원 진학과 가금질병진료수의사 등 임상을 전문으로 하는 대학원 진학을 선택할 수 있다는 점이 가장 큰 차이점이다. 미국 조지아대학의 경우 매년 4명(2명은 자국인, 2명은 외국인)을 Master of Avian Medicine과정으로 선정하여 집중적으로 임상을 위주로 하는 가금질병수의사를 양성하고 있다. 이 중 2명은 국가에서 학비와 생활비를 지원해주며 주로 자국인들이 선정되고 있다. 이 과정에서는 현장에 관련된 다양한 임상과목을 이수함으로서 졸업 후 바로 현장에서 가금질병 전문 지식을 적용할 수 있다. 또한, 모든 과정이 실무형식 혹은 현장실습으로 되어 있어 충분한 전문지식을 습득할 수 있다.

가금질병전문의 제도의 경우 국내나 일본은 현재 도입되어 있지 않으나 미국은 오랜 전에 도입이 되어 현재 약 270명이 자격증을 획득하여 전 세계적으로 가금진료전문수의사로서 활동하고 있다. 최근 대부분의 국제기업이나 미국 내 일반 가금산업 관련 기업에서 가금진료전문수의사 자격증(ACPV: America College of Poultry Veterinarian)을 요구하고 있다. 따라서 선진양계국가에서는 가금진료수의사가 되기 위해서는 대학원과정서부터 다른 수업과정을 거쳐야 하며 이 수업과정 중에 장래 전문의시험을 대비하여 case report등을 발표하게 된다. 전문의 시험에 대한 대비를 하기 위해서는 기본 자격요건을 갖춘 후에는 각 수의과대학 혹은 전문기관에서 실시하는 가금진료전문교육과정을 수료하여야 한다. 일반적으로 이러한 과정은 연중 개설되지만 대부분의 강의는 주로 수의과대학의 교수들에 의하여 방학 중에 실시된다. 시험은 매년 미국가금질병수의학회 개최기간 중에 실시된다. 국내에서도 이러한 과정이 향후 편성될 것으로 기대하고 있다. 또한, 조류질병전문의제도가 현재는 국내에 정착되어 있지 않지만 최근 가금질병전문수의사의 모임인 한국양계수의사회를 주축으로 교육과 제도가 정립되어 가고 있어 조만간 실시될 예정이다.

표 1. 양계선진국의 가금진료수의사 양성과정 비교

<table>
<tr><th colspan="2">구 분</th><th>한 국</th><th>일 본</th><th>미 국</th></tr>
<tr><td colspan="2">학부제도</td><td colspan="3">· 5-6년제로서 수학과목, 수학내용 등 학부과정에서 전문수의사 양성에 관련되어서는 별다른 차이가 없음.</td></tr>
<tr><td rowspan="2">대학원</td><td>석·박사 과정</td><td colspan="3">· 학부 졸업 후의 석·박사과정은 특별한 차이가 없음.
· 단, 미국의 경우 자국 혹은 동등한 자격을 가진 수의사에게 석사과정은 요구하지 않고 박사과정으로의 선발하고 있음.</td></tr>
<tr><td>실무 석사과정</td><td>-</td><td>-</td><td>· 미국의 경우 여러 대학교에서 실무석사과정을 운영하고 있음

· Master of avian medicine
- University of Georgia
- 18개월 전문과정
- 매년 2명은 국가에서 보조
- 현장중심 과정(논문없음)</td></tr>
<tr><td colspan="2">전문의 과정</td><td>-</td><td>-</td><td>· 미국가금진료전문의제도(2008)
- ABVP: 831 명
- Avian: 129 명
- ACPV(가금전문): 270 명</td></tr>
<tr><td colspan="2">보수교육</td><td colspan="3">· 보수교육은 대부분의 나라에서 수행하고 있어 비슷한 수준임
· 단, 질적인 면이나 지향하는 목적은 다소 다른 것으로 판단됨</td></tr>
</table>

표 2. 미국 ACPV 전문의 과정 시험과목

<table>
<tr><th colspan="2">구 분</th><th>내 용</th><th>형 식</th></tr>
<tr><td colspan="2">기본시험
(1차 시험)</td><td>임상가금학</td><td>사지선다형</td></tr>
<tr><td rowspan="2">응용과정
(2차 시험)</td><td>1</td><td>부검소견, 조직소견, 실험실성적결과, 사양관리내역 및 성적, 임상증상 및 소견</td><td>슬라이드 시험</td></tr>
<tr><td>2</td><td>진단, 치료, 예방, 사양관리, 질병의 기전 및 진단, 일반 농장에서의 질병관리</td><td>서술식</td></tr>
</table>

(8) 앞으로 가금질병수의사의 장래는?

국내에서의 조류질병수의사의 장래는 매우 밝다고 할 수 있다. 과거의 조류질병수의사는 주로 닭과 오리에 국한되어 활동을 하였지만 최근에는 조류와 인간사이의 인수공통전염병, 기후변화, 야생조류의 보호 등으로 조류질병수의사의 영역이 급격하게 확대되고 있는 실정이다. 이러한 현상은 외국의 경우도 비슷하여 현재 다양한 방면으로 진출을 하고 있는 실정이다. 또한, 가금질병수의사의 경우에도 최근에는 오리의 폭발적 수요로 인하여 그 영역이 확대되고 있으며 국민들의 먹거리에 대한 관심과 닭고기와 같은 백색육에 대한 선호도 증가로 인하여 기존의 양적팽창에서 질적팽창으로 확대되고 있다. 특히, 동물복지개념이 도입되면서 닭이나 오리의 생활환경이 개선되고 이로 인한 질병의 변화가 예상됨으로서 가금질병수의사의 역할이 증대되고 있으며 농장에서의 HACCP(위해요소중점관리)제도의 도입이 방역과 연계됨으로서 가금질병수의사의 책임이 요구되고 있다. 따라서 가금질병수의사의 수요는 향후 증대될 것이라고 예상되며 특히 질적으로 우수한 수의사가 요구될 것이다. 이와 같은 경향은 미국수의사회에서 2008년에 실시한 조사에서도 동일한 결과가 나왔다. 그 조사에서 발표한 가금질병수의사에 대한 수요가 증가할 이유를 비중이 큰 요소별로 정리하면 다음과 같다. 첫째는 식품에 대한 공중위생측면이었으며 다음으로는 동물복지에 대한 감시, 정부의 감시프로그램의 증가, 인수공통전염병, 가금위생, 비수의사에 의한 처방 순이었다. 따라서, 향후 가금진료수의사 등 가금산업에 필요한 수의사들의 수요가 증가할 이유와 업무영역으로서 대부분 축산식품의 안전성과 감시 그리고 동물복지에 대한 감시를 지적한 것으로 판단된다.

가. 외국의 가금질병전문수의사 현황

미국이나 유럽에서 가장 우려하는 것은 향후 조류질병수의사의 수요는 많을 것으로 판단이 되지만 실제 많은 수의사가 반려동물수의사를 택함으로서 조류질병수의사의 수가 부족할 것이라는 점이다. 따라서 선진국가들은 이미 우리보다 전문의 제도 등이 실시되고 있지만 가능한 많은 가금질병수의사를 양성하기 위하여 더욱 적극적인 제도를 채택하고 있다. 앞에서도 언급이 되어 있지만 그 중 대표적인 제도를 설명하면 아래와 같다.

1) 미국 조지아대학교의 산업동물 수의사 육성프로그램

조지아 대학교에서는 Georgia offering veterinary incentive program을 운영하고 있다. 그 이유는 산업동물 수의사가 향후 많이 부족할 것으로 예측되기 때문이다. 미국에서 매년 산업동물 수의사의 4-6%가 퇴직을 하고 있기 때문이다. 이 프로그램은 2007년에 처음 시작을 하였으며 고등학교 학생들을 대상으로 하고 있다. 미국에서는 수의과대학이 우리나라의 전문대학원체제이기 때문에 고등학교에서 일단 일반 대학교를 진학하고 그 후 수의과대학에 진학하게 된다. 이 프로그램은 본격적으로는 일반대학에 진학했을 때부터 시작되는데 주로 축산과, 가금과, 낙농과 재학생이 대상이 된다. 방학 중에 산업동물수의분야에 대한 다양한 기회가 주어지는데 병원에서의 인턴기회도 포함된다. 또한, 국가수의진료법에 의하여 향후 농촌지역에서의 진료활동을 근거로 장학금의 혜택이 주어진다. 이 프로그램에 대한 자세한 내용은 www.caes.uga.edu/academics/FoodAnimalVIP.html에 수록되어 있다. 이러한 프로그램은 현재 미국 수의과대학에서 대부분 운영하고 있다

2) 영국의 다인병원 체제

영국에서도 미국과 마찬가지로 대부분 가금진료수의사는 산업체에 근무하지만 최근 다인체제의 병원체제로 개업하는 경우가 많으며 특히 여러 지역에 분점을 내어 전국적인 규모로 운영을 하고 있다. 특히 다양한 전공을 가진 수의사로 연합체를 구성함으로서 전문성에 의한 시너지 효과를 극대화하고 있다. 그 중 대표적인 가금전문병원이 ST. David's poultry team(http://www.stdavids-poultryteam.co.uk/)이다. 이 병원에는 수의사가 6명이며 일반직원도 실험실요원 4명, 행정요원4명으로 구성되어 있다. 서비스 종류도 부검, 살모넬라, 혈청, 물검사를 실시하고 있으며 대상농장도 종계, 육계, 산란계, 부화장 등 모든 가금산업을 대상으로 하고 있다. 국내의 다인체제 병원도 궁극적으로는 St. david's poultry team을 기본 모델로 하는 것도 좋은 방법일 것이다.

나. 국내의 조류질병수의사제도의 발전방향

조만간 국내에서도 조류질병전문의 제도와 대학원에서의 조류질병임상전문과정이 도입될 것이고 야생조류에 관련된 많은 업무가 확장될 것으로 판단된다. 최근 유럽에서의 대장균 식중독 전파에서 알 수 있듯이 국민의 보건은 그 나라의 정책에서 가장 우선시해야 하기 때문에 식중독의 40%가 축산물에서 유래가 되고 그 중 70%가 닭고기 등 양계산업과 밀접한 연계가 되는 사실을

볼 때 향후 가금질병수의사의 역할은 더욱 중요해 질 것이다. 이미 앞에서 국내 가금질병수의사의 발전방향을 설명하였지만 축산업에서의 역할과 책임을 그림으로 표시하여 보았다.

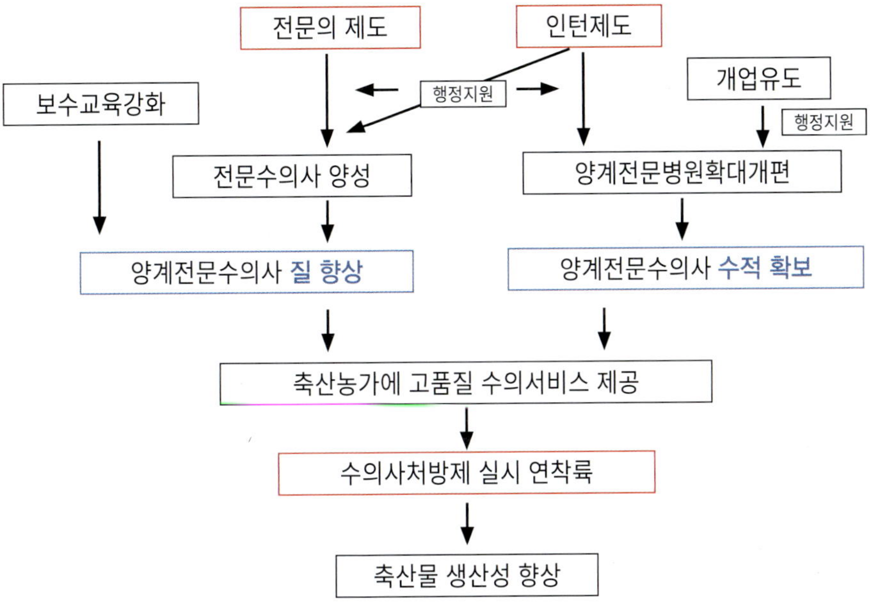

다. 조류질병수의사의 국가방역체계와의 유기적 참여

가금산업에서의 국가방역은 부화장, 도축장, 종계장이 주로 대상이 되기 때문에 이 중심에는 가금질병수의사가 있다. 소규모로 거래가 되는 재래시장을 제외하고는 국내의 모든 닭과 오리는 부화장에서 태어나 도축장에서 도축되고 있으며 산란계와 종계의 경우에도 도축 시에는 노계전문 도축장 2곳에서 도축을 하고 있다. 따라서 가금산업에서의 국가방역은 부화장과 도축장을 제어하면 충분히 효율적으로 이룰 수 있다고 판단이 되기 때문에 현장에서의 질병발생 등 방역관련상황을 정확히 파악하기 위해서는 부화장과 도축장에 대한 전문적인 지식을 가지고 있는 가금질병수의사의 현장감독이 필요하다. 앞으로 국가방역체계는 이와 같이 현장에서 신속하고 정확하게 이루어져야 하기 때문에 가금질병수의사의 역할이 더욱 증대될 것이고 이러한 역할을 아래에 표시하여 보았다.

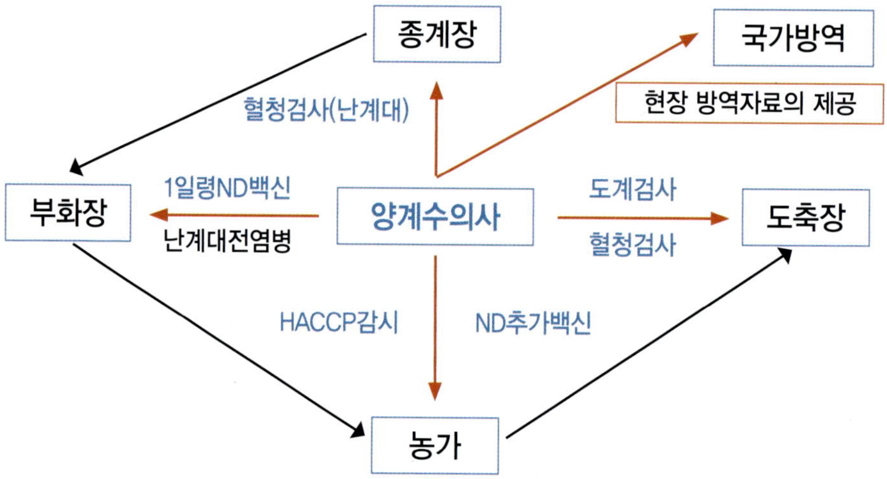

(9) 맺음말

최근 사람에 감염이 되어 문제가 되고 있는 조류인플루엔자를 시작으로 해서 미래에 조류질병수의사에게는 어떠한 모습으로 그려질 수 있는 가를 나름대로 작성하여 보았다. 모든 산업은 시대에 따라 변화하고 있으며 현시대에 있어서 세계적으로 가장 큰 관심은 국민의 보건증진, 동물복지, 자연의 보전 그리고 기후변화에 대한 대책일 것이다. 국민의 보건증진에 인수공통전염병(야생조류)과 축산물 안전성(닭, 오리)이 있으며 동물복지에서는 닭과 오리에 대한 사육환경의 변화, 자연보존과 기후변화에 있어서는 야생조류질병이 관련되어 있다. 이와 같이 현 시대에 있어서 조류질병수의사는 관심영역에 중심에 있으며 앞으로 많은 책임과 의무가 주어질 것으로 예상되고 있기 때문에 도전적인 수의사를 필요로 하고 있다.

예방수의학

09 수생동물질병학

(1) 수생동물질병학이란 ?

수의학이란 꿀벌로부터 원숭이에 이르기 까지 모든 동물의 질병관리와 이에 따른 산업적 요구를 충족시켜 인류의 복지와 건강을 향상시키는 학문이다. 수의사란 산업적 차원에서 생산량 증대를 위한 동물의 단순한 질병 치료 및 관리 외에도, 동물을 통해 매개하는 인수공통전염병, 식중독 등의 모든 공중위생학적 분야와 인간과 애완(반려)동물의 정서적 접촉과 교감을 인간에게 유리하게 작용하게 하는 등의 중요한 역할을 수행하는 직업이다.

수생동물질병학이란 양식용, 관상용, 그리고 실험용 등 여러 다른 용도로 이용되는 하등 무척추동물로부터 고등포유류까지의 모든 수생동물의 질병을 이해하기위한 종합과학 학문이다.

수생동물의 서식환경과 사육관리, 그리고 수생동물의 해부와 생리, 병리조직, 면역 등을 체계적으로 배우고, 수중환경에 있어서 각종 수생동물의 질병의 특성과 관리, 질병의 진단 및 치료법, 그리고 수생동물의 산업적 응용에 대해 배우고자 한다.

(2) 수생동물질병 전문수의사의 역할

양식용은 물론이고, 관상용, 수족관용, 그리고 야생의 어패류를 비롯한 수생파충류 및 수생포유류 등의 모든 수생동물의 질병의 진단 및 치료를 담당한다.

수생동물의 활발한 국제수출입으로 인한 인수공통전염병의 예방을 위한 검역 및 방역을 실시하고, 수산식품의 소비 증가에 따른 생산과 유통에 있어서 공중위생학적 측면에서 식품위생 검사를 담당한다.

날로 악화되고 있는 환경오염을 방지하기 위한 농약독성검사나 세제 독성검사와 같이 수질오염의 지표로 수생 실험동물을 사용한 실험 및 검사를 행한다. 뱀장어의 산란지 탐사나 연어의 회귀 경로 연구와 같은 환경 생태계의 보존을 위한 야생 수생동물의 탐사활동이나 연구를 행한다. 수생동물의 치료 및 예방에 사용되는 수산용의약품(항균제 및 백신 등)의 개발 및 안전성과 유효성검사를 행한다.

하등 척추동물인 어류나 수생 양서류, 파충류를 이용하여 종양 발생 연구 등의 질병의 기전이나, 유전자기법을 응용한 생리학 연구 등의 학술연구를 행한다.

(3) 수산질병관리사란?

2000년 해양수산부에서 "기르는 어업육성법"을 발의하여 수의계의 반대에고 불구하고, 2001년 12월 국회 통과 (수의사법 및 약사법 개정) 기르는 어업육성법 제14조에 따라 수산질병관리사는 수산용의약품의 판매와 수산질병관리원을 개설할 수 있으며, 양식 및 축양되는 어패류 등의 수산생물을 진료할 수 있다.

수의사의 동물진료 예외 규정(수의사법 제2장 제10조) : "수의사가 아니면 동물의 진료를 할 수 없다. 다만, 수산질병관리사 면허를 받은 자가 동법의 규정에 따라 어패류를 진료하는 경우와 그 밖에 대통령령이 정하는 진료(자가진료)는 그러하지 아니하다"

2004년 8월 제1회 수산질병관리사 국가시험이 시행된 후 매년 상당수의 면허 취득자가 배출되고 있으나, 약사의 동물약품판매 문제와 더불어 수산용의약품 시장의 이상구조, 그리고 외국산 수입 활어의 증가로 인한 양식어업의 위축으로 아직까지 수산질병관리사의 역할 증대 및 기존 수의사의 피해는 보고되고 있지 않다.

(4) 수생동물의 종류

동물은 그 서식장소에 따라 수생동물(aquatic animal)과 육생동물(terrestrial

animal)로 분류한다. 수생동물은 스스로 자기 체온조절이 불가능한 변온동물로서, 환경의 변화에 매우 민감하다. 따라서 수의사는 수생동물의 질병을 이해하고 진료함에 있어서, 동물의 환경과 정상적인 생활상태에 관한 지식이 꼭 필요하다.

가. 서식장소에 의한 구분

1) **담수동물**(fresh water animal) : 하천, 호수, 온천 등의 담수역(내수면이라고도 함)에 서식하는 동물이다.

2) **기수동물**(brackish water animal) : 담수와 해수가 섞여지는 하구나 호수에 서식하는 동물이다(숭어, 문절망둑, 바지락 등).

3) **해수동물**(marine animal) : 연안, 해양, 해저 등 해수 중에 서식하는 동물이다.

나. 생활양식에 의한 구분

1) **부유동물**(plankton) : 수중에서 서식하는 동물성 플랑크톤으로 수류, 조류, 바람에 의해 수동적으로 이동하며 생활한다(연체, 환형, 절지동물의 유생).

2) **유영동물**(nekton) : 자신의 운동기관으로 자유롭게(육상 또는 공중도) 이동하며 생활한다(두족류, 갑각류, 어류, 양서류, 파충류, 수생조류, 수생포유류).

3) **저생동물**(benthos) : 물 밑 바닥에서 주로 생활한다(패류 등).

다. 용도에 의한 구분

사람을 중심으로 한 관점에서 수생동물은 유용, 무용, 그리고 유해한 동물로 구분되며, 유용한 동물은 다음과 같이 세분된다. 특히 유용한 동물 중에도 유해한 동물이 적지 않으므로 수생동물은 공중위생학의 중요한 대상이다.

1) **식용동물** : 사람에게 동물성 단백질을 공급하는 중요한 식량자원이다(조개, 게, 새우, 오징어, 해삼, 우렁쉥이, 각종 어류, 개구리, 자라, 고래 등).

2) **애완(관상)용 동물** : 개인의 취미에 따라서 사육이 가능한 수생동물이다(비단잉어, 금붕어, 자라, 도마뱀 등).

3) **전시용 동물** : 동물원이나 수족관 등에서 관람을 목적으로 사육되는 수생동물이다(열대어나 돌고래 등 모든 수생동물이 대상).

4) 장식품용 동물 : 장식용이나 보석 등으로 가공 사용되는 수생동물이다(진주조개, 전복, 악어 등).

5) 유희용 동물 : 낚시와 같이 게임을 목적으로 이용되는 수생동물이다(붕어, 잉어, 연어 등).

6) 실험용 동물 : 생리실험, 약품의 독성실험, 환경 독성실험에 사용되는 수생동물이다(개구리, 잉어, 송사리, 구피 등).

7) 약용동물 : 동양의학에서 한약제조에 사용되거나, 동물의 특수성분을 약품에 가공 이용하는 수생동물이다(잉어, 자라, 미꾸라지, 거머리, 게 등).

라. 계통분류학에 의한 구분

1) 무척추동물(invertebrate)

- 원생동물(Protozoa) : 단일세포로 구성되어 있으며, 편모충강(flagella), 육질강(amoeba), 포자충강(sporozoa), 섬모충강(cilia)으로 나뉜다.
- 해면동물(Porifera) : 최하등의 후생동물로, 고착성이며 방사상의 대칭 모양을 갖는다.
- 강장동물, 유즐동물
  - ① 강장동물(Coelenterata) : 일정한 모양의 조직, 기관과 소화강을 갖는 진정후생동물(Eumetazoa)이다. 고착성인 폴립(polyp ; 산호, 말미잘)과 유영성이며 양성생식을 하는 해파리(medusa)가 있다. 히드로충강(해파리), 발충강, 그리고 화충강(말미잘, 산호)으로 나뉜다.
  - ② 유즐동물(Ctenophora) : 두 축의 방사상 대칭 모양의 삼배엽성 동물이다(sea gooseberry).
- 편형동물, 중생동물
  - ① 편형동물(Platyhelminthes) : 좌우 대칭의 모양으로 두부가 분화되며 중배엽의 기관을 갖는다. 와충강, 흡충강(flukes), 그리고 조충강(tapeworms)이 있다.
  - ② 중생동물(Mesozoa)
- 유형동물, 곡형동물, 부형동물
  - ① 유형동물(Nemertinea) : 좌우대칭의 긴 띠 모양으로 관상의 소화관을 갖고, 자웅이체이다.
  - ② 곡형동물(Kamptoza) : 해저에 착생하는 소태상의 동물이다.

③ 부형동물(Aschelminthes) : 좌우 대칭으로 원통형 또는 실 모양이며, 윤형강(rotifer), 복모강, 선형강(round worms), 유선형강, 동문강, 새예강, 구두강(spiny-headed worm)으로 나뉜다.

● 환형동물(Annelida) : 체절 구조(metamerism)를 가지며, 중배엽 상피의 진정체강과 근육, 신경, 순환, 배출, 생식계를 갖는다. 자웅이체의 난생이다. 원시환충강, 다모강(갯지렁이, lugworm ; *Neanthes japonica*), 빈모강(지렁이, common earthworm ; *Lumbricidae spp.*), 거머리강(leeches), 흡구충강으로 나뉜다.

● 성구동물, 촉수동물

① 성구동물(Sipunculoidea) : 좌우대칭의 원통형으로 바다에 서식한다.

② 촉수동물(Tentaculata) : 촉수가 있는 구상돌기와 3등분된 체강구조를 갖는다.

● 여러 가지 소동물

① 모악동물(Chaetogonatha) : 소형의 원통형의 해산부유동물이다.

② 반색동물(Hemichordata) : 원통형의 3등분된 좌우대칭 구조를 갖는 저상동물이다.

③ 유조동물(Onychophora) : 간단한 눈과 촉각을 갖는다.

④ 완보동물(Tardigrada) : 통상 수중 생활을 하는 미세 동물로 방추형이다.

⑤ 설형동물(Pentastomida) : 포유류나 파충류에 기생하는 동물이다.

● 연체동물(Mollusca) : 좌우대칭의 두부와 몸통으로 나뉘며, 족부(foot)가 발달하고 체표는 여러 층의 각(shell)으로 구성되어 있다. 자웅이체로 대부분 난생이다. 단판강, 다판강, 무판강, 복족강(소라고둥, 우렁이 등의 권패류), 굴족강, 부족강(이매패강 ; 대합, 홍합, 굴, 가리비 등의 일반 패류), 두족강(갑오징어, 오징어, 낙지, 문어 등)으로 나뉜다.

● 절지동물(Arthropoda) : 서로 다른 모양의 체절 구조로 두부, 흉부, 복부로 나뉘며. 소화관은 전장, 중장, 후장으로 되어 있고, 자웅이체로 체내수정을 하고 난생 또는 난태생이다. 키틴질의 외골격을 가지며. 동물 중 가장 종류가 많다. 삼엽충강(화석), 갑각강(가재류, 물벼룩, 물이, 크릴, 새우류, 게류), 곤충강(insect), 순각강, 배각강, 소각강, 결합강, 절구강(투구게, horseshoe crab; *Limulus polyphemus*), 거미강, 바다거미강으로 나뉜다.

● 극피동물(Echinodermata) : 두부와 체절구조가 없는 방사상 모양

(five-rayed radical symmetry)의 저착성 해산동물이다. 불가사리강(star fishes), 거미불가사리강, 성게강(sea urchins), 해삼강(sea cucumber)으로 나뉜다.

● 원삭동물(Protochordata) : 착생, 부유 또는 매몰 생활을 하는 척삭(notochord)을 갖는 후구동물로 새열(gill slit)이 있는 새강(branchial cavity)을 갖는다. 미삭강(우렁쉥이, 미더덕 등), 두삭강(창고기)으로 나뉜다.

2) 척추동물(vertebrate)

발생 시 척삭(notochord), 인두낭(pharyngeal pouch)이나 인두열(pharyngeal slit)을 가진다. 인두, 중추신경계(central nervous system), 그리고 척주(vertebral column)가 가장 큰 특징이다.

● 무악류(Agnatha)

① 갑피류(Ostracodeims) : 가장 오래된 화석상의 척삭동물로 갑주어(armored fishes)가 이에 속한다.

② 원구류(Cyclostomes) : 턱뼈와 비늘이 없으며, 가슴지느러미와 배지느러미가 없는 척삭만 있는 원시적 동물이다. 먹장어와 칠성장어가 이에 속한다.

● 극어류(Acanthodii)와 판피류(Placodermi) : 화석상의 가장 오래된 유악어류(Gnathostomes)이다.

● 연골어류(Chondrichthyes) : 비늘과 치아 외에는 경골이 없고, 입이 배 쪽에 위치한다.

① 판새류(Elasmobranchs) : 편평한 몸통과 운동기관인 앞지느러미와 5쌍의 새열을 갖는다(상어, 가오리, 홍어, 톱상어).

② 전두류(Holocephalans) : 비늘이 없고 새열은 덮개로 덮여 있다(은상어류).

● 경골어류(Osteichthyes) : 경골로 된 골격을 가지며 새열은 아가미덮개로 덮여 있으며, 부레를 가지며 총배설강이 매우 짧은 것이 특징이다.

① 조기어류(Ray-finned fishes) : 기조와 기막으로 된 지느러미를 가지며, 내비공이 없는 경골어류이다.

- 연질어류(Chondrosteans) : 내골격은 연골로 되어 있고, 비늘에는 경린(ganoid scale)이 없다. 철갑상어(sturgeon; *Acipenser sinensis*)

와 용상어(green sturgeon; *Acipenser medirostris*)가 이에 속한다.
- 전골어류(Holosteans) : 경린에 의해 덮여 있으나, 두부의 비늘에는 경린이 없다(동갈치; Lepisosteus spp.).
- 진골어류(Teleosts) : 가장 나중에 진화된 일반적인 어류를 말한다(잉어, 농어, 뱀장어, 복어, 해마 등).

② 육기어류(Lobe-finned fishes) : 지느러미 밑에 육기(fleshy lobe)를 갖는다.
- 총기어류(Crossopterygians) : 화석상의 어류로 호흡이 가능한 부레를 갖는다.
- 폐어류(Dipnoans) : 비효율적인 아가미를 가지며, 부레로 호흡을 한다(폐어).

● 양서류(Amphibia) : 변온동물로 중신을 가지며 아가미나 허파로 호흡하고, 양막이 없으며 난생이다.

① 미치류(Labyrinthodonts) : 피부의 진피에 골성 비늘을 가진 화석상의 양서류이다.

② 공추류(Lepospondyls) : 도롱뇽 형태의 화석상의 양서류이다.

③ 진양서류(Lissamphibians) : 현존하는 일반 양서류이다.
- 유미류(Urodeles) : 유생 단계에 아가미로 호흡하며 꼬리를 갖는 양서류이다(도롱뇽 등)
- 무미류(Anurans) : 꼬리가 없는 양서류이다(개구리, 두꺼비 등).
- 무지류(Apodans) : 다리가 없는 양서류이다(caecilian).

● 파충류(Reptilia) : 후신을 가지며 허파로 호흡을 하고, 양막이 있는 난생의 변온동물이다.

① 무와류(Anapsids) : 늑골과 척추가 유착된 골성 피부판 껍질을 갖는다(거북).

② 유인류(Lepidosaurs) : 비늘이 있는 파충류이다(뱀, 도마뱀 등).

③ 공룡류(Archosaurs) : 중생대에 번성하였던 화석상의 육상 척추동물(공룡)과 악어류이다.

④ 기룡류(Euryapsids) : 멸종한 해산 파충류이다.

⑤ 단와류(Synapsids) : 포유류의 조상으로 생각되어지는 화석상의 파충류이다.

- 조류(Aves) : 정온동물로 난생이다.
  ① 고조류(Archaeornithes) : 화석상의 조류이다(시조새).
  ② 신조류(Neornithes) : 현존하는 조류이다(갈매기, 펭귄, 황새 등).
- 포유류(Mammalia) : 태생의 횡격막이 있는 정온동물이다.
  ① 단공류(Monotremata) : 총배설강을 갖는 난태생의 동물이다(오리너구리, 가시두더지).
  ② 유대류(Marsupialia) : 육아낭(marsupium)을 갖는 원시적 포유류이다(주머니쥐, wallaby, 캥거루).
  ③ 식충류(Insectivora) : 주로 벌레를 먹는 하등 포유류이다(고슴도치, 두더지).
  ④ 익수류(Chiroptera) : 날 수 있는 척추동물이다(박쥐).
  ⑤ 영장류(Primates) : 손가락이 발달하였다(원숭이, 인간).
  ⑥ 식육류(Carnivora) : 육식을 하는 동물이다(고양이, 곰, 바다코끼리, 물개, 바다표범).
  ⑦ 고래류(Cetacea) : 영원한 수서 포유류이다(고래, 돌고래).
  ⑧ 빈치류(Edentata) : 치아가 없는 동물이다(나무늘보, 개미핥기).
  ⑨ 설치류(Rodentia) : 상하 한 쌍의 문치를 갖는다(쥐, 다람쥐).
  ⑩ 토형류(Lagomorpha) : 상하 두 쌍의 문치를 갖는다(토끼).
  ⑪ 유제류(Ungulates) : 발가락 끝(발굽)으로 걸으며 초식동물이다(소, 코뿔소, 코끼리).
  ⑫ 해우류(Sirenia) : 원시 유대류의 변이된 후손이다(해우).

(5) 대표적인 수생동물의 질병

가. 바이러스성 신경괴사증(VNN ; viral nervous necrosis)

1) 발생과 역학

종묘생산과정인 줄무늬 전갱이의 치어에서 유래하여 능성어와 돌돔, 넙치 등에서 높은 폐사율을 나타내는 질병으로, 일본, 오스트레일리아, 동남아시아, 유럽 각국에서 발생하고 있다. 바이러스성 뇌 · 망막증(VER; viral encephalopathy and retinopathy)라고도 불리운다.

2) 원인 바이러스

노다바이러스(NNV; nervous necrosis virus)로 감염어종에 따라 4 genotype(SJNNV, RGNNV, BFNNV, TPNNV)가 있다. 피막이 없으며, 직경 25-30 ㎚, single strand RNA 바이러스이다.

3) 증상과 병리

선회 등의 비정상적인 유영행동으로 인한 입 주변의 마모, 부레의 팽창 및 염증, 체표의 팽융 환부 및 망막의 괴사 소견을 보인다. 중추신경계에서 신경세포의 괴사, 붕괴에 의한 공포형성을 특징으로 한다.

4) 진단 방법

기존의 세포에서는 분리, 배양할 수 없다. 형광항체법과 PCR법이 바이러스의 검출에 이용되어지고 있다.

5) 예방과 치료

줄무늬 전갱이에서의 본증 감염원은 친어인 것이 명백하므로 PCR법을 이용한 바이러스-free 친어의 선별이 방제에 유효하다.

나. 새우의 급성 바이러스혈증(PAV; penaeid acute viremia)

1) 발생과 역학

양식 보리새우의 중간육성 및 양식과정에서 발생하며, 폐사율이 높은 질병이다. 92년 대만에서 발생한 후, 중국산종묘의 수입에 의해 감염되어 세계적으로 큰 피해를 입고 있다. 일반적으로 흰반점 증후군(WSS; white spot syndrome)으로 알려져 있다.

2) 원인 바이러스

새로운 family인 Nimaviridae(genus : Whispovirus)의 WSSV(white spot syndrome baculovirus complex)로 피막을 가지고, baculovirus의 virus particle과 유사한 간상의 nucleocapsid를 갖고, 꼬리 모양의 polar extension를 가지는 긴 타원형의 크기 152x404 ㎚의 dsDNA 바이러스이다. 일본에서는 RV-PJ(rod-shaped nuclear virus of Penaeus japonicus)로 알려져 있으나, 지금은 PRDV(penaeid rod-shaped DNA virus)로 불린다.

3) 증상과 병리

급성 경과를 나타내며, 식욕부진과 행동이 불활발한 개체가 보이며 수 일 이내에 80% 이상의 새우가 사망한다. 체색의 적변과 퇴색, 체표(외골격)에 백점이 관찰된다. 병리조직학적으로는 림프양 기관이나 조혈조직에서 세포핵의 비대와 세포의 무구조화를 특징으로 한다. 말기에는 혈구수의 감소 및 혈액응고 능력의 저하와 함께 림프혈중에 바이러스가 다수 출현하는 바이러스혈증을 나타낸다.

4) 진단 방법

외골격의 백점 형성 및 체색의 적변은 본 병의 외관적 특징이 아니다. 따라서 외골격에서 백색의 바이러스 감염핵을 관찰하는 암시야 현미경법이나 PCR법이 개발되어 있다.

5) 예방과 치료

수입종묘를 포함한 감염새우에 대한 방역체계를 확립하는 일이 중요하지만 원인 바이러스의 특이적 고감도 검출계가 개발되어 있지 않아 구체적인 예방 대책은 밝혀져 있지 않다. 수정란의 요오드소독과 사육용수와 기구의 소독에 의해 발생은 감소 경향에 있다. 궁극적으로 SPF(specific pathogen free) 종묘의 생산이나 생체방어능을 증강시켜 발병을 억제시키는 방법이 연구되고 있다.

다. 운동성 에로모나스증(motile aeromonad septicemia)

1) 발생과 역학

가두리나 지수식양어장에서 여러 어종의 담수어에 산발적으로 발생하여 피해를 주는 질병으로 발생시기는 해동기인 봄철이다. 병어는 비늘이 들려져 솔방울 형상을 하고 있다하여 솔방울병(입린병; lepidorthosis)이라고 불린다.

2) 원인세균

그람음성 단간균인 *Aeromonas hydrophila*로 한 개의 극모를 갖는다.

3) 증상과 병리

어류의 혈액순환장해로 비늘 밑 scale pocket에 수종이 형성되어 비늘이 들리게 되며, 복부의 출혈, 안구의 돌출, 그리고 복수저류에 의한 복부팽만(dropsy)을 관찰할 수 있다. 병어는 유영이 활발하지 못하고 먹이 먹는 상태가 불량하다.

4) 진단 방법

외견상 증상으로 개략적인 진단이 가능하나 정확한 진단을 위하여 세균학적 검사가 요구된다.

5) 예방과 치료

우선 수질을 개선하고, 항생제, 설파제, 후란제 중에서 적정약제를 선택하여 경구투여 또는 약욕법으로 치료한다. 수온을 27-29℃로 올려 가온 치료를 하면 효과적이다.

라. 물이증(argulosis, fish louse)

1) 발생과 역학

잉어, 금붕어, 연어과 어류, 관상어 등의 모든 종류의 담수어에 있어서 발생하며, 세계적으로 유행한다.

2) 원인 기생충

갑각류인 *Argulus japonicus*(잉어류)와 *A. coregoni*(연어과 어류)가 체표에 기생하므로서 생기는 질병으로, 충체는 타원형으로 암컷은 3.5-4.9 x 2.3-3.0 ㎜, 수컷은 1.6-3.0x1.6-2.8 ㎜ 크기이다. 형태는 납작하고 투명하며, 담록색을 띄고 있다. 충체는 흡반 상으로 변형된 제2 소악(sucker)과 약각(hook) 등을 사용하여 어체 표면에 기생한다. 흡반 내부에는 자침(stylet)을 갖고 있고 그 기부에 효소(digestive enzyme)를 분비하는 선이 있다. 영양물을 섭취하는 입의 자침은 충체에 대하여 수직으로 되어 있어 물고기의 표피에 삽입시켜 어체의 상피를 파괴하고 기생부위에 출혈 염증을 유발시킨다. 충체의 독성은 강하여 자어나 치어에서는 치사적일 수도 있다.

3) 증상과 병리

물이는 육안으로 관찰이 가능하며 기생부위에 출혈 염증이 생겨 있으므로 관찰이 용이하다.

4) 진단 방법

체표에 부착하여 기생하고 있는 충체를 육안으로 확인한다.

5) 예방과 치료

트라이클로르폰을 3일 간격으로 2-3회 연속 살포하여 구제한다. 연중 발생하는 양어지는 예방책으로 봄부터 가을까지 걸쳐서 20-25일 간격으로 2-3회 미리 살포하여 구제하는 것이 좋다.

마. 이구아나의 대사성 골질환(MBD; metabolic bone disease)

1) 발생 현황

어린 애완용 이구아나에 있어서 부실한 급이와 저체온 상태에서 발생한다.

2) 발병 원인

사료 중의 칼슘, 인, 비타민 D_3 성분의 부족 또는 불균형에 의해 일어난다.

3) 증상 및 병리

탈수 증상과 함께 쇠약해지고, 턱 부위나 다리가 붓고, 골절이 쉽게 일어난다. 또한 등이나 꼬리가 휘어진다. 방사선 촬영에서 골밀도의 저하와 골절소견이 인정된다.

4) 예방과 치료

주위의 온도를 28-30℃로 유지해주면서, 자외선 치료와 함께 비타민 D_3가 함유된 종합 영양제 및 양질의 사료를 공급한다.

바. 파충류의 방광결석(cystic calculi)

1) 발생 현황

애완용 거북 및 이구아나 등의 도마뱀에서 불균형의 사료 급이, 탈수증, 운동부족, 신장질환 시 발생한다.

2) 발병 원인

체내 pH의 이상과 고칼슘 사료의 섭취에 의한다.

3) 증상 및 병리

외관상 별다른 이상은 없으나, 식욕저하를 나타내고 배뇨 시 힘들어하고 혈뇨 소견을 보인다. 방사선 촬영 시 방광 내에 원형의 하얀색 결석이 관찰된다.

4) 예방과 치료

외과적 수술에 의해 제거하고, 양질의 사료를 공급한다.

제3장 임상수의학

임상수의학

01 수의내과학

Medicine이란 용어는 어원상 "내과학"이란 뜻이며, 점차 학문의 분류가 복잡하고 다양해짐에 따라 medicine은 포괄적으로 의학이란 의미로 사용되고 internal이란 단어를 앞에 붙여 좁은 의미의 "내과학"이라고 표현한다. 수의내과학(veterinary internal medicine)을 쉽게 표현한다면 동물에게 발생한 내과직 질병을 정확히 신단하여 해당 질병으로 인해 고통 받는 동물을 잘 치료하기 위한 학문이다. 임상 수의사가 동물병원에서 진료를 함에 있어 큰 어려운 점 중의 하나는 동물은 사람처럼 언어를 통해 자신이 아픈 것을 표현하지 못한다는 점이다. 수의사(doctor of veterinary medicine, DVM 또는 veterinarian)에게 있어 환자(patient)란 사람이 아니라 동물이다. 이는 수의사에게 있어 환자란 스스로가 일반적인 언어를 통해 고통 유무와 정도를 표현할 수 없는 대상을 의미한다. 따라서 수의사는 동물의 보호자가 알고 있는 정보와 동물이 나타내고 있는 임상 증상을 이해하고(그림 1) 다양한 검사를 통해 얻어진 결과들을 통해 동물이 아픈 이유를 찾아야 한다. 이를 위해서 수의사는 아픈 동물들로부터 나타날 수 있는 아주 다양한 임상증상들을 모두 증명하고 평가할 수 있어야 하며(표 1), 다양한 장기들 또는 전신적으로 진행할 수 있는 수많은 질병들에 대한 치료법을 포함한 방대한 양의 지식과 기술을 필요로 한다.

(1) 수의내과학의 범위

수의내과학을 미국 수의내과학회(American College of Veterinary Internal Medicine, ACVIM)와 유럽 수의내과학회(European College of Veterinary Internal Medicine, ECVIM)의 기준으로 구분하면 large animal

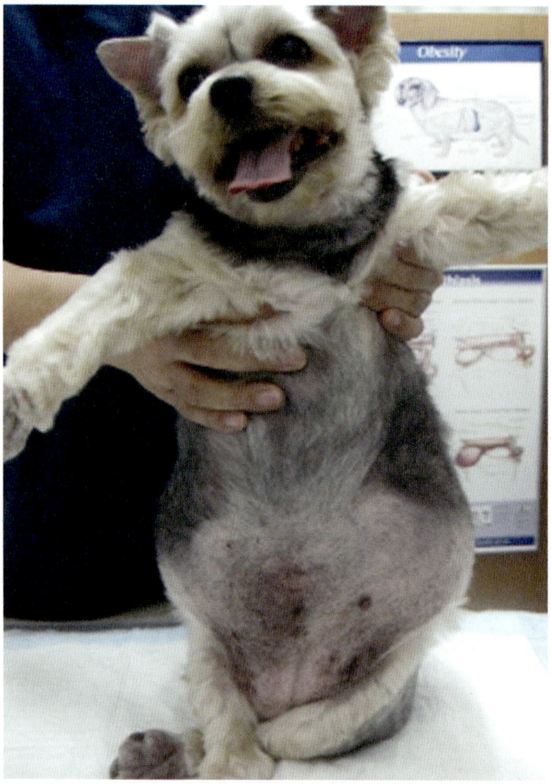

그림 1.
진성당뇨병과 부신겉질기능항진증이 병발한 개의 외관 사진. 진성당뇨병과 부신겉질기능항진증으로 인해 발생한 간종대 및 복근약화로 인해 전형적인 복부팽만 소견을 보이고 있다. 해당 환자는 다음다뇨증 때문에 동물병원에 내원하였다.

internal medicine(대동물내과학), small animal internal medicine(소동물내과학), veterinary cardiology(수의심장학), veterinary neurology(수의신경학), veterinary oncology(수의종양학) 등의 5가지로 크게 분류할 수 있다. 미국과 유럽의 해당 학회에서는 고유 영역에서 소정의 교육기간(인턴십 과정 이후 최소 3년 이상의 레지던트 코스)과 시험을 통과한 전공자들만을 대상으로 전문의(diplomate) 자격을 부여하고 있다. 수의영양학(veterinary nutrition) 등과 같이 조금 더 특성화된 분야에서도 미국에서는 별도로 전문의 자격을 부여하고 있으나, 아직까지는 상기 5개 분야로 수의내과학을 구분하고 있다. 국내에서 소동물내과학을 전공한 수의사가 진료하는 분야와 일부 중요 질병들을 나열하면 다음과 같다.

- **심혈관계 질병**(Cardiovascular system disorders)

  예) 이첨판폐쇄부전증, 확장성심근병증, 동맥관개존증, 심장사상충증, 고혈압, 림프부종

표 1. 개와 고양이의 흔한 임상 증상

구분	증상
전신성 문제점	열(pyrexia 또는 fever) 식욕절폐(anorexia)와 다식증(polyphagia) 침울 또는 활력 저하 다음/다뇨(polydipsia/polyuria)
행동학적 문제점	부적절한 공격성(misdirected aggression) 자해(self-mutilation) 식분증(coprophagia)과 이식증(pica) 고양이의 부적절한 배뇨행위
체형상의 문제점	복부팽만(abdominal distention) 부종(edema) 성장지연(retarded growth) 체중감소(weight loss) 비만(obesity)
피부 이상	소양감(pruritus) 탈모(alopecia) 색소 이상 일이차 피부병변(primary/secondary skin lesions)
혈액/림프계 이상	지속적인 출혈(bleeding) 및 응고장해(coagluopathy) 림프절병증(lymphadenopathy)
심혈관계 이상	심장 박동수와 리듬, 맥박의 이상 심잡음(heart murmurs) 창백한 점막(pale mucous membrane) 청색증(cyanosis)
호흡계 이상	기침(coughing) 호흡곤란(dyspnea) 객혈(hemoptysis) 이상폐음(abnormal lung sounds) 재채기(sneezing)와 콧물(nasal discharge)
소화기계 이상	침흘림(ptyalism) 연하곤란(dysphagia) 구토(vomiting)와 역출(regurgitation) 설사(diarrhea) 변비(constipation) 고창(flatulence) 복통(abdominal pain) 황달(icterus 또는 jaundice)
비뇨기계 이상	빈뇨(pollakiuria)와 통증배뇨(stranguria) 비정상적인 요색 (discolored urine) 배뇨실금(urinary incontinence)
번식 이상	질분비물(vaginal discharges) 외부생식기 이상 유산(abortion) 비정상적인 생리주기 불임(infertility)
근골격계 이상	파행(lameness) 뼈, 관절, 골격주변 종창(swelling) 통증(pain)
신경학적 이상	불완전마비(paresis) 또는 마비(paralysis) 보행실조(ataxia) 머리기울임(사경, head tilt) 허탈(collapse), 발작(seizures), 기절(syncope) 혼수(coma)
감각계 이상	실명(blindness)과 귀먹음(deafness) 동공부동(anisocoria) 안구진탕증(nystagmus) 눈꺼풀연축(blepharospasm)

- **호흡기계 질병(Respiratory system disorders)**

  예) 폐렴, 기관허탈증, 고양이 천식, 고양이 만성비부비동염, 기흉, 고양이 농흉

- **소화기계 질병(Digestive system disorders)**

  예) 소화관내이물, 유문동비대증, 염증성장질병, 림프관확장증, 편모충증

- **간담도계 및 외분비췌장 질병 (Hepatobilliary and exocrine pancreatic disorders)**

  예) 개 만성간염, 고양이 특발성지방간증, 담낭점액종, 췌장염, 외분비췌장기능 부전증

- **비뇨기계 질병(Urinary tract disorders)**

  예) 급성신부전, 만성신장질병, 고양이 특발성비뇨기계증후군, 방광염, 사구체 신염

- **내분비계 질병(Endocrine disorders)**

  예) 진성당뇨병, 갑상샘기능저하증, 부신겉질기능항진증, 부신기능저하증, 진성요붕증

- **대사성 질병 및 전해질 불균형 (Metabolic disorders and electrolytes imbalances)**

  예) 체중감소, 비만, 고지혈증, 고양이 고칼슘혈증, 고인산혈증

- **신경계 질병(Neurologic disorders)**

  예) 뇌수두증, 수막뇌염, 추간판탈출증, 특발성간질, Wobbler 증후군

- **종양(Oncology)**

  예) 림프종, 백혈병, 비만세포종양, 혈관육종, 골육종

- **혈액계 질병(Hematologic disorders)**

  예) 용혈성빈혈, 골수저형성증, 혈우병, von Willebrand 질병, 파종성 혈관내 응고병증

- **전염성 질병(Infectious diseases)**

  예) 개 파보장염, 개 홍역, 고양이 전염성복막염, 고양이 면역결핍바이러스 감염증, 광견병

- **면역매개성 질병(Immune-mediated disorders)**

  예) 면역매개성 용혈성 빈혈, 면역매개성 혈소판감소증, 전신성홍반성낭창, 중증근무력증, 다발성관절염

(2) 수의내과학에서는 질병을 어떻게 진단하고 치료하는가?

앞서 서술한 다양한 질병들을 진단하기 위해서는 다음과 같은 기본 검사 과정들이 필요할 수 있다.

가. 방사선 사진 촬영

신체 내부의 해부학적 변화를 관찰하기 위한 중요한 검사법이다(그림 2). 방사선 사진 상에서 관찰되는 각종 장기의 형태학적 변화들은 기능적인 이상이 발생하였음을 보여주기도 한다. 예를 들어 심장의 좌심방과 좌심실 사이에 존재하는 이첨판막(mitral valve)의 기능이 완전하지 못할 경우에 심박출량(cardiac output)은 감소한다. 감소한 심박출량에 대한 생리적인 보상과 유지를 위해 다양한 인자들을 통한 조절 기전에 의해 심장 조직은 구조적인 변화가 진행하게 되고, 총체적인 보상 반응들은 심장 크기나 심장 주변의 혈관상의 변화를 가져오게 된다. 이러한 심장의 변화상들을 방사선 사진 촬영을 통해 순수한 심장의 형태학적인 변화뿐만 아니라, 심장의 기능 이상 유무도 직간접적으로 평가할 수 있게 한다.

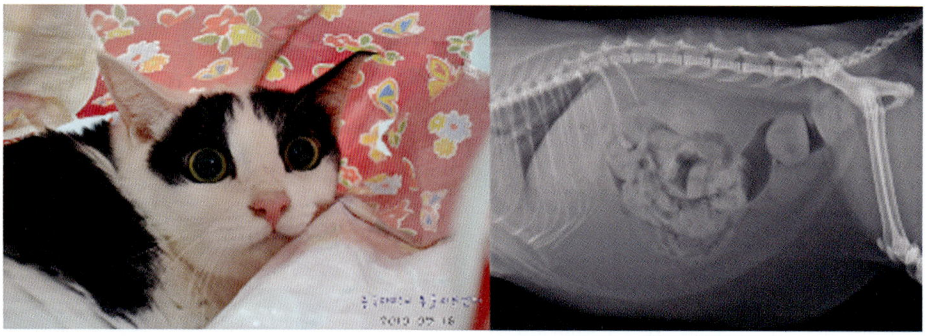

그림 2. 약 15일 동안 배변을 하지 못하여 내원한 고양이의 외관 사진과 복부 방사선사진. 우측의 방사선 사진은 우측 횡와위로 고양이를 보정하고 촬영한 사진으로, 복부 중앙에서부터 오른쪽으로 확장된 결장과 결장 내 분변의 존재가 명확하게 관찰되고 있다.

나. 심전도 검사

판막질병 또는 심근병증(cardiomyopathy)에 의한 부정맥(arrhythmia) 발생이나, 심장질병의 존재 없이 특발성으로 발생하는 부정맥, 대사성 질병에 의한 이차적인 부정맥, 또는 패혈증과 같은 전신성 질병의 일환으로 발생하는 부정맥의 존재 유무를 평가하기 위해서 수행하게 된다(그림 3).

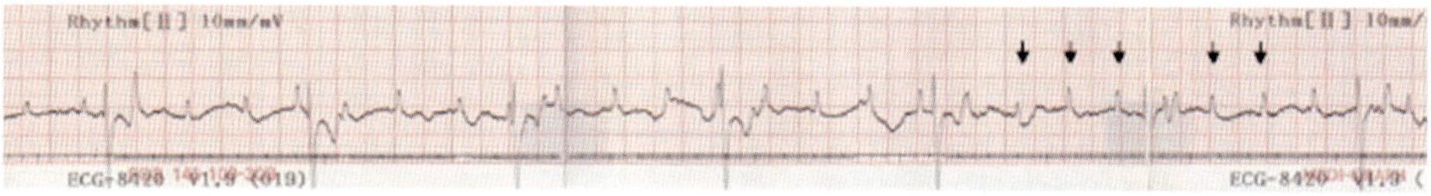

그림 3. 심장중격에 종양이 발생한 개로부터 측정한 심전도 기록지. 화살표는 해당 환자가 현재 3도방실차단(3rd degree AV-block)의 부정맥이 존재함을 보여주고 있다.

다. 심초음파 검사

심장 질병이 발생한 환자에 대한 흉부방사선 사진에 비해서 심장내강의 크기나 혈액의 흐름 등을 정량화할 수 있는 검사법이다.

라. 내시경 검사

호흡기나 소화기 등에 있어 육안으로 내강을 직접 관찰하여 진단이 가능한 검사법으로 치료적 목적으로 사용하기도 한다(그림 4).

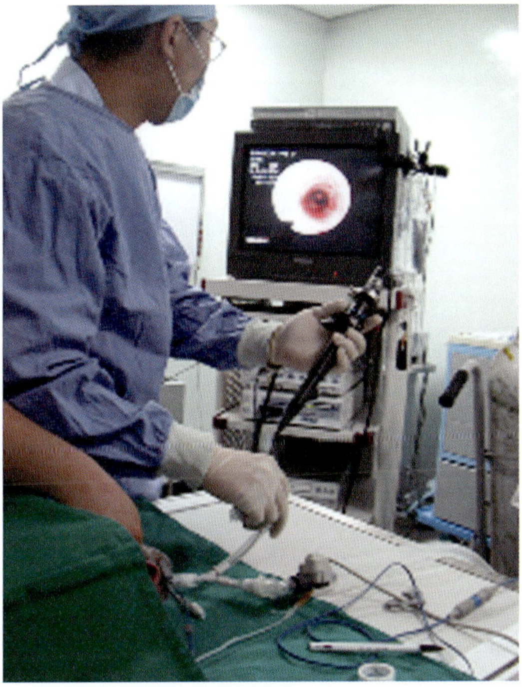

그림 4.
호흡마취를 실시한 개에 대해 기관지내시경 검사를 수행하고 있는 사진

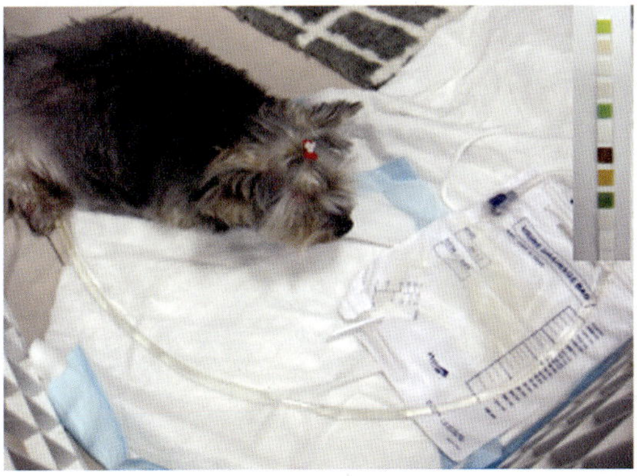

그림 5. 요도카테터와 오줌백을 장착한 개의 외관 사진. 진성당뇨병과 부신겉질기능항진증이 병발한 개의 사진으로 우측 상단에 요와 반응한 요검사스틱 사진이 첨부되어 있다. 아래에서부터 5번째 위에 짙은 갈색으로 보이는 사각형이 당과 반응하는 부위로 색깔이 변화하게 되면 요 중에 당이 존재함을 의미한다.

마. 혈액 검사

전해질, 혈액화학치, 혈구세포 검사, 호르몬, 응고계 기능을 포함한 다양한 항목들에 대해 전혈이나 혈장 또는 혈청 등을 이용하여 수행하는 필수적인 검사 과정 중 하나이다.

바. 요검사

요검사만을 통해서도 신장 기능뿐만 아니라 전반적인 신체 기능의 중요한 변화상 등을 평가할 수 있기 때문에 혈액 검사와 마찬가지로 필수적인 검사 과정 중 하나이다(그림 5).

사. 조직병리학적 검사

환자로부터 획득한 조직검체에 대한 병리학적 검사는 수의내과학 질병에서뿐만 아니라 임상수의학 영역 전반에 걸쳐 아주 중요한 진단법 중의 하나이다. 병리조직 검사결과는 신체 내외부에 발생한 각종 종양성 병변에 대한 평가에서부터 간 질병(liver disorders)을 포함한 많은 질병들의 확진에 결정적인 역할을 한다.

상기한 검사들 이외에도 컴퓨터단층촬영(CT)이나 자기공명촬영(MRI)과 같은 진단영상학적인 평가법과 핵의학적 촬영 등을 통해 신체 내부의 생리 해부학적 변화상들을 추적 평가하기도 하며 조직병리학적인 검사를 수행하기 어려운 경우는 주사기를 이용한 세침흡인법을 적용하여 세포학적검사를 수행하여 진단에 도움을 받기도 한다.

수의내과학에서 약물 처방 이외에 치료적 목적으로 사용되는 치료기법으로는

- **내시경 시술**(그림 6)
- **소화관내 영양튜브 장착**(그림 7)
- **신부전 환자를 위한 혈액 투석 및 복막 투석**
- **선천성심장질병 환자에 있어 심장 내 코일 장착술**
- **기관허탈증 환자를 위한 기관 내 스텐트 장착술**
- **심장박동조율기(cardiac pacemaker) 장착술**

등이 있으며, 이외에도 다양한 장비와 기술을 통해 환자를 치료하게 된다.

그림 6. 위장관내시경을 이용하여 위에서 제거한 자두씨 사진. 국내에서는 여름철에 자두씨를 먹고 구토 증상으로 동물병원에 내원하는 개가 아주 많다.

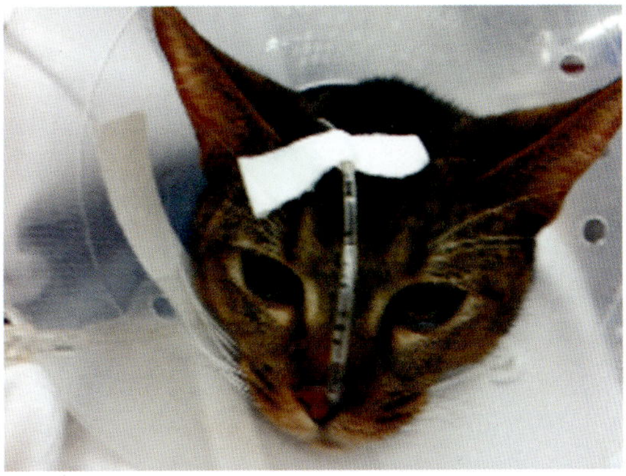

그림 7. Nasoesophageal tube를 장착한 고양이 외관

(3) 수의내과학에서 중요한 질병 및 치료법을 예를 들어 소개하면?

가. 개의 진성당뇨병(Canine Diabetes Mellitus)

사람에서 당뇨병 발생률이 높은 것처럼 개나 고양이와 같은 반려동물에서도 진성당뇨병은 흔하게 발병한다(진성당뇨병은 개에서 발생하는 가장 흔한 내분비 질병 중 하나이다). 인의에서와 동일한 방법으로 진성당뇨병을 분류할 수는 없으나, 발병 개체에 따라 인슐린의존성 당뇨병과 인슐린비의존성 당뇨병으로 일반적으로 우선 구분할 수 있다. 진성당뇨병의 발생원인은 표 2에서 제시하고 있는 것처럼 인슐린생산이 감소하는 원인이 존재하거나, 또는 인슐린내성(insulin resistance)이 증가할 수 있는 원인이 있는 경우에 해당 동물은 진성당뇨병으로 진행하게 된다. 개의 진성당뇨병은 인슐린 내성에 의해 발생하는 경우 보다 절대적인 인슐린 부족에 의해 발생하는 경우가 90% 이상인 것으로 알려져 있다.

개에서 진성당뇨병의 진단은 표 3에서처럼 절식 시에 지속되는 고혈당증 소견과 오줌에서의 당 검출을 통해 상대적으로 쉽게 진단할 수 있다. 동물에게 가해지는 일시적인 환경적 스트레스나, 다른 질병들에 의해서 고혈당이 관찰될 수 있으나 fructosamine 등의 측정을 통해 과거부터 지속된 진성당뇨병에 의한 고혈당증인지 아니면 진료 시점에만 관찰되는 고혈당증인지를 구분하기도 한다. 임상병리학적으로 혈중의 당 농도가 높거나 오줌에서 당이 관찰되게 되면 수의내과학을 전공한 수의사는 감별진단리스트(a list of differential

Decresed Insulin Production	Enhanced Insulin Resistance
Autoimmune islet destruction	Obesity
Islet cell hypoplasia	Hormonal anagonism
Pancreatitis	Glucagon (uremia, stress, glucagonoma)
Pancreatic neoplasia	Glucocorticoids (HAC, exogenous, stress)
Pancreatic injury	Catecholamines (pheochromocytoma, stress)
Drug/chemical toxicity	Growth hormone (progesterone/progestogen induced)
Senile islet degeneration	
↓	↓
인슐린의존성 당뇨병	← 인슐린비의존성 당뇨병

표 2. 개에서 진성당뇨병의 원인과 구분

diagnosis)를 작성하게 된다. 감별진단리스트에 나열된 질병 하나하나를 꼼꼼히 체크하여 현재 본인이 진료하고 있는 환자가 실제 진성당뇨병인지 아닌지를 평가하게 된다. 해당 환자의 병력, 임상 증상, 그리고 진단적 검사 과정을 통해 얻어진 결과를 통해 진성당뇨병으로 진단하게 되면 적절한 치료 전략(표 4)을 수립하게 되고 혈당곡선(glucose curve) 작성(그림 8) 등을 통해 최적의 인슐린 타입과 인슐린 용량을 결정하게 된다. 여러 내과 질병 중에서 특히 내분

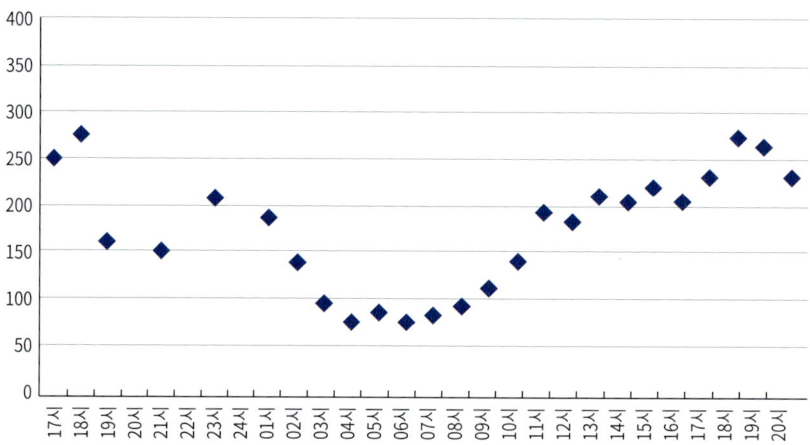

그림 8. 진성당뇨병인 개에서 작성한 혈당 곡선 일례.
해당 환자는 NPH 인슐린을 이용하여 혈당조절을 하였으나, 최근 갑작스런 인슐린 작용시간 감소로 인해 장시간 작용형 인슐린제제인 glargine 투여를 시도하였다. Glargine 0.3 U/kg의 단회 투여(피하주사)와 함께 24시간 동안 2시간 간격으로 간이혈당측정기를 이용하여 혈당을 측정하였으며, 혈당 곡선 작성 결과는 80 - 270 mg/dL 범위를 나타내어 비교적 우수한 혈당범위를 나타내었다.

비 질병은 질병의 완치를 목적으로 하는 것이 아니라 적절한 치료 약물을 통해 증상 경감 또는 소실을 그 목적으로 하고 있기 때문에 보호자를 통한 증상 개선 평가가 전체 진료 과정 중에서 아주 중요한 부분을 차지한다.

- 수의학에서는 인의와 달리 아직 전 세계적으로 인정하는 체계화된 진성당뇨병 분류법은 없으나 인슐린 사용유무에 따라 두 가지 타입으로 분류하고 있다.
- 개는 프로제스테론의 자극에 의해 유선조직에 의해서도 성장호르몬이 생산될 수 있는 특별한 동물로 이에 의해서도 인슐린내성이 유발된다.
- 개에서도 임신성당뇨병이 발생할 수 있으며, 사람과 마찬가지로 임신유지 호르몬으로 알려져 있는 프로제스테론이 질병 발생에 중요한 역할을 한다.
- 개에서 인슐린내성이 발생하는 가장 흔한 원인은 코티솔 과잉이 특징인 부신겉질기능항진증이다.
- 진성당뇨병으로 확진된 개에서 NPH 인슐린 요구량이 체중(kg)당 2.2U 이상이면 반드시 인슐린내성 발생을 의심하여야 한다.

- Stress leukogram
- Persistent Fasting Hyperglycemia (Transient vs Persistent) (> 144 mg/dL)
- Elevated liver enzyme (ALT, AST, and ALP)
- Hypercholesterolemia and/or Hypertriglyceridemia : may be elevated with concurrent pancreatitis
- Hyperglycemic Glucosuria
- Ketonuria (β-hydroxybutyrate, acetoacetate and acetone)

표 3. 진성당뇨병이 발생한 개의 임상병리검사 소견

1. Diet : 체중 조절과 고섬유질, 고단백질, 저탄수화물, 저지방 식이
2. Exercise : 매일 같은 시간에 동일 시간 분량
3. 인슐린 주사(식이급여 후에 주사하며, 하루 2회)
- Short-acting(IM, IV) : 이는 주로 응급의 경우에, NPH-R
- Intermediate-acting (SC) : NPH-N
- Long-acting (SC) : Glargine
4. 철저한 보호자 교육과 보호자를 통한 모니터링
5. Fructosamine 농도 측정
6. 당뇨병과 관련한 임상 증상 소실 및 완화

표 4. 진성당뇨병이 발생한 개에 대한 치료 전략 및 목표

대동물 내과학 분야에서는 소동물 내과학에서와 마찬가지로 장기별 또는 기능별로 분류한다. 대상이 되는 소와 말의 내과 질병을 위주로 배우게 되며 그 질병이 무엇인지 알아내는 진단이 무엇보다 중요하다. 그 진단을 내리기 위해 주변 환경검사와 더불어 축주인 주인으로부터 병력을 청취하고, 아픈 환자에 대해 일반적 임상검사, 신체 및 실험실 검사를 통해 의심되는 장기의 정밀검사, 확인된 장기의 특수검사(예, 진단개복검사, 내시경검사, X선검사)를 실시할 수 있다. 그러나 집단가축에 대해서는 질병 동태에 영향을 주는 요인을 파악하는 곳이 중요하다. 즉 관리군별, 발생시기별, 영양군별, 유전계보별, 방역조치별에 따라 해당 원인을 결정하고 진단을 내리게 된다. 수의 본과에서 대동물의 개개의 질병과 집단 질병에 대해 자세히 배우기로 하고, 여기서는 신생 송아지의 질병 저항성을 좌우하는 초유와 수동면역기능에 대해 알아보고, 왜 송아지는 반드시 초유를 먹여야 하는지를 얘기 하고자 한다.

(4) 초유

가. 소의 초유

면역기능이 미숙한 신생송아지의 감염에 대한 방어 작용은 대부분 모우의 초유에 의존한다. 모우의 면역이 신생송아지에게 이행되는 경로는 동물 종에 따라 동일하지 않고, 그 이행기전은 비교 생물적으로도 흥미로운 점이 많다. 포유동물은 모자간의 면역글로불린(immunoglobulin; Ig)의 이행 양식에 따라 다음과 같이 분류 할 수 있다. 1) Ig이 태아내로 이행하여 모자간에 혈중 Ig 수준이 거의 동등하게 되는 것으로는 사람, 원숭이, 토끼 등이 있고, 2) Ig이 생후 수 시간 이내에 초유를 통해서 새끼에 이행되는 것으로는 소를 포함한 유제류가 있으며, 3) Ig이 태아로 일부 이행하고, 생후 초유를 통해서도 일부 이행하는 것으로는 개, 고양이, 쥐 등이 있다. 소는 상기 분류에 따르면 2)에 속하고 모자간의 Ig의 이행은 태아시기에 태반을 통해서 일어나지 않고, 전적으로 초유를 통해서 일어난다. 모자 면역기전이 서로 다른, 사람, 소 및 돼지의 유즙 중의 Ig을 비교하면, 혈중 Ig의 각 class의 함량 비는 동물 종에 따라 큰 차이가 없으나, 유즙 중의 Ig은 동물의 종에 따라 현저하게 다르다. 사람의 초유는 IgA가 총 globulin 량의 90%를 점하고 있으나, 소와 돼지에 있어서는 80% 이상이 IgG이다. 사람의 경우에서는 초유로부터 보통 우유로 이행됨에 따라 각 class의 Ig이 대략 1/10로 감소하고 이행과정을 통해서 IgA의 함량비가 높아지게 된다. 소에 있어서도 비슷하게 각 class의 Ig이 감소하지만 함량비는 IgG_1이 가장 높다.

나. 유즙중의 면역글로불린(Ig)

초유 중의 Ig은 거의 대부분 모우의 혈액에서 이행된다. 따라서 그림 8에서와 같이 분만 시기 전후에 모우의 혈중에서는 γ-globulin치가 떨어지고 반대로 초유 중에는 증가하여 농축하게 된다. Ig이 모우의 혈액에서 유선상피세포를 거쳐 초유로 이행될 때, Ig에 따라 선택적으로 이행한다. IgG_1을 예로 들면, IgG_1 특이 수용체가 유선상피 세포에 존재하여 IgG_1을 선택적으로 받아들이고 또한 성호르몬(주로 estrogen 및 progesterone)이 유선상피세포에 작용하여 선택적으로 투과성을 증가시키는 것으로 알려져 있다. 모우 혈액 중의 Ig, 특히 IgG_1이 초유로 이행할 시기에는 모우 혈액 중의 IgG_1 함량은 분만 전에 현저하게 감소하여 분만 4주 후에 회복된다. 혈액으로부터 유즙으로 IgG_1의 선택적 이행은 분만 4~6주 전부터 활발해져서 유즙의 IgG_1은 100 mg/ml 이상이 되며 IgG_2량의 10배 이상이 된다.

초유중의 Ig 농도는 개체에 따라 차이가 있다. IgG_1이 가장 많고, 28~71 mg/ml 으로 다른 Ig의 2~5배가 된다. 그 밖에 IgG_2는 1~6 mg/ml, IgA

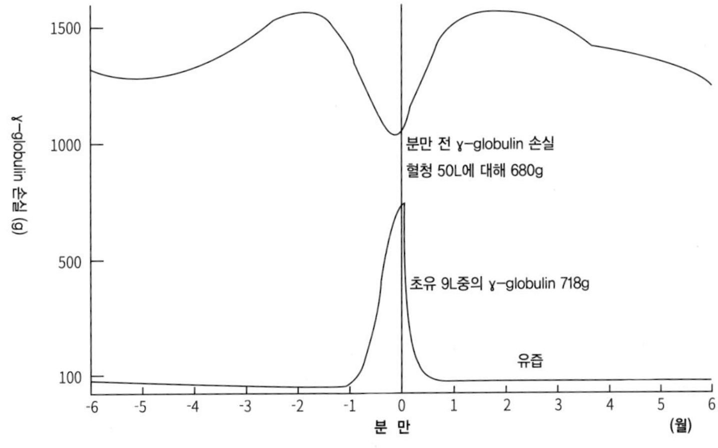

그림 8. 분만을 전후한 월별 소 혈청 및 유즙중의 면역글로불린의 변화

는 3~13 mg/ml, IgM은 1~11 mg/ml으로 함량비는 거의 같다. 초유에서 IgM은 혈액과 거의 동일한 수준이지만, IgG는 혈액에 비해 수배 높은 농도이다. 이와 같이 초유 중에서는 IgG_1이 IgG 중의 대부분을 차지하며 95% 이상이다. 그 밖에 9~19s의 분자량이 큰 IgG가 인정되고, Fab, $F(ab')_2$, IgG_2 Fc, IgG_1 Fc 등의 Ig 분자편이 유즙 중에 인정될 때가 있다. 초유중의 IgM은 분자량(μ chain 분자량 76,000)과 침강계수 모두 혈중 IgM 보다 약간 크다. 초유중의 IgM은 secretory component(SC)와 결합해서 대장균에 대해 opsonin 활성을 나타내기도 한다. 초유중의 IgA는 SC와 결합한 분비형 IgA(SIgA)이며, 침강계수는 약 11s로 사람의 IgA와 항원적으로 교차한다. 소의 유즙 중에는 glycoprotein-a라고 부르는 다량의 유리 SC(free secretory component; FCS)도 포함되어 있다. FCS는 초유보다는 원유에 많고 0.1 mg/ml 정도이다. 유증 중의 Ig은 분만 후 2일 이내에 급격히 감소하고 1주 후에는 서서히 감소한다. 감소율은 Ig class에 따라 약간 다르다. 초유와 원유에 상관없이 IgG_1이 가장 감소율이 크다. 유선조직을 형광항체법으로 조사해보면 IgG, IgM, IgA, FCS를 가진 세포가 검출되고, 국소적으로 생산되는 것을 알 수 있다. 유선에서는 IgA의 생산은 IgG_1의 혈중으로부터 이행량과 반비례하고 그 양은 아주 적다.

다. 장관에서 유즙 면역글로불린(Ig)의 흡수

초유를 적절하게 섭취하는 것은 신생 송아지의 감염 예방을 위해 아주 중요하다. 장관으로부터 Ig의 흡수에는 초유 섭취량, 사육환경, 출산상황 등외에 혈중 cortisol 농도가 영향을 줄 수 있다. 초유는 생후 5~6 시간 이내에 체중의 5%를 섭취하는 것이 바람직하다. 혈중 IgG_1의 농도는 10 g/L (혈청에서는 16 g/L)가 적절하며, 이 농도이하이면 신생송아지 때의 장염이나 폐렴 등에 대한 이병율과 폐사율이 높아지게 된다.

송아지는 포유로 Ig을 섭취한 후, 그것이 장관에서 분해되는 것이 아니고 소장의 흡수세포에 의해 혈중으로 이행한다. 그러나 시간적 제한이 있어 생후 12~48시간 이내에 일어나지 않으면 정지한다. 고분자물질이 장관에서 혈액으로 이행이 정지되는 것을 gut closure라고 하며, 장관에서 Ig의 흡수는 Ig의 class에 따른 선택성은 없고 거의 같은 정도로 흡수되며, IgM 함량이 낮은 초유에서는 그것의 흡수효율이 높다. Ig class에 따라서 gut closure

가 일어나는 시간은 큰 차이가 없고, 25~26시간이라는 보고와, IgG 27시간, IgA 21시간, IgM 16시간으로 약간씩 차이가 난다. 돼지에서는 급여사료에 따라 gut closure에 차이가 있지만 소에서는 급여사료에 관계가 없다. 기아상태에 있는 소나 1% 포도당을 계속 급여시킨 소라도 gut closure는 31시간 이상이 되지 않는다. Ig은 소장하부에서 가장 흡수가 잘 된다.

신생송아지에서는 Ig과 같은 단백질이 장관에서 소화되지 않고 완전한 형태로 혈액으로 이행한다. 초유 중에는 트립신 억제물질이 포함되어 있어, 트립신에 의한 Ig의 분해를 막아준다. 사람의 경우에서와 같이 Ig이 장관을 통해 혈액으로 이행하지 않는 동물의 초유 중에는 트립신 억제물질의 함량은 극히 적다. 한편, 생후 20시간 이내의 신생 송아지의 위에는 펩시노젠 과립을 함유하고 있는 소화세포가 많고, 염산을 분비하는 위벽세포가 적다. 따라서 위 내용물의 pH가 5.6~7.0이기 때문에 펩신의 활성은 억제된다. 프루테아제 뿐만 아니라, 녹말분해효소, 지질분해효소(라이페이스), 엿당가수분해효소 등의 효소활성도 낮다. 신생 송아지에서는 펩신의 활성이 낮기 때문에 Fc가 파괴되지 않는다.

Ig의 장상피 세포를 통한 혈중으로의 이행은 장상피 세포에 의한 탐식과 세포내의 통과라는 두 가지 과정으로 나누어진다. 세포에 의한 탐식은 Ig의 Fc가 세포의 미세융모 표면의 수용체와 결합한 후 탐식작용에 의해 흡수하게 된다. Ig은 수용체와 결합한 상태에서 phagosome 내벽에 부착하여 lysosome 작용을 받지 않은 상태로 세포강에서 림프관에 들어가게 된다. 분자량이 큰 Ig은 상피세포로부터 직접 림프관으로 들어가지만, 분자량이 약간 작은 알부민은 림프관이 주된 경유 코스이고, 일부가 직접 혈액으로 들어간다.

Ig의 흡수는 생후 4시간 이내에 가장 활발하기 때문에 포유개시 시기가 빠를수록 흡수효율이 좋다. 흡수효율을 높이기 위해서는 일정량 이상의 초유를 포유시키는 것이 바람직하며, 홀스타인 신생 송아지에서는 보통 2L 정도의 양이 적당하다. 초유를 섭취했음에도 불구하고 혈중 γ-globulin 치가 낮은 송아지가 있는데 이것은 적절한 초유 급여시간을 놓친 것도 하나의 원인으로 생각해 볼 수 있다.

신생 송아지에서는 Ig과 같은 초유 중의 단백질은 장관에서 소화되지 않고, 완전한 형태로 흡수되기 때문에 초유를 섭취한 신생송아지는 10시간 후부터 일시적으로 단백뇨를 나타낸다. 요중의 단백질량은 초유 섭취 전은 0.2 g/dl

이지만, 섭취 후는 2.0 g/dl 정도 된다. 주된 단백질은 모유 유래의 2.75s의 β-lactoglobulin이고, γ-globulin은 많지 않다. 단백뇨는 17~26시간 후가 최고치로서 3일 이내에 소실된다.

라. 혈중 면역글로불린(Ig)의 변화

신생 송아지는 초유 중의 Ig을 장관을 통해서 흡수하기 때문에, IgG_1, IgG_2, IgM, IgA 모두가 초유로부터 송아지의 혈중으로 이행한다. 송아지 혈청중의 Ig 함량이 최고치에 달하는 것은 IgM과 IgA가 IgG_1나 IgG_2 보다 약간 빠르다. 초유 섭취 후의 혈청중의 Ig 농도는 IgG_1은 48 mg/ml, IgG_2는 14mg/ml, IgM은 4.3 mg/ml, IgA는 1.8 mg/ml 전후이다. IgG_1과 IgG_2의 감소율은 거의 차이가 없지만, IgA와 IgM의 감소율은 높고 그 시기도 빠르다. 반감기는 IgG_1과 IgG_2는 16~32일로서 다소간 폭이 있으며, IgM은 4일, SIgA는 2.5일(SIgA의 반감기가 15시간이란 보고도 있음) 정도이다. Ig의 반감기는 보고에 따라 다소간에 차이가 있지만 대략 20일 전후로 보는 것이 타당할 것으로 생각된다.

IgG의 체내에서의 분해율은 1일 6%로, 혈관 내, 외의 양적 비율은 1.2 : 1.0 정도된다. 다른 보고에서는 정상 소의 IgG 분해율은 1일 6.6~9.9%(평균 8.2%)정도 이고, 혈중 γ-globulin 치가 높은 소에서는 10.5~13.1%(평균 11.6%)로 정상 소에 비해서 높다. 또한 Ig의 대사에서는 세포 수용체와 결합한 Ig은 lysosome에 의한 분해가 어렵지만, 결합하지 않은 Ig은 분해되기 쉽다. 그렇지만 세포 수용체 수에는 한계가 있기 때문에 과잉의 Ig은 분해될 확률이 높다.

마. 초유 반드시 급여

이상에서 모우의 혈액에서 초유를 통해 신생송아지의 장관을 거쳐 혈액으로 이행되는 Ig의 수동면역 과정을 살펴보았지만, 앞에서 언급하였듯이 신생송아지의 감염에 대한 방어는 초유 급여에 따라 좌우된다. 따라서 생후 가능한 즉시 충분한 초유를 급여시키는 것이 각종 질병 감염에 대한 예방의 왕도라고 할 수 있다. 제왕절개에 의한 분만이나 모우의 사망 등으로 인하여 채유가 어려울 경우에도 다른 농가의 초유를 급여해서라도 반드시 적기에 포유시켜야 함은 물론이다.

임상수의학

02 수의외과학

수의외과학은 동물의 질병을 치료함에 있어 수술적인 방법을 적용하는 학문이다. 수의외과학은 사람에서와 마찬가지로 1800년 이후부터 세균에 대한 이해와 무균법의 확립, 흡입마취의 개발, 항생제의 발견과 같은 역사적 과정을 거치면서 커다란 발전이 이루어졌다. 그리고 질병 진단기법의 발달은 수술적 치료 범위를 확대하는데 크게 이바지 하여 다양한 분야의 세분화되고 전문화된 치료가 이뤄지고 있다. 수의학에서 다루는 대상은 동물의 종류와 품종, 성별, 연령 등에 따라 광범위하기 때문에 각각의 해부학적, 생리학적 지식을 바탕으로 적절한 마취와 수술이 이루어져야 좋은 결과를 기대할 수 있다.

(1) 수술기구와 장비

가. 수술 기구

1) 수술칼과 손잡이(그림 1)

수술칼은 손잡이에 끼워 사용하며 수술목적에 따라 다양한 형태가 있으므로 적절한 것을 선택하여 사용한다. 최근에는 전기메스, 레이져메스 등을 사용하여 출혈을 최소화 하는 방법을 많이 이용한다.

2) 집게

수술 중에 피부나 근육 등의 조직을 잡거나 당기거나 고정하기 위하여 사용한다. 끝은 형태에 따라 다양하므로 조직의 종류 및 상태에 따라 적절히 선택하여 사용한다.

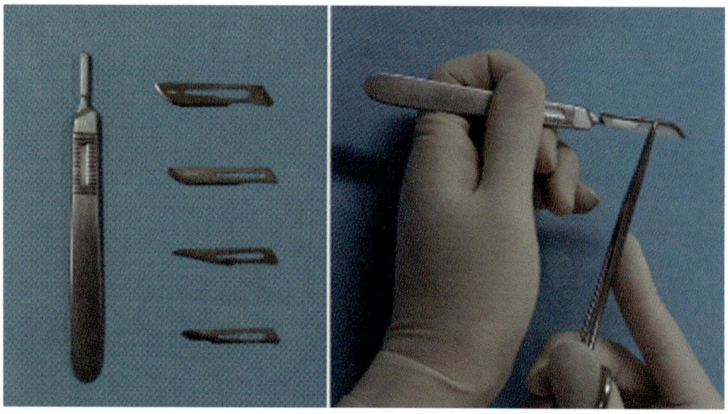

그림 1.
수술칼과 손잡이.
수술칼을 손잡이에 끼우는 방법은 수술칼을 겸자로 안전하게 잡고 장착한다.

3) 가위

조직이나 수술용 봉합사를 자르는데 사용한다.

4) 지혈 겸자

수술 중에 손상을 받아 출혈이 있는 혈관을 잡아서 지혈하는 목적으로 사용한다. 작은 동물에서는 부위에 따라 거즈를 이용한 압박지혈이 가능한 경우가 많고, 중대형 동물에서는 전기메스, 레이져메스 등을 이용하여 소락하여 지혈한다.

5) 봉합사와 바늘잡개

봉합사는 봉합바늘이 연결되어 있는 것이 일반적이다. 체내 흡수여부에 따라 흡수성 봉합사와 비흡수성 봉합사로 구분하고, 바늘 끝의 형태에 따라 각침과 원침으로 구분된다. 각침은 단면이 삼각형으로 깍인 형태로서 단단하고 질긴 조직에 사용하고 원침은 부드러운 조직에 사용한다. 피부 봉합에는 신속하게 봉합할 수 있는 금속제 클립봉합이나 접착제를 사용하기도 한다.

6) 견인기와 개창기

수술시야를 확보하기 위하여 피부조직이나 근육을 벌려주는 목적으로 사용한다.

7) 기타 수술기구

수술내용에 따라 다양한 크기와 형태의 수술기구들이 있다.

나. 수술장비

1) 수술대

동물의 종류와 방사선 장비의 사용유무에 따라 다양한 재질과 형태의 수술대가 사용된다. 특히 마취로 인한 저체온증을 피하기 위하여 보온에 신경 써야 하며 보온장치가 있는 경우에는 수술 중에 혈액이나 뇨(오줌), 수액 등에 의한 저온화상에 주의해야 한다. 수술자와 동물의 편의를 위하여 높낮이와 각도가 조절되는 수술대가 많이 사용된다.

2) 고압증기멸균기

고온에 강한 수술기구는 121℃에서 20~30분간 고압증기 멸균을 실시한다.

3) Ethylene oxide(EO) 가스 멸균기

고온에 약한 합성수지, 고무, 전기 기구에 대해서는 EO가스 멸균을 실시한다. 최근에는 멸균작업이 신속하고 인체에 해가 적은 저온플라즈마 멸균법도 실시한다.

4) 흡입마취기

기관에 관을 장착한 후 마취가스의 흡입을 통한 마취는 다른 마취방법에 비해 정확하고 안전하여 대부분의 수술에 사용된다. 흡입마취기는 기화기를 통해 마취제를 산소와 함께 폐로 전달하여 동물의 마취를 유도하고 마취 심도를 안전하게 제어할 수 있게 하는 장비이다.

5) 흡입기

수술 중에는 수술부위에 혈액이나 세척액 또는 구강이나 기도 내에 다량의 분비물이 있는 경우가 빈번하게 발생하는데 이때 흡입기를 통해 빠르게 제거한다.

6) 무영등

밝은 수술시야의 확보를 위하여 사용하며 천정형 또는 이동형이 있다.

7) 기타 장비

전기메스, 수술용 현미경, X선 투시장비, 각 과별 특수 장비 등이 있다.

(2) 마취

마취란 일정기간 동안 신체의 일부나 전신의 감각상실을 유도하여 동물에게 통증을 유발하지 않고 수술을 가능하게 하는 것이다. 사람과 달리 동물의 경우에는 움직임을 제어하기 위하여 마취를 실시하는 경우도 많다. 수술이 가능한 마취는 외부자극 인식감소, 진통, 반사활동과 골격근 움직임 억제와 중추신경계의 억압에 의해 가능하다. 마취에 앞서 진정제 투약은 심한 긴장과 공포로 흥분된 상태인 동물의 불안감을 해소하고 또한 수술 중에 마취제의 용량을 줄이는 효과도 볼 수 있다. 동물의 종류, 품종, 전신 상태 등에 따른 마취 방법과 마취제의 용량에 차이가 있으므로, 세심한 주의가 필요하다.

가. 마취의 준비

신체검사와 혈액검사를 통해 동물의 건강상태를 확인하여 수술가능 여부를 판단하고 적절한 마취 방법을 선택한다. 일반적으로 6시간 전에 사료를, 2시간 전에 물의 공급을 중단하여야 한다. 마취 전 투약으로 항콜린성 약물, 진통제, 항생제 등을 투약 한다.

나. 마취 방법

1) 주사 마취

마취약을 직접 정맥 내에 주입하여 마취를 유도하는 방법으로 특별한 장비 없이 주사기로 간단히 적용할 수 있는 장점을 지니고 있으나, 마취의 심도를 조절하기 어려운 단점이 있다. Barbiturate계 마취제에는 장시간(8~12시간) phenobarbital, 단시간(45~90분) phentobarbital, 초단시간(5~15분) thiopental 등이 있다. Non-barbiturate계 마취제에는 ketamine, propofol, etomidate 등이 있다. 주사마취의 투약 경로는 정맥내 투약(IV), 근육내 투약(IM), 피하 투약(SC), 복강내 투약(IP) 등이 있다. 주사마취제 중에는 혈관 밖으로 주입되면 조직의 손상 또는 괴사를 일으키는 경우도 있기 때문에 투약 경로를 반드시 확인하고 신중하게 투약한다.

2) 흡입 마취

가스상의 마취약 또는 휘발성 마취약이 마취기의 기화기를 통해 폐, 혈액을 경유하여 중추신경에 작용하여 마취를 유도하는 방법으로 기화기를 통해 마취제의 양을 조절함으로써 마취의 심도를 조절할 수 있으며, 폐를 통한 마취제의 배출로 빠르게 마취로부터 깨어날 수 있는 장점이 있다. 그러나 마취기와 여러 장비가 필요하며 기관내에 관을 장착하는 숙련된 기술이 요구된다. 흡입마취제의 약력을 나타내는 방법으로 최소폐포내농도(MAC)을 사용한다. MAC은 1기압에서 동물의 50%에서 통증에 대한 반응이 나타나지 않는 폐포내 마취제농도를 뜻한다. 흡입마취제에는 halothane, enflurane, isoflurane, sevoflurane 등이 있다.

3) 전신마취와 국소마취

전신마취는 주사마취나 흡입마취를 통해 의식소실을 수반하는 통증 제거 상태를 말하며, 국소마취는 의식소실을 초래하지 않고 국소의 통증 감각을 소실시키는 것을 말한다. 국소 마취, 진통제로 lidocaine, procaine, bupivacaine 등이 있다.

(3) 동물의 수술

가. 수술실 준비

수술실은 수술 중 이차적인 세균감염을 막기 위하여 천장, 벽, 바닥이 소독이 용이한 구조로 되어 있으며 외부 공기의 실내 유입을 차단하는 양압시스템이 되어 있다.

나. 수술전 준비

수술부위에 대한 동물의 해부학적, 생리학적 구조를 확인하고 수술을 위한 각종 멸균 기구와 장비의 상태를 점검한다. 약물의 투약경로 확보를 위해 정맥카테터를 장착하고, 수술계획에 따라 수술 전 필요 약물을 투약한다.

다. 제모

동물은 몸에 털이 많기 때문에 수술부위의 제모가 선행되어야 한다. 동물에 따라서는 제모를 위하여 진정이나 마취가 요구되는 경우가 많다.

라. 보정과 소독

동물은 마취를 하고 수술하기 위한 자세로 보정한다. 70% 알코올, 요오드화제제(포비돈), 클로로헥시딘 등의 소독액으로 수술부위에 철저한 소독을 실시한다. 소독 후 수술자는 소독비누로 손을 깨끗하게 씻고 수술복과 수술용 장갑을 착용한다. 수술장갑을 착용한 상태에서 멸균 수술포를 수술 부위에 덮고 수술부위만 노출 시킨다. 그리고 수술기구들을 정리하여 수술 준비를 한다.

마. 수술

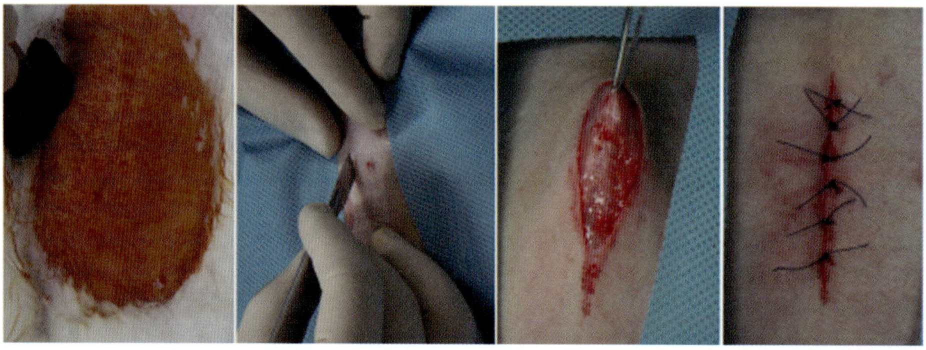

그림 2. 개복수술을 위한 술부 소독, 피부 절개, 봉합 과정.
수술부위에 대하여 광범위하게 소독을 실시하고 수술포를 덮는다. 피부절개를 한 후 복벽의 백선을 확인하고 절개하면 복강안으로 접근할 수 있다. 수술을 마친 후에는 절개된 곳을 봉합하고, 최종 피부를 봉합한다.

수술의 기본은 무균적 조작이기 때문에 수술에 사용되는 모든 기구와 수술부위에 오염물질이 닿지 않도록 주의한다. 대부분의 수술은 피부절개를 시작으로 진행된다. 수술칼을 사용할 때는 반대 손의 엄지와 검지를 이용하여 절개할 피부에 충분한 장력을 주어 피부에서 30-40도 각도를 유지하여 한 번에 절개하도록 하며 피부아래 근육은 원칙적으로 근섬유 방향에 평행하게 절개한다. 복강에 대한 접근을 실시하는 경우에는 피부, 피하조직, 근육, 복막순으로 절개를 한다. 봉합은 절개한 곳을 원래대로 되돌리는 과정으로 혈액이나 체액이 수술부위에 모이는 공간이 없도록 절단면끼리 맞닿게 하여 결합되도록 일정기간 충분한 힘을 유지하는 것이 중요하다. 봉합에는 연속봉합과 결절봉합이 대표적이다. 연속봉합은 한 부분에 결찰을 실시하고 연속적으로 봉합을 이어가고 마지막에 추가 결찰을 실시하는 봉합법이며 결절봉합은 매번 결찰을 실시하는 방법이다. 수술 부위와 장기에 따라 다양한 봉합방법이 있으므로 최선의 방법을 적용한다. 피부 봉합사의 제거는 수술 7일 이후에 실시하며 이 기간 동안 동물에 따라 수술부위를 핥거나 봉합사를 물어뜯는 경우가 많으므로 주의한다.

바. 수술 후 처치

동물은 수술 중에 출혈과 마취에 의해 체온이 떨어지게 되며 심한 통증을 느끼게 되므로 이에 대한 적절한 대처가 중요하다. 특히 체액의 상실을 고려하여 적절한 수액요법을 실시하며 충분하게 산소 공급을 해주고 스스로 호흡이 가능하고 의식이 돌아오는 것을 확인하여 기관튜브를 제거한다. 그리고 구강 내 타액이나 혀에 의한 기도폐색에 주의하고, 수술 내용에 따라 적절한 항생제와 진통제를 투약한다.

(4) 소동물에서 대표적인 외과질환과 수술

가. 외상

몸의 겉에 생긴 상처를 외상(trauma)이라 한다. 외상은 강한 에너지가 신체에 전해지거나 제거될 때 주로 발생한다. 조직에 손상을 가할 수 있는 정도의 물리적, 화학적, 전기적, 열, 방사선 에너지가 있다면 외상을 유발할 수 있다. 교통사고가 가장 흔한 원인이고 그 외 동물 간의 싸움, 날카로운 물체에 의한 외상, 높은 곳에서의 낙상, 좌상, 총상, 화상, 원인 미상 등이 있다. 외상을 입었을 경우 초기에 모든 손상 부위가 명백히 나타나지 않거나 관찰되지 않으므로 손상 받은 양상을 이해하기 위해 외상의 원인을 파악하는 것이 중요하다. 또한 이를 통해 정확하게 진단을 하고 적절한 치료 계획을 수립해 진행한다. 외상의 정도는 미약한 정도에서 죽음에 이르기까지 다양하다. 얼마나 많은 양의 에너지가 전달되었느냐에 따라 달라질 수 있다. 예를 들면, 개가 건물의 3층 이하 높이에서 떨어질 경우 사지 말단에 외상을 입을 가능성이 높고 건물의 4층 이상 높이에서 떨어질 경우 여러 곳에 외상을 입거나 생명을 위협할 정도의 외상을 입을 가능성이 높다. 외상은 힘이 가해지는 양상에 따라 둔기 외상, 관통과 찢김 외상, 총상, 교상, 과다폄/늘임

외상 등이 있다. 이 중 가장 흔한 경우는 둔기외상이고 이는 주로 교통사고나 낙상에 의해 발생한다. 외상을 입은 경우 손상부위, 손상정도, 손상양상 등에 따라 치료방법이 달라질 수 있으므로 초기 진단이 중요하다. 피부에 광범위한 손상을 입은 경우, 상처부위의 철저한 소독 및 괴사조직 제거, 무균적인 포대를 적용하여 신선한 육아조직으로 대체될 때까지 지속적인 관리가 필요하고 경우에 따라서는 피판성형술을 통해 소실된 넓은 피부를 대체해 주기도 한다. 골절이 발생한 경우 이식물(핀, 나사, 뼈판)을 이용한 정형외과적인 수술을 진행한다. 그러나 환자의 상태가 전신마취를 진행할 수 있을 정도가 되기까지 수술을 연기할 수 있다. 골절이 일어날 정도의 에너지가 전달될 시 복강이나 흉강 내의 장기들이 손상 받았거나 파열되었을 가능성이 있으므로 정확한 신체검사, 방사선, 초음파, CT, MRI 등의 검사들을 통해 확인하는 것이 필요하다. 환자의 예후는 손상부위, 손상정도, 손상양상에 따라 다양하게 나타난다.

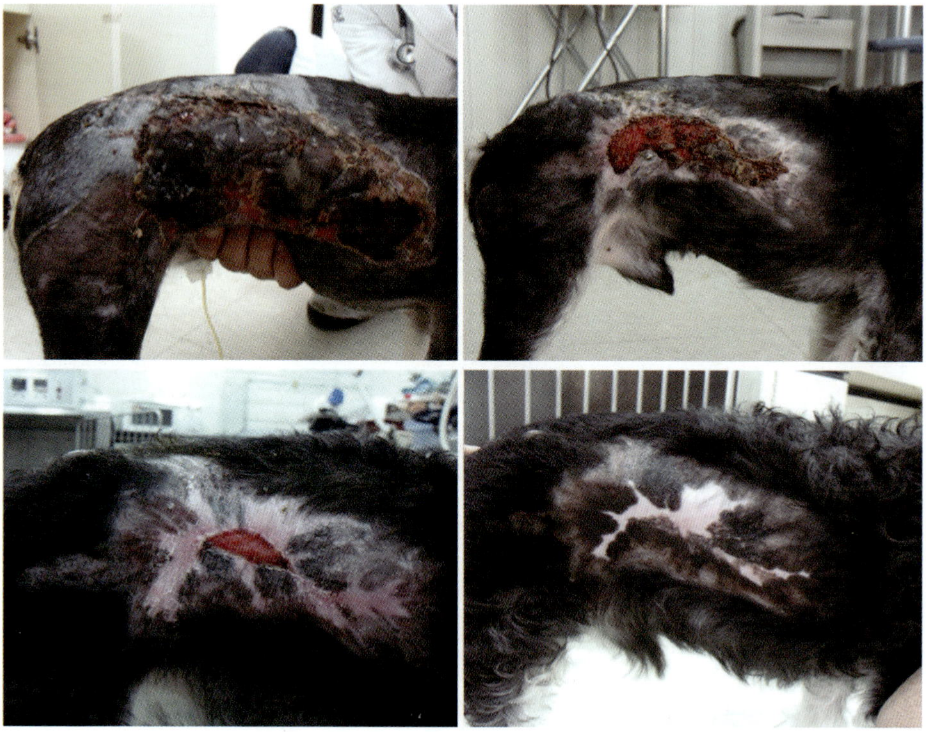

그림 3. 교통사고에 의한 광범위 피부외상 환자. 지속적인 상처부위 소독과 괴사조직 제거술을 실시하여 2개월 후 완치되었다.

나. 골절

강한 외부의 힘이 작용하여 뼈나 연골의 정렬이 부분적 또는 완전히 어긋난 상태를 골절(fracture)이라 한다. 골절은 주위 연부 조직과 혈액 공급에 다양한 정도의 손상을 동반하고 운동계 기능 소실을 유발한다. 골절의 원인으로는 뼈에 직접적으로 큰 외부의 힘이 가해질 경우, 간접적으로 가해질 경우(전달된 힘이 뼈나 근육을 통해 전달되어 처음 작용점과 떨어진 곳에서는 골절을 유발하는 경우), 질병으로 인해 뼈가 용해되거나 뼈밀도가 낮아진 경우, 반복적인 스트레스가 가해진 경우 등이 있다. 골절된 부위와 외부의 상처가 개통되어 있는 경우는 개방성 골절, 그렇지 않은 경우는 폐쇄성 골절이라 한다. 골절된 형태와 위치에 따라 횡골절, 사골절, 나선형 골절, 불완전 골절, 분쇄골절, 관절외골절, 부분관절골절, 완전관절골절, 끼임골절, 찢김골절 등이 있다. 골절 치료이 목적은 조기 보행 및 기능 회복이다. 치료 방법은 크게 폐쇄성 환납과 개방성 환납이 있다. 폐쇄성 환납은 어긋나거나 탈구된 관절의 양끝을 손이나 도구를 이용하여 제 위치로 맞추어 주는 것이다. 주위 조직과 근육 등의 부종 및 수축으로 인해 환납이 용이하지 않고 조작 시 심한 통증을 유발하기 때문에 진정이나 마취와 통증관리가 동반되어야 한다. 근육을 이완시키고 자극을 줄이기 위해 10 ~ 30분에 걸쳐 천천히 당겨주어야 한다. 개방성 환납은 직접

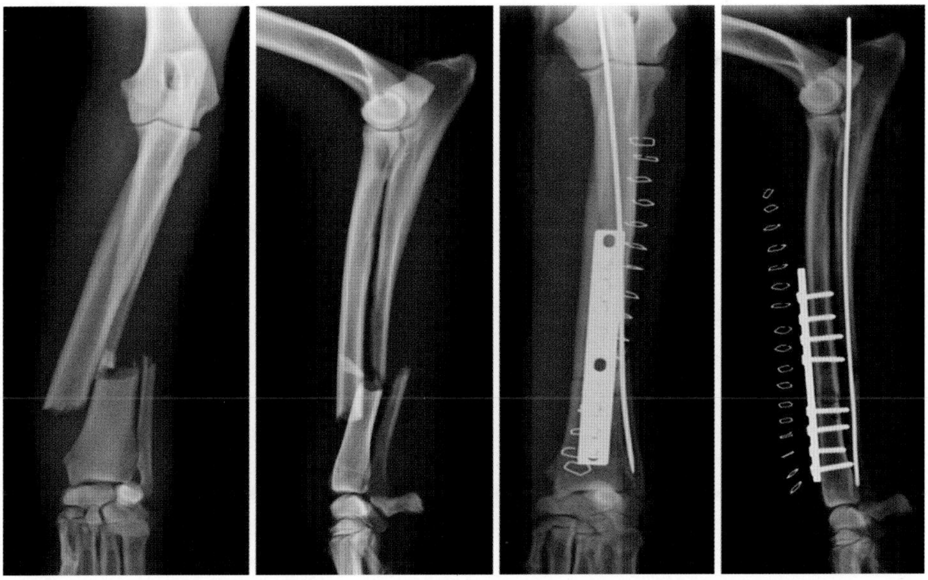

그림 4. 앞다리 노뼈와 자뼈의 골절을 뼈판, 나사, 핀을 이용하여 정복한 환자의 수술 전후의 방사선 사진.

골절된 부위에 수술적으로 접근하여 어긋난 뼈를 교정해 주는 것이고 전신 마취와 통증관리가 동반되어야 한다. 어긋난 골절부를 환납한 후에 안정적으로 고정하는 방법으로는 팔다리 부목고정, 뼈 부목고정, 압박법이 있다. 팔다리 부목고정으로는 부목을 이용한 붕대법, 석고 붕대, 토마스 부목법, 로버트 존스 붕대법 등이 있다. 뼈 부목고정으로는 핀을 이용한 수내정, 뼈판과 나사를 이용한 방법, 핀을 이용한 외고정법 등이 있다. 압박법으로는 래그 스크류법, 원형 철사법, 긴장대 강선법, 압박 뼈판법 등이 있다. 골절의 예후는 골절부의 안정화가 적절히 이루어졌는가에 따라 결정된다.

다. 무릎뼈 탈구 및 십자인대 단열

무릎뼈 탈구는 무릎뼈가 도르래고랑 내에 위치하지 못하고 내측이나 외측으로 이탈되어 있는 증상을 말하고, 개에서 흔히 발생하며 때때로 고양이에서도 발생한다. 내측탈구는 주로 소형과 중형 품종에서 발생한다. 원인으로는 넙다리네갈래근의 내측 변위, 넓적다리 원위부의 외측으로의 비틀림, 넓적다리 원위 1/3 지점의 외측으로 휨, 넓적다리 뼈끝의 형성이상, 무릎관절의 회전에 대한 불안정, 정강뼈의 변형 등이 있다. 무릎뼈 탈구는 증상에 따라 4단계로 나뉜다. 1단계는 무릎뼈에 힘을 가했을 경우 탈구 되나 힘을 제거하면 다시 도르래고랑 내로 무릎뼈가 돌아오는 상태, 2단계는 무릎뼈를 탈구시키거나 도르래고랑 내에 위치시키거나 그 상태를 유지하는 상태, 3단계는 주로 무릎뼈가 도르래고랑으로부터 탈구되어 있으나 인위적으로 도르래고랑 내로 원위치 시킬 시 환납이 가능한 상태, 4단계는 무릎뼈가 도르래고랑으로부터 탈구되어 있고 인위적으로 환납시키려 해도 불가능한 상태를 말한다.

임상증상으로는 보행이상, 다리를 드는 증상, 보행 시 통증 호소 등이 있고, 단계가 높을수록 임상증상이 심하게 나타난다. 수술적 치료 목적은 도르래고랑으로부터 탈구된 무릎뼈가 정상 위치에서 안정적으로 관절 운동을 할 수 있도록 해주는 것이다. 수술법으로는 넓적다리근막중첩술, 무릎뼈와 정강뼈의 회전방지 봉합법, 도르래성형술(도르래 쐐기 절제술, 도르래블록후퇴술, 도르래고랑성형술), 정강뼈의 거친면 변위술, 무릎뼈 절제술, 절골술 등이 있다.

십자인대는 앞쪽 십자인대와 뒤쪽 십자인대로 이루어져 있다. 앞쪽 십자인대는 앞내측띠와 뒤외측띠로 이루어져 있고 정강뼈가 넓적다리뼈에 비해 앞쪽으로 변위되는 것을 방지하는 기능을 한다. 앞쪽 십자인대 단열은 퇴행성

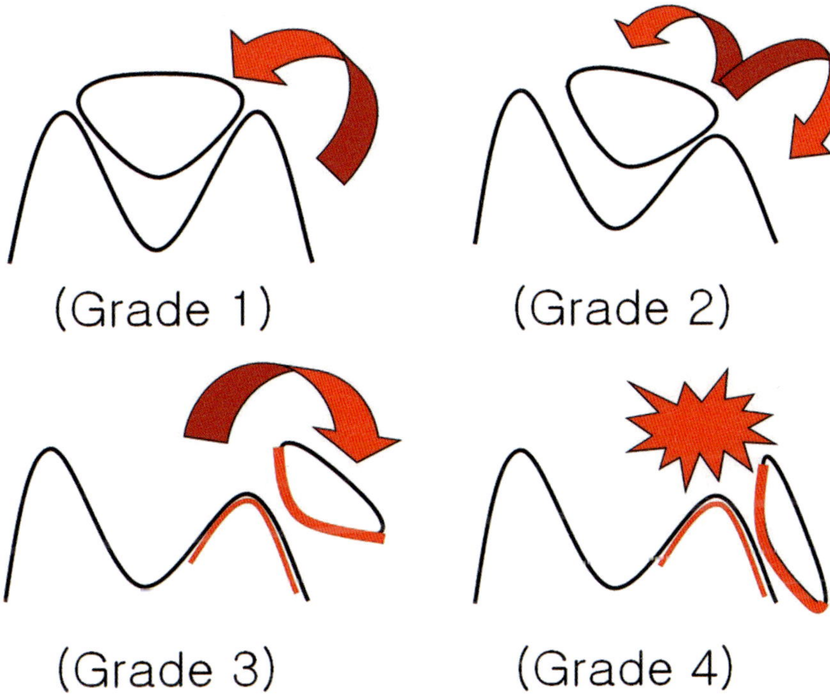

그림 5. 무릎뼈 탈구의 등급 판정 그림표. 1단계 - 무릎뼈에 힘을 가했을 경우 탈구 되나 힘을 제거하면 다시 도르래고랑 내로 무릎뼈가 돌아오는 상태, 2단계 - 무릎뼈를 탈구시키거나 도르래고랑 내에 위치시키거나 그 상태를 유지하는 상태, 3단계 - 주로 무릎뼈가 탈구되어 있으나 인위적으로 도르래고랑 내로 원위치 시킬 시 환납이 가능한 상태, 4단계 - 무릎뼈가 도르래고랑으로부터 탈구되어 있고 인위적으로 환납시키려 해도 불가능한 상태.

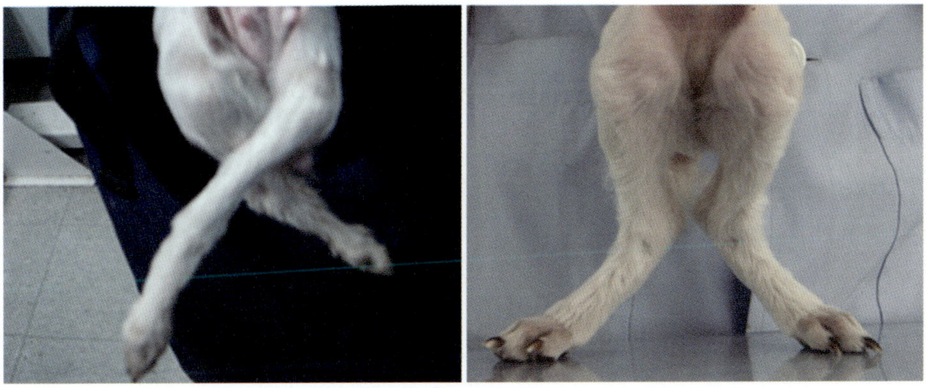

그림 6. 4단계의 무릎뼈 탈구 환자(왼쪽그림: 무릎뼈 내측 탈구, 오른쪽그림: 무릎뼈 외측 탈구). 두 환자 모두 정상적인 보행은 불가능 하였다.

변화와 외상에 의해 발생한다. 노화나 내재한 무릎관절의 질환으로 인해 퇴행성 변화가 유발되면 앞쪽 십자인대가 약해지고 그 결과 외상에 취약해진다. 급성손상, 만성손상, 부분 단열로 나눌 수 있다. 급성손상 시 갑작스러운 비체중부하파행이 나타나거나 최소한의 체중부하만 하는 보행을 보이고 반월판의 손상이 없는 체중 10 kg 이하의 환자의 경우 대개 3 ~ 6 주에 걸쳐 파행이 개선된다. 비체중부하파행이나 최소한의 체중부하만 하는 보행이 지속되는 환자들은 수술적 치료를 적용하기까지 파행증상이 나타난다. 만성손상 환자들은 과거에 급성손상을 받은 후 서서히 회복되었으나 체중부하파행이 지속되는 경우가 많다. 이런 환자들은 앉거나 일어설 때 어려움을 겪는다. 만성적인 파행은 퇴행성 관절염과 관련 있다. 부분 단열의 경우 초기에 진단하기가 어렵다. 운동 후 불편함을 느끼다가 휴식을 취한 후 회복되는 경우가 많고, 인대가 지속적으로 찢어지면 무릎관절의 안정성이 떨어져 증상이 악화되고 휴식을 취해도 회복되지 않는다. 앞쪽 십자인대 단열 환자는 신체검사시 정강뼈가 앞쪽으로 변위되는 전방전위징후(drawer sign)를 보인다. 수술법으로는 낭내재건술, 낭외재건술, 종아리뼈 머리전진술, 정강뼈 거친면 절골술 등이 있다. 재건술을 받은 환자들의 장기적인 보행기능은 양호하다. 하지만 시간이 지남에 따라 활동량이 서서히 줄거나 추운날씨에 유해반응을 나타내고, 퇴행성 관절염이 진행되어 무릎관절이 경직되기도 한다.

라. 각막손상

각막은 안구의 가장 바깥막으로 혈관구조가 없는 섬유막이다. 각막은 상피층, 기질층(각막버팀질), 데스메막(뒤경계판), 내피층(뒤상피) 총 4층으로 이루어져 있다. 각막손상의 원인은 기계적 손상, 화학적 손상, 감염, 대사성 원인, 신경원성, 면역원성 원인 등이 있다. 기계적 원인으로는 찰과상, 눈꺼풀질병(안검질병), 이물, 눈꺼풀속말림(안검내반증)과 돌출안구, 눈꺼풀마비(안검마비), 전신마취 등으로 인한 외부 노출 등이 있다. 화학적 원인으로는 비누나 세제, 산성이나 알칼리성 액체, 곤충 기피제 등이 있다. 애완동물에서는 눈, 귀 또는 얼굴에 가려움증을 동반한 질환에서 긁는 동작에 의해 각막손상이 많이 발생한다.

임상 증상으로는 통증, 눈물흘림, 결막염, 각막의 변화 등이 있다. 통증이 있으며 눈꺼풀떨림(안검경련)이 나타난다. 각막이 깊게 손상되었다면 육안적으로 확인이 가능하지만 얕게 손상받은 경우 염색을 하거나 세심하게 관찰하지 않으면 알기 어렵다. 기질층이 깊게 손상된 경우 각막의 변연부으로부터 손상부로 혈관화가 진행되고 기질층에 물이 차 부종이 발생하여 안구의 투명도가 떨어진다. 만성적인 자극에 의해 각막손상이 유발되는 경우 손상부위에 색소가 침착되어 투명도를 소실하기로 한다. 병력청취, 임상증상, 직접검안, 형광염색 등을 통해 진단한다. 눈물량이 부족한 경우도 각막손상을 유발할 수 있으므로 눈물량 검사를 진행하는 것도 진단에 도움이 된다. 형광염색제는 친수성 용액으로 친지성인 각막의 상피층은 염색이 되지 않고 친수성인 상피층과 기질층과 접촉하면 녹색으로 염색된다.

치료 방법으로는 내과적인 방법과 외과적인 방법이 있다. 내과적인 방법이 효과적이지 않거나 각막이 깊거나 넓은 범위가 손상되었을 경우 외과적 방법이 추천된다. 외과적 방법으로는 안검플랩, 제 3 안검플랩, 결막플랩 등이

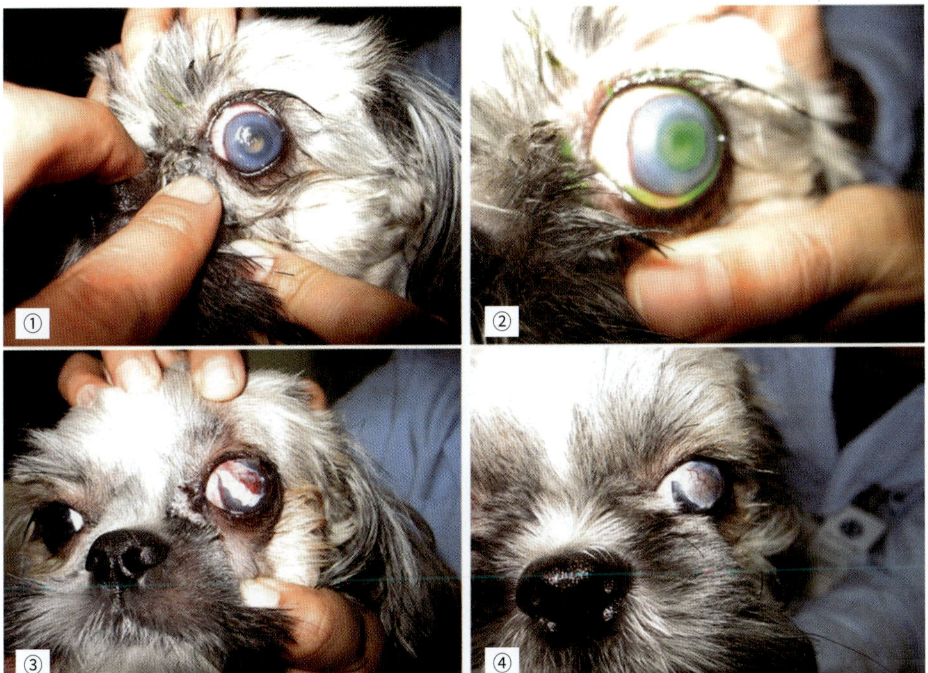

그림 7. 각막손상 환자에 결막플랩법 적용. 형광염색을 통해 각막궤양을 확인하고(②), 결막의 일부를 이용하여 각막손상부를 덮어주는 결막플랩법을 적용하였으며(③), 6주째 손상각막이 잘 치유되고 있음을 보여주고 있다(④).

있다. 손상받은 각막을 외부로부터 보호하고 적절한 수분을 공급해주며 주위 조직으로부터 혈액이나 치유에 도움이 되는 물질들을 풍부히 공급받게 해주어 빠른 각막 수복을 할 수 있게 한다. 하지만 전신마취가 동반되어야 하기 때문에 수술 전에 환자의 전반적인 평가가 필요하다. 각막 손상 후 이차적으로 포도막염이 유발되지 않고 치료에 잘 반응하는 경우 예후는 양호하다. 그러나 기질층이 깊게 손상받은 경우 수복과정에서 섬유소들이 손상 전과 같이 정교하게 배열되지 못하기 때문에 반흔이 남을 가능성이 있다.

마. 소화관내 이물

소화관내 이물이 정체되어 문제를 일으키는 해부학적 위치로는 식도(흉곽입구, 심장바닥, 횡격막), 위(유문부), 십이지장, 공장, 회장, 결장이 있다. 결장에 이물이 있는 경우 연동운동에 의해 배출되기도 한다. 주로 발견되는 이물로는 뼈가 가장 흔하고, 그 외에 날카로운 금속 물질(바늘이나 낚싯바늘), 생가죽으로 만들어진 씹을 수 있는 장난감, 줄, 동전 등이 있다. 어린 연령의 사회화가 덜 진행된 동물에서 주로 관찰되지만 성년에서도 뼈나 장난감 등을 삼키고 소화관내 정체가 일어나는 경우가 있다. 소화관내 이물이 존재하면 연동운동이 자극된다. 만약 이물로 인해 주위 조직에 과도한 압력이 가해지거나 한 위치에 오랫동안 머물게 된다면 압박괴사를 유발할 수 있고 더 진행되어 천공을 유발할 가능성도 있다. 염증이 진행되면 신경근의 기능이 떨어지게 되고 연동운동 능력도 감소하게 된다. 또한 정체된 위치의 근위쪽의 확장이 일어난다. 상부소화기계에서 폐색이 발생하면 구토가 주로 발생하고 하부소화기계에서 폐색이 발생하면 설사 증상을 동반하는 경우가 있다. 가장 먼저 관찰되는 증상으로는 삼킴 곤란이나 구토, 식욕결핍이 있다. 다른 증상으로는 구역질, 과다 침흘림, 안절부절(증), 탈수, 우울증 등이 있다. 방사선 촬영과 초음파 검사를 통해 진단이 가능하고 방사선 촬영 시 조영제를 사용하면 좀 더 정확한 결과를 얻을 수 있다. 그러나 구토가 심한 경우 조영제를 소화관내로 투여하기 힘들다. 상부소화기계(내림십이지장까지)에 이물이 있고 이물이 주위조직과 심하게 유착되어 있지 않다면 내시경을 통한 제거가 가능하다. 이물이 있는 위치에 따라 수술적 접근 방법이 달라질 수 있고, 이물이 정체되어 있던 부위의 주위 연부조직의 연동운동, 점막색깔, 혈액공급 등 문제가 있다면 장절제술과 문합술이 동반되어야 한다. 예를 들면, 식도 내 이물

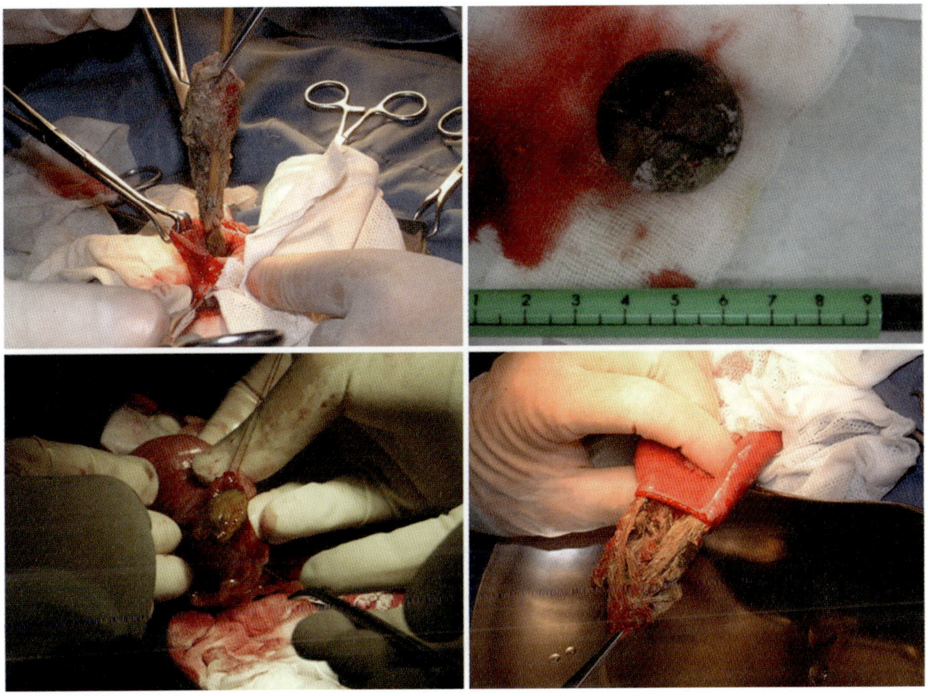

그림 8. 수술적 방법으로 제거된 다양한 소화기계내의 이물.

이 흉곽입구 주위나 심장바닥에 존재할 경우 개흉술이 진행되어야 하지만 식도의 원위부에 존재할 경우 위절개술을 통해 접근하여 이물을 제거하기도 한다. 이물을 삼키고 초기에 적절한 치료가 이루어진다면 예후는 양호하나, 오랜 시간이 지나고 주위 조직이 광범위하게 손상되어 약 70 ~ 80% 이상의 소장분절을 절제하게 되는 경우 짧은창자증후군이 발생할 가능성이 있다. 또한 이차적으로 복막염이나 패혈증이 발생할 수 있다.

바. 피부 종양

피부와 피하조직의 종양은 개의 종양의 1/3, 고양이 종양의 1/4을 차지할 만큼 발생 빈도가 높은 종류의 종양이다. 피부 종양에는 여러 가지 유형이 있다. 발생 빈도가 높은 것부터 비만세포종, 항문주위 선종, 림프구종, 피지선종, 조직구종, 편평세포암종, 흑색종, 섬유육종 등이 있다. 이 중 비만세포종은 개 피부종양에서 첫 번째, 고양이 피부종양에서는 두 번째로 다발하는 종류의 종양이다. 원발성의 피부 및 피하조직의 종양은 개에서 약 20~40%, 고양이에서 50~65% 정도가 조직학적으로 악성이며, 악성의 확률은 나이와 품종에 따라 달라지는 경향이 있다고 보고되어 있다. 피부 종양의 발생에 관한 특정한 병인론은 많은 부분이 밝혀져 있지는 않으나, 최근의 연구에 의하면 여러 가지 물리적인 요인(방사선 조사, 열 손상), 유전적 요인, 호르몬, 백신, 바이러스, 면역학적 요인 들이 영향을 미치는 것으로 생각된다. 많은 경우에 있어서 피부 종양은 종양의 종류가 밝혀지지 않은 상태에서 치료가 이루어진다. 특정한 유형의 치료는 국소부위 발생 또는 원거리 전이의 여부, 종양의 발현 형태, 환자의 전반적인 신체 상태에 따라 결정되는데, 종양이 피부의 국소 부위에만 존재한다면 종양의 크기와 위치가 적절한 치료 방법을 선택하는데 중요한 결정 요인이 된다. 수술적 방법으로 피부 종양을 절제하는 것이 가장 일반적인 치료의 방법인데, 이때 적절한 절제부위를 선택하는 것이 가장 중요하다. 적절한 절제가 이루어 졌는지의 평가는 절제면에 대한 병리학적 검사로 이루어지며, 이것이 가능하다는 것이 수술적 절제의 장점이다. 종양의 크기가 매우 큰 경우에는 일시적인 증상의 경감 및 다른 치료의 용이성을 위하여 종양의 크기를 감소시키는 목적의 수술이 이루어지기도 한다. 수술적 종양 절제의 실패 원인의 대부분은 부적절한 수술 부위의 결정이다. 때때로 사지 말단의 피부 및 피하 종양에서 사지 절단술이 치료 방법으로 선택되기도 하며, 대체 방법으로 종양의 절제 후 방사선 치료가 유효한 경우가 있다. 해부학적 위치상 충분한 수술적 절제가 불가능한 경우에는 냉동수술, 방사선치료, 레이저절제, 광선역학요법, 고온요법 등이 실시될 수 있다.

사. 방광 결석

개의 뇨(오줌)에는 여러 가지 염들이 복합체 형태로 용해되어 있으며, 이 염들은 과포화 상태가 되면 용해 상태에서 고체의 결석으로 형성될 가능성이 있다. 결석은 요상피에 손상을 줄 수 있으며 요로계에 염증을 일으켜 혈뇨, 빈뇨증, 무뇨증, 통증배뇨 등의 증상을 일으킬 수 있다. 또한 이 증상들은 세균성 요로계 감염을 일으킬 가능성이 있다. 요관 및 요도의 결석은 오줌 배출 장애를 일으킬 수 있다. 개에서 대부분의 뇨 결석은 방광 및 요도에 존재하며 약 5% 정도의 결석만이 신장 또는 요관에서 확인된다. 개에서 요결석의 대략 38%는 인산암모늄마그네슘(struvite)이며, 42%는 수산칼슘, 5%는 요산이며 그 이외의 것들이 나머지를 차지한다. 뇨 결석은 뇨 내의 염 농도가 높거나, 뇨 정체로 인한 결석 형성의 시간이 많이 주어지는 경우, 뇨 산도가 결석

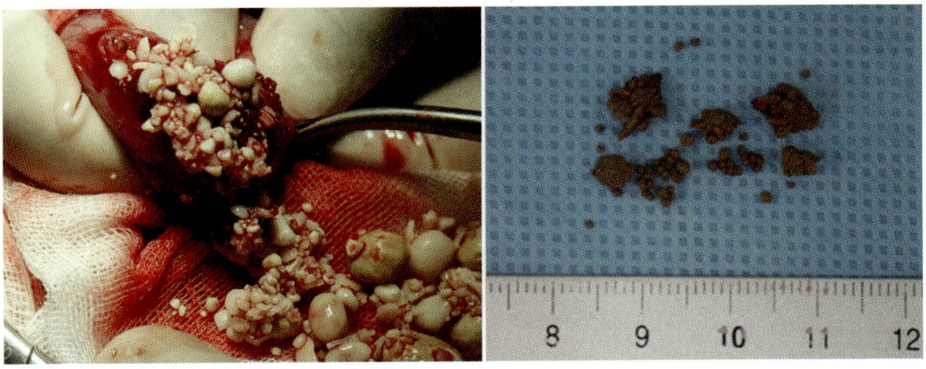

그림 9. 수술적 방법으로 제거된 다양한 요결석.

형성에 적절하도록 형성되는 경우, 뇨 결석의 핵으로 작용 가능한 물질이 존재하는 경우, 결석 형성 억제 인자의 농도가 감소하는 경우에 형성된다. 일반적인 뇨 결석 치료의 원칙은 요도 폐색을 해결하고 필요한 경우 방광벽에 가해지는 과도한 압력을 줄여주는데 있다. 대개는 요도 카테터의 장착, 방광천자, 요수압 추진술이 시행되며 드물게 요도 절개술이 필요한 경우가 있다. 수술은 병발한 질환이나 내재된 해부학적 이상(예: 요도 게실)이 있는 경우, 내과적 치료가 불가능한 경우, 방광 점막의 배양이 요구되는 경우, 요도 폐색을 일으키는 결석의 크기가 커서 방광내로 요수압 추진술이 불가능한 경우, 방광내의 큰 결석으로 인해 배뇨 장애 및 방광 내벽 손상, 만성 방광염 유발 등의 가능성이 있는 경우 행하여 질 수 있다. 내과적 치료방법이 비용, 추적 관찰, 수컷에서의 요도 폐색, 제한된 사료 공급 필요성으로 인한 보호자의 만족도가 낮은 반면, 외과적 방광 절개술은 임상증상을 개선하고 재발 확률이 낮다는 점에서 매우 유효한 치료법이 될 수 있다. 방광 내의 결석은 방광 절개술을 통해 제거 가능하며, 방광 벽의 일부를 제거해 세균 배양 및 조직검사를 실시 할 수 있다. 수술 후에는 뇨배출 장애나 뇨 누출이 있는지 유심히 관찰해야 하며 뇨 부유물이나 산도 등을 확인해 요로계 감염 유무를 점검해야 한다. 또한 결석의 종류에 따라 재발을 방지하기 위한 적절한 식이 요법 및 내과적 처치가 필요할 수 있다.

아. 회음부 탈장

회음 탈장은 개에서 흔히 발생하며 고양이에서는 발생이 드물다. 특히 중성화하지 않은 수컷에서 그 발생 비율이 높으며(93%), 암컷에서는 주로 외상

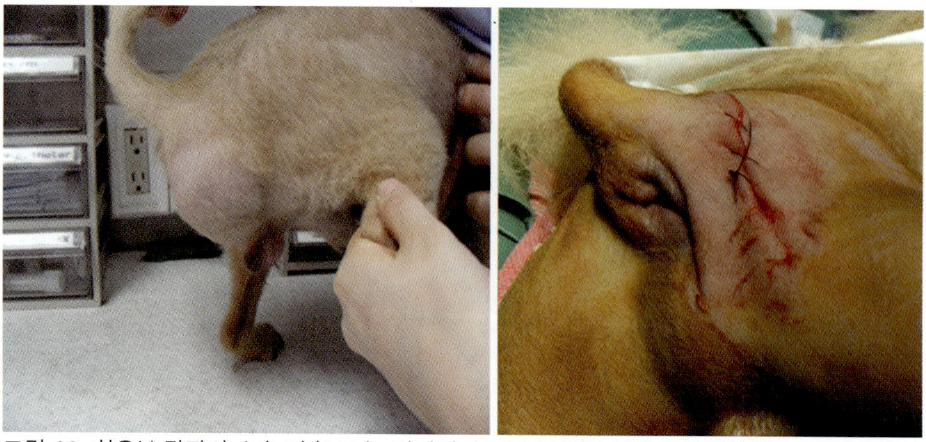

그림 10. 회음부 탈장의 수술 전후 모습. 탈장된 소장과 방광은 복강내로 정복하고, 주변 근육을 이용하여 탈장부위를 폐쇄하였다.

과 관련이 있다. 다발하는 품종으로는 Boston terriers, dachshund, old English sheepdog, mongrel 등이 있으며 5년령 이상에서 발생하는 경우가 많다. 회음 탈장은 직장벽을 지지하는 주변 근육의 약화로 발생하며 지속적인 직장의 팽창 및 배변 장애가 나타날 수 있다. 회음 탈장의 유발 요인으로는 수컷 호르몬, 노책, 선천적 또는 후천적인 근육의 약화 또는 위축 등이 있다. 회음 탈장은 편측성 또는 양측성으로 발생 할 수 있으며, 주로 항문 올림근, 바깥 항문 조임근, 내폐쇄근 사이에서 발생한다. 탈장된 내용물은 주로 지방, 이완된 직장, 곧창자주머니(직장게실), 전립샘, 방광 또는 소장 등이다. 회음부 탈장이 발생한 환자는 배변 곤란이 발생하며 항문의 외측 부위에 부종이 관찰 될 수 있다. 환자는 탈장된 장기에 따라 회음부 부종과 함께 변비, 배변 곤란, 이급후증, 항문 탈장, 배뇨 장애, 무뇨, 구토, 배변 실금 등의 증상을 나타낸다. 치료의 목적은 변비, 무뇨, 장의 교액 등의 증상을 완화하고 재발을 방지하는데 있다. 또한 회음 탈장을 유발하는 요로계 폐색 또는 감염, 거대 결장 또는 전립선염 등은 교정되어야 한다. 그리고 변 연화제나 식이 변화, 사하제 등을 사용하여 정상 배변을 유도할 수 있다. 수술은 기본적으로 탈장된 내용물의 해부학적 위치를 회복시킨 뒤 근육을 탈장부위에 덮어 봉합하는 방법으로 이루어진다. 또한 재발 방지를 위해 필요한 경우 결장 고정술, 방광고정술이 시행되기도 한다.

자. 난치성 외이염

외이염은 소동물 임상에서 매우 빈번히 접하게 되는 질환 중 하나이다. 개의 5~20%, 고양이의 2~6% 정도가 외이염으로 인한 임상증상을 호소한다. 기침이 심질환, 기관 허탈, 폐렴, 종양 등에서 나타날 수 있는 하나의 임상증상인 것과 마찬가지로 외이염은 질환명이라기 보다는 여러 가지 원인에 의해 나타나는 임상 증상을 일컫는다. 원인으로는 협소한 이도, 귀가 쳐져있는 중소 품종의 개, 과도한 이도내의 털, 면역 억제성 질환 등 내재원인과 기생충, 이물, 과민반응, 각화이상, 면역 매개성 피부질환, 종양, 외상 등의 원발성 원인, 세균, 곰팡이 등의 지속 감염 원인 등이 있다. 이런 원인들 또는 부적절한 치료 및 관리, 원인 진단의 미흡으로 인해서 외이염이 오래 지속되거나 증상의 개선 및 악화를 반복하는 경우에는 귓바퀴와 이도내의 조직이 오랜 염증으로 인해서 과증식 및 변형이 될 수 있으며, 이로 인해 이도 내강이 협소해질 가능성이 있다. 이도가 협소해진 경우 이도내 분비물의 자연 배출이 원활히 이루어지기 힘들 뿐만 아니라 온도, 습도 등이 감염성 원인체가 증식하기에 적절한 환경을 제공하기 때문에 환자는 지속적인 외이염 증상을 호소한다. 원인에 대한 여러 가지 내과적 치료에 대하여 오랜 기간 치료 반응이 불량하고 재발을 반복하는 경우, 이도내 조직의 증식으로 인해 이도의 부분 또는 완전 폐색이 발생한 경우에는 외과적인 수술로 증상 개선의 효과를 얻을 수 있다. 개의 외이는 크게 수직이도와 수평이도로 이루어져 있는데 병변의 범위 및 임상 증상의 원인에 따라서 수술은 수직이도 절제술과 전이도 적출술(수직이도와 수평이도 절제)이 이루어질 수 있다. 수술의 목적 및 수술을 통해 얻을 수 있는 효과는 증식성 병변부의 제거 및 이도 개통성 증가, 과도한 피지 분비선의 절제, 경우에 따라 조직 검사를 통한 원발 원인의 확진 등이 있다. 수술 후에는 수술부위의 부종 및 혈종의 형성, 감염 등의 합병증 방지를 위하여 적절한 관리가 이루어지는 것이 필수이며, 수술적 이도절제가 모든 외이염 치료에 있어서 궁극적 완치법은 아니므로 원발 원인을 확진한 후 지속적인 관리가 필요하다.

차. 종양

소동물 임상에서 개와 고양이의 종양은 반려동물의 나이가 점차 고령화됨에 따라서 빈번히 접하게 되는 질환이 되었다. 개에서는 품종, 나이, 성별과 불임수술 유무에 따라 차이가 있으나, 일반적으로 유선종양, 피부의 종양, 결합조직 유래의 종양, 고환의 종양 순이고, 고양이에서는 림프계 종양, 피부의 종양, 유선 종양 순으로 그 발생 빈도가 높다. 같은 조직에 발생한 종양이라 할지라도 그 유래가 되는 세포에 따라서, 또는 발생 부위, 지속 시간, 주위 조직으로의 침습도 정도에 따라서 치료에 명칭 및 병태생리가 각각 다르며, 환자의 나이 및 전반적인 신체상태, 다른 질환의 병발 유무 등에 따라서 그 예후가 달라진다. 사람에서와 마찬가지로 종양 환자는 우선 종양이 확인되었을 때 원발의 종양인지 다른 부위 원발 종양의 전이로 인하여 발생한 것인지를 명확히 해야 하며, 여러 가지 검사를 통해 종양의 유래 및 악성도에 대한 판단을 한 후 치료계획을 수립해야 한다. 일반적으로 체표에 발생한 피부 및 피하의 종양은 세침흡입(fine needle aspiration)을 통한 1차 세포검사를 한다. 세포검사로는 종양을 이루고 있는 주된 세포의 종류와 어느 정도의 악성도 판단, 염증반응의 유무 등을 확인할 수 있다. 악성도가 높은 종류의 종양, 전이성 또는 재발성의 종양에서는 흉/복부 방사선 검사, 혈액검사, 국소 림프절 검사 등을 통해 다른 부위로의 종양 전이 및 전반적인 장기의 건강 상태들을 확인하며 이러한 검사들의 결과에 따라 치료 방향 및 목표가 다르게 설정될 수 있다. 전이가 없는 피부 및 피하의 종양, 복강 내 장기의 종양은 예외의 경우가 있으나 대부분 수술을 통한 종양의 절제가 1차 치료 방법으로 유효하다. 종양의 크기 및 발생부위, 주위 조직으로의 침습 정도, 종양 세포의 종류 및 악성도 등을 고려하여 수술적 절제의 범위를 정하며 충분한 조직 절제가 가능한 부위의 경우 최대한 재발률을 낮추기 위하여 종양 주변으로 2~3 cm이상의 정상 조직을 포함하여 절제를 하는 것이 종양 수술의 원칙이다. 절제된 조직은 조직학적 검사를 통해 확진을 하며, 그 결과에 따라 환자의 예후 판단이 이루어진다. 조직학적 검사 결과에서 충분한 종양 조직의 절제가 이루어지지 않았다고 판단되는 경우에는 추가적인 절제 수술 또는 다른 보조적인 치료 수단의 고려가 필요하다. 보조적인 치료로는 화학요법, 방사선요법 등이 있으며 종양의 종류에 따라 더 유효한 보조 요법을 결정한다. 최근에는 그 이외에도 면역요법, 유전자치료 등에 대한 많은 연구가 이루어지고 있다.

임상수의학

03 수의산과학

(1) 수의산과학이란?

수의산과학은 동물의 삶에서 대단히 중요한 번식을 다루는 학문이다. 동물의 번식은 번식생리에 기초하여 암·수가 건강하고 정상적인 기능을 발휘하여 조화를 이룰 때 나타나는 생명현상이다. 이의 부조화, 기능이상, 병리학적인 문제가 발생하면 동물은 불임증에 이른다. 그러므로 수의산과학은 번식생리는 물론 번식장애를 진단하고 치료하며 예방하는 방법을 아우르는 임상수의학의 아주 중요한 분야이다. 또한 오늘날에는 동물의 번식효율을 높이는 인공수정, 수정란 이식 등을 비롯하여 첨단 생명공학까지 그 범위가 크게 넓어지고 있다. 수의산과학의 주요 내용으로는 생식기관의 해부학, 번식내분비학, 각 동물의 번식생리, 임신기, 임신진단, 임신기의 질병 및 사고, 분만, 난산, 산욕기의 손상과 질병, 불임증, 수정란 이식 및 동물생명공학 전반을 포괄한다. 수의산과학의 궁극적인 목표는 동물개체의 원활한 번식과 번식기능의 이상 시 이를 진단하고 치료하여 다시 정상적인 번식기능을 나타나게 하는 데 있다. 뿐만 아니라 산업동물의 번식 효율을 높여 생산성을 증진시킴으로써 인류의 건강과 복지에 기여하도록 하는 일 또한 그 중요한 목표중의 하나이다.

(2) 번식호르몬

호르몬은 동물체의 특정한 샘(내분비샘) 또는 조직에서 만들어지는 분비물 즉, 유기화합물로서 특정한 관을 경유하지 않고 직접 혈관이나 림프관에 들어가 혈액과 더불어 신체의 다른 기관이나 표적기관에 운반되어 일정한 생리적

기능을 나타낸다. 호르몬의 화학적 성상은 스테로이드, 폴리펩타이드, 아미노산 유도체의 세 종류로 크게 구별된다. 특정 호르몬이 특이적으로 작용하는 기관 및 장기를 표적기관이라고 하며, 표적기관은 해당 호르몬에 대해 고도로 특이적이며 선택적인 작용을 나타낸다. 호르몬의 분비는 체액성분비, 신경성분비 등으로 나눌 수 있다. 체액성 분비는 글루코스나 칼슘과 같은 대사산물의 농도에 의하거나 다른 호르몬의 농도에 의한 되먹임기전에 의해 조절된다. 신경성 분비는 토끼에서 교미자극에 의하거나 자궁경관의 자극으로 황체형성호르몬방출호르몬 분비가 촉진되는 것과 같은 말초신경의 자극에 의해 분비가 조절된다. 호르몬은 되먹임기전에 의하여 분비·조절 되는데 되먹임기전은 하위기관에서 분비되는 호르몬이 상위기관에서 분비되는 호르몬의 분비를 조절하는 것이다. 되먹임기전은 생식기계를 주로 담당하는 조절기구로서 시상하부-뇌하수체-성샘축에 의해서 분비·조절된다. 되먹임기전에는 음성되먹임과 양성되먹임기전이 있다.

가. 시상하부 호르몬

시상하부에는 번식활동과 깊은 관련이 있는 호르몬이 분비되고 있으며, 이 호르몬을 뇌하수체자극호르몬이라 한다. 뇌하수체앞엽도 중추신경계와 밀접한 관련을 가지고 있으며 그 통제를 받고 있다. 번식생리와 특히 밀접하게 관계되는 것은 황체형성호르몬과 난포자극호르몬 방출호르몬과 프로락틴 억제인자이다.

나. 뇌하수체호르몬

뇌하수체앞엽에서 분비되는 호르몬은 황체형성호르몬, 난포자극호르몬, 갑상샘자극호르몬, 성장호르몬, 젖분비호르몬, 황체자극호르몬, 부신겉질자극호르몬이 있다. 이들 호르몬류는 모두 본체가 복잡한 단백질이며 수용성이다. 난포자극호르몬과 황체형성호르몬의 분비는 시상하부에서 생산되는 난포자극호르몬 방출호르몬에 의해서 지배·조절되고 있다. 시상하부와 뇌하수체 사이에 있어서도 뇌하수체와 말초에 있는 표적기관과의 사이에 있는 기구와 마찬가지로 되먹임 기구가 존재한다. 이 호르몬의 분비는 또한 황체로부터의 프로제스테론, 고환간질세포로부터의 테스토스테론 및 난포의 세포와 난포액으로부터의 에스트로젠에 의해서 억제된다. 이것은 중추신경계 및 시상하부에 대한 하나의 되먹임 효과로서 난포자극호르몬 방출인자의 분비를 억제한다. 난포자극호르몬은 암컷에서 난포의 과립막세포의 분열, 증식을 촉진시키며, 난포액의 분비를 자극함으로써 난포를 발육시킨다. 수컷에서는 고환의 발육 및 정자형성에 관여함으로써 정조세포와 정모세포의 분열증식을 촉진시킨다. 수컷에서 황체형성호르몬은 고환의 간질세포를 발육시키며, 활동을 자극하고 수컷호르몬인 안드로젠의 분비를 촉진시킨다. 즉, 황체형성호르몬은 안드로젠의 분비를 자극하여 위축된 정세관이나 덧생식샘의 기능을 회복시킬 수 있다. 황체형성호르몬은 또한 안드로젠과 협동하여 정자형성을 촉진한다. 프로락틴은 유선의 발육을 촉진하여 유즙분비에 관여하는 호르몬이다. 성장호르몬은 내분비기관을 제외한 거의 모든 기관의 성장을 촉진하는 작용이 있으며, 동물이 번식을 영위하는 전 기간을 통하여 필요하다. 부신겉질자극호르몬은 표적기관인 부신겉질에 작용하여 부신겉질의 발육을 촉진하고 부신의 기능을 정상적으로 유지시켜 부신겉질호르몬의 생산·분비를 지배하는 호르몬이다. 뇌하수체뒤엽에서는 옥시토신과 바소프레신 두 종류의 호르몬이 분비된다. 옥시토신은 자궁, 유선의 선포와 소관, 방광 등에 있는 평활근을 수축시키는 작용이 있다. 옥시토신은 세동맥의 평활근을 수축시켜 분만 후의 자궁출혈을 억제하고, 혈압을 상승시킨다. 바소프레신은 항이뇨성 호르몬이며 분비 이상 시 다뇨증과 갈증 등의 증상을 수반하는 요붕증이 개와 고양이에서 발생된다. 옥시토신은 특히 번식과 깊은 관계에 있으며 옥시토신의 주된 생리적 작용은 자궁의 평활근 수축을 촉진하는 것과 유선포를 둘러싸고 있는 근상피세포를 표적으로 하여 이들 근육의 자발적 수축운동을 일으켜 유선 내압을 높임으로써 유선 속에 저류되어 있는 유즙의 배출을 촉진하는 것이다. 옥시토신은 분만 시에는 자궁근육을 강하게 수축시켜 산통을 유발하므로 태아의 만출과 후산의 배출을 촉진한다. 또한 옥시토신으로 조기분만을 유도할 수 있으며, 분만 후에는 자궁의 임신 전 상태로의 복귀를 유도하는 작용이 있다. 옥시토신의 작용에는 에스트로젠의 선행적 자극이 필수적이다. 임신 말기의 자궁근육은 태반 등에서 분비된 에스트로젠의 자극으로 옥시토신에 대한 감수성이 높아지게 된다. 임신 중에는 프로제스테론에 의하여 옥시토신의 작용이 억제되고 있으나 임신말기에는 임신황체의 퇴행으로 인하여 프로제스테론의 작용이 약화됨으로써 옥시토신에 대한 억제작용이 감소되어 자궁의 강한 수축이 일어나게 된다.

다. 생식샘호르몬

고환과 난소에서 분비되는 성스테로이드호르몬은 그 호르몬의 작용에 따라 수컷 호르몬, 발정호르몬, 황체호르몬으로 분류한다. 일반적으로 부생식기의 발달과 이차성징의 발현은 생식샘호르몬의 작용에 의하여 유지되고 있으며, 암컷의 성(性)호르몬은 임신유지에 필수적이다. 부생식기로서는 각종 생식도관, 외분비선, 생식세포의 운반 및 태아의 유지에 필요한 구조 등이 있으며, 이차성징으로서는 유방의 발달, 치골구조의 차이, 체형, 털의 분포, 목소리, 뿔 그리고 조류의 깃털 등이 해당된다.

수컷성호르몬인 안드로젠은 뇌하수체앞엽에서 분비되는 간질세포자극호르몬의 자극으로 고환의 간질세포에서 생산·분비되며, 부신겉질, 난소에서도 소량 분비된다. 수컷 덧생식샘의 발육, 형태, 기능을 지배하여 이차성징을 발현시키는 작용 즉, 수컷화작용을 갖는 물질을 총칭하여 안드로젠이라 하며, 여기에 속하는 대표적 성스테로이드호르몬은 테스토스테론이다. 안드로젠은 태아 또는 신생아에서 음낭 내로의 고환의 하강을 유도하고, 음경꺼풀(포피)의 각화, 상피로부터 음경귀두의 분리, 성성숙 시의 음경과 음경꺼풀의 발육을 일으킨다. 노령의 개와 사람에서는 뇌하수체성 생식샘자극호르몬에 의한 고환 간질 세포의 과잉자극에 의해 대량의 테스토스테론이 생산되어 전립샘의 비대와 증식의 원인이 되기도 한다. 안드로젠은 수컷의 이차성징의 발현을 촉진한다. 이와 같은 현상은 뿔이나 털의 발육, 수컷 체형의 발현(흉부, 머리, 어깨의 근육발달), 음성의 변화 등에 나타나게 한다. 또한 정자형성을 자극하며, 성행동을 자극한다. 수컷과 암컷의 성욕을 자극하며, 성행동을 유발한다.

암컷의 난소에서 생산되는 호르몬으로는 에스트로젠류, 프로제스테론류, 안드로젠류 및 비스테로이드 호르몬인 릴렉신이 있다. 난포호르몬인 에스트로젠은 암컷의 발정을 유발하며, 암컷 생식기에 대하여 자극작용을 갖는 물질이다. 대표적 호르몬은 estradiol-17β이다. 에스트라디올은 주로 암컷의 생식기계에 작용하여 암컷 생식기와 에스트라디올에 감수성이 있는 조직의 성장, 발육 및 분비기능을 자극·촉진한다. 에스트로젠은 상피의 세포분열을 자극하여 그 발육을 촉진하며, 난관, 자궁 및 질에서 더욱 현저하다. 피부의 표피, 비강, 구강의 점막상피도 에스트로젠의 영향을 받는다. 난관에서의 작용은 내막상피의 증식과 분비활동을 촉진하며, 난관의 운동성과 내막상피의 섬모 운동성을 높이며, 자궁 및 난관잘록의 수축과 폐색을 일으켜 난자의 자궁내 이동을 일시 정지시킨다. 자궁에서는 자궁내막의 충혈, 발육증식을 촉진하며, 자궁근 세포의 증식을 촉진하는 동시에 운동성을 높여 옥시토신에 대한 반응성을 증가시킨다. 발정기에서의 이와 같은 운동성의 항진은 정자를 자궁내로 흡인하며, 난관으로의 진입을 돕게 된다. 임신 말기에 에스트로젠의 분비가 증가하면 이와 같은 자궁근의 수축이 관찰되고, 분만이 개시된다. 자궁경관에서의 작용은 발정기의 경관의 이완과 점액분비를 증가시키고, 특히 소에서는 경관과 질 전반부의 세포는 대량의 투명하고 점조한 점액을 분비한다. 암컷의 이차성징의 발현을 자극하고 중추신경계를 매개로 하는 작용에 의해 암컷의 수컷허용을 포함하는 전형적인 임상상의 발정행동을 유발시킨다. 그러나 완전한 교미행동의 발현에는 프로제스테론의 협력이 필요하다. 에스트로젠류는 백혈구의 자궁내로의 이행율을 증가시켜서 발정기간 중 자궁의 살균작용을 증가시킨다. 이와 같이 에스트로젠에 의해서 감작된 생식기는 교미를 받아들일 수 있는 상태로 되며 교미가 이루어지면 이후 옥시토신의 방출을 촉진한다. 뇌하수체의 프로락틴과 협동하여 유선의 유관계통의 발육과 분화를 촉진한다. 또한 에스트로젠은 암컷다운 체형을 만들며 몸의 성장을 조절한다. 골 조직에서의 석회침착을 촉진하고 골단연골을 성숙시켜 장골의 성장을 억제한다. 유두를 보호하기 위한 색소증가와 피부와 점막을 부드럽게 하는 작용도 있다.

황체호르몬인 프로제스테론은 난소의 황체 세포에서 분비되는 호르몬이다. 배란전의 성숙난포벽에서도 분비되며 임신 후반기의 태반, 부신겉질 및 고환에서도 프로제스테론이 분비되고 있다. 황체형성호르몬 분비 후 난자가 배란되면 난포방(난포강) 내에 혈액이 충만되어 응고 된 후 난소 표면에 출혈체로 돌출하는데 이 난포방(난포강) 내 난포벽 구성 성분이 황체로 되며, 뇌하수체의 프로락틴 자극으로 프로제스테론이 분비된다. 암컷 부생식기 내막상피의 분비기능을 항진시킨다. 프로제스테론의 효과는 에스트로젠의 선행 작용을 필요로 한다. 에스트로젠은 세포의 발육증식을 촉진하며, 프로제스테론은 상피를 분비형으로 변화시킨다. 프로제스테론은 자궁근의 운동성을 감소시켜 옥시토신에 대한 감수성을 저하시킨다. 이것은 근세포의 이온 투과성의 변화에 기인한다. 프로제스테론은 중추에 작용하여 자궁과 자궁경관으로부터의 자극을 차단함으로써 옥시토신 분비를 억제한다. 자궁내막의 분비기능항진과 자궁운동 억제효과는 임신유지에 주요한 작용을 한다. 에스트로젠 및 프로락틴과 협력하여 유선의 발육과 분화를 자극한다. 발열작용이 있어 사람에서는 황체기에 기초체온이 0.5~1℃ 상승한다. 발정호르몬과 협동하여 암컷의 성행동을 유발한다. 만일 이전 발정주기에서 형성된 황체로부터의 프로제스테론이 결여되어 있을 때는 최초의 발정은 보통 둔성발정으로 나타난다. 둔성발정은 발정행동이 뚜렷하지 않은 발정으로 배란은 정상적으로 일어날 수 있다.

(3) 번식생리

암컷은 일정한 시기에 도달하면 난소로부터 난자를 생산해야 하며, 수정과정 중 정자와 난자의 결합 기회를 높이기 위하여 배란이 가까워지는 시기에 발정을 표시하여야 한다. 또한 암컷은 임신 시부터 분만 시까지 태아의 발육을 위하여 자궁내의 환경을 적당하게 유지하여야 하며, 출생된 태아가 이유할 때까지 발육에 적합한 환경을 제공하여야 한다.

가. 암컷의 성성숙

성성숙기는 생식기관이 기능적으로 번식을 할 수 있는 연령으로 정의할 수 있다. 하지만 성성숙기에 도달하였다 할지라도 정상적인 번식과 분만이 보증될 때까지 교배를 시키면 안된다. 수컷에서의 성성숙기는 교미능력, 정자생산 능력 및 이차성징과 함께 구체적으로 발현되며, 암컷에서는 발정과 배란의 발현으로 특징지어진다. 성성숙기는 점진적으로 일어나는 과정이며, 뇌하수체앞엽으로부터의 생식샘자극호르몬의 방출에 의존하고 있다. 가축에서 생후 일반적인 성성숙기는 소에서 6~18개월, 말 10~24개월, 면양 6~12개월, 돼지 5~8개월, 그리고 개에서는 6~12개월경이다.

나. 수컷의 성성숙

가축의 수컷은 생후 약 4개월이 되었을 때 시상하부로부터의 생식샘자극호르몬 방출호르몬 분비가 뇌하수체로부터 생식샘자극호르몬인 난포자극호르몬과 황체형성호르몬의 분비를 촉진하며, 생식샘자극호르몬이 생식샘(성선)으로부터 수컷호르몬의 분비를 일으켜 생식기관의 성장, 발달 및 이차성징을 일으킨다. 수컷에서 성성숙 개시는 이차성징, 성욕, 교배능력 및 사정액에서의 생존정자의 출현을 특징으로 한다.

다. 발정주기

성성숙에 도달된 모든 암컷 가축에는 발정주기라고 하는 생식기계의 명확한 생리기능상의 주기성이 존재한다. 발정주기는 보통 네 가지의 시기 즉, 발정전기, 발정기, 발정후기 및 발정휴지기로 구분되나 각 시기는 서로 연속되어 있다. 발정주기의 기간은 소, 돼지, 산양은 약 20~21일, 말은 21~23일, 면양은 16~17일이다. 동물에서의 발정주기는 사람에서의 월경주기와는 다르다. 동물에서의 발정주기는 배란에서부터 다음 배란이 일어나기 전까지를 말한다. 하지만 사람에서는 배란기 때 자궁 내에서 혈관이 발달되어 배란 후 임신이 이루어지지 않으면 자궁 내에 착상적 준비를 하였던 혈관이 파열되어 혈액이 체외로 배출되게 된다. 즉 사람에서의 월경은 황체기 때에 이루어지며 월경에서부터 다음 월경이 있기 전까지를 월경주기라 한다. 발정전기는 한계가 불분명한 기간으로서 이 시기에 포상난포는 난포자극호르몬의 영향 하에서 발육하며, 다량의 에스트로젠을 생산하므로 생식기계는 에스트로젠의 지배를 받는다. 발정전기 말기에는 보통 수컷에 대한 관심을 표시한다. 발정기는 성욕과 수컷의 허용에 의해서 특징지어지는 비교적 한계가 명백한 기간이다. 이 기간은 수컷을 최초로 허용하는 시간부터 끝나는 시간까지이다. 발정후기는 발정기에서 연속되는 기간이며 한계가 명확하지 않다. 이 기간에 뇌하수체앞엽으로부터 분비되는 황체형성호르몬의 영향 하에서 파열 난포의 과립막세포로부터 황체가 급속하게 발육한다. 발정휴지기는 소, 면양, 산양, 돼지, 말 등의 가축에서 발정주기 중 가장 기간이 길다. 이 시기에는 황체가 성숙되어 있으며, 생식기에 미치는 프로제스테론의 작용이 현저하다. 무발정기는 보통 기능이 정지된 난소와 관상생식기가 특징이다. 발정주기에 따라 동물을 3종으로 분류할 수 있다. 단발정동물은 1년에 1회 발정주기를 갖는 동물이다. 이들은 보통 곰, 여우, 이리와 같은 야생동물이다. 다발정동물은 소, 돼지, 말과 같은 가축으로 1년에 수회의 주기적인 발정주기를 갖는 동물이다. 계절적 다발정동물은 말 또는 면양과 같이 1년 중 특정한 계절에만 발정주기를 갖는 동물을 말한다. 말은 봄부터 가을까지 발정을 나타내며, 면양은 가을에 발정을 나타낸다.

라. 교미

교미란 질 내에 발기된 음경을 삽입하는 것 즉, 삽입 행위와 이어서 일어나는 정자의 사출 행위를 말한다. 소와 면양의 교미 지속시간은 불과 수초이다. 말의 교미 시간은 더 길어서 10~30초간 계속된다. 돼지의 교미 시간은 3~8분, 평균 약 5~7분이다. 개는 15~30분을 요한다.

마. 정자의 형성

고환은 간질세포로의 테스토스테론 생산과 정세관의 정자 생산이라는 중요한 두 가지 기능을 가지고 있다. 정자형성은 정모세포발생과 정자완성 두 단계로 구분될 수 있다. 정모세포발생은 정조세포가 일련의 유사분열에 의해 증식하고, 그 후 감수분열로 반수체 상태로 되는 증식성 단계이다. 정자완성은 핵과 세포질이 형태적인 변화를 진행하여 정자를 형성하는 분화 단계이다. 정자는 고도로 분화농축된 세포이며, 성장이나 분열을 하지 않으며, 기본적으로는 수컷계의 유전물질을 포함하고 있는 머리(두부)와 운동기관인 꼬리(미부)로 나뉘어져 있다. 정자는 단지 난자와 결합하여 동종의 새로운 개체를 형성하는 데에만 관계하고 있다. 우수한 수소의 사출정액은 약 100억의 정자를 포함하고 있으며, 1,000두의 암소에 충분하게 수정시킬 수 있다.

바. 정액

정액은 정상 사정 과정에서 수컷에서 배출되는 배출물로서 세포성분 즉, 정세관에서 생산되는 정자와 정세관, 부고환, 고환날세관, 정관팽대, 정낭샘, 전립샘 및 망울요도샘에서의 분비에 의해서 생산되는 정액의 액상성분으로 되어 있다.

사. 난자의 형성

난자형성은 난원세포에서 난모세포로의 변형이며, 모든 가축에서 출생 전 또는 출생 직후에 끝나게 된다. 난원세포의 유사분열 시기는 고양이에서는 임신 32일에서 출생 후 37일까지, 돼지는 임신 30일에서 출생 후 7일까지, 면양은 임신 35일에서 90일까지, 소에서는 임신 45일에서 110일 또는 그 이상이다. 난자형성 기간이 끝나면 난모세포는 감수분열전기 I로 들어가 가는섬유기(세사기, leptotene) 및 접합기(zygotene)를 거쳐서 굵은섬유기(태사기, pachytene)에 도달하게 된다. 이 시기에 난자는 단층의 난포상피층에 둘러싸여 있다. 이것을 원시난포라 한다. 이와 같이 출생 시 소 및 면양의 암컷은 원시세포 또는 발육이 진행된 난포 속에 난모세포의 구성요소를 완전하게 갖추고 출생한다. 동물의 출생 시 및 생애를 통해서 존재하는 난포는 난모세포가 단층의 난포세포에 의해 둘러싸인 원시난포, 난모세포가 2층 이상의 난포세포에 의해 둘러싸인 발육난포 및 난포방(난포강) 즉, 완전하게 형성된 소포를 갖는 포상난포의 3종을 말한다.

아. 난포형성

난포는 생식샘자극호르몬인 난포자극호르몬과 황체형성호르몬, 특히 난포자극호르몬의 영향 하에서 발육·성장한다. 이러한 발육은 태아, 성성숙기 및 임신 중에도 일어난다. 난포의 발육과 성장은 포상난포에서 정점에 달하며 배란은 성성숙기 후의 비임신 동물의 번식주기 중에 일어난다.

자. 배란

배란은 난포벽의 외측부와 난소외막의 비박화 과정으로 보통 맥관의 희소화와 소량의 출혈을 동반하는 파열에 의해서 이루어진다. 난구세포에 포함된 난자는 서서히 방출되는 난포액과 같이 배출되어 난관채로 진입한다.

차. 수정

난자의 수정은 정자가 난관 내에 존재하면 배란 후 1~2시간 이내에 난관팽대에서 일어난다. 수정이란 정자에 의한 난자의 관통, 난자의 활성화, 수컷전핵과 암컷전핵의 형성, 암컷염색체와 수컷염색체의 혼합 및 여기에 동반하는 2가 염색체수를 갖는 새로운 접합체의 게놈을 형성하는 것을 말한다.

(4) 임신기

임신기는 수정 또는 수태에서 분만 즉, 신생자축의 출생까지의 기간을 말한다. 이 기간에는 하나의 세포(수정란)가 분열하여 고도로 분화된 개체로 발육한다. 이와 같은 출생 전 시기는 개체의 형성에 있어 매우 중요한 기간이다.

임신기는 태아의 크기와 각 조직, 기관의 발육에 따라 대체로 3기로 구분되고 있다. 제1기는 수정란 시기 또는 포배기이고, 제2기는 태아 및 기관형성기, 제3기는 태아 성장발육기이다.

가. 수정란기

난자가 수정시부터 연속적인 유사분열을 하며 난관을 하강하고 자궁 내로 이동하여, 배아의 초기 태막이 발생할 때까지 즉, 배아가 자궁벽에 착상할 때까지의 기간을 말한다. 소는 이 기간이 약 10~12일이다. 수정란은 난관의 팽대부에서 협부로 이동하는 동안 분할이 진행되어 내부 및 외부의 세포괴를 특징으로 하는 오디배기(상실배기)로 된다. 오디배기(상실배기)의 세포 수는 약 16~32개이다. 오디배(상실배)는 돼지에서는 수정 후 3일, 다른 가축에서는 제 4~5일에 자궁 내로 진입한다. 오디배(상실배)는 이 때 주머니배(배반포)가 되며, 수정 후 6~10일 사이에 수정란을 둘러싼 투명대가 터지게 된다. 주머니배는 속세포덩이(내세포괴)와 영양막세포 및 영양막세포에 의해 둘러싸여 있는 주머니배공간(배반포강)으로 구성된다. 면양에서는 11일, 소에서는 12일까지 주머니배는 각각 직경 1㎜ 및 1.5㎜로 되며 주머니배의 신장은 아직 일어나지 않는다. 이 기간 중 난소에서는 황체가 형성되어 자궁내막의 발육과 임신의 준비에 필요한 프로제스테론을 생산한다.

나. 착상

주머니배가 자궁 내에서 위치를 고정한 후 영양막세포와 자궁 내막 상피가 물리적으로 접착하는 것을 착상 또는 부착이라고 한다. 자궁 내에서 주머니배는 발육이 진행됨에 따라 이동이 점차적으로 제한되며, 자궁내막에 완전히 착상이 완료되는 시기는 동물마다 차이가 있어서 면양은 교미 후 10~22일, 소는 11~40일 범위이다. 착상양식은 4가지로 구분되는데 중심착상은 주머니배가 자궁강 내에서 확장하여 자궁 내막에 전면적으로 부착하는 양식으로 대부분의 가축에서 볼 수 있다(소, 면양, 산양, 말, 돼지, 개). 편심착상은 대부분의 설치류와 영장류에서 주머니배가 자궁내막 주름에 매몰되어 자궁강 중심에서 떨어져서 착상하게 된다(토끼 등). 표면착상은 영양막이 자궁 내막층 하부로 침입하지 않는 착상양식이다(소, 면양, 산양, 말, 돼지). 벽내착상은 주머니배가 착상할 부위의 자궁 내막 상피를 통과하여 내막 하부의 고유층으로 침입하여 내막내부에 착상하는 형태로 사람, 원숭이를 비롯한 영장류와 설치류의 착상형태이다. 가축 주머니배의 착상과정은 완만하며 태막 전면에 걸쳐 점차적으로 전파된다. 주머니배가 자궁강 내에서 자궁내막 상피에 부착되지 않고 자궁강 내에 부유하는 기간 즉, 착상까지의 시간은 마우스는 약 2일, 토끼는 5~6일, 소는 20~30일, 면양은 11~14일 돼지는 10~20일, 말은 약 8주간으로 동물에 따라 큰 차이가 있다. 계절번식하거나 동면에 들어가는 야생동물 중에는 주머니배가 자궁 내에서 수 주간 또는 수개월간의 휴면기를 경과한 후 착상하여 분만기를 조절하는 경우가 있는데, 이를 자연적 지연착상이라고 한다. 너구리, 밍크 등에서 볼 수 있으며, 대표적인 동물은 곰이다. 지연착상함으로써 동면 중 분만을 피할 수 있다.

다. 기관형성기

소에서 임신 12~15일부터 45일까지, 양은 11~34일, 말에서는 약 12일에서 55~60일까지를 말한다. 이 기간 중에는 태아의 주요한 조직, 기관 및 신체의 각 계통이 형성되고, 체형의 변화가 일어나며, 종의 구별이 용이해진다. 태아의 기형과 발생상의 결함 역시 이 기간 중에 대부분 일어난다. 또한 이 기간에는 태막이 형성되는데 태막은 태아의 보호, 모체로부터 영양섭취, 태아 배설물의 처리 및 효소와 호르몬의 합성에 관여한다. 태막은 난황막, 양막, 요막 및 영양막(융모막)으로 구분되며, 융모막은 요막과 결합하여 융모막요막을 형성한다. 난황막은 태아기의 초기에 발생하여 양막쪽 요막융모막이 발달될 때까지 수 주간만 활동한다. 난황낭의 기능은 자궁샘에서 분비하는 영양물질을 난황낭 순환을 통하여 배아로 운반하기 위한 것이며, 양막 형성 전에 초기태아의 영양 공급과 노폐물을 처리한다. 양막은 태아를 싸고 있는 막으로서 태막 중 가장 안쪽에 있으며 바깥면은 신장된 요막에 둘러싸여 있다. 융모막과 양막융모막은 영양막에서 유래되며 태아와 그 부속 기관 전체를 감싸는 가장 외측의 태막으로서 융모막을 형성한다. 융모막은는 태아와 모체를 연결하여 태아에 영양을 공급하며, 바깥 면에는 융모가 발달하여 자궁내막과 결합하고 안쪽면은 요막 및 양막의 바깥쪽과 결합한다. 요막은 요막수가 차있는 요막강을 감싸고 있으며 요막은 점차 발달하며 배외체강을 채우게 된다. 요막은 혈관분포가 풍부하며 제대 혈관을 통해 태반에 주요한 혈액을 공급한다. 요막융모막이 형성되면서 요막의 혈관계는 융모막의 혈관계에 참여한다. 요막은 태아의 배대동·정맥과 연결된 요막순환을 하게 된다.

라. 태수의 기능

태아를 기계적 충격으로부터 보호하며, 예기치 않은 운동의 중력에 대한 완충 역할 및 태아의 건조를 방지한다. 또한 빛, 소리 및 기타 외부로부터의 물리적 영향을 최소화 하고, 분만 시 자궁경관 확장과 태아 만출 전 파열로 산도를 윤활하게 하여 태아만출을 용이하게 하는 역할을 한다. 태아 각 부분이 좌우 대칭의 평형상태가 되도록 유지하며 태아와 태막의 유착을 방지한다. 양수는 무색투명하고 점조성이 있는 액체로서 임신 시 외부의 압박으로부터 태아, 태반, 탯줄(제대) 등을 보호, 태아의 혈액유통을 원활하게 한다. 요수는 수양성으로 투명하며 알부민, 과당 및 요소가 함유되어 있고 임신기간에 따라 양이 변한다. 즉, 소, 돼지, 양 등 대부분의 가축에서 요수는 임신초기에 급격히 증가하고 중기에는 약간 완만한 증가를 보이며 임신말기로 갈수록 다시 급증한다. 요수는 분만 시 요막이 파열될 때 배출되어(제 1파수) 양막에 앞서 산도를 윤활하게 한다.

마. 태반

태반은 조직의 거의 대부분이 태아유래이며 이외 태반의 융모조직 사이를 순환하는 모체의 혈액, 태반 융모막이 부착, 혹은 융합하는 자궁 내막상피 조직 일부 및 세포로 구성되어 있다. 태반은 태아에서 가장 큰 장기이며 탯줄에 연결되어 있다. 태반은 분만시 자궁 수축에도 유지되며 태아 만출 후에 배출된다. 태반의 가장 중요한 기능은 태아에 O_2와 영양 공급, 태아의 CO_2와 노폐물 배출, 호르몬의 생산이다. 퍼진태반(산재태반)은 융모막의 거의 전 표면에 융모가 있으며, 융모막의 전부가 태반에 참여한다. 말, 돼지, 당나귀의 태반이다. 태반엽태반(궁부태반)은 구획된 다수의 일정 부위에 융모군이 밀집되어 그 부위마다 궁부라고 하는 융모군이 자궁내막의 궁부와 접착부위를 형성한다. 소, 면양, 산양, 사슴, 노루 등의 되새김동물이 해당한다. 띠태반(대상태반)은 융모막낭의 중앙 부위에서 벨트 모양으로 융모가 발달하여 자궁내막과 결합한다. 벨트의 발달 정도는 완전하게 또는 불완전하게 태아를 감싼 형태가 있다. 개 및 고양이가 해당된다. 원반태반(반상태반)은 융모막의 한 부위만 원반상으로 융모가 형성되어 태반을 이룬다. 모체의 자궁내막 내 조직에 침투하여 형성된다. 사람, 원숭이, 토끼, 설치류 등이 해당한다.

바. 태아의 성장발육기

이 기간은 소에서는 임신 약 45일, 말은 55일, 면양과 개는 34일부터 분만일까지를 말한다. 이 기간 중 주요 변화로서는 태아의 각 기관, 조직 및 신체계통의 세밀한 분화가 일어나게 되고 동시에 태아의 발육과 성숙이 이루어진다. 태아의 체중 증가는 기하급수적인 곡선을 그리며, 소와 말에서는 임신 후기 2~3개월에서 매우 급속하게 증가한다. 태아의 크기가 급속하게 증가하는 것은 세포수의 증가와 세포크기의 증가가 있기 때문이다.

사. 프리마틴

프리마틴은 수컷과의 쌍태 혹은 다태 중 수컷 태아의 존재 하에 분만되어 생식기 이상을 나타내는 불임의 암컷을 지칭한다. 프리마틴은 성이 다른 두 태아의 태반문합으로 인하여 암컷 태아가 수컷 태아로부터 영향을 받아 발생한다. 프리마틴을 나타내는 암컷은 성성숙 시기가 되어도 난소가 발달되지 않고, 미분화 상태를 보이고 있다. 간혹 고환과 같은 형태를 나타내는 것도 있으며, 뮬러리안관에서 발생하는 생식도관의 발달도 거의 이루어지지 않는다. 질은 거의 발달되지 않으며, 외음부는 돌출된 음핵과 긴 음모를 나타내기도 한다. 성 성숙기가 되어도 발정주기를 보이지 않으며, 유방과 유두는 매우 작고, 외부 특징은 거세우와 비슷하다.

(5) 임신진단

임신진단은 일반적으로 임신기간이 긴 소, 말과 같은 대동물에서 특히 그 중요성이 부각되며, 낙농경영의 합리화를 위한 계획의 확립 그리고 번식장애의 조기 발견과 치료를 위해서도 불가결한 것이다. 따라서 조기 임신진단은 가축 번식주기의 유지, 수태율 향상과 불임 및 유산 방지 등을 위하여 극히 중요하다. 현재 우리나라에서의 동물의 임신진단은 한 개체에 대한 정확한 판단을 요구하게 될 경우가 많고, 최종적으로는 태아의 존재를 직접 확인하는 것이 가장 정확하며, 대동물에서는 주로 직장검사, 중·소 동물에서는 체벽으로부터의 태아촉진, 태동 그리고 태아 심박의 증명, X-선 판정, 초음파검사 등 태아자체의 존재를 확인하는 방법이 가장 확실한 방법이다.

가. 직장검사에 의한 임신진단

소와 말에서 자궁 크기의 증가, 파동감, 위치, 태막, 황체, 태아, 태반의 촉진 또는 자궁동맥의 비대 등 임신으로 인한 일련의 변화를 직장검사로 촉진하여 그 소견으로 임신을 판정하는데 기초를 두고 있다. 임신진단에서 직장검사법은 직접적이고 가장 간편하며 확실한 방법으로서 일정한 규칙에 따라 실시한다면 유산의 위험성도 없을 뿐만 아니라 임신의 전 기간을 통하여 진단이 가능하다. 임신 30일에서 33일 사이에 요막융모막을 탐지할 수 있으며, 이와 같은 태막촉진은 임신 30~50일 사이의 임신진단에 매우 가치 있게 이용된다. 소의 궁부 즉, 태반의 구조는 실제로는 궁부와 모체 자궁점막의 자궁소구의 둘이 융합하여 이루어진 것을 말한다. 궁부는 자궁벽을 통해서 촉진되는 국한성 융기부로서 인정된다. 궁부는 임신이 진행됨에 따라 그 크기가 현저하게 증가된다. 일반적으로 임신 75~80일 사이에 자궁벽을 손으로 집어 촉진할 때 완두콩과 흡사한 크기와 모양으로 촉지 된다.

나. 초음파검사에 의한 임신진단

초음파 진단기기를 이용한 임신진단은 실시간으로 태아를 보면서 진단하기 때문에 다양한 동물 종, 특히 말과 소, 돼지, 개, 고양이에서 광범위한 산과학적 진단에 적용되는 매우 유용한 진단기술이다. 소에서는 5.0 또는 7.5 MHz 직장용 탐촉자를 직장에 삽입하여 하부에 존재하는 임신자궁을 실시간으로 검사할 수 있다. 임신 30일 경에 임신 태아의 움직임이나 태아를 확인하면 임신으로 판정한다. 개에서는 임신 25일 이후에 복벽에 초음파 젤을 적용한 다음 3.5 또는 5.0 MHz 탐촉자를 이용하여 태아를 확인함으로써 임신진단을 한다. 또한 태아의 두부직경을 측정함으로써 임신일령이나 분만일을 예측하는데 응용할 수 있다.

(6) 임신기 중의 질병 및 사고

임신은 생리적 현상이지만 때때로 임신 중의 동물은 각종 병변과 질병에 이환되어 임신을 순조롭게 지속시키지 못할 수 있다.

가. 유산

유산은 생존할 수 있는 태령에 달하기 전에 태아가 자궁으로부터 배출되는 것을 말하나, 일반적으로 임신의 각 시기에서 확인할 수 있는 크기의 죽은 태아가 배출되는 것을 말한다. 유산을 일으키는 각종 요인은 물리적 원인, 유전적 또는 염색체적 원인, 영양적 원인, 화학적 또는 약물에 의한 원인, 호르몬적 원인, 감염성 원인 및 기타 원인 등으로의 분류될 수 있다. 감염성 원인은 가장 중요하며, 세균성, 바이러스성, 진균성 및 원충성 요인이 포함된다.

1) 브루셀라증

브루셀라증은 세포내에 증식하는 그람음성간균인 *Brucella abortus*에 의해서 발생되는 가장 중요한 소의 유산의 원인이다. *Br. abortus*는 임신 최후의 6~9개월에 임신 소의 유산을 일으킨다. *Br. abortus*는 또한 살균하지 않은 감염된 생우유를 마시거나 농부, 식육가공 종사자, 수의사에서 브루셀라균에 감염된 분비물이나 조직에 접촉되어 파상열 즉, 사람의 브루셀라증을 유발하는 인수공통전염병의 원인균이다. 진단은 태아의 폐, 위 또는 태반에서 원인균을 동정하거나 혈청응집반응 또는 유즙응집반응검사 등이 있다. 감염우는 살처분하여 소각하거나 매몰한다. 또한 브루셀라증은 개 유산의 가장 일반적인 원인이며, 번식견사에서 손실의 중요한 원인으로 되어있다. *Br. canis*가 원인균이다. 암캐에서는 임신 3기(40일 이후)에 유산을 일으키고 불임증이 발생된다. 수캐에서는 고환염과 부고환염을 일으키는 것이 특징이다.

2) 렙토스피라증

렙토스피라증은 약 150종의 혈청형을 갖는 미세한 나선균에 의해서 발생되며, 보통 가장 많은 것은 *Leptospira pomona, L. hardjo, L. grippotyphosa* 및 *L. canicola* 이다. *L.pomona*는 가장 많이 관찰되며, 소, 말, 돼지의 질병과 유산의 원인이 되는 중요한 세균 중의 하나이다. 유산태아의 폐, 간 또는 심장의 조직에 대한 형광항체법의 응용은 자가융해가 극심한 것에서도 정확하게 진단할 수 있다.

3) 소 전염성비기관염 및 전염성 농포성음문질염(IBR-IPV)

이 바이러스는 많은 나라에서 소 유산의 일반적 원인이 되고 있다. 원인 바이러스는 헤르페스 바이러스이며, 말의 헤르페스 바이러스인 비폐렴바이러스 및 사람에서의 단순포진바이러스와 많은 유사한 특징을 가지고 있다. 본 병은 각종 임상형으로는 상부호흡기형, 결막염형, 소화기형, 수막뇌염형, 음문질염형, 태아형 또는 유산형, 자궁내막염형 등이 있다. 태아형 또는 유산형은 태아감염이 일어난 후 자궁내 태아폐사 및 그 후 2~5일에서의 유산을 특징으로 한다. 유산은 임신의 어느 시기에서도 일어나지만 임신중기에서 분만시기까지가 보통이다. 자궁내막염형은 인공수정 시 정액내에 IBR-IPV 바이러스가 존재할 때에 발병하여 괴사성 자궁내막염이 나타나는 것을 말한다. 자궁은 종대·부종성으로 되고 발정주기는 9~15일로 단축된다. 혈청중화시험을 이용하는 혈청반응은 이 병의 급성기에 채취한 2회의 혈청시료에 대하여 실시하나 대부분의 시료가 음성일 때는 2~6주 후에 다시 실시한다.

4) 아카바네병

소의 종류와 전혀 관계없이 임신우의 태아가 아카바네 바이러스에 감염되는 것에 의해서 일어나는 질병으로서, 아카바네 바이러스에 감염된 임신우는 유산, 조산, 사산 및 선천성기형, 대뇌결손 등을 수반하는 이상 송아지를 분만한다. 아카바네병은 장기간에 걸쳐서 발생된다. 일반적으로 이 병의 발생시기는 바이러스 유행시 및 유행직후로서 8월 하순 또는 9월 상순부터 10월 중순까지이며, 이 기간에는 주로 유산, 조산, 사산이 관찰된다. 발생중기는 10월 하순부터 12월 중순이며, 이 기간에는 체형이상 자우의 분만이 주로 관찰된다. 발생후기는 12월 하순부터 다음 해 3월경까지이며, 이 기간에는 주로 대뇌결손을 동반하는 송아지의 분만이 관찰된다. 본병의 진단은 최종적으로 바이러스의 분리, 형광항체법에 의한 항원증명 또는 혈청반응 등 실험실진단이 필요하다. 아카바네병의 예방은 불활화 바이러스 백신은 주당 3 ml씩 약 1개월 간격으로 2회, 임신우의 근육 내에 접종한다.

5) 질편모충증(트리코모나스증)

질편모충증은 캄필로박터증처럼 불임증과 조기태아사를 특징으로 하는 생식기병이다. 질편모충증에 의한 유산은 보통 임신 초기 3개월 전이나 4개월 말 사이에서 일어나며, 임신 5개월 이후의 유산은 드물다.

나. 태막 및 태아의 수종

가축의 임신 시 태막 및 태아의 수종에는 양막수종, 요막수종 및 태아의 전신수종 또는 복수증, 흉수증을 수반하는 태아의 수종이 있다.

1) 양막수종

양막수종은 양막강의 점진적 증대 및 팽만을 특징으로 하며 유전성 또는 선천성의 이상태아를 동반한다. 양막수종은 소에서 자주 관찰되며, 양에서는 간혹, 돼지 및 육식수에서는 드물게, 그리고 말에서의 발생예의 보고는 없다. 양막수종의 원인은 태아의 연하가 방해되어 양수의 양은 서서히 증가해서 약 20~120 L에 달하게 된다. 임신말기의 정상우의 양수량은 약 4~8 L이다. 양막수종의 증상은 임신후반기의 수개월간에 서서히 발달된다. 양막수종을 일으킨 모축의 번식성의 예후는 보통이거나 양호하나 태아는 이상이 있고 죽게 된다. 치료는 장기임신과 뇌하수체의 결함을 갖는 태아를 동반한 양막수종에서는 유산 또는 분만을 유발시킬 목적으로 높은 용량의 $PGF_2\alpha$, 글루코코르티코이드와 에스트로젠을 적용한다.

2) 요막수종

요막수종은 소의 태아와 태막에 장애를 주게 되는 전체 수종성질환의 85~90%를 차지한다. 본증은 젖소 및 육우에서 산발적으로 관찰된다. 요막수종은 자궁의 질환을 동반하고 있는 것이 보통이며, 이와 같은 경우 한 자궁각의 자궁소구는 거의 모두가 기능을 상실하고, 나머지 태반은 심하게 확대되어 병적 상태를 보인다. 그리고 부태반이 보통 관찰되며, 본래의 태반부분은 괴사성 및 부종성이다. 요막수종의 증상은 일반적으로 5~20일 이내에 급속히 발달되어, 자궁의 확장과 복부의 팽만이 특징적으로 나타난다. 중증일 때에는 요막액의 양이 약 80~200 L까지도 되는 수가 있다. 투관침으로 요막강에서 대량의 누출액을 뽑아 낼 수는 있으나, 2~4일 이내에 액은 다시 저류된다. 태막은 두텁고 무거운 부종성으로 되며, 복강에는 복수가 저류된다. 경관이 폐쇄되어 있으면서 임신 중에 일어나는 극심한 양막수종 및 요막수종의 처치 방법으로는 이상 임신의 빠른 중절이 요망되며, $PGF_2\alpha$ 투여와 같은 인공유산의 처치가 필요하다.

3) 수종태

태아의 심한 수종은 소에서 가장 보편적으로 관찰되며, 양에서도 발생된다. 이것은 단태아 또는 쌍태의 한쪽에서 일어난다. 돼지 또는 육식동물에서도 한 배중 1, 2 두에서 간혹 관찰된다. 경도의 양막수종이나 요막수종 또는 양자의 합병 예에서 수종태가 일어날 때가 있다. 수종태에 이환된 태아의 유산이 단태동물에서는 임신 4~8개월에 관찰된다. 수종태아의 대부분은 죽어서 만출된다. 처치 방법으로는 수종태 또는 태아복수증에 대해서는 강력한 견인과 대량의 윤활제의 사용이 필요하다.

다. 태아 미라변성

가축에서 임신중기 혹은 최후의 1/3기에 태아가 폐사 되었음에도 불구하고 황체가 퇴행되지 않고 태아가 7~10일 이내에 유산되지도 않으며 또 수개월 이내에 융해나 침지가 일어나지 않으면 태아의 자가융해와 태반의 수분 및 태수의 흡수가 일어나고 모체태반은 퇴축되어 미라변성으로 진행된다. 태아의 미이라변성이 일어날 수 있는 필요조건은 자궁 내에 다른 생존한 태아가 존재하고 있어, 그로 인하여 폐사태아가 자궁 내에 정체될 경우와 소와 같은 단태동물의 경우는 단태 간혹 쌍태에서 그 미라화 된 것과 관련해서 임신황체가 존속하게 되는 것이다.

라. 태아침지

태아침지는 임신의 어느 시기에서도 발생되며, 모든 동물에서 관찰되고 있으나 소에서 가장 많이 알려져 있다. 수정란 또는 태아가 세균이나 바이러스 감염 혹은 다른 질병이나 이물에 의해서 임신초기에 사멸했을 경우 자궁에서 흡수되는 것이 보통이지만, 문제가 되지 않는 약한 정도의 화농성 배설물이 자궁이나 질에서 보일 뿐 태아가 인정되는 일은 별로 없다. 조기태아의 사멸 및 침지는 자궁에서 관찰되는 각종의 여러 가지 미생물에 의해서 일어날 수 있으며 질편모충증이나 캄필로박터증 이환우에서 보통 발생된다. 질편모충증에 의한 자궁축농증에서 농즙 내에 태아나 태반의 붕괴편이 부유되어 있는 것이 때때로 관찰된다. 조기의 태아침지 예에서 자궁경은 점액으로써 굳게 막혀있거나 질 내 또는 음문 외에 약간의 농 배출물이 인정될 때가 있다. 이와 같은 경우에는 자궁축농증 또는 자궁내막염으로 진단되어 치료되는 것이 보통이다.

마. 자궁염전

자궁의 염전은 모든 동물에서 일어날 수 있다. 자궁염전이란 보통 자궁이 장축에 따라 회전 또는 염전되는 것을 말한다. 말에서는 자궁광간막이 자궁의 배면에 부착되기 때문에 자궁염전이 잘 일어나지 않으나 소, 양 및 산양과 같은 동물에서는 임신자궁은 한쪽 끝은 질에 위치하고, 다른 끝은 난소 쪽에 위치하면서 휘어져 활모양 또는 U자형을 하고 있다. 또 다른 자궁염전의 형태는 활모양으로 횡축상에서 임신각의 회전이 포함되는데 이는 소장의 염전과 유사하다. 이와 유사한 염전은 다태동물에서 한쪽 자궁각이 그 기부에서 회전되었을 때 일어난다. 단태동물에서는 강인한 각간인대와 태반이나 태수에 의해서 자궁각 및 자궁체가 확장되어 있기 때문에 임신각과 비 임신각의 쌍방이 염전을 일으킨다. 염전 직후에 진단되는 분만 전의 180~270도의 증례에 대해서는 상황에 따라 2가지 치료법이 가장 유효하다. 하나는 어미 소를 회전시키는 방법이고, 다른 하나는 개복수술 하에서 손으로 염전을 정복하는 방법이다.

바. 질탈

질탈은 일반적으로 질의 저부, 측벽 및 상벽의 일부가 음문을 통해서 탈출되는 것을 말하며, 자궁 및 자궁경도 후방으로 이동된다. 질탈의 원인은 다양하지만, 소에서는 태반에서 대량의 에스트로젠이 분비되는 시기인 분만 전 2~3개월에 가장 많이 발생한다. 에스트로젠은 골반의 인대와 그 주변조직의 이완 및 음문과 그 괄약근의 부종과 이완을 일으킨다. 질탈의 증상은 명백하며, 소에서는 보통 임신의 최종 2~3개월에서 관찰된다. 분만일이 가까워짐에 따라 발생율이 증가한다. 개의 질탈은 발정 시에 가장 흔하게 관찰된다. 질탈의 처치 방법으로는 경사된 판을 사용해서 소의 후구가 전구보다 5~15cm 높게 해 주는 방법, 질탈의 정복, 음부 압정대의 사용, 음문봉합법, 질탈의 정복 후 음문의 둘레봉합, 음문의 폐쇄법, 탈출된 질 조직의 절제술 등이 응용된다.

사. 산후급간

이것은 개에서, 그리고 간혹 고양이에서 저칼슘혈증에 의해서 발생한다. 증상은 신경질, 불안, 히힝 소리를 내는 울음, 또 사지의 강구, 비틀거림, 최후에는 경련을 동반한 허탈, 노력성 호흡, 유연, 체온상승 등이 관찰되는 것이 특징이다. 본증은 보통 분만 후 2주간 이내에 발생하지만 때로는 분만 전에 일어날 때도 있다. 치료는 칼슘제를 서서히 정맥내로 투여한다.

(7) 분만

분만은 불과 수 시간이내 진행되는 과정이지만, 생명을 잃을 수 있는 매우 중요한 과정이다. 따라서 분만 예정일이 가까워지면 분만 예정인 모축을 분만 대기실로 옮기며, 요오드 용액과 같은 소독액, 깨끗한 온수 및 올가미 밧줄 등의 분만 시에 필요한 물품을 준비하여야 한다. 분만이 가까워졌을 때 관찰되는 주요 증상은 초유를 많이 포함하고 있는 유방의 종대와 노란색의 초유의 분비, 골반인대가 점차적으로 이완되어 엉덩이 부분의 인대와 근육 부분이 함몰되며, 태아가 나오게 되는 외음부가 정상에 비해 2~6배 정도로 커지게 된다. 또한 일반적으로 나타내는 증상으로는 식욕이 떨어지게 되며, 불안해한다. 특히, 말에서는 옆구리와 팔꿈치 부분에 땀이 관찰되기도 하며, 개에서는 분만 전 체온이 1도 정도 하강된다. 분만이 임박해지면, 골반뼈와 인대는 태아가 밖으로 밀려나오는 골반강을 형성하며, 태아가 통과되도록 확장되어 산도를 형성한다. 말과 소 등의 단태동물에서는 분만 시 태아의 자세는 모체의 골반으로부터 앞다리와 머리를 앞으로 하여 모체와 평행하게 진행하여 분만되는 것이 정상이며, 이와 반대로 뒷다리 부분이 먼저 산도에 들어오게 되면 난산을 일으키며 태아에게 질식사의 위험이 있다. 그러나 돼지나 개와 같이 다태동물에서는 후자의 경우에도 별 문제없이 분만될 수 있다. 분만이 시작되면 규칙적으로 일어나는 진통으로 자궁근육이 수축되어 태아를 둘러싸고 있는 태포(주머니)를 질 부분으로 밀어내게 되어 태아가 바깥으로 배출되게 된다. 태아가 출산된 후 약 12시간 이내 자궁내에서 태아를 둘러싸고 있던 태막이 자궁에서 분리되어 외부로 역시 배출되게 되는데 이것을 후산이라고 한다. 분만 후에는 태어난 신생자를 보호하며 포유를 시키며, 또한 요오드팅크 등으로 1일 2~3회 2~3일간 배꼽 소독을 해준다. 한편 분만진통이 시작된 후 태아가 산도로 정상적으로 통과되지 않을 때는 태아를 외부에서 견인하는 등 조산을 해준다. 태아가 태어난 후 코와 입에서 점액을 제거해주고 피부를 마찰시켜 줌으로서 호흡 기능의 개시를 촉진시켜 준다. 출생 1~2시간 이내 초유를 급여하는 것이 중요한데, 이것으로 면역글로불린이 전달되며, 또한 태변을 배출시키는데 도움을 준다.

(8) 난산

분만 경과 중 각종 장애로 분만이 심하게 연장됨으로서 사람의 도움이 없이는 분만이 곤란한 상태를 난산이라고 한다. 이러한 난산의 원인은 태아사지결손과 같은 유전적 원인, 임신자궁의 감염, 외상, 자궁무력증 외에도 골반부의 과잉지방 침착을 초래하는 비만, 골반의 기형 및 임신동물의 운동부족 등에 의한다. 한편 태아의 부적절한 산도내의 자세 및 방향, 다리의 꺾임 또는 거대한 태아 등도 난산의 원인이 된다. 특히 반려동물 품종에서는 태아의 크기가 모체의 골반의 크기보다 커 난산이 흔히 관찰된다. 이러한 난산을 교정하기 위해서는 태아를 모체의 골반강이나 산도에서 오히려 복강 쪽으로 밀어 넣어, 공간을 확보한 후 태아의 다리의 방향이나 자세를 교정한다. 또는 산도 내에서 태아를 회전하거나 굴절된 다리나 목 부위를 바른 자세로 교정하여 태아를 외부로 견인하는데, 용이하게 나오지 않을 경우에는 밧줄 등으로 준비한 올가미를 아래턱이나 입에다 걸어 당겨내며, 개와 고양이의 경우는 머리 부분을 겸자로 집어 태아를 꺼낸다. 체구가 작은 반려동물의 난산에서는 태아의 자세 교정이나 기구의 이용보다는 흔히 제왕절개술을 실시한다.

가. 난산수술

난산수술에는 주로 절태술과 제왕절개술이 이용된다. 절태술이란 이미 산도 내에서 죽은 태아를 절태용 칼 등의 도구를 이용, 분할하여 태아의 크기를 감소시키기 위한 수술이다. 절태술에는 머리 부분만 절제하거나, 앞다리 절단, 몸통의 절단 또는 골반을 절단하는 방법이 있으나, 가급적 태아의 최소한의 부분을 절제를 원칙으로 한다. 이러한 절태술의 잇점은 모축의 제왕절개술을 피하며, 과잉의 견인으로 인한 모축의 생식기 손상을 방지하나, 절태술에 이용되는 기구에 의한 모축 산도의 손상과 장시간 소요되는 시술로 모축과 시술자가 지칠 수 있는 단점이 있다. 이러한 절태술은 말, 소 등의 대동물에서는 실제 유효한 시술법이나, 돼지, 개 고양이와 같은 중·소동물에서는 절태술이 사용되지 않으며, 제왕절개술이 안전하게 이용된다.

난산수술에서 모축과 태아가 모두 생존할 때 주로 이용되는 것이 제왕절개술인데, 태아의 자세를 교정하거나 견인 및 절태술로 분만이 어려울 때 적용된다. 흔히 제왕절개술은 성숙하지 못한 동물이 임신 시, 분만과정 중 산도가 완전하게 열리지 않을 경우, 모축의 진통이 미약할 때, 태아가 너무 클 때 또는 기형일 때 수술이 적용된다. 소의 경우는 흔히 옆구리 부분에 국소마취를 한 후 기립 상태에서 수술을 하며, 말, 돼지, 개, 고양이는 전신마취를 한 후 복부 또는 옆구리 부분을 절개하여 수술을 실시한다. 수술 과정은 수술 부위의 털을 면도용 칼로써 삭모하고, 알코올과 아이오딘팅크처(iodine tincture)로 소독한 후, 피부, 근육층, 복막을 절개하고 자궁을 확인 후 절개하여 태아를 꺼 낸 후 절개 시의 역순으로 각 조직을 봉합한다. 수술 후에는 항생제를 3~7일간 투여하며, 수술 후 24시간 동안은 쇼크가 발생하는지를 관찰한다. 수술 후 안정을 시키며 다른 동물과의 접촉을 피하게 하며, 수술 7~10일 후 피부를 봉합한 봉합사를 발사해준다. 말의 경우는 수술 후 파상풍항독소를 투여한다. 개, 고양이의 난산 시 자궁의 손상이나 파열이 있는 경우, 중독증상 및 쇠약, 저체온이 있는 경우는 자궁적출술을 실시함으로서 자궁, 태아 및 난소를 모두 제거해낸다.

(9) 산욕기 질병

분만으로 인한 상처가 완전히 회복되고, 자궁이 정상 상태가 되며 신체의 각 기관이 임신 전의 상태로 회복되기까지의 기간을 산욕기라고 하는데, 이 기간 중에는 자궁 또는 산도로부터의 출혈, 질 또는 음문의 혈종, 모체 골반 조직의 손상으로 인한 다리 부분의 마비가 발생될 수 있다. 이외에도 아래와 같은 산욕기 질병이 발생될 수 있다.

가. 자궁파열

장시간의 난산으로 인한 자궁파열이 발생될 수 있으며, 증상은 호흡 및 맥박이 빨라지며, 사지 부분의 냉감, 치명적인 복막염이 병발되어 신속하게 처치하지 않을 시에는 죽음에 이를 수 있다. 이 경우에는 개복수술을 통하여 파열된 부위를 신속히 봉합해 주며, 항생제의 투여로 감염을 방지하여야 한다.

나. 자궁탈

분만 후, 자궁의 일부 또는 전부가 반전해서 질내로 또는 음문 바깥으로 탈출된 경우를 말하며, 소, 면양에서 자주 관찰되며, 간혹 돼지, 개, 고양이, 말에서도 관찰된다. 분만 직후에 가장 잘 관찰되나 간혹 2~3일 후에 발생되기도 한다. 분만 후 강한 노책, 무력한 자궁, 에스트로젠 과잉증이 직접적 원인이며, 증상으로는 반전된 자궁이 외부로 노출되어 있으며 오물이 부착되며 자궁이 부종성으로 되며, 불안, 통증, 빠른 호흡 및 맥박이 관찰되며, 출혈이 심한 경우 쇼크가 일어난다. 치료는 탈출 자궁을 청결하게 세척한 후, 자궁에 손상을 주지 않도록 조심하여 손으로서 자궁을 제자리로 집어넣는다. 조기 발견하여 신속하게 처치하는 것이 가장 중요하다.

다. 후산정체

태아를 둘러싸고 있던 태막(후산)이 분만 후 모체 태반에서 분리되어 떨어지지 않고 자궁 내에 존재하여 일정 시간 내 배출되지 않는 경우를 후산정체라고 하는데, 젖소에서 가장 많이 발생된다. 소가 정상 분만을 하면 태아 만출 후 3~8시간에 후산이 배출되는데, 12시간이 경과하여도 배출되지 않을 때 후산정체로 간주한다. 이러한 후산정체의 발생은 임신 중 자궁 내 병원균의 감염, 비타민 A 또는 옥도 결핍, 유산, 쌍태분만, 난산 등이 원인이며, 식욕부진, 체온상승, 유량감소 등의 증상을 나타낸다. 후산정체로 인한 폐사율은 매우 낮으나, 후산이 자궁내 잔류됨으로 인하여 자궁염, 자궁내막염, 자궁축농증으로 이행되어 불임증으로 이행될 수 있다. 후산정체의 치료는 분만 후 3~4일 후 자궁의 손상을 일으키지 않도록 조심스럽게 후산을 제거하거나, 호르몬 또는 항생제 치료를 하여 후산의 배출을 촉진하거나, 자궁내 세균의 2차 감염증을 줄인다.

라. 패혈성자궁염

분만 후 병원성이 강한 세균에 의한 자궁의 감염으로 세균 또는 독소가 혈류내로 이동되어 패혈증을 일으키는 질병으로, 대장균, 포도상구균, 연쇄상구균 등이 관계되며 악취가 나는 붉은색의 수양성 자궁 배출물이 특징으로 식욕부진, 빠른 호흡 및 맥박, 유량 감소, 체온이 초기에 상승하나 나중에 하강하며, 체중이 급격이 감소되는 증상을 나타낸다. 복막염이나 폐염 등의 합병증이 있을 때에는 예후가 불량하며, 항생제, 수액요법 등으로 치료를 실시한다.

(10) 불임증

분만 후 산욕기를 거친 동물은 자궁 및 난소의 기능이 회복되고 내분비 상태가 정상화됨으로 임신 전과 같은 번식활동이 재개되어지게 되며, 발정의 발현과 교배로 다시 임신이 이루어지게 된다. 그러나 사양 환경의 불량, 유전적 결함, 영양장애, 질병, 생식기 이상 및 질병, 호르몬의 분비 이상 등으로 번식능력이 정지하거나 저하되어 장애가 생기는 상태를 불임증이라 한다. 아래에 암컷 동물에서 흔히 나타나는 대표적인 불임증 및 수컷 불임증을 소개한다.

가. 난소낭종

난소낭종이란 배란시기의 난포가 배란되지 못하고 정상보다 큰 상태의 난포가 지속되는 경우를 말하며, 일반적으로 우유 생산량이 많은 소에서 많이 발생된다. 에스트로젠을 다량 함유하는 알팔파 건초의 다량 섭취, 겨울철 축사내에서 사육으로 인한 운동부족 및 일광욕의 결핍, 고단백질 사료의 과잉 급여 등이 발생 소인이나, 직접적인 발병 원인은 배란 전 뇌하수체앞엽에서 분비되어 배란을 일으키는 호르몬으로 알려진 황체형성호르몬의 부족이다. 증상으로는 빈번하고 지속적으로 발정징후를 나타내거나 장기간 때로는 수개월 이상 무발정 상태, 외음부의 이완, 종창 등이 관찰된다. 이에 대한 치료는 배란을 일으키는 호르몬제의 투여에 의한다.

나. 난소기능부전

난소에 난포발육이 전혀 없거나 어느 정도까지밖에 발육하지 않아 배란이 없이 계속 무발정 상태로 있는 상태를 난소기능부전이라 한다. 이러한 상태는 분만 후 생리적 공태기간이 경과되어도 발정징후가 없고 난소도 꽤 크고 탄력이 있지만 뚜렷한 난포도 황체도 형성되지 않게 된다. 주요 원인은 직접적으로는 뇌하수체앞엽의 생식샘자극호르몬의 분비 기능 저하에 기인되지만 유전, 연령, 우유 생산량, 영양상태, 환경 등의 요인 및 전신적인 질환이 관계되는 경우도 있다. 이런 경우 사양관리를 적절히 하여 영양 상태를 개선할 필요가 있다. 비만으로 인한 경우에는 운동을 시키는 것이 필요하다. 치료법으로는 난포를 발육시키는 생식샘자극호르몬이 사용될 수 있으나, 사양관리를 먼저 개선시키는 것이 더욱 중요하다.

다. 자궁내막염

소, 돼지, 말에서 불임의 주요 원인으로, 분만 직후 연쇄상구균, 포도상구균, 대장균, 화농균 등의 감염에 의하며 이 시기 모축의 세균 감염에 대한 면역력이 질병 이환에 중요 요인이 된다. 자궁내막염의 증상은 자궁으로부터 점액농성 누출물이 배출되며, 발정 시에는 발정 점액 중에 농 조각이 존재한다. 이러한 상태에서는 정자 운동을 방해하여 자궁내로 이동을 막으며 수정란의 자궁내 착상을 억제하거나 이 후 태아의 죽음을 초래하게 된다. 항생제 및 항균제를 자궁 내에 주입하거나, 호르몬제의 처치로 치료를 실시한다.

라. 자궁축농증

자궁내에 고름이 축적되어 배출되지 않는 상태를 자궁축농증이라 하며, 소와 개에서 많이 발생된다. 소에서는 난산, 후산정체, 패혈성 자궁염 등의 이상 분만과 관련되어 속발되거나 태아의 조기 사멸 이후, 임신 소에 인공수정으로 인해 발생되며, 개에서는 프로제스테론 호르몬과 관련된다. 증상으로는 무발정이 계속되며, 자궁 내 농즙이나 점액 농성 물질이 정체 되어 있어 소량의 농즙이 누출되어 질 안쪽에서 관찰되기도 한다. 소의 경우에는 직장검사법 또는 초음파진단기를 이용하여 조기 진단 후 치료 시에는 회복 가능성이 증가되나, 장기 이환우에서는 자궁내막이 파괴되며 섬유성 변화를 진행하게 된다. 치료는 주로 호르몬제를 사용하며, 자궁 세척을 통하여 자궁 내에 존재하는 농을 배출시키기도 한다. 그러나 개에서는 난소자궁적출술을 일반적으로 실시한다.

마. 수컷 불임증

수컷의 불임증은 영양상태의 저하 또는 과잉, 비타민 및 무기물 결핍, 운동, 일광, 기타 환경적인 요인 또는 호르몬성 원인에 의하여 발생 될 수 있다. 불임증의 유형은 교미불능증, 생식불능증, 생식기 질병 각종 질병으로 나누어진다. 교미불능증은 성적흥분, 발기, 사정과 같은 성적 무반응을 나타내는데, 비타민, 단백질, 인, 무기물 등 영양의 결핍이나 비만 또는 전신병이 성욕의 결핍을 초래할 수 있으며, 관절, 근육, 신경 및 뼈의 손상이나 질병, 음경 및 음경꺼풀(포피)의 질병도 교미불능증의 원인이 될 수 있다. 생식불능증은 정액을 생산하는 수컷에서 발생되는데, 고환, 부고환, 정관 등의 수 생식기의 질환에 의한 정자의 이상이 초래되는 질병이다. 수컷의 주요 생식기 질병에는 고환발육부전, 잠복고환, 부고환염, 전립샘염 등이 있다.

임상수의학

04 수의진단검사의학

진단검사의학이란 환자로부터 채취한 혈액을 비롯한 다양한 종류의 시료를 대상으로 분자 및 세포성분을 검사하여 질병의 선별, 조기발견, 진단 및 경과의 관찰, 치료 및 예후의 판정에 기여하고 질병의 기전 및 병인론을 연구하는 학문이다. 진단검사의학은 혈액학(hematology), 임상생화학(clinical biochemistry), 분자생물학(molecular biology), 임상진단면역학 (clinical diagnostic immunology), 임상미생물학(clinical microbiology) 등을 기초로 하여 혈액의 세포학적 및 화학적 검사를 하고, 분자생물학적 기법을 이용한 검사, 요분석(urinalysis), 체액과 활액 및 뇌척수액의 검사, 기생충학적 검사, 피부병 검사, 각종 장기의 기능검사 등을 하게 된다. 이전에는 수의 임상병리학(veterinary clinical pathology)라고 하였으나 병리학(pathology)과의 혼동을 피하고 연구내용을 명확히 구분하기 위하여 수의 진단검사의학(veterinary laboratory medicine)이라는 용어를 사용하는 추세다.

실험실 검사에서는 검사 이전에 병력청취와 신체검사의 두 가지 진단절차가 필수적이다. 두 가지의 진단절차를 통해서 확인한 정보를 바탕으로 수의사는 문제를 명확히 하거나 분류하기 위한 검사절차를 선택하게 된다. 수의사는 동물에서 발생한 질병상태를 분류하거나 명확히 하기 위해서 검사실 검사와 다양한 진단방법들을 병행하게 된다. 신체의 일부 시스템(피부, 신경, 골격, 심혈관)은 시각화 또는 영상화하여 상대적으로 쉽게 평가할 수 있고, 다른 시스템(혈액, 면역, 비뇨, 내분비)은 실험실 검사로 더 잘 평가할 수 있다.

환자의 시료에 대하여 실험실 검사를 하는 이유는 확인되지 않은 병적 상태 탐색하고, 병태생리학적 이상 또는 질병상태를 정의하며, 분류 및 확인하기 위한 것이다. 그리고 질병의 추정 원인들을 골라내고 질병의 자연적인 진행이나 투약 또는 수술에 의한 병적 상태의 변화를 평가하기 위한 것이다.

환자의 진단과 감시, 그리고 예후를 판정하기 위하여 수의임상에서 문진과 신체검사만큼이나 실험실 검사가 중요할 뿐만 아니라 더 많은 정보를 가져다 주는 경우가 많다. 앞에서 실험실 검사를 기본으로 하는 수의진단검사의학의 영역을 설명하였으나 그중에서도 혈청화학 검사를 중심으로 올바른 검사와 검사결과를 가지고 감별진단을 하기 위해서는 어떤 점을 고려해 둬야 하는지를 예를 들어 이해를 높이고자 한다.

(1) 시료채취

혈청화학 검사의 시작은 문진과 신체검사, 그리고 채혈에서부터 시작된다. 올바른 채혈이 정확한 검사결과를 얻는 초석이다. 혈청화학 검사를 위한 시료는 혈청을 일반적으로 사용하고 항응고제를 이용한 혈장을 사용하기도 한다. 검사항목에 따라서는 항응고제나 시료의 상태에 따라 영향을 받는 것들이 있으므로 주의를 기울여야 한다.

검사결과에 영향을 미치는 요인의 공통점은 표 1에서 보는 바와 같이 적혈구의 용혈과 지방혈증이 대표적이다. 이것은 충분한 절식과 올바른 채혈방법을 사용하므로써 해결할 수 있다. 채혈을 할 때는 22G 이상의 굵은 주사바늘을 사용하며, 대부분의 동물에서 경정맥을 이용하는 것이 용혈을 방지하는데 유리하다. 혈청을 검사시료로 사용하는 경우는 혈장을 분리하여 사용하는 것보다 시간이 많이 걸리는 불편함이 있었다. 그러나 혈액응고 촉진인자가 들어있는 vacutainer를 사용할 경우는 혈장을 분리해내는 것과 동일한 시간 안에 시료를 얻을 수 있다. 만약 혈장을 검사시료로 사용할 경우는 이때 사용하는 항응고제가 검사항목의 검사에 영향을 미치지는 않는가를 미리 확인할 필요가 있다.

(2) 검사항목의 선택

채취한 시료를 대상으로 모든 항목을 검사하는 것은 가장 이상적일지도 모

표 1. 혈청화학 검사를 위한 시료의 종류와 영향을 주는 요인

검사항목	시 료	검사결과에 영향을 미치는 요인
ALP	혈청, 혈장(heparinized)	fluoride, oxalate, phosphate, zinc citrate EDTA, 8mg/dL 이상의 bilirubin, hemolysis
ALT	혈청, 혈장(heparinized)	hemolysis, lipemia
AST	혈청, 혈장(heparinized)	hemolysis, lipemia, ketoacidosis
Albumin	혈청, 혈장(EDTA 또는 heparinized)	refractometer: hyperlipemia, hemolysis spectrophotometric: hyperbilirubinemia
Amylase	혈청, 혈장	oxalate 또는 citrate 항응고제, hemolysis
BUN	혈청, 혈장(EDTA 또는 heparinized)	chlorampenicol(some methods)
Creatinine	혈청, 혈장(heparinized)	ascorbic acid, noncreatinine chromogen(e.g.; BSP, PSP, penicillins, cephalosporins, barbiturates)
Glucose	전혈, 혈청, 혈장	sodium fluoride를 사용하지 않은 경우는 즉시 혈구를 분리해내야 함.
GGT	혈청	lipemia
LDH	혈청	oxalate, ascorbate, urea, hemolysis, lipemia
Lipase	혈청	hemolysis, heavy metals, EDTA
Total bilirubin	혈청, 혈장	hemolysis, sunlight
Total protein	혈청, 혈장(EDTA 또는 heparinized)	refractometer: hyperlipemia, hemolysis spectrophotometric: hyperbilirubinemia

른다. 그러나 여기에는 몇 가지의 제약이 따른다. 검사에는 반드시 비용이 들게 된다. 검사항목이 많아지면 이에 따라서 비용이 많이 들게 되어 축주에게 부담을 주게 되고, 결국에는 축주로 하여금 검사를 기피하게 만드는 결과를 초래한다. 응급환자에 대한 방대한 검사도 시간을 많이 소비하므로 결코 바람직한 것은 아니다. 가장 좋은 방법은 꼭 필요한 항목만을 검사하는 것이다.

신체검사와 문진을 바탕으로 의심이 가는 장기 또는 기관을 국소화 시키는 것이 필요하다. 각 장기별로 평가를 하기 위해서 어떤 항목을 검사하는 것이 적절한 지를 분류하면 표 2와 같다. 검사항목을 선택하는 방법에는 두가지가 있다. 첫째, 특정장기에 대한 검사를 결정하지 못한 경우는 선별 생화학검사(screening chemistry, SCR-CHEM)를 실시하여 결과치를 분석한 다음에 추가적인 검사 panel을 결정하는 방법이 있고, 둘째는 SCR-CHEM과 장기별 panel을 동시에 결정하여 검사를 시작하는 것이다. 질병에 대한 장기의 국소화가 이루어지지 않은 상태일 경우는 SCR-CHEM을 실시한다. 검사결과 ALT와 total bilirubin이 높게 나왔다면 이어서 hepatic panel에

해당하는 항목을 검사하여 간질환에 대한 확진을 할 수 있게 된다. 표 2에 분류된 것은 개와 고양이를 위주로 하여 작성된 것이다. 반추수에서는 효소들이 개나 고양이에서와는 다른 장기 분포를 갖기 때문이다. 소동물에서 간에 특이적으로 분포하여 간기능 평가의 중요한 항목으로 이용하는 ALT는 말, 소, 그리고 돼지에서는 전혀 그렇지가 않다. 말, 소, 돼지에서 간 특이적으로 높게 분포하는 효소로는 glutamate dehydrogenase가 있고 이 효소는 개에서 아주 낮은 반면 고양이에서는 비교적 높은 특성을 갖는다. 이밖에 ALP도 동물에 따라 다양한 분포를 나타낸다. 개에서는 장에 대한 특이성이 아주 높고 다른 동물에서는 그렇지 않다. 소동물의 범주에 일반적으로 포함시키는 고양이는 장에서의 ALP의 분포가 개의 약 30분의 1에 해당하며, 말에서는 장보다는 신장에 대한 특이성이 높게 나타난다.

표 2. 선별(screening) 검사를 위한 분류

CBC	SCR-CHEM	Hepatic	Renal	GI	Pancreas	UA, Fecal
RBC	ALT	CBC	CBC	X-ray	Amyl	pH
PCV	AST	SCR-CHEM	UA	CBC	Lipase	Protein
Hb	ALP	GGT	SCR-CHEM	UA, Fecal	BUN	Glucose
MCV, MCHC	BUN	Bilirubin	Tchol	SCR-CHEM	Albumin	Ketone
WBC (differential)	Creatinine	Cholesterol	Ca	Amylase	Ca	Bilirubin
TPP	Glucose	NH_3	P	Lipase	UA	Occult blood
ICT	Tbil		USG		SCR-CHEM	
Fib	Na		Na			Urobilinogen
Plat	K		Cl			Fecal(dir, flo)
Ret			HCO_3			

(3) 검사결과에 영향을 주는 약물 투여 및 환경

지역 수의사로부터 환자를 의뢰 받아 진단을 내리기 위하여 검사를 하면서 그 검사 결과치에 대하여 의아해하게 되는 경우가 있다. 여러 가지 검사결과 중에 ALT와 ALP가 기준치보다 증가되어있고 나머지는 정상을 나타낼 때에 검사치 판단에 있어서 몇 가지 고려를 해야 한다. 개에서 ALT와 ALP의 검사치가 '쿠싱증후군'을 제시하지만 신체검사를 포함한 다른 항목이 그렇지 않다면 glucocorticoids를 사용하였거나 심한 스트레스 상태에 오랫동안 있지 않았는지 확인해야 한다. 대부분의 예에서 검사 이전의 glucocorticoids

의 투여가 확인된다. 만약 검사이전의 약물사용을 염두해 두지 않는다면 검사결과에 대한 당혹감만 남게 된다. 더 나아가서는 검사에 대한 불신이 싹트게 된다. 표 3은 검사 결과치에 영향을 미치는 약물의 목록이다.

표3. 검사결과치에 영향을 주는 약물 및 요인

검사항목	약물 및 요인
ALT의 증가	Acetaminophen, L-Asparaginase, Azathioprine, Barbiturates Erythromycin estolate, Glucocorticoids, Griseofulvin, Halothane, Ibuprofen, Ketoconazole, Mebendazole, Methimazole Oxacillin, Oxybendazole, Phenobarbital, Phenylbutazone, Primidone, Sulfonamides, Tetracycline, Thiacetarsamide, Trimethoprim-sulfamethoxazole
ALP의 증가	Anabolic steroids, Androgens, Asparaginase, Azathioprine, Barbiturates, Cephalosporins, Cyclophosphamide, Dapsone, Erythromycin estolate, Glucocorticoids, Gold salts, Griseofulvin, Halothane, Ibuprofen, Methimazole, Methotrexate, Nitrofurantoin, Oxacillin, Oxymetholone, Phenobarbital, Phenothiazines, Phenylbutazone, Phenytoin, Primidone, progesterone, Quinacrine, Quinidine, Salicylates, Sulfur, Testosterone, Tetracyclines, Thiabendazole, Trimethoprim-sulfamethoxazole, Vitamin A
ALP의 감소	Cysteine(metabolite인 N-acetylcysteine이 Mg^{2+}를 chelation 시킴 Theophylline
오줌 pH	Acetazolamide
Uric acid	Acetaminophen(reducing activity에 의한 측정)
CPK의 증가	Cysteine

일부의 검사항목에 대하여 검사결과에 영향을 미치는 약물들을 표 3에 일부 항목에 대해 여러 가지 약물을 소개하였으나 기본적인 유형은 몇 가지로 요약할 수 있다. 첫째, 약물이 검사반응에 직접 관여하여 영향을 주는 경우, 둘째, 약물이 측정물질의 증감을 *in vivo*에서 유도하는 경우, 셋째, 측정물질의 생리적인 대사 및 배설에 영향을 주는 경우 등이 있다.

(4) 실험실 검사결과의 판독을 위한 기본적인 개념과 정의

올바른 시료채취와 적절한 검사항목의 선택, 그리고 검사결과를 얻은 다음에 결과를 판독한다. 실험실 검사결과의 판독을 위해서는 용어에 대한 이해가 필요하다. 여기에는 정상범위(normal range), 정량분석(quantitative test), 정성분석(qualitative test), 민감도(sensitivity), 특이도(specificity) 그리고 예측치(predictive value)가 있다.

정상범위는 대체로 통계학적인 방법으로 작성된다. 정상적인 동물을 모집단으로 하여 이들을 검사한 다음 평균값에 표준편차(standard deviation)의 두 배를 더한 값과 뺀 값의 범위로 한다. 정상집단이 갖는 수치의 95%에 해당하는 범위가 된다. 임상병리학자들은 '정상범위'라는 용어보다는 '참고치(reference value)'를 더 선호한다. 단지, 검사결과가 정상범위에 포함되지 않는다고 하여 질병으로 간주하고 다른 항목의 결과치를 무시하게될지도 모르는 오류를 경계하고자 하는 것이다. 실제로 20마리의 검사 대상 중에 1마리는 정상범위에 들어가지 않는 수치를 정상적으로 가지고 있을 수도 있기 때문이다. 바꿔서 말하면, 정상범위에 검사 결과치가 들어갔다고 해도 정상이 아닐 수 있다는 것이다. 정상범위는 동일한 종이라 하더라도 나이, 성, 체중, 품종, 사료, 시료채취 시간과 부위(혈청, 혈장, 척수, 오줌 등) 등에 따라서 다르게 나타난다. 그러나 동물에서는 사람에서와 같이 일정한 조건을 만족하는 충분히 큰 정상군을 확보하여 정상범위를 설정하는 데에 여러 가지 제약이 따른다.

정량분석의 정상치는 범위로 제시된다(예: 3.5~5.0 mEq/L). 정량분석의 정도는 '정확도'(accuracy)와 '정밀도'(precision)로 표시된다. 정확도는 여러 번 측정한 결과의 평균이 실제의 값에 접근한 정도로 표시되고, 정밀도는 반복측정시 동일한 결과가 얼마나 많이 나타나는 가로 결정된다. 정밀도의 다른 표현으로는 '재현성'이 있다

정성분석은 '음성'과 '양성'으로 나타나며, '반정량분석'은 양성의 정도를 표시한다(예: 1+, 2+, 3+ glucose in urine). 검사결과의 임상적 유용성은 '민감도(sensitivity)'와 '특이도(specificity)'에 의해서 결정된다. 실제 질병상태에 있는 것을 양성으로 판정하는 능력이 '민감도'이며, 음성으로 판정하는 것을 '위음성'이라고 한다. 그리고, 질병을 갖고 있지 않는 것을 음성으로 판정하는 능력을 '특이도'라 하며, 양성으로 판정하는 것을 '위양성'이라고 한다.

표 4. 검사의 정밀도와 특이도표

선별검사결과	진 단		전체 수
	질병 있음	질병 없음	
양 성	TP	FP	TP + FP
음 성	FN	TN	FN + TN
전체 수	TP + FN	FP + TN	TP + FN + FP + TN
민감도 : 예상되는 결과=TP/(TP+FN)×100		특이도 : 예상되는 결과=TN/(FP+TN)×100	
TP: 진양성 FP: 위양성 FN: 위음성 TN: 진음성			

항목에 따라서 검사방법의 민감도와 특이도가 결정된다. 검사방법에 따른 민감도와 특이도를 알고 있으면 검사결과에 대한 판단이 올바르게 내려질 수 있다. 검사결과를 가지고 환자를 평가하기 이전에 행해지는 것이 검사가 오류를 내포하고 있지는 않는지를 판단하는 일이 중요하다. 시료채취와 검사방법의 선택, 그리고 이에 영향을 주는 요인들을 알고 있는 것이 결정적으로 도움을 주게 된다.

(5) 실험실 검사결과의 판독

결과의 판정은 검사치의 오류 포함 여부, 정상범위, 환자의 증상, 진단을 위한 알고리즘 등에 근거하여 이루어진다. 특히 감별진단을 위해서는 여러 가지의 진단 알고리즘을 확보하고 있는 것이 유리하다. 알고리즘의 특징은 감별진단을 위하여 각 단계별로 확인해야될 사항을 빠뜨리지 않고 일목요연하게 확인할 수 있게 해주는 데 있다. 아래의 그림은 amylase와 lipase의 검사치가 높게 나왔을 때 이를 이용한 판단과정을 나타낸 알고리즘이다. Amylase와 lipase는 두 가지 관점에서 평가를 하고 있음을 보여준다. 두 가지 효소의 근원이 이자(췌장)이며 이들의 배설장소가 신장이라는 점을 감안해 두고 작성된 알고리즘이다. 즉 이자와 신장에 대한 감별진단이 되는 셈이다. Amylase와 lipase는 이자에 대한 민감도가 아주 높은 편이 아니다. 그러므로 다른 검사항목과의 연관성을 확인해야 한다.

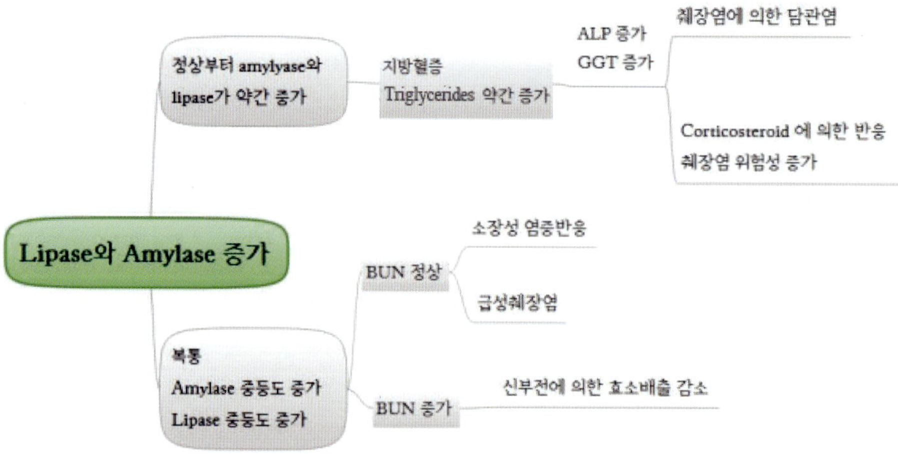
Lipase와 Amylase 증가
정상부터 amylyase와 lipase가 약간 증가
지방혈증
Triglycerides 약간 증가
ALP 증가
GGT 증가
췌장염에 의한 담관염
Corticosteroid 에 의한 반응
췌장염 위험성 증가
복통
Amylase 중등도 증가
Lipase 중등도 증가
BUN 정상
소장성 염증반응
급성췌장염
BUN 증가
신부전에 의한 효소배출 감소

임상수의학

05 수의영상의학

(1) 영상의학적 검사방법의 종류

가. 일반 방사선 검사

우리가 흔히 엑스레이를 찍는다고 할 때를 말하며, 방사선 검사는 방사선 발생기에서 생성된 방사선을 동물의 신체에 투과하여 체내조직에 따라 방사선을 흡수하는 정도에 따라 영상화하여 장기의 해부학적 변화유무를 평가하는 검사법이다. 방사선 촬영에는 일반 방사선 촬영과 조영 방사선촬영이 있으며, 조영방사선 촬영은 방사선 흡수가 용이하지 않아 영상화가 잘 되지 않는 구조물이나, 주위조직에 의해 겹쳐져 구분이 되지 않는 구조물을 영상화하기 위하여, 관찰하고자 하는 해부학적 구조물에 방사선 비투과성의 조영제를 주입하여 촬영을 하는 것이다.

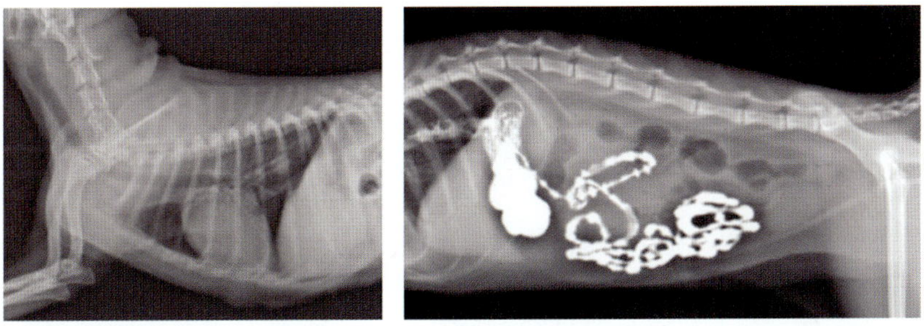

그림 1. 왼쪽 사진은 개의 흉부 외측상 일반 방사선 사진이다. 개의 흉강내 구조물 즉 심장과 기관 그리고 다양한 해부학적 구조물등이 투사된 방사선의 감약(attenuation)정도에 따라 다양한 정도로 영상화된다. 오른쪽은 개의 복부 외측상 방사선 사진이다. 조영제를 먹인후 촬영한 것으로 위장관이 조영제에 의해 하얗게 영상화되었다.

나. 초음파 검사

사람의 경우 흔히 임신진단에 이용되는 것으로 많이 알려져 있다. 동물에서도 초음파를 생성하는 탐촉자를 이용하여 초음파를 체내에 투과시켜 반사되는 음파를 파형이나 영상으로 변환하는 검사법으로 실시간으로 신체 내부의 혈관 및 장기의 이상유무를 판단하는 검사법이다.

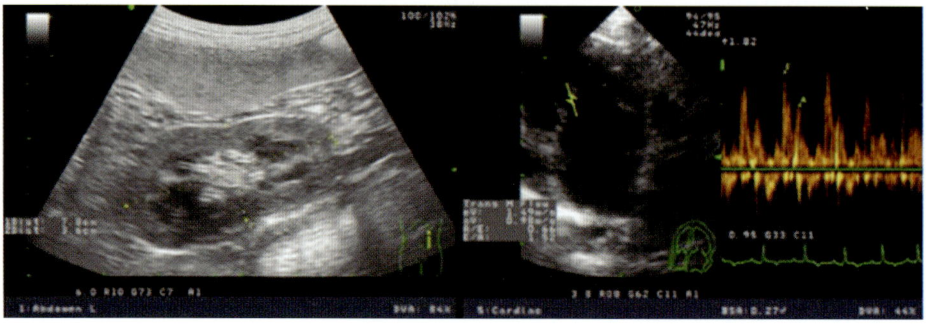

그림 2. 왼쪽 사진은 개의 비장과 신장의 장축상 단면상으로 특히 신장내의 내부 구조가 다양한 밝기로 영상화된다. 오른쪽 사진은 개의 심장 초음파 영상으로 도플러 검사법중 PW(pulsed wave Doppler)를 이용하여 심장내의 혈류 속도를 측정하는 영상이다.

다. 컴퓨터 단층촬영술

흔히 CT검사법으로 불리며, X선 발생장치와 컴퓨터를 이용하여 단층영상을 획득할 수 있는 촬영기법이다. 단순 방사선 촬영과는 달리 신체를 가로로 자른 횡단면상을 획득할 수 있고, 촬영된 영상들을 재조합하여 3차원 영상으로 재구성을 할 수 있다.

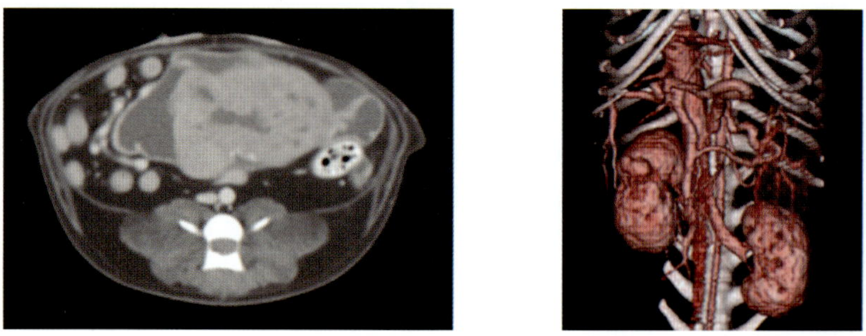

그림 3. 왼쪽 사진은 개의 복부 횡단면상이다. 복부 가운데 커다란 종괴가 있는 것이 확인된다. 오른쪽 사진은 다른 개의 복부 CT영상을 소프트웨어를 이용하여 복강내의 혈관을 3차원으로 재구성한 영상이다.

라. 자기공명영상촬영

흔히 MRI 검사로 불리며, 자장을 발생하는 장치내에 동물을 위치시킨 후 신체에 고주파를 투사하고 신체부위에 있는 수소원자핵을 공명시켜 각 조직에서 나오는 신호의 차이를 측정하여 컴퓨터를 통해 재구성하여, 영상화하는 기술이다.

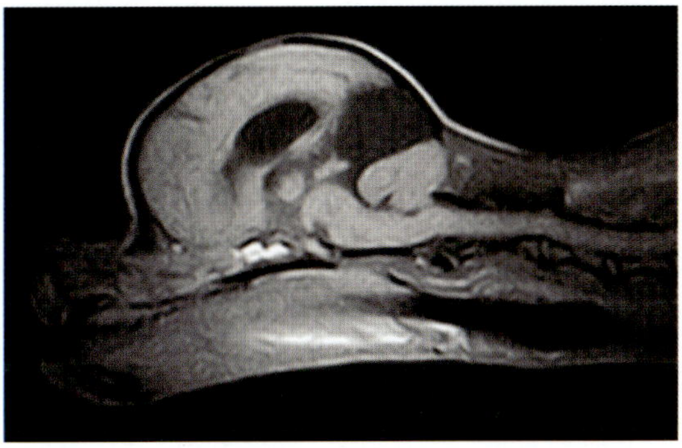

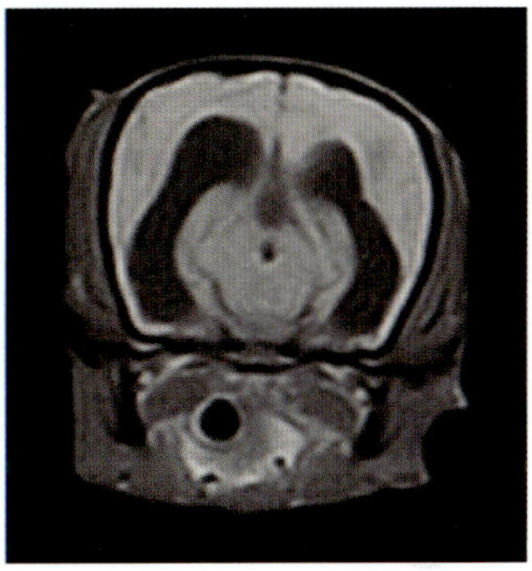

그림 4. T1 강조영상법을 사용하여 획득한 왼쪽은 개의 머리를 장축상으로, 오른쪽 사진은 단축상으로 뇌를 영상화한 사진이다.

마. 투시 검사법

방사선을 동물에 조사하여 투과한 방사선이 형광물질로 되어 있는 형광판에 충돌시키면 투과해 온 방사선량에 따라 형광으로서 가시광선을 방사한다. 이를 컴퓨터를 통해 영상으로 기록하여 변환하게 되며, 주로 동물에서 실시간으로 다양한 장기의 움직임을 파악할 수 있으며, 일반 방사선 검사와는 달리 실시간촬영이 가능한 장점이 있다.

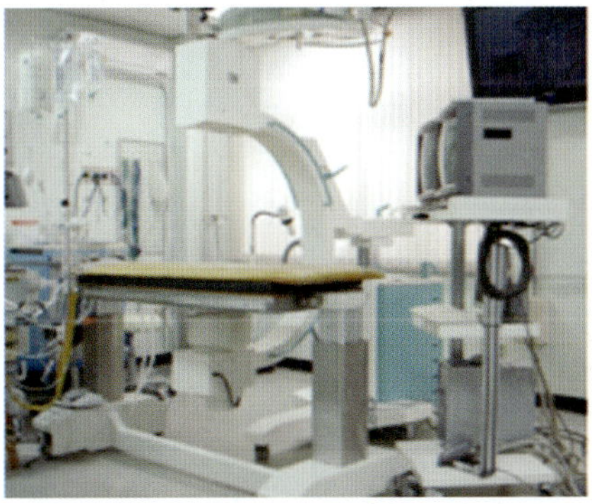

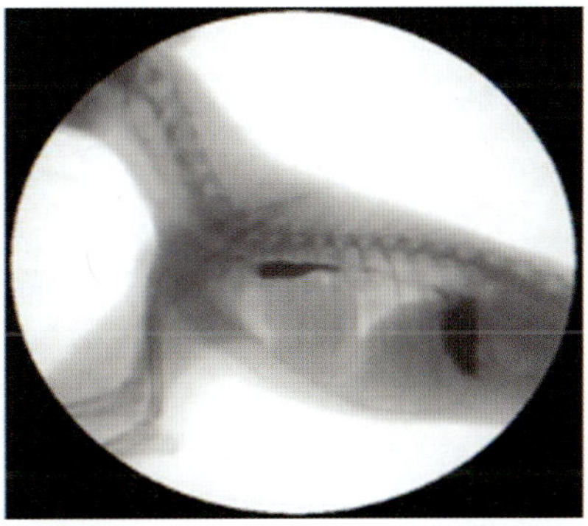

그림 5. 왼쪽 사진은 C-arm으로 투시검사장치의 모습이다. 오른쪽 사진은 조영제를 먹인 후 투시장비를 이용하여 개의 흉부 외측상을 촬영하는 영상의 정지 사진으로 검은색 조영제가 식도를 거쳐 위내로 유입되는 것을 볼 수 있다.

(2) 방사선의 유해성과 방사선검사의 안전장치

방사선은 자연방사선과 인공방사선이 있다. 자연방사선은 태양이나 토양과 같은 자연환경에 있는 방사성물질이 발생하는 에너지이며, 인위적으로 생성된 방사선이 아닌 환경에 존재하는 방사선이다.

인공방사선은 의료목적이나, 산업목적 등으로 인위적으로 생성되는 방사선이다. 문제는 이러한 인공방사선에 노출되게 되면, 유전자 변형, 종양의 유발 및 면역기능이 억압되는 등 여러가지 부작용이 발생한다는 점이다. 다만 단순히 방사선에 노출된다고 해서 이러한 문제가 항상 발생하는 것이 아니라는 것이다. 즉, 일정기간에 걸친 피폭량에 의해 결정된다는 것이다. 한번 예를 들어 보자. 우리나라 성인 남성이 일년에 마시는 소주가 평균 72병이라고 한다. 많은 사람들이 일 년 동안 평균 이 정도의 술을 마시며 잘 산다고 한다. 물론 정확히는 잘 살지는 못하겠지만 그래도 그럭저럭 살아간다. 그런데, 만일 어떤 사람이 72병의 술을 일주일에 걸쳐 나눠 마시고 나머지 11달 3주를 금주를 했다고 가정한다면 과연 그 사람은 1년에 걸쳐 고르게 술을 나눠 마신사람에 비해 건강할까? 아마 그렇지 못할 것이다. 음주로 인한 아주 심각한 문제를 겪게 될 것이다. 방사선 피폭도 이와 같다고 할 수 있다. 일정 기간에 피폭되는 방사선량의 정도에 따라 그 피해 정도가 달라진다는 이야기이다. 즉, 피폭량 자체도 중요할 뿐만 아니라, 여기에 시간의 개념을 함께 넣어 피폭에 의한 피해를 고려해야 한다는 것이다. 따라서 국가에서는 이러한 누적 방사선량을 정해서 다양한 법과 규정으로 개인의 방사선 피폭을 방지하고 있다. 아직까지 동물에 대해서는 일정 기간에 얼마만큼의 방사선 피폭이 안전하냐에 대한 규정은 정해져 있지 않다. 그러나 다행인 것은 사람에서도 그렇지만 동물에서도 의료용으로 제작된 방사선기기의 방사선량은 신체에 위협을 가할 수 있는 방사선량은 아니다. 더군다나 동물에서 방사선 검사를 상식을 벗어날 정도의 엄청난 횟수로 단기간에 실시하는 경우도 있을 수 없기 때문에 방사선 피폭으로 인한 문제는 거의 없다고 할 수 있다. 그래도 적은 양이라도 방사선이 동물에게 해를 끼치지 않냐라고 강변하시면 물론 맞다고 해야 그게 정확한 답이다. 하지만 방사선 검사를 통해 얻는 이득과 방사선 피폭으로 인해 잃게 되는 손해를 따져보면 역시 방사선 검사는 유익하다고 말씀드려야 할 것 같다. 물론 이러한 이유로 인해, 방사선 검사는 꼭 필요한 경우에만 하는 것이 옳다고도 말씀 드릴 수 있다. 아울러 방사선 촬영시 불필요한 촬영을 줄이고 최소 방사선 선량으로 목적부위만 정확히 검사하여 환자의 피폭을 최소화 할 수 있다.

(3) 방사선 영상과 초음파 영상의 차이점

초음파검사는 초음파를 생성하는 탐촉자를 이용하여 초음파를 체내에 투과시켜 반사되는 음파를 파형이나 영상으로 변환하는 검사법으로 실시간으로 신체 내부의 혈관 및 장기의 이상유무를 판단하는 검사법이다. 방사선 검사와는 달리 전리방사선을 사용하지 않으므로 일반적인 관점에서 안전한 검사법이며, 통증을 수반하지 않는다. 또한 탐촉자의 위치에 따라 원하는 장기의 단층상이 실시간으로 얻어지며, 조영제를 사용하지 않아도 혈관계의 관찰이 용이하다. 또한 방사선 검사와는 달리 횡단면 뿐만 아니라 종단면, 좌우사위(비스듬히 장기를 관찰) 등의 검사가 가능하다. 즉, 비유를 하자면 초음파 영상은 해부학적 구조물을 칼로 싹둑 잘라서 그 단면상을 본다고 할 수 있다. 이에 비해 방사선 검사는 엑스레이를 이용하여 해부학적 구조물의 그림자를 보는 것이라고 할 수 있다. 예를 들어 신장결석이 있는 환자의 방사선 검사에서는 결석의 종류에 따라 영상화가 되지 않는 경우도 있으며, 결석이 영상화가 되

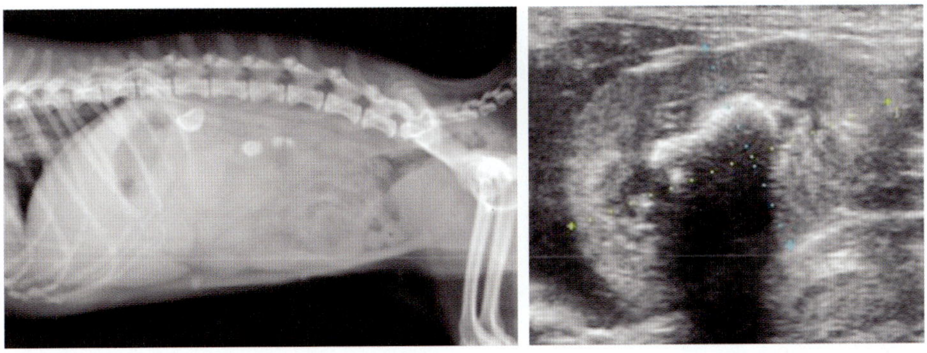

그림 6. 왼쪽 사진은 개의 복부 외측상 방사선사진이다. 하얗게 관찰되는 결석의 음영이 보인다. 하지만 이것이 어디에 위치하고 있는지는 정확히 파악하기가 쉽지 않다. 오른쪽 사진은 이 환자의 초음파상으로 신장을 길게 스캔한 영상에서 하얗게 보이는 결석이 신장 가운데에 위치하고 있는 것이 관찰된다.

어도 다른 해부학적 구조물과 겹쳐서 신장에 위치하고 있는지 그리고 신장이 라면, 정확히 신장의 어느 부위에 존재하는지는 알 수 없는 경우가 있다. 하지만 초음파 촬영을 통해서는 신장의 종단면, 횡단면을 실시간으로 영상화하여 결석이 정확히 어느 부위에 존재하는 지 확인이 가능하다.

(4)컴퓨터 단층촬영과 일반 방사선 검사의 차이점

컴퓨터 단층촬영(CT)은 X선 발생장치와 컴퓨터를 이용하여 원하는 부위의 단층영상을 획득할 수 있는 촬영기법이다. 단순 X선 촬영과 달리 신체를 가로로 자른 횡단면상을 획득하며, 단순 X선 촬영에 비해 구조물이 겹쳐지는 것이 없어 구조물 및 병변을 좀 더 명확히 볼 수 있는 장점이 있다. 대부분의 장기 및 질환에서 병변이 의심되고 정밀검사를 시행해야 할 필요가 있을 때 기본이 되는 검사법이다. 또한 일반 방사선 사진은 3차원적인 구조물이 2차원의 필름에 나타나지만, 컴퓨터 단층촬영은 선택한 단면의 모든 모습을 보여주기 때문에 일반 방사선 사진으로는 알아내기 힘든 여러 가지 사실들을 정확하게 진단할 수 있다. 예를 들어 척추 디스크 탈출증이 의심되는 환자에서 일반방사선 사진은 여러 가지 정보를 줄 수 있다. 하지만 척추 주변조직의 겹침현상으로 인하여 일반방사선 사진만으로는 디스크 탈출증을 확정진단을 내릴

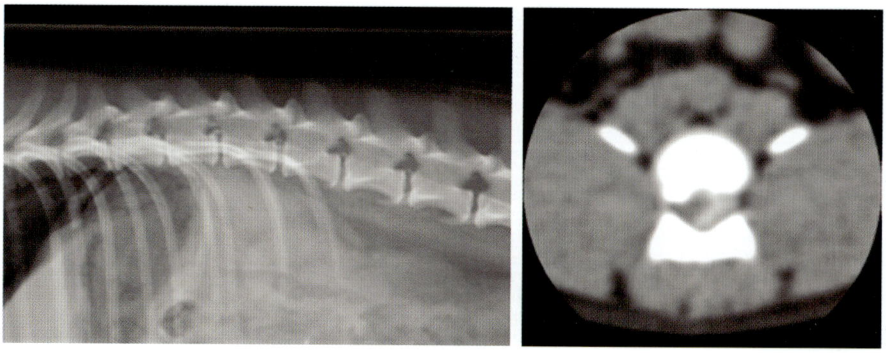

그림 7. 왼쪽 사진은 임상증상을 고려시 디스크 탈출증이 의심되는 개의 요추 외측상 방사선 사진이다. 이 사진만으로는 명백한 디스크 탈출증을 확진할 수 없다. 오른쪽 사진은 동일 환자의 CT 영상이다. 디스크가 탈출하여 척수를 압박하고 있는 것이 관찰된다. 이를 통해 석회화된 디스크가 척수강 내로 탈출된 디스크 탈출증이 진단되었다.

수 없다. 따라서, 디스크 탈출증이 의심되는 부위를 컴퓨터단층촬영하게 되면, 척추와 척추사이의 디스크부위가 횡단면으로 촬영되어 디스크가 탈출되었는지와 척수가 얼마나 손상됐는지의 여부를 확인할 수 있다.

(5) 초음파 검사의 안전성

초음파는 에너지 파동의 일종으로 신체의 특정 부위가 초음파에 장시간 노출될 경우 그 부위의 온도가 상승하는 결과가 초래된다. 따라서 초음파의 위험성에 대해서는 많은 과학자들이 연구를 진행하고 있고 사람의 경우에는 초음파 검사법에 대한 다양한 가이드라인이 있다. 한 연구에서는 랫드에서 태아시기의 초음파 노출에 대한 연구가 진행되었으며, 이 연구결과 출생 후 태아시기에 초음파에 노출된 조직에 따라 부작용이 나타날 수 있다는 결과가 나왔으나 그 영향은 크지 않았다고 보고하였으며, 다른 연구에서는 쥐를 통한 실험에서 부작용이 없다는 보고도 있었다. 따라서 일반적으로 볼 때 초음파는 아주 극한의 상황을 연출한 경우, 즉 특정 장기에 아주 장시간에 걸쳐 노출시킬 경우 약간의 손상을 일으킬 개연성이 있다는 정도로 이해하면 될 것 같다. 결국 초음파로 인한 부작용이 미미하고 초음파의 부작용에 대한 해로움보다 진단적가치가 크기 때문에 초음파는 진단에 필수적이라 할 수 있다.

(6) 방사선학과 영상의학

영상의학은 과거에 진단방사선학(diagnostic radiology)에서 개명된 이름이다. 예전에는 방사선 검사와 컴퓨터 단층촬영검사에서 획득한 사진을 판독하여 질병을 진단하는 역할이 대부분이었지만, 최근에는 중재적 시술(intervention)이라는 분야를 통해 환자의 치료에도 관여하게 되었다. 따라서 진단이라는 말에 국한된 것이 아니라 치료에도 관여하기 때문에 '진단'이라는 단어를 빼게 되었다. 그리고 방사선검사나 컴퓨터단층촬영의 경우 전리방사선을 이용하지만, 초음파나 자기공명영상 검사는 전리방사선이 아닌, 초음파와 자기장을 이용한 영상이기 때문에 '방사선' 이라는 단어로 국한될 수 없고, 일반인들의 방사선에 대한 부정적인 인식 때문에 방사선학이라는 이름을 영상의학으로 바꾸게 되었다.

(7) 필름영상과 모니터영상

예전에는 영상장비의 디지털화가 되지 않아 방사선 촬영을 필름으로 하였다. 우리가 예전에 흔히 볼 수 있는 모습이었다. 디지털 영상에 비해 필름은 촬영부터 현상까지 걸리는 시간이 많이 걸리며, 화학약품에 노출되며, 필름의 보관에 어려움이 있었다. 그러나 요즘에는 영상저장전송시스템(PACS)의 개발과 디지털영상장비의 개발로 필름을 대체하여 영상기록 및 영상저장이 디지털로 가능하게 되었다. 영상저장전송시스템(PACS)은 영상정보를 취득하거나 저장, 전송 및 검색하는데 필요한 기능을 통합적으로 처리하는 의학영상정보시스템이다. 말그대로 디지털 영상장비로 촬영된 영상이 서버로 전송되어 저장되며, 서버에 저장된 영상기록이 사용자가 원하는 즉시 검색하여 불러올 수 있는 시스템이다. 이를 통해 고해상도의 영상처리와 초고속 검색에 의한 영상조회가 가능하며, 촬영시간의 단축, 필름을 보관하는 문제로부터의 해방, 환자의 영상정보를 공유할 수 있는 장점이 있다. 이 시스템의 단점으로는 서버의 관리가 필요한 점, 환자의 보안유지가 다소 취약한 점, 고해상도의 모니터가 필요하다는 단점이 있다. 이것은 영상의학에 있어서의 아주 큰 개혁으로, 현재 대부분의 사람들이 필름을 사용하는 카메라를 사용하지 않고 디지털 카메라를 사용하는 이유와 아주 흡사하며, 특히 최근 과학의 발달로 디지털 영상이 필름을 이용한 아날로그 영상에 견주어 크게 차이가 없다는 점 또한 크게 작용하였다고 할 수 있다.

(8) 초기 진단에서 방사선 검사의 유용성

뼈나 관절의 문제일 경우에는 방사선 검사만으로도 확정 진단을 내릴 수 있다. 하지만 그 외의 질병에 있어 방사선 검사는 혈액검사와 마찬가지로 스크리닝 검사의 역할을 담당하며, 최종 진단을 위해 추가검사가 필요한지 여부를 제시해주는 역할을 한다. 또한, CT나 MRI보다 상대적으로 간편하게 내부 장기의 형태적 변화를 살펴볼 수 있으며 초음파 검사보다 거시적으로 흉부나 복부의 장기를 살펴볼 수 있다. 예를 들어, 기침을 하며 호흡하기 힘들어하는 열 살짜리 개가 내원했다고 가정해 보자. 흉부 방사선 검사를 통해 폐나 상부 호흡기(기관, 연구개, 후두 등)의 문제인지 심장의 문제인지 감별을 할 수 있으며 이를 바탕으로 필요한 추가검사를 선택할 수 있다. 즉, 방사선 검사 상, 폐렴이 의심된다면 기관지폐포세척(BAL) 검사를 통해 확진할 수 있으며 심장의 문제라면 심초음파를 통해 확진할 수 있다. 다시 말하면 방사선 검사는 대략적으로 어느 장기에 문제가 있는지를 파악하는 스크리닝 검사로서 역할을 담당하기도 하며, 때로는 최종 진단을 위해 실시하는 검사법을 결정하기 위한 중간 단계로서 의미를 가질 수 있다는 것이다.

(9) 질병 진단에 있어 특이도와 민감도

특정 질병을 진단하는 방법에 있어 민감도(sensitivity)란 양성을 양성이라 판단하는 비율이고, 특이도(specificity)란 음성을 음성이라 판단하는 비율이다. 예를 들어, 다음과 같은 연구 결과가 있다고 가정해 보자. 어느 병원에 초음파를 이용하여 100마리의 개에서 자궁을 검사하였다. 그리고 이 후, 수술을 통해 이 100마리의 결과가 과연 정확한 진단이었는지 확인하였다. 그리고 다음과 같은 결과를 얻게 되었다.

초음파검사 / 질환명	양 성	음 성	계
자궁축농증(양성)	27 (True positive)	3 (False negative)	30
정상자궁 또는 기타질환 (음성)	3 (False positive)	67 (True negative)	70
계	30	70	100

* 민감도 = True positive / (True positive + False negative) = 27/(27+3) = 0.90
* 특이도 = True negative / (True negative + False positive) = 67/(67+3) = 0.96

이 표는 초음파를 통해 자궁 축농증으로 진단된 개는 30마리 였으며 그중 27마리는 정확히 진단이 맞았으나, 3마리는 자궁축농증이 아닌 오진이었음을 말해주고 있다. 그리고 70마리는 정상 자궁 혹은 기타 다른 질환으로 진단하였으나 이중 3마리는 자궁축농증으로, 초음파 진단과정에서 놓친 것을 의미한다. 따라서 위의 공식을 이용하면, 실제 양성(자궁축농증을 가진 개) 30마리 중, 실제로 자궁 축농증인 경우가 27마리이므로 민감도는 90%가 된다. 이를 바꿔 말하면 실제로 초음파 검사로는 10%의 경우에서 자궁축농증이 있더라도 진단하지 못할 수 있다는 것을 의미한다.

또한, 초음파를 통해 정상자궁 또는 기타질환이라고 진단한 70마리 중, 실제로 수술을 통해 확인한 결과 정상자궁 또는 기타질환인 경우가 67마리이므로 특이도는 96%이다. 이는 초음파 검사상 자궁축농증이라고 진단하더라도 약 4%의 경우는 자궁축농증이 아닐 가능성이 있음을 의미한다. 다시 말하면, 여러분이 강아지를 동물병원에 데리고 가서 자궁 초음파검사를 받고, 수의사가 초음파 검사를 통해 '이 환자는 자궁축농증이다'라고 확신에 찬 어조로 이야기를 하더라도 적어도 이 이야기의 4%는 틀릴 가능성이 있음을 염두에 두어야 한다는 것을 의미한다. 같은 경우에 수의사가 '당신 강아지의 자궁은 매우 건강하다'라고 이야기하더라도 10% 정도는 이것이 틀릴 개연성이 있다는 말이기도 하다. 이것은 수의사가 검사를 잘못해서 발생하는 것이 아니라 검사법이 가지고 있는 한계이다. 따라서 영상의학 전문수의사의 경우, 적절한 검사 방법을 선택하기 위해 다양한 질환에서 방사선 검사나 초음파 검사, CT 또는 MRI 검사가 가지는 민감도와 특이도를 잘 이해하고 있어야 한다. 즉, 특정 질환에 대해 민감도와 특이도가 가장 높은 검사법을 선택하고 이를 통해 진단을 하는 것이 매우 중요하다는 것이다. 가령 A라는 질환에 대한 초음파 검사법이 민감도가 95%, 특이도가 58%라면, 초음파 검사를 통해 A 질환이 맞다고 이야기 하더라도 그 진단은 신뢰도가 매우 낮다, 즉 '믿기 힘들다' 라는 것이다. 참고로 특정 질병에 있어 민감도와 특이도가 가장 높은 검사법을 'Gold Standard'라고 한다. 여기에서는 수술을 통한 확인이 gold standard에 해당한다.

(10) 동물환자에 대한 방사선 검사법

방사선 검사 의뢰를 받게 되면 환자의 현재 상태와 촬영 이유를 고려하여 필요한 촬영부위와 촬영방법 등을 고려해 촬영을 진행한다. 방사선 촬영 시에도 사진 촬영과 같이 피사체(환자)의 움직임을 최소화해야하기 때문에 두 명 이상의 보정자가 환자의 촬영 자세를 잡아주게 된다. 이 경우 보정자가 피폭이 되므로 이를 방지하기 위해 납으로 만든 가운과 다양한 방어도구를 착용하고 촬영하게 된다. 촬영과정에서 보정에 어려움이 있거나, 공격적인 경우 및 겁이 많은 환자는 스트레스를 줄여주기 위해 주사약물로 진정을 시키기도 한다. 촬영이 완료되면 수의사는 판독을 하여 진단명이나 필요한 추가검사를 주치의에게 통보하게 된다.

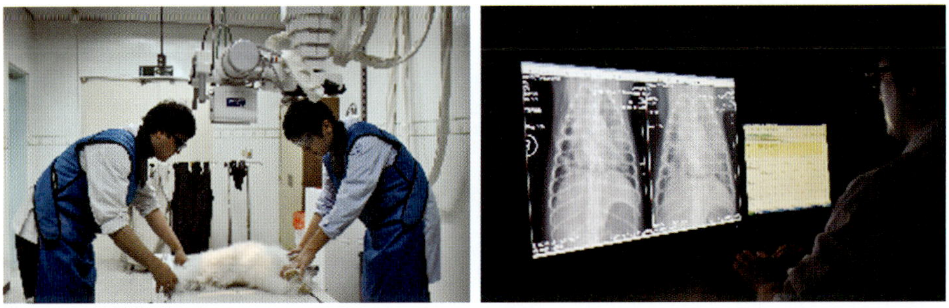

그림 8. 왼쪽 사진은 두 명의 촬영자 및 보정자가 개의 복부 방사선 사진을 찍는 모습이다. 파란색의 납가운과 목부분의 갑상선 보호대 그리고 눈을 보호하기위한 납안경을 착용하고 있다. 오른쪽 사진은 촬영된 영상을 PACS시스템을 이용하여 전송시키고 컴퓨터 모니터를 통해 판독하는 모습이다.

(11) 동물환자에 대한 초음파 검사법

초음파 검사의 절차는 다음과 같다. 환자를 최대한 안정시키기 위해 검사실 조명은 어둡게 유지하며, 두 명 이상의 보정자가 환자를 눕히거나 앉히게 된다. 스캔중 환자는 최대한 안정된 자세를 취한다. 스캔시에는 공기로 인한 초음파 간섭 현상을 줄이기 위해 coupling gel을 피부에 도포한 후 탐촉자를 이용하여 스캔하며, 수의사는 모니터에 영상화된 장기의 영상을 실시간으로 판단하여 진단을 내리게 된다.

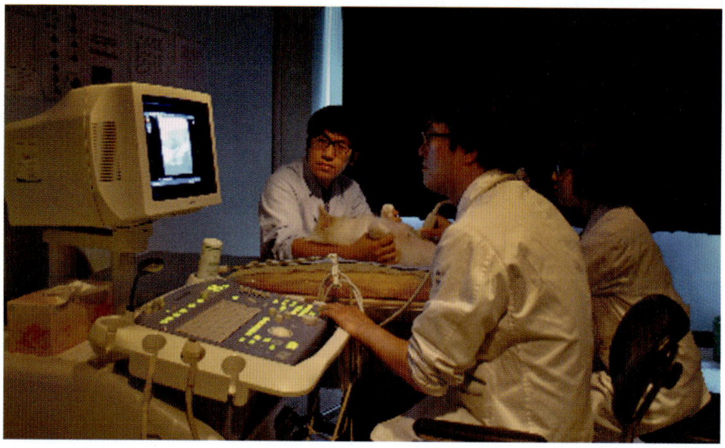

그림 9. 환자의 복부초음파를 촬영하는 모습. 환자에게 안정감을 주기 위해 조명은 어둡게 유지하며 두 명의 보정자는 환자가 편안하게 누워있을 수 있도록 보정한다. 수의사는 탐촉자를 이용해 스캔을 하고, 동시에 모니터상의 영상을 기록 및 판단하게 된다.

(12) 컴퓨터 단층 촬영

동물은 사람과 달리 장시간 고정된 자세를 취하기 어렵기 때문에 컴퓨터 단층 촬영(CT)이 필요한 경우 환자를 마취시켜야 한다. 그러므로 검사 전 마취전 검사로 혈액검사와 흉부 방사선 검사를 실시하여 전신상태를 평가한다. 마취 전 검사에서 이상이 없는 환자에 한해 CT 검사를 실시하며, 마취 후에 CT 테이블에 위치시킨 후, 촬영을 하며 촬영 중에는 수의사가 모니터링 기계로 호흡수, 심박수, 산소포화도 등을 평가한다. 검사과정에 대해 간단히 알아보면 먼저 스캔 범위를 설정을 위한 scout 촬영을 하며, 이후 관심 부위의 단층 촬영을 진행하며, 필요시에는 혈관 조영제를 주입 후 추가 촬영을 하게 된다. 마취 유도부터 촬영 종료 시까지 소요시간은 장비의 종류의 검사 부위 촬영조건에 따라 달라지며, 마취시간을 뺀 순수한 촬영시간은 대개 수초에서 1분정도로 매우 짧다.

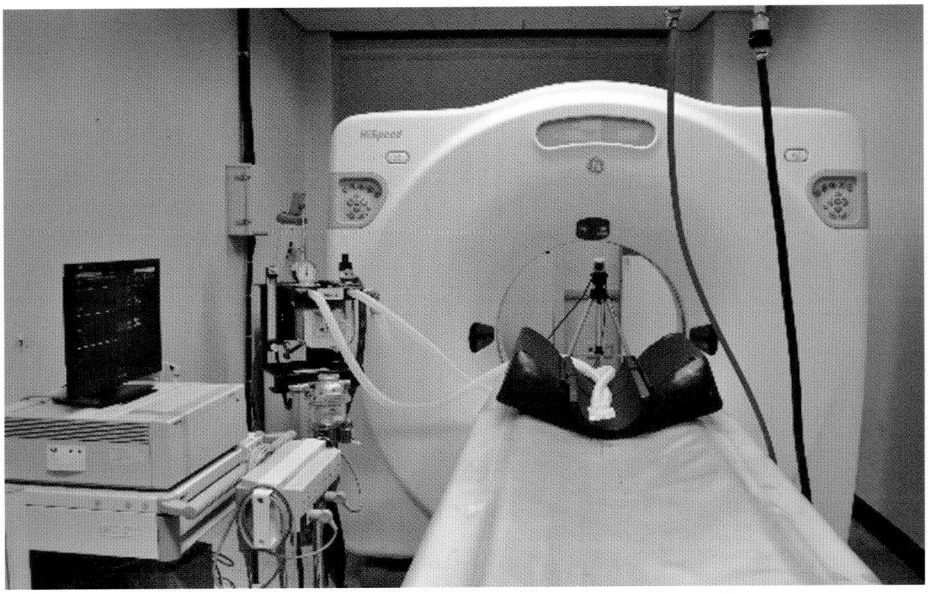

그림 10. CT실 내부 사진으로 방사선이 나오는 둥근 gantry가 있으며, CT 테이블 위에는 환자를 위치할 수 있는 보정틀이 있다. 왼쪽에는 호흡 마취기와 마취 모니터링기계가 있다.

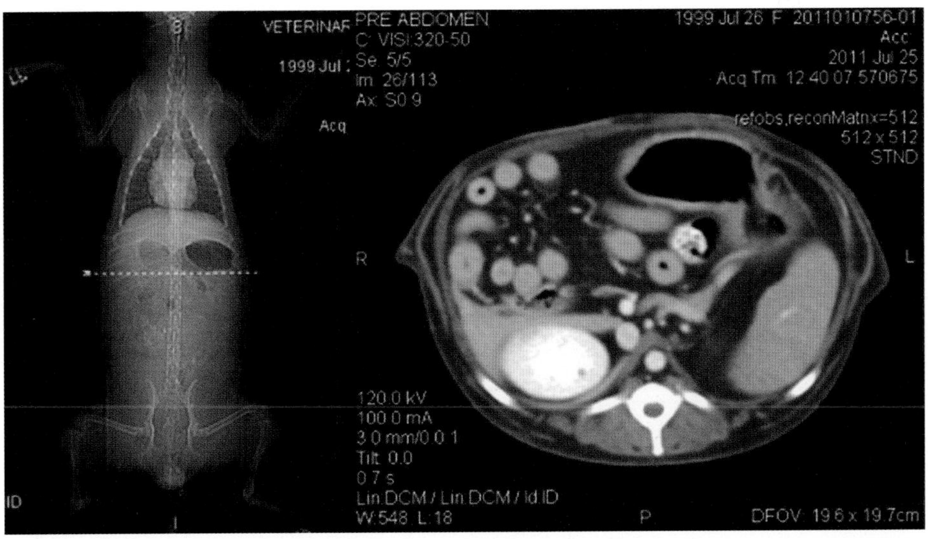

그림 11. 왼쪽 사진은 CT 촬영을 위한 scout 영상이며 이 영상에서 원하는 촬영 부위를 결정한다. 원하는 부위를 설정후 연속적으로 스캔하게 된다. 왼쪽 그림에 표시된 흰색 점선이 오른쪽 그림의 복강단면의 위치이다.

(13) 컴퓨터 단층 촬영과 자기 공명 영상 촬영의 차이점

컴퓨터 단층 촬영(CT)과 자기 공명 영상(MRI)은 환자의 단면상을 촬영한다는 점에서 비슷하지만 영상을 얻어내는 원리와 적용 범위가 다르다. 아울러 MRI 영상은 단면상뿐만 아니라 횡단상 사위상(oblique view), 종단상까지 얻을 수 있다.

CT의 경우 다각도에서 조사된 방사선을 받아들여 컴퓨터로 재구성하는 원리로 촬영한다. 따라서 촬영 시에 조사되는 소량의 방사선 피폭은 피할 수 없다는 단점이 있지만 MRI보다 상대적으로 짧은 시간에 촬영을 할 수 있다. MRI는 강한 자기장을 이용하여 체내의 수소원자를 공명시켜 안정화시킬 때 방출되는 전자를 모아 컴퓨터로 재구성하는 원리로 촬영한다. 방사선을 사용하지 않기 때문에 노출 위험은 없지만 전자기의 특성 상 체내에 금속성 물질이 있는 경우에는 촬영이 불가능하다. MRI는 앞서 언급했던 CT 촬영방법과 유사하게 환자를 마취한 후 촬영하지만 CT보다 다양한 단면상을 얻을 수 있다. 적용범위의 차이를 살펴보면 CT는 조직의 방사선의 투과량을 컴퓨터로 영상화하며, 한 단면의 스캔 시간이 짧기 때문에 주로 뼈나 움직임이 많은 흉복부 촬영에 적용한다. 반면에 MRI는 조직에 존재하는 고유 수소원자의 양에 따라 영상화되기 때문에 연부조직의 대조도가 CT보다 뛰어나고 주로, 뇌와 척추, 관절이나 근육 촬영에 이용한다.

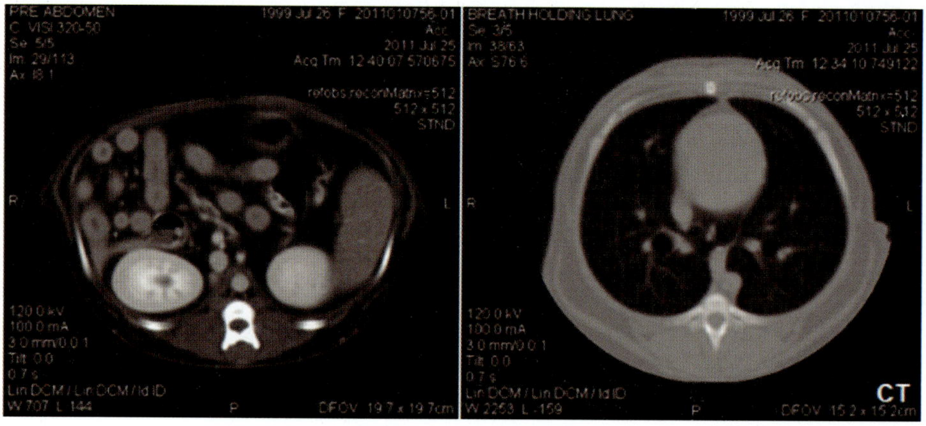

그림 12. 개의 복부(왼쪽)와 흉부(오른쪽)의 CT 촬영 영상이다. 복강의 단면상에서는 간, 신장, 비장 등의 실질과 혈관의 흐름을 관찰 할 수 있다. 흉부의 단면상에서는 기관지와 폐혈관의 흐름과 폐 실질의 이상병변을 살펴볼 수 있다.

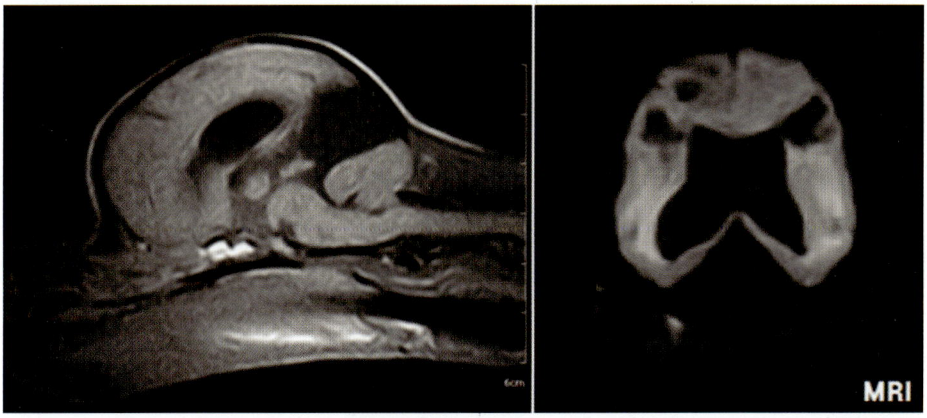

그림 13. MRI를 이용한 개의 머리 부분 촬영상이다. CT보다 뛰어난 연부조직 대조도를 보이기 때문에 뇌 실질의 염증이나 육아종성 병변을 진단하는데 사용된다. 위 환자는 뇌수두증과 오른쪽 뇌실질의 염증성 변화가 관찰되었다.

(14) 방사선 검사 시 사람과 동물의 차이점

그림 14. 방사선 피폭으로부터 보정자를 보호하기 위해 납으로 된 옷과 갑상선 보호대, 안경을 착용하고 촬영하는 사진이다.

동물은 정확한 자세를 취하기 어렵기 때문에 방사선이 조사되는 1초 이하의 짧은 시간동안 움직이지 못하도록 보정자가 자세를 잡아주어야 한다. 이 과정에서 불필요한 방사선 피폭을 막기 위해 보정자는 납으로 된 옷과 장갑, 안경 등을 착용한다. 대부분의 동물들이 보정만으로도 정확한 자세를 취하고 촬영을 진행 할 수 있지만 공격적인 환자나 작은 스트레스에도 생명을 위협 받을 수 있는 야생동물의 경우는 진정제나 마취제를 사용해야 한다.

(15) 다양한 방사선 검사법의 활용

방사선 검사가 골절 진단에 뛰어난 것은 사실이다. 하지만 아래 사진과 같이 다양한 질환을 진단하는데 사용된다.

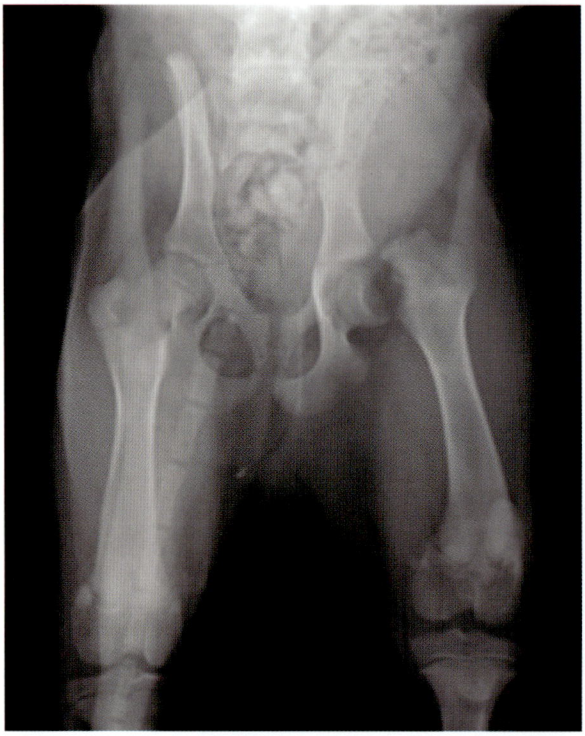

그림 15. 5개월 령의 골든 리트리버가 교통사고 후에 내원하였다. 신체검사 상, 왼쪽 뒷다리의 파행을 보였으며 골반의 방사선 촬영 시, 위와 같은 넓적다리뼈 머리의 골절 소견을 보였다.

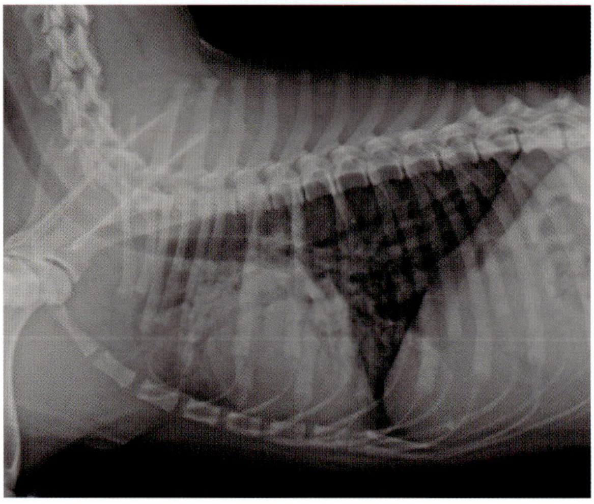

그림 16. 4살짜리 삽살개가 기침과 활력 저하로 내원하였습니다. 흉부 방사선 촬영시, 폐 음영이 증가하여 심장 앞쪽의 형태가 명확하게 관찰되지 않다. 폐렴으로 진단된 케이스이다.

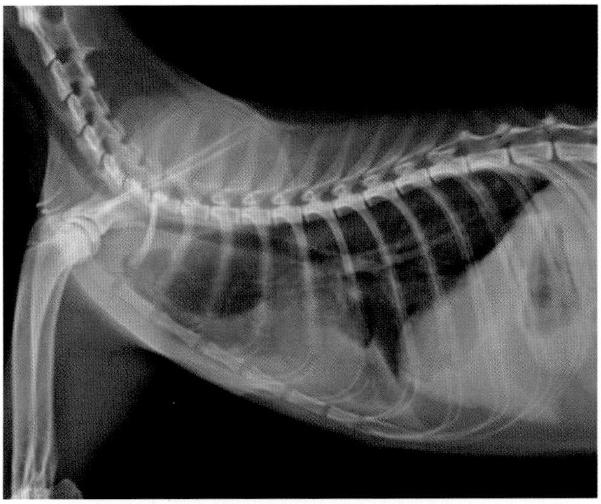

그림 17. 3살 령의 고양이가 식욕부진으로 내원하였습니다. 심장 아래쪽으로 연부조직 음영의 증가가 관찰되며 공기가 찬 폐가 눌려 흉수가 찬 것을 알 수 있었다. 이 고양이는 이 후 다른 검사를 통해 전염성복막염(FIP)으로 진단받았다.

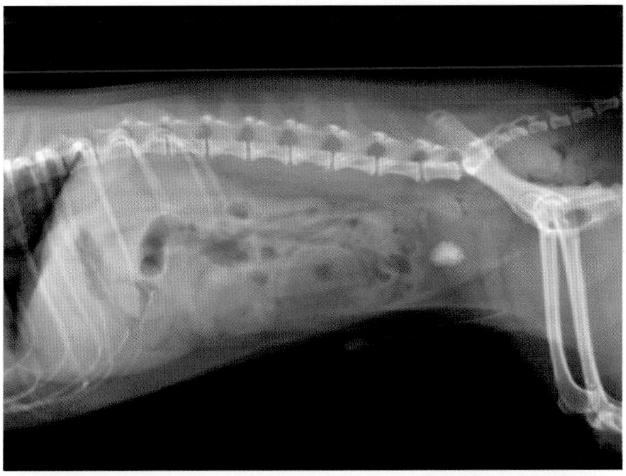

그림 18. 9년령의 시츄견이 혈뇨로 내원하였다. 방광 내에서 하얗게 보이는 결석 소견을 보이고 있다.

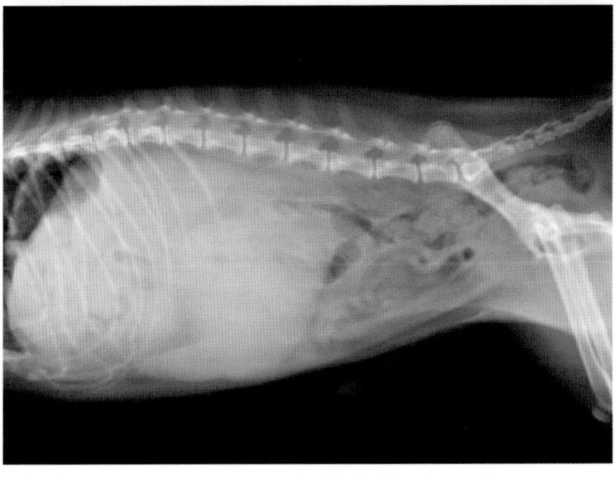

그림 19. 13년 령의 말티즈견이 복부팽만을 주증으로 내원하였다. 간과 위의 뒤쪽으로 커다란 종괴가 관찰된다. 이 환자는 복부 초음파와 컴퓨터 단층 촬영을 통해 비장 기원의 종양으로 진단되었다.

(16) 수의학에서 초음파검사의 적용범위

초음파 검사법은 초음파를 생성하는 탐촉자를 가지고 검사하고자 하는 부위에 밀착시켜 신체에 무해한 초음파를 이용, 다시 되돌아오는 초음파를 실시간 영상화하는 방식으로 진행된다. CT나 MRI에 비해 무해하며, 검사 장비를 쉽게 움직일 수 있어, 다른 장비들에 비해 간편하고, 검사 시 환자가 편안하며 실제 움직이는 실시간 구조물들을 볼 수 있기 때문에 수의 영상의학 검사 중 x-ray 검사와 더불어 가장 기초가 되는 검사법이다. 따라서 복부의 주요 고형장기 즉 간, 이자(췌장), 지라(비장), 신장과 액체인 쓸개즙 혹은 소변이 차있는 방광 등을 검사할 때 우선적으로 이용할 수 있는데, 심장이나 눈, 근골격계의 평가 역시 적용대상이다. 사람에서는 건강한 성인에서의 검진 목적으로도 많이 사용되며, 특히 임신진단 시 주로 사용되기도 한다. 그럼 수의학에서는 어떨까? 물론 수의학에서도 임신진단을 위해 초음파가 이용된다. 수의학에서 진행되는 초음파 검사 또한 사람에서 적용되는 모든 항목들을 포함하고 있으며, 진행방법 및 적용은 동일하며 오히려 더 광범위하게 진행되기도 한다. 다음 그림을 보자.

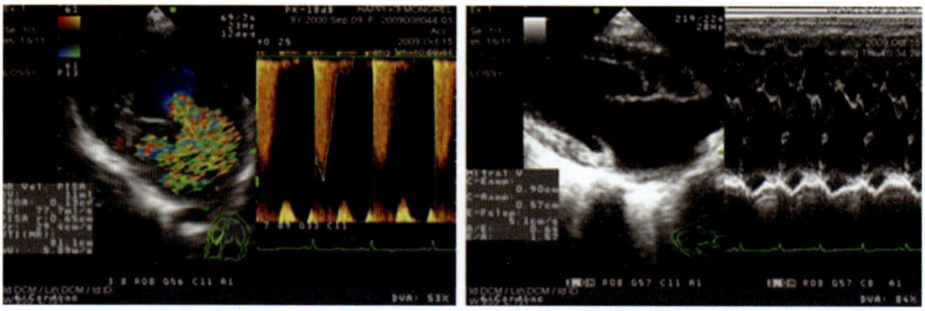

그림 20. 왼쪽 사진은 심장의 기능적 평가를 위해 심장을 스캔한 심초음파 사진이다. 도플러 검사법 중 PW(pulsed wave Doppler)를 이용하여 심장내의 혈류 속도를 측정하는 영상이다. 오른쪽 사진은 M-mode라는 스캔기법을 통해 시간에 따른 심장을 움직임을 파악하여 심기능을 평가하는 검사방법이다.

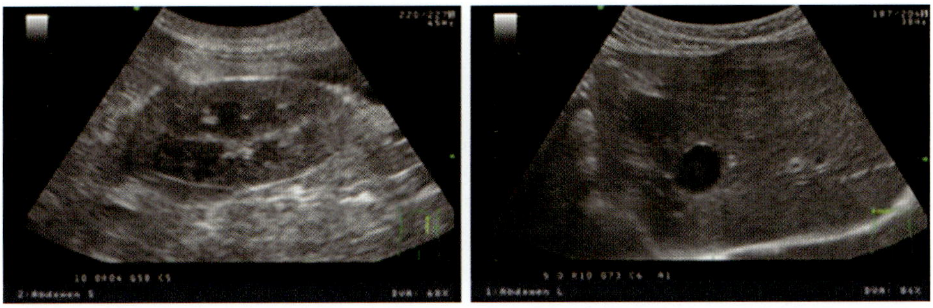

그림 21. 복부 초음파 스캔 사진이다. 왼쪽은 신장을 스캔한 영상으로 신장의 피질과 수질에 대한 주변장기와의 밝기의 정도 및 형태적인 변화소견을 확인할 수 있다. 오른쪽 사진은 간실질을 스캔한 영상으로 왼쪽의 검은 원형부위가 담낭이다.

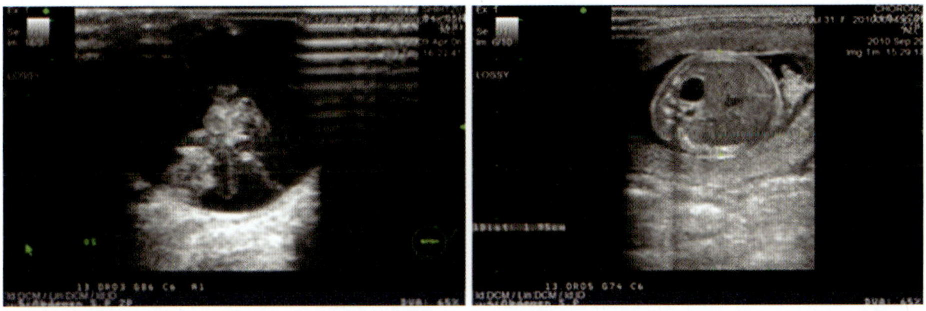

그림 22. 왼쪽은 눈을 스캔한 영상으로 수정체와 각막, 망막의 변화소견을 확인할 수 있다. 망막이 일부 박리된 소견과 초자체의 변성이 확인된다. 오른쪽은 임신 주수 및 태아의 상태를 확인하기 위한 초음파 검사로 태아의 두부(머리)의 직경을 통해 임신주수 및 출산예정일을 계산할 수 있다.

그림에서 보는 바와 같이 수의학에서의 초음파 검사 적용대상은 매우 다양하며, 질병의 진단목적으로 사용되는 가장 기본이 되는 검사법이다. 이외에도 초음파 유도하에 중재시술(조직 검사 및 흡인, 배액술)법도 있으며, 실시간 검사이므로, 초음파 검사 중에 바로 판독이 되는 경우가 많으나, 다른 검사와 종합하여 판단을 하게 된다.

(17) 영상의학검사와 다른 진단법의 차이점

임상증상을 일으킬 수 있는 수 많은 질환들 중 과연 어느 진단명이 맞는지에 대한 감별은 여러 가지 다양한 진단적 검사방법을 통해 종합적인 평가가 이루어져야 한다. 왜냐하면 동일한 임상증상이라도 원인은 천차만별일 수 있기 때문이다.

예를 들어 A라는 8살, 수컷, 시츄 한 마리가 켁켁 거리는 간헐적인 기침과 호흡곤란을 주증으로 내원하였다고 가정해 보자. 문진에서 확인된 주증으로 어제부터 숨소리가 거칠고, 숨을 가쁘게 몰아쉰다고 한다. 신체검사상 호흡수가 60회 정도로 빠른 호흡수가 확인되었고, 청진을 해보니, 가쁜 숨소리로 인해 심장 박동수는 측정이 불가능했다.

여기까지의 결과를 바탕으로 생각할 수 있는 잠정진단명은 폐렴, 심장질환에 의한 이차적 좌심부전, 심장사상충증, 호산구성 폐렴 등등으로 너무나 상이한 다른 카테고리의 질환들이 혼재되어 있다. 따라서 만일 이 단계에서 약을 쓰게 된다면 상당부분 추측을 바탕으로 한 치료가 될 수 밖에 없다. 따라서 수의사는 수 많은 잠정진단명 중 가능성이 낮은 질환을 배제하고 가능성이 높은 질환명을 감안하기 위해 다양한 검사를 실시해야 한다. 이 경우라면 혈액검사와 방사선 검사 그리고 전해질 검사, 동맥혈 가스분압 측정 등이 필요하다. 우리는 이 경우 그림 23의 왼쪽 그림과 같은 방사선 영상을 얻었다. 이를 통해 환자는 x-ray검사상 심장의 심한 비대와 좌심방의 크기 변화가 확인되었고, 이후 심초음파 검사를 통해 심장의 기능평가 후 퇴행성 판막질환으로 진단되었다.

만일 영상의학 검사가 없었다면 수의사는 치료제의 선택에 있어서 자신의 경험에 의존하거나 추정을 근거로 치료를 할 수 밖에 없었을 것이다.

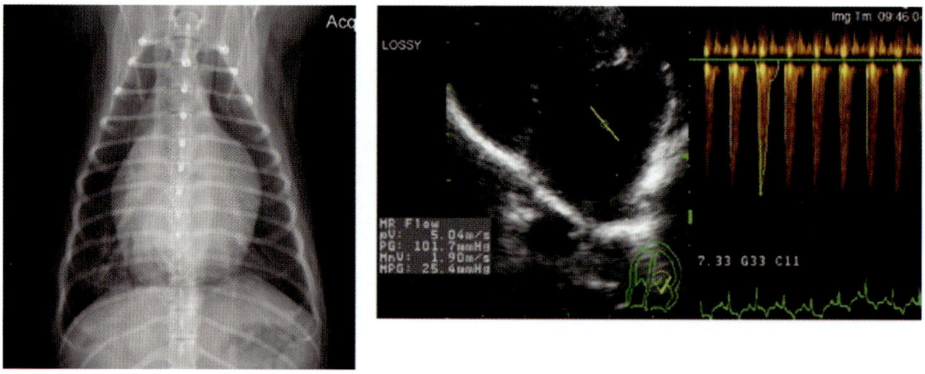

그림 23. 왼쪽 사진은 17번 문항의 실제 케이스에 해당하는 환자의 일반 방사선 영상이다. 심장은 커져 있으며 좌심의 확장이 두드러진다. 오른쪽 사진은 이 환자의 심장 초음파 스캔 사진으로 도플러 검사법을 통해 비정상적인 역류파형을 혈류속도와 함께 확인할 수 있었다.

또 하나의 예를 보자.

8y, 암컷의 시츄 한 마리가 내원 2-3일전부터 식욕감소 및 활력감소, 간헐적인 구토증상을 호소하여 병원에 내원한 케이스이다. 두 수의사의 이야기를 들어 보자.

1) A 수의사 : 간단한 문진과 신체검사후"음. 큰 문제는 없어 보이는데.. vital sign도 정상이고, 체온이 조금 높으니, 수액연결해서 맞고, 항생제하고 영양제하고, 항구토제 처방하면 괜찮아 질것 같아."

2) B 수의사 : 음. 그건 아니지, 신체검사상 복부가 조금 팽대된 것 같은데, 내분비적인 내과질환도 감별할 필요가 있어. 발열소견을 보아 감염의 가능성도 배제할 수 없고, 구토증상과 식욕, 활력감소를 일으킬 수 있는 요인을 우선 혈액검사와 x-ray를 통한 기본 진단과정을 통해 감별할 필요가 있을 것 같아.

이 경우 어느 수의사가 옳을까? 이 케이스의 경우 그림 24와 같이 x-ray를 통해 간 종양이 확인되었으며, 이후 혈액검사를 통한 염증 반응을 확인하였고, 복부 초음파 검사를 통한 종양의 양상 및 주변 장기와의 연관성에 대한 검사가 진행된 후 CT촬영을 실시한 후 수술적 제거술을 받은 환자였다.

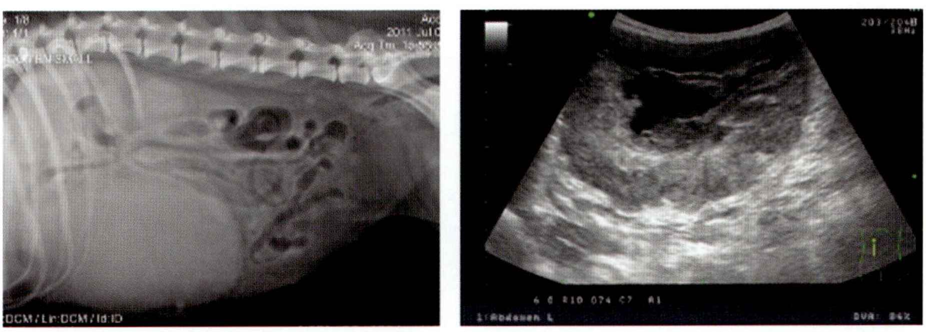

그림 24. 왼쪽은 환자의 일반 방사선 검사로 복부 외측상 촬영 사진이다. 상복부상에 원형의 둥근 mass가 확인되었고, 이로 인해 주변 장기와 장들이 등쪽과 뒤쪽으로 밀려있는 것이 관찰되었습니다. 오른쪽은 간종양의 초음파 스캔 영상이다.

눈에 보이지 않는 환자의 질병의 원인을 알아내는 과정은 체계적이야 한다. 사소한 것이라도 간과해서는 안 되며 따라서 보호자를 통한 정확한 환자의 현증과 특징을 알아내고, 이를 토대로 진단적 접근법이 반드시 필요하다.

(18) 방사선, 초음파, 컴퓨터 단층촬영, 자기공명영상 검사의 선택

특정 질병의 진단을 위해 영상의학적 방법이 모두 동원되는 것은 아니다. 환자의 나이와 증상정도, 검사에 앞서 행해지는 정확한 신체검사를 근거로 예상되는 질병을 추정하고 이에 맞는 검사항목들을 선정해야 한다. 가령 보호자가 언제부터인지는 모르나, 장기간에 걸쳐 구토를 일주일에 한번 정도로 하여 내원한 9살, 암컷의 고양이에 대한 전반적인 질병의 진단과정을 이야기 해보도록 하자.

신체검사 상 vital sign은 정상이었으며, 검사중 혈액이 섞인 구토가 확인되었다. 중증도의 탈수소견이 있었고, 침을 과도하게 흘리는 증상 또한 관찰되었다.

1) 이를 바탕으로 위장관계 질환, 이물의 섭취, 혹은 알 수 없는 종양성 질환이 아닐까 의심하면서 screening 검사로 흉,복부 방사선 검사와 혈액검사를 실시하였다.

2) 흉부에서 심장 및 폐는 정상이었고, 복강내 왼쪽신장이 정상보다 다소 크게 확인되어 감별진단명으로 수신증, 신장의 종양, 고양이 전염성 복막염 등을 의심할 수 있었다. 방사선상에서 위장관계의 이상소견은 없었으나, 편측으로 다소 커진 신장의 평가와 혹시 모를 위장관계 평가를 위해 복부 초음파를 실시하였다.

3) 초음파검사 결과 위벽이 두꺼워져 있고, 역시 왼쪽 신장의 끝 부분이 다소 커져 있는 것이 확인되어, 우선 병력상 장기간의 걸친 구토에 초점을 맞추어 만성적인 위염을 위해 내시경을 통해 확진과정이 필요할 것으로 판단하였고, 신장에 대한 종양성 변화의 가능성도 함께 가지고 추후 CT 촬영의 필요성에 대해 보호자에게 주지시킨다.

4) 내시경검사를 통해 위조직의 일부를 생검을 하여, 조직검사를 통해 종양성 변화인지, 위염 혹은 위궤양소견인지를 파악하고, 신장 종양과의 연관성에 대해 파악하기 위해 CT 검사를 고려하였다.

5) 이후, CT검사를 통해 왼쪽 신장의 종양성 변화의 가능성이 높은 것으로 판단되어, 수술을 통해 신장적출술 후 신장의 조직병리학적 검사를 통해 종양을 확진하였다.

이렇듯 진단과정은 질병의 가능성과 우선순위 매김을 통해 진단검사의 종류가 결정되며 감별진단목록을 하나씩 R/O 하면서 최종 진단이 이루어지는 것이다. 즉, 진단과정에서 어떠한 검사를 실시할 지 결정하는 것은 수의사의 전문적 판단에 좌우되며, 반드시 케이스에 맞추어 custom tailored 되어야 한다.

(19) 수의학에서 CT와 MRI의 필요성

일반 방사선 검사는 상대적으로 저렴하면서도 다양한 질환의 가능성을 판단할 수 있는 좋은 검사법이다. 하지만 불행스럽게도 단순 방사선 촬영만으로는 다양한 질환을 확진하는데 어려움이 있다. 이는 일반 방사선 검사가 다양한 질환에 대해 나타내는 특이도와 민감도가 모두 다르기 때문이다. 가령 그림 25에서와 같이 후지마비를 주증으로 내원한 환자에서 일반 방사선 검사결과가 정상으로 나오더라도 이를 근거로 환자의 디스크 질환을 배제하는 것은 매우 위험한 발상이다. 이는 일반 방사선 검사가 디스크 질환에 대하여 민감도가 낮은 검사법이기 때문이다. 즉, 일반 방사선 검사상 디스크 질환이 없다고 판단하더라도 이 판정은 정확도가 낮다라는 것이다. 따라서 이러한 경우에는 특이도와 민감도가 높은 검사 방법을 선정하여야 하며, 많은 질환에 있어서 컴퓨터 단층촬영 검사와 자기공명 영상검사가 이에 해당한다.

(20) 영상의학 검사와 통증

대부분의 영상의학 검사법은 동물에게 통증을 유발하지 않는다. 일반적인 진단 과정 혹은 치료에 있어서 동물은 사람과 달리 '보정'이 필요하다. 필요한 한도 내에서 환자에게 최소한의 스트레스를 주면서 움직임을 제한하는 것을 의미한다. 특히 영상의학 검사(x-ray, 초음파, CT, MRI)법은 각각의 환자의 상태에 따라서 보정법이 있다. 물리적인 보정, 혹은 도구나 약물을 통한 도움을 받기도 한다. 대표적인 영상의학 검사법에 한해서 예를 들어 보자.

가. 일반적인 X-ray 검사

양쪽 후지를 절뚝거리는 환자에서 통증이 있는 부위에 대한 정확한 평가를

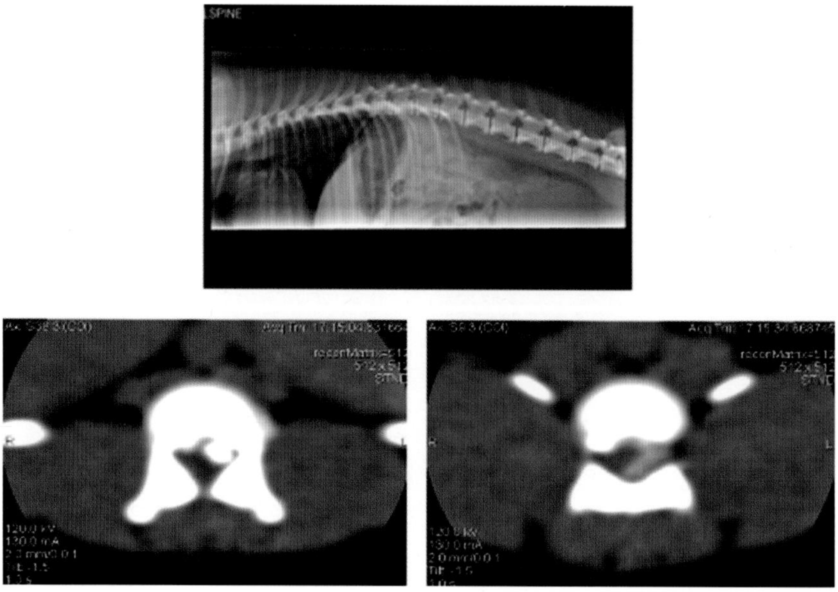

그림 25. 위의 사진은 위 케이스에 해당하는 실제 환자의 척추(T3-L3)부위 일반 방사선 외측상이다. 척추체 간격의 좁아짐 및 디스크 석회화 병변 등과 이상 소견은 보이지 않고 따라서 정상으로 판단되었다. 아래 두 사진은 전신마취 상태에서 촬영된 동일 환자의 CT 촬영 영상이다. x-ray상에서 보이지 않았던 디스크가 탈출하여 척수를 압박하고 있는 것이 관찰된다. 이를 통해 석회화된 디스크가 척수를 압박하는 디스크 탈출증으로 진단되었다.

위해 고관절 및 슬관절에 대한 방사선 촬영이 필요할 수 있다. 이를 위해 아픈 다리를 쭉 펴거나 구부리거나 하는 물리적 보정이 필요하며 이때 약간의 통증을 유발 할 수 있다. 환자가 이것을 견디기 힘든 경우에는 혈관을 통한 진정제를 투여하는 화학적 보정이 필요할 수 있으며, 이 경우에는 정맥에 카테터를 장착한다. 이 경우 약간의 통증을 유발하나 약간 따끔하는 정도에 지나지 않는다.

나. 조영 방사선 검사

일반 방사선 검사에서 확인된 병변부위에 대한 구체적인 특징 혹은 기능적 평가를 위해서, 혹은 이물을 섭취하였을 때, 이물의 확인 및 장기의 개통성을 확인하기 위해 환자에게 무해한 조영제를 구강을 통해 인위적으로 먹이거나, 혈관을 통해 주사하게 된다. 이러한 과정을 위해서도 최소한의 보정과 이에 따르는 경미한 정도의 불편함을 유발할 수 있으나 대부분의 동물들이 이를 잘 견딘다.

다. 초음파 검사, CT, MRI 검사

초음파 검사 중에는 환자의 움직임이 제한되어야 한다. 특히나 심장 초음파 검사는 초음파를 볼 수 있는 부위가 한정적이어서 환자의 움직임으로 인해 진단상 오류가 생길 수 있다. 초음파 검사 과정이 환자의 움직임을 제한하는 것 이외에는 특별히 통증을 유발하지 않으므로 대부분의 동물들은 이 과정을 잘 견뎌낸다. CT, MRI의 경우는 동물의 특성상 대부분 마취가 필요하며, 이에 따르는 낮은 가능성의 위험 및 부작용이 있을 수 있지만 역시 검사과정 자체가 통증을 유발하는 경우는 거의 없다.

(21) 조영제-사람과 동물의 차이

조영제란 위, 장관, 혈관, 뇌척수, 관절강 등에 주입하여 방사선 검사나, CT. MRI 촬영 시 조직이나 혈관을 잘 볼 수 있도록 각 조직의 X-선 흡수차를 인위적으로 크게 함으로써 영상의 대조도를 크게 해주는 약품이다. 따라서 조영제를 사용하게 되면 생체 구조나 병변을 주위와 잘 구별할 수 있어 진단적 가치를 향상시킬 수 있어 영상의학 진단검사법에 사용된다. 이러한 조영제는 특별히 동물용이 따로 있지는 않다. 특히 일반 방사선 검사상 의심되는 병변의 구체적인 특징을 평가할 수 있고, 각 장기의 형태 뿐만 아니라 내부 점막의 평가가 가능하여 적절한 치료를 결정하는데 도움을 줄 수 있다.

가. 조영제 종류

음성조영제(negative contrast)와 양성조영제(positive contrast)로 구분되며, 음성조영제는 주위의 조직보다 x-선을 더 많이 투과해서 영상을 나타낸다.

<table>
<tr><td>음성조영제
(negative contrast)</td><td colspan="3">공기, 가스, 탄산가스</td></tr>
<tr><td rowspan="3">양성 조영제
(positive contrast)</td><td colspan="2">Barium sulfate</td><td>- 위장관에 흔히 적용
- 값이 상대적으로 저렴함
- 다양한 형태로 제조가능
(powder, suspension, paste)
- 불용성
- 장 천공시 복강내로 유입될 경우 육아종 형성시키므로 사용 금기
- 오연성 폐렴 가능</td></tr>
<tr><td rowspan="2">Organic iodide</td><td>ionic iodides</td><td>- water-soluble
- 장천공 의심시 사용가능</td></tr>
<tr><td>non-ionic iodides</td><td>- 값이 비쌈
- 낮은 삼투압 농도를 가지며 척수조영시에도 사용가능</td></tr>
</table>

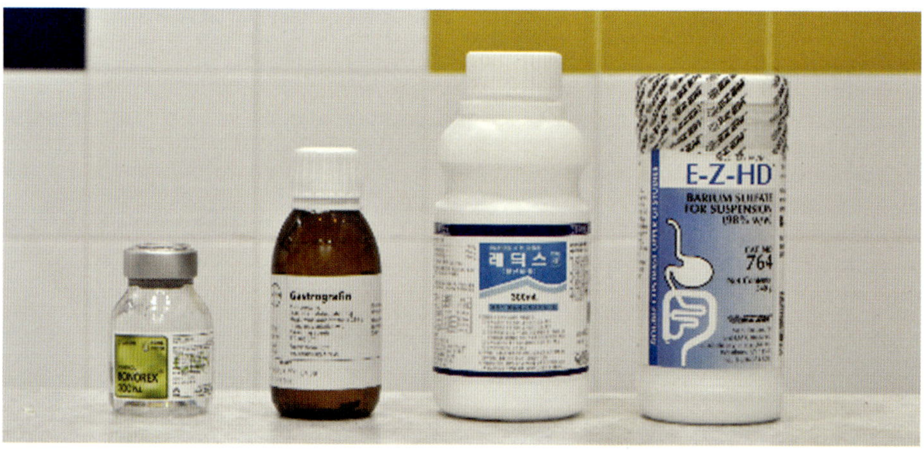

그림 26. 일반적으로 사용되는 조영제의 종류이다. 왼쪽부터 혈관용 요오드 제제, 가스트로그라핀, 두 가지 농도의 황산바륨이다. 요오드계 조영제는 혈관 내 주입할 수 있는 조영제로 다양한 혈관의 영상을 확인하는 경우, 신장을 평가하는 경우 등 다양한 목적으로 사용된다. 가스트로그라핀은 위장관계의 천공이 의심되는 경우 사용한다. 황산바륨은 가장 널리 쓰이는 위장관 조영제로 식도나 위, 대장 등 적용부위에 따라 농도나 용량을 다르게 사용한다.

나. 조영 전·후 사진 비교

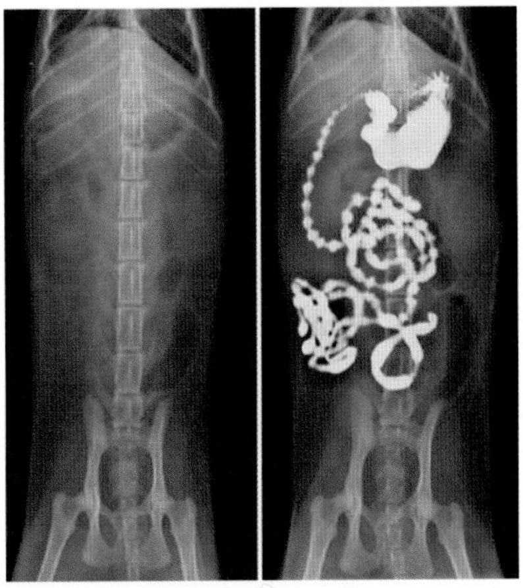

A. 위장관 조영술

그림 27. 각각의 왼쪽 영상은 조영 전, 오른쪽 사진은 조영 후 영상이다. 그림 A는 고양이에서 실시한 위장관 조영술 영상이다. 진주목걸이 형태의 소장을 관찰할 수 있다. 그림 B는 황산바륨을 이용한 식도조영술로 조영 후 확장된 식도 내에 이물이 관찰된다. 그림 C는 혈관 조영제를 이용한 대동맥조영술 영상으로 다양한 골반 강내의 혈관과 넓적다리동맥이 영상화되었으며, 심장 사상충증의 이차적인 영향에 의한 혈관색전증으로 인해 넓적다리동맥의 끝 부분이 막혀있는 것이 관찰된다.

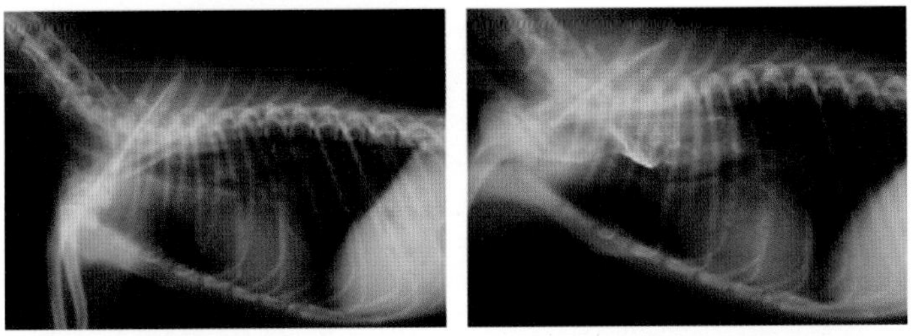

B. 식도조영술

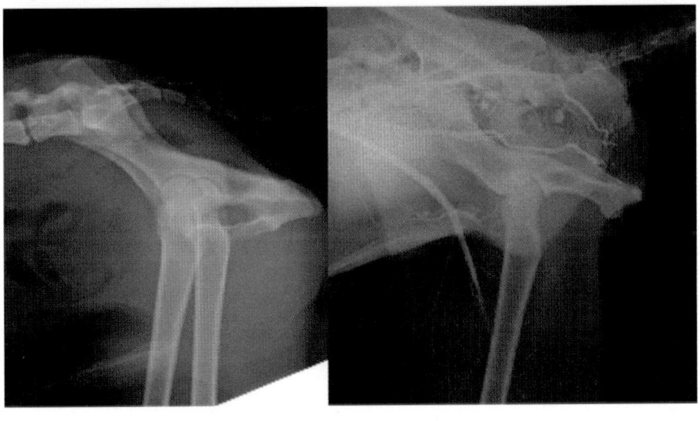

C. 혈관조영술

임상수의학

06 수의피부과학

수의피부과학(veterinary dermatology)은 동물의 피부에 발생하는 질병을 진단, 치료 및 예방하는 임상수의학의 한 분야이다. 피부는 가장 큰 신체기관으로서 귀, 입술, 발바닥 및 발톱을 포함하며 외부 물질에 대한 방어, 감각, 체온조절, 면역반응, 노폐물의 분비 등을 통하여 신체의 항상성을 유지시키는데 중요한 역할을 하게 된다. 따라서 피부질병은 탈모 또는 피부병변으로 인한 미용상의 문제뿐만 아니라 항상성 상실로 인한 신체의 기능이상을 초래할 수 있으므로 이에 대한 정확한 진단과 치료는 수의임상학에서 매우 중요하다.

수의피부과학에서는 동물의 정상피부의 구조, 기능 및 생리, 피부병변 및 증상의 정의, 특수검사법 및 치료약물에 대한 기초지식을 습득하고, 이것을 바탕으로 감염성, 과민성, 면역매개성, 선천성, 각화 및 지루성 질병 및 피부종양에 대한 발생기전, 임상증상, 진단 및 치료법 등에 관하여 학습하게 된다.

(1) 피부의 구조 및 기능

가. 표피(epidermis)

표피는 외배엽에서 유래된 각화된 중층편평상피이며 피부의 가장 바깥층을 구성한다(그림 1). 표피는 바닥막(기저막)에서 바깥표면까지 여러 층으로 구분하는데 바닥층(기저층), 가시층, 과립층, 투명층, 각질층으로 나누어지며, 이들의 85%는 각화세포(keratinocyte)로 구성되어 있고, 그 이외에 가지돌기세포(dendritic cell, 수지상세포), 랑게르한스세포(Langerhans' cell), 멜라닌세포(melanocyte) 그리고 촉각세포(Merkel cell)가 표피를 구성하고 있다. 이들은 외부물질에 대한 방어작용, 사이토카인의 분비 및 탐식작용을 통한 면역반응, 색소분비를 통한 자외선 차단 및 보호색 생성을 통한 위장효과, 그리고 피부촉각 기능을 나타내게 된다.

나. 진피(dermis)

진피는 피부의 가장 큰 구조물로서 불규칙성 치밀결합조직으로 이루어졌으며, 여기에는 아교섬유, 탄력섬유, 그물섬유로 구성된 치밀조직에 무형질이 차있다(그림 1). 진피에는 혈관, 림프관 및 신경이 분포하며 기름샘(sebaceous or oil gland)과 땀샘(sweat gland)이 털주머니(hair follicle, 모낭)과 털세움근을 따라 나타난다. 이것은 피부구조물을 구조적으로 지탱해주며 면역 및 염증반응, 상처치료, 체온조절, 감각기능, 수분저장 등의 중요한 기능을 나타낸다.

다. 털 및 부속기관

털(hair)은 모낭으로부터 생성된 각화구조물로서 동물에서 몸 전체를 덮고 있지만, 발볼록살, 발굽, 음경귀두, 점막피부경계 및 일부 동물의 유두에는 털이 없다. 이것은 외부자극물에 대한 방어작용, 보호색 기능, 동물간의 의사소통, 체온조절 및 감각기능을 담당한다. 기름샘은 피부기름(피지, sebum)을 피부표면에 분비하여 감염원에 대한 방어막을 형성하며 체온조절에 도움을 준다. 일부 동물에서는 행동변화를 유도하는 페로몬을 분비하기도 한다. 땀샘은 땀을 피부표면에 분비시켜 눈꺼풀이나 발바닥에서 마찰로 인한 손상을 줄여주고 감염원에 대한 방어막을 형성하지만 개와 고양이에서는 체온조절에 크게 관여하지 않는다.

라. 피부밑조직(피하조직, hypodermis)

진피를 그 밑의 근육이나 뼈에 부착시키며 아교섬유와 탄력섬유가 성긴 배열을 하기 때문에 피부는 유동적이 되어 하부 구조물로부터 자유롭게 움직인다(그림 1).

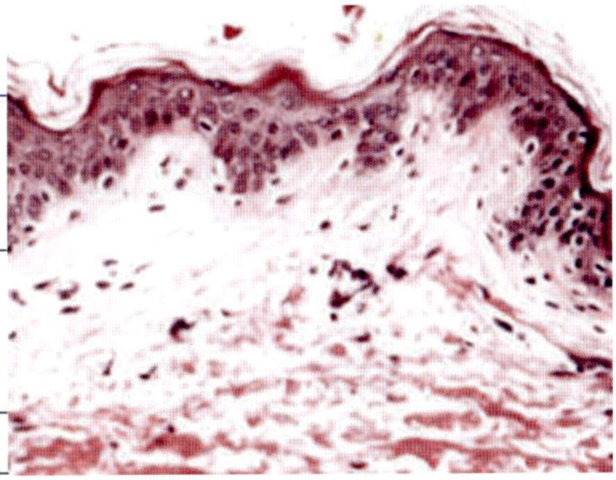

그림 1. 피부의 일반구조

(2) 피부병변의 구분 및 정의

가. 일차 병변(primary lesions)

피부질환으로 인해 초기에 나타나는 피부병변을 말하며 다음과 같이 구분할 수 있다(표 1, 그림 2).

표 1. 일차성 피부병변의 구분과 정의

구 분	정 의
반(macule)	직경 1cm 미만의 국소적이며 촉진되지 않는 피부색의 변화. 직경 1cm 이상의 피부색 변화는 판(patch)이라는 용어를 사용
구진(papule)	직경 1cm 미만의 단단한 피부 융기부
플라크(plaque)	직경 1cm 이상의 편평하고 단단한 피부 융기부
결절(nodule)	직경 1cm 이상의 잘 분획된 단단한 피부 융기부로서 피부하부층까지 연장되어 있음
종양(tumor)	피부나 피하조직에 나타나는 큰 덩어리 또는 결절
농포(pustule)	표피 내에 고름으로 채워진 작은 분획영역
수포(vesicle)	표피 내 또는 하부에 맑은 액체로 채워진 작은 분획영역
두드러기(wheal)	수분에서 수시간 내에 나타났다가 사라지는 잘 분획되고 융기되어진 부종성 병변
낭(cyst)	액체나 반고형 물질을 둘러싸는 막에 의해 생성된 폐쇄된 공간
홍반(erythema)	진피의 혈관확장으로 피부가 붉게 변하는 것

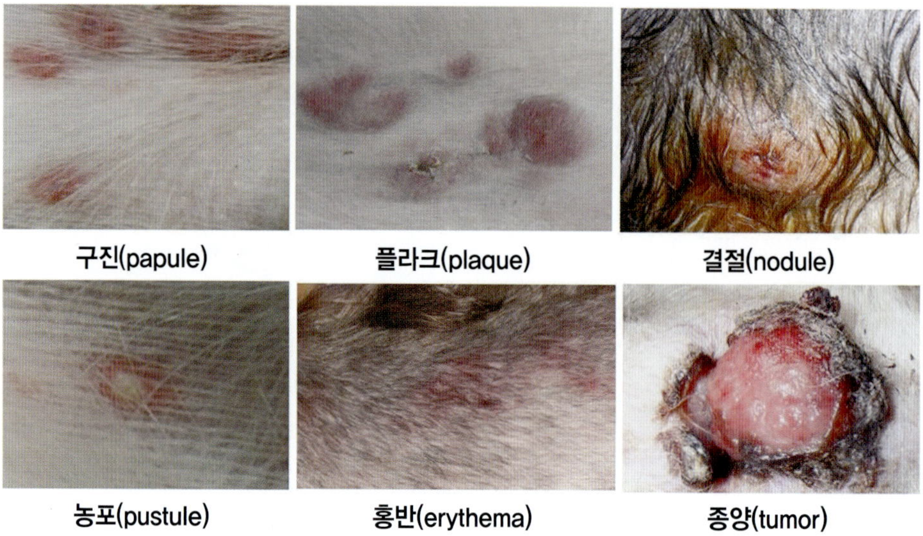

그림 2. 일차성 피부병변들

나. 이차 병변(secondary lesions)

일차성 병변이 진행되어 나타나거나, 환자가 자기 신체의 일부를 핥거나 긁음으로써 발생하는 자상(self-trauma) 또는 약물에 의해 발생하는 피부병변을 말하며 다음과 같이 구분할 수 있다(표 2, 그림 3).

표 2. 이차성 피부병변의 구분과 정의

구 분	정 의
탈모(alopecia)	비정상적으로 털이 빠져 소실되는 증상
비듬(scale)	피부에서 떨어져 나온 표피세포들이 피부표층에 축적 된 것
가피(crust)	피부표면에 부착되어진 건조된 삼출물, 혈청, 고름, 혈액, 비듬 또는 약물
과다색소침착 (hyperpigmentation)	표피 또는 진피에 멜라닌 색소의 침착이 증가된 것
여드름(comedo)	확장된 모낭에 각질세포 및 피지가 채워져 있는 병변
상피성잔고리 (epidermal collarette)	농포나 수포가 파열된 후 나타나는 원형으로 나열된 비듬
미란(erosion)	피부의 표층에 국한되는 조직 결손
궤양(ulcer)	피부의 진피까지 진행된 조직 결손
태선화 (lichenification)	만성적으로 피부가 두꺼워지고 단단해져 피부주름이 뚜렷해지는 병변
털원주 (follicular cast)	털줄기 주변에 케라틴 및 피지샘 부스러기들이 축적된 것

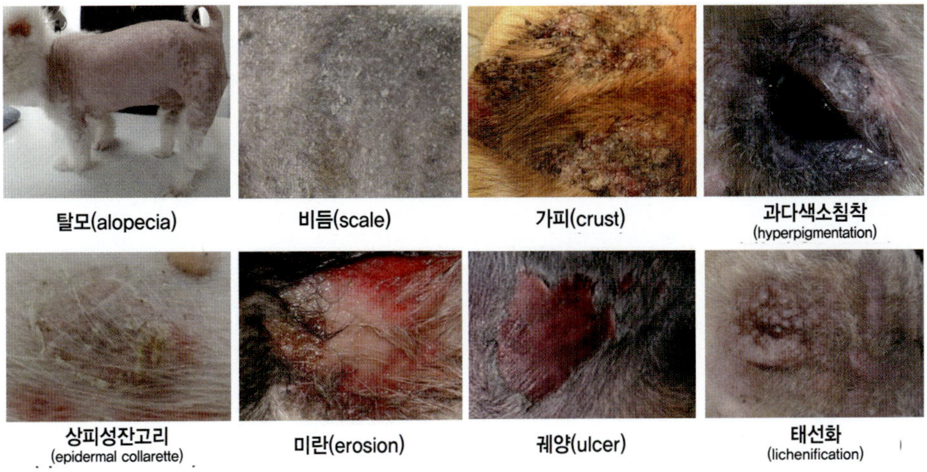

그림 3. 이차성 피부병변들

(3) 피부검사법

가. 피부 소파법(skin scrapes)

가장 많이 이용되는 피부검사법으로서 다양한 외부 기생충 감염의 진단에 이용된다. 이 방법이 항상 진단에 도움이 되는 것은 아니지만, 상대적으로 쉽고 저렴하기 때문에 피부 진단의 최소한 자료수집에 있어서 아주 중요한 부분을 차지한다.

1) 표층 피부소파법

- 적용 : 개선충, *Notoedres, Demodex gatoi, Cheyletiella*, 귀진드기, 털 진드기
- 방법 : 무딘 수술용 면도날을 피부에 직각으로 놓고 중등도의 압력을 가하면서 털이 자라는 방향으로 문지른다. 소파하려고 하는 부분이 털로 덮여 있으면 피부의 접근이 용이하게 좁은 부위의 털을 깎는 것도 유용하다.

2) 심부 피부소파법

- 적용 : *Demodex gatoi*를 제외한 모낭충의 진단
- 방법 : 검사방법은 표층 피부소파법과 동일하며 피부가 핑크빛으로 변할 때까지 여러번 소파하여 모세혈관이 나타나고 혈액이 스며나올 정도가 되어

야 한다. 이렇게 함으로써 모낭에 있는 모낭충들을 긁어낼 수 있고 수거된 표본들이 충분히 피부 깊은 곳에서 채취됐다는 것을 확신할 수 있다.

나. 상피세포 검사법(cutaneous cytology)

두 번째로 많이 이용되는 피부 진단기법이다. 이 검사를 통해 세균이나 곰팡이(효모균)의 존재를 확인할 수 있고 침윤세포의 타입, 종양성 세포, 극세포분리성 세포(acantholytic cells) 등을 관찰 할 수 있다.

1) 직접 압흔 도말

● 방법 : 농포, 미란, 궤양, 혹은 배액성 병변에서 습성의 삼출액을 채취하여 슬라이드에 압착하거나 도말하고 건조시킨 후, 세포용 염색약으로 염색한다.

2) 세침 흡인법

● 방법 : 바늘(20~23게이지)과 3~6ml의 주사기를 이용하여 종괴를 흡인한다. 시료가 수거되면 주사기 안에 공기를 가득 채워 주사바늘을 통해 슬라이드에 피스톤 플런저를 밀어 세포들을 슬라이드에 분사시킴으로써 현미경 슬라이드를 만든다. 재료는 부드럽게 도말하고 세포 덩어리를 얇게 하여 세포용 염색약으로 염색을 한다.

다. 피부 사상균 검사 곰팡이 배지배양 (dermatophyte test medium fungal cultures)

피부 사상균 검사 배지(DTM)에 곰팡이를 배양하는 것은 피부 사상균 유기체의 확인과 분리를 하는데 사용한다. DTM은 세균의 성장을 억제하고 피부 사상균이 자라면 빨간색으로 변하는 특수한 성분으로 만들어진다.

● 방법 : 털, 가피, 비듬 표본들을 무균처리된 forcep을 이용하여 병변부의 피부로부터 수거한다. 채취된 시료는 DTM 배지에 가볍게 놓고 조심스럽게 다뤄서 시료가 배지에 묻히지 않게 한다. 배지를 상온에 놓고 2~3주 동안 매일 점검한다. 피부 사상균이 있을 경우 배지 색이 붉게 변할 뿐 아니라 흰색/담황색의 솜털 같은 집락이 배지 위에 나타나게 된다(그림 4-1). 이를 채취하여 세포용 염색약으로 염색 후 피부 사상균종을 확인한다(그림 4-2).

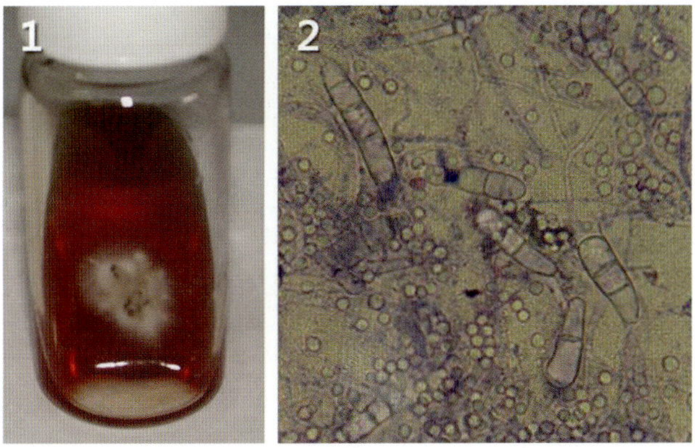

그림 4. (1) DTM 곰팡이 배양. (2) 100배 시야에서 Trichophyton의 현미경 사진

라. 모발 계수법(trichogram)

모발 계수법은 털의 성장 단계를 평가하기 위해서 털을 시각화함으로써 소양감, 곰팡이 감염과 색소침착 결손의 증거를 확보하게 된다.

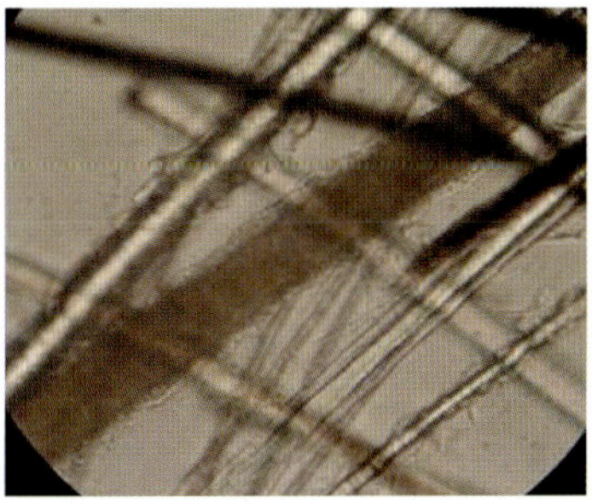

그림 5. 모발 계수법 검사를 통하여 1000배 시야에서 관찰되는 털줄기 주위의 모외진균

● 방법 : Forcep을 이용하여 피부병변부의 털을 잡아당기고 무기질(미네랄) 오일을 떨어뜨린 슬라이드 위에 털을 놓고 현미경으로 검사한다. 털의 말단부의 손상유무, 털 근위부 관찰을 통한 성장주기, 털 몸통부분에서 피부 사상균의 모외진균, 색소침착 상태를 확인한다(그림 5).

마. 생검(biopsy)

피부병변이 일반적인 치료에 반응이 없거나 결절성 병변들이 종양으로 의심되는 경우, 그리고 치료가 장기간 소요되거나 감별진단이 필요한 경우 생검을 실시하게 된다.

● 방법 : 일회용 Baker's punch(4~8mm)를 병변 위에 올려놓고 중등도의 압력을 가하면서 피부 손상을 줄이기 위해서 한 방향으로 돌린다(그림 6-1). 일단 피부를 통과하면 punch를 빼고 무구 forcep을 이용하여 피하지방 부위를 잡고 지방을 가위로 잘라 표본을 피부에서 분리하고(그림 6-2) 10% 포르말린에 고정시키고 환자의 병력, 임상증상 및 감별진단 목록과 함께 병리학자에게 의뢰한다.

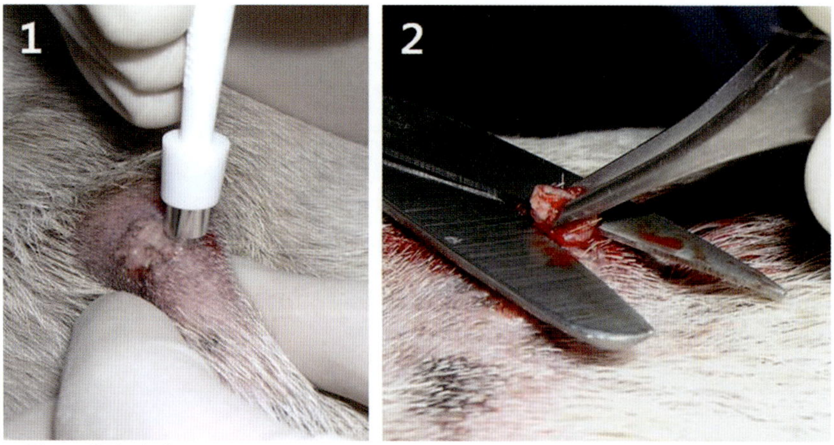

그림 6. 생검 과정

바. 알러지 검사(allergy testing)

1) 혈청학적 검사

알러지가 있는 동물은 혈청 면역 글로불린 수치가 상승하게 된다. 따라서 환자의 혈액을 채취하여 항원 특이항체(antigen-specific antibody)의 양을 측정하면 알러지를 유발하는 알러젠(allergen)을 확인 할 수 있다.

2) 피내피부 검사(intradermal skin test)

개의 아토피의 진단과 치료에 있어서 유용한 검사법이다.

● 방법 : 개를 약물로 진정시키고 외측 흉벽의 털을 깎는다. 30~40종류의 항원을 준비하고(그림 7-1) 주사부위를 피부에 표시한 후, 0.05~0.1ml의 항원 희석액과 생리식염수 및 히스타민을 각각 주사한다(그림 7-2). 주사 15분 후 피부 팽진부의 직경을 자로 측정하고 생리식염수 주사부의 직경을 0, 히스타민 주사부의 직경을 4로 설정하여 항원 주사부의 발적과 부종정도를 평가한다(그림 7-3).

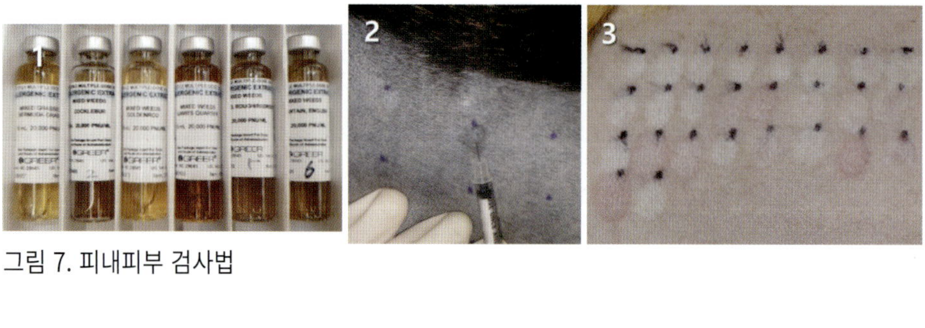

그림 7. 피내피부 검사법

(4) 피부질병

가. 세균성 피부질병(bacterial skin diseases)

농피증(pyoderma)은 동물의 피부에 고름을 형성하는 세균감염을 말하며, 그 위치에 따라 표면(surface), 표층(superficial), 그리고 심부(deep) 농피증으로 구분할 수 있다.

표면 농피증은 세균감염이 각질층이나 모낭이 아닌 표피 표면에만 이루어진 경우를 말한다. 이 질환에는 과도한 피부주름이 있는 개들에서 나타나는 피부주름 피부염, 피부점막 연접부의 세균감염으로 나타나는 점막 피부 농피증, 소양감 또는 통증으로 인해 동물이 자기 신체에 손상을 일으킬 때 나타나는 화농성 창상성 피부염(그림 8-1) 등이 속한다.

표층 농피증은 표피의 가장 외층인 각질층 또는 모낭의 개구부 (the opening of the hair follicle)에 발생한 세균감염을 말한다. 이 질환에는 어린개의 피부의 털이 없는 부위에서 주로 나타나는 농가진, 모낭 및 이와 인접한 표피 부위에 발생하는 표재성 모낭염(그림 8-2) 등이 속한다.

심부 농피증은 표피보다 깊은 하부조직인 진피 및 피하조직의 세균감염을 말한다. 이 질병은 보통 표재성 모낭염에서 시작하여 세균이 하부모낭까지 침입할 경우 심부 모낭염을, 그리고 모낭이 파열될 경우 종기증 및 봉와직염 (그림 8-3)까지 유발하게 된다.

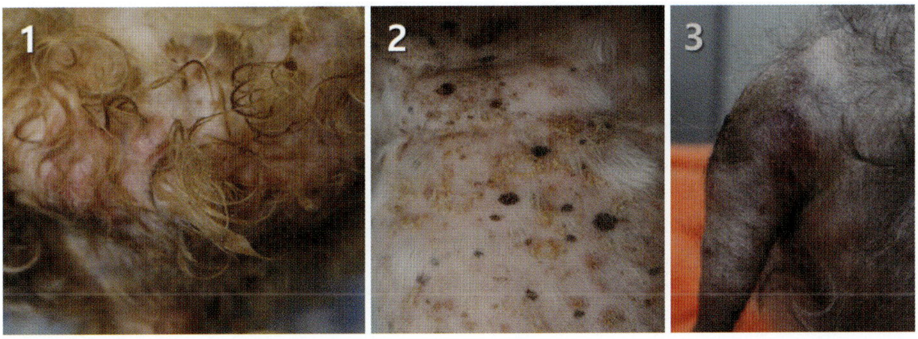

그림 8. (1) 요실금으로 인한 표면 농피증에서 나타난 습윤한 홍반성 병변. (2) 표층 농피증에서 나타나는 탈모, 홍반 그리고 상피성잔고리 병변. (3) 심부 농피증으로 인해 꼬리 및 항문주변에서 관찰되는 심한 부종 그리고 홍반 병변.

나. 곰팡이성 피부질병(fungal skin diseases)

1) 피부 사상균증(dermatophytosis)

각질 친화성이 있는 곰팡이(주로 Microsporum, Trichophyton, Epidermophyton)에 의한 털줄기와 각질층의 감염을 특징으로 하는 질병이다(그림 9-1).

2) 말라세지아증(Malasseziasis)

주로 *Malassezia pachydermatitis*(그림 9-2)에 대한 과민반응이나 피부내 과증식으로 인해 발생하는 피부질병이다(그림 9-3).

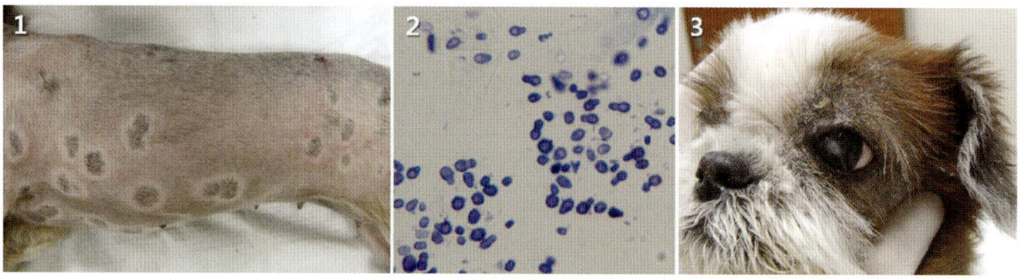

그림 9. (1) 피부 사상균증에서 나타나는 국소적 원형탈모 병변들 (2) 피부병변에 대한 세포학적 검사에서 관찰되는 원형 및 타원형의 출아하는 말라세지아 효모 (3) 말라세지아증에 이환된 개의 안면 및 귀끝에서 나타나는 탈모, 홍반, 과다색소침착, 그리고 태선화 병변

다. 기생충성 피부질병(parasitic skin diseases)

1) 모낭충증(Demodicosis)

개의 피부에 정상적으로 기생하는 모낭충(주로 *Demodex canis*)(그림 10-1)이 비정상적으로 과다증식 함으로써 발생하는 염증성 기생충성 피부질병이다(그림 10-2). 이와 같은 과다증식은 내부기생충증, 영양부족, 면역억제 약물치료, 또는 일시적인 스트레스와 같은 요인과 자주 연관된다.

2) 개선충증(sarcoptic mange)

개선충 진드기(*Sarcoptes scabiei* 또는 *canis*)(그림 10-3)가 피부를 파고들면서 물리적인 손상을 일으키거나, 피부에 강한 소양성 과민반응을 유발시키는 물질을 분비함으로써 발생하는 기생충성 피부질병이다(그림 10-4).

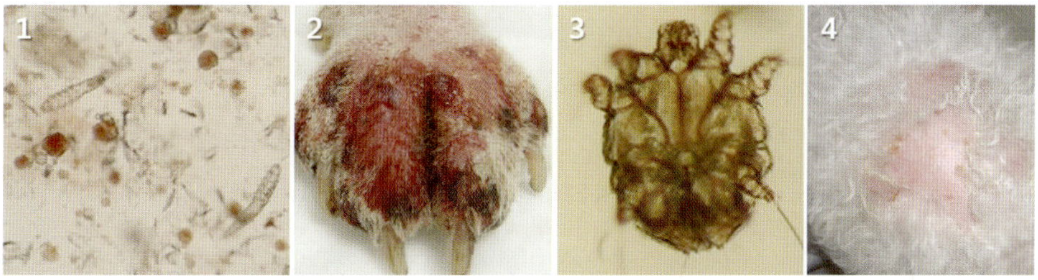

그림 10. (1) 심부 소파검사에서 관찰되는 모낭충 진드기 (2) 모낭충증으로 인해 개의 발에서 관찰되는 탈모, 홍반, 부종, 가피 및 궤양성 병변 (3) 40배로 검경한 개선충 진드기 (4) 개선충증에 이환된 개의 등에서 관찰되어지는 탈모, 홍반 및 가피성 피부염.

라. 과민성 피부질병(hypersensitivity disorders)

1) 아토피(atopy)

흡입 또는 피부에 흡수된 환경 항원에 대한 과민반응을 유발하는 유전적 소인에 의하여 발생하는 일반적인 피부질환이다(그림 11-1과 2). 원인 알러젠은 꽃가루, 풀, 나무, 곰팡이, 집먼지 및 집먼지 진드기, 곤충 등으로 다양하다.

2) 음식 과민증(food hypersensitivity)

음식이나 음식 첨가제가 알러젠으로 작용하여 과민반응을 유발함으로써 위장관 또는 피부에 이상증상을 초래하게 되는 질병이다(그림 11-3).

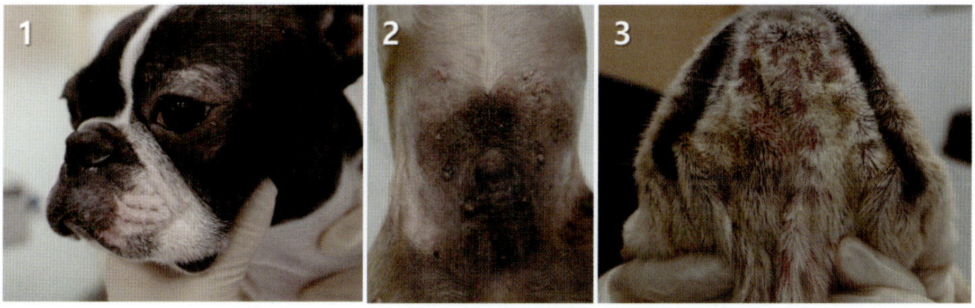

그림 11. (1, 2) 아토피에 이환된 개의 안면과 복부에서 관찰되어지는 심한 소양감을 동반한 홍반, 자가창상, 및 탈모병변 (3) 음식 과민증에 이환된 개의 턱에서 관찰되어 지는 홍반 및 탈모.

마. 면역 매개성 피부질병(immune-mediated skin disorders)

1) 천포창 복합체(pemphigus complex)

정상적인 피부구성물이 항원으로 작용하여 이것에 대한 특이항체매개성 면역반응을 유발하는 자가면역질병이다(그림 12-1과 2). 이것은 면역반응의 대상 및 발생위치에 따라 낙엽성 천포창(pemphigus foliaceus), 홍반성 천포창(pemphigus erythematosus), 심상성 천포창(pemphigus vulgaris), 그리고 수포성 유천포창(bullous pemphigoid)으로 구분된다.

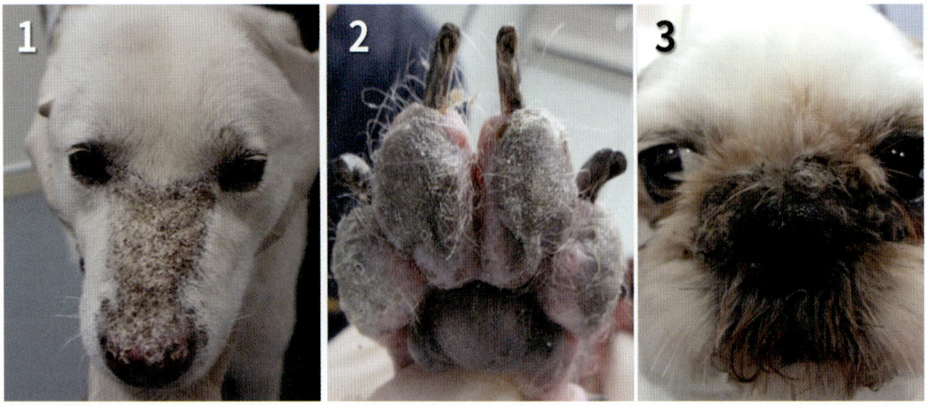

그림 12. (1)낙엽성 천포창에 이환된 개의 눈주변에 나타나는 탈모, 가피, 구진 및 농포. (2) 낙엽성 천포창에 이환된 개의 발바닥에서 나타나는 과다각화증. (3) 원형성 홍반성 낭창에 이환된 개의 코와 콧등에서 나타나는 가피.

2) 홍반성 낭창 복합체(lupus erythematosus complex)

항원-항체 복합체가 다양한 위치에 침착하여 염증반응을 유발하는 면역매개성 질병이다(그림 12-3). 항원-항체 복합체의 침착위치에 따라 원형성 홍반성 낭창(discoid lupus erythematosus)과 전신성 홍반성 낭창(systemic lupus erythematosus)으로 구분된다.

바. 탈모(alopecia)

탈모의 원인은 다양하며 피부병학에서는 다양한 내분비(부신겉질 기능항진증, 갑상샘 기능저하증, 탈모증 X, 성호르몬 불균형, 그림 13-1과 2) 및 모낭질병들(색소희석 탈모증, 검은 털 모낭 이형성증, 그림 13-3)이 중요하게 다루어진다. 내분비 질병은 주로 털의 성장기를 억제하고 모낭질병들은 털의 생성이

그림 13. (1) 부신겉질 기능항진증에 이환된 개에서 나타나는 전신적인 탈모 및 피부석회침착 (2) 갑상샘 기능저하증에 이환된 개의 얼굴에서 나타나는 국소적인 탈모 (3) 검은 털 모낭 이형성증으로 인해 검은 털에 국한되어 나타나는 탈모.

상을 유발하여 탈모를 유발한다.

이외에 각화 및 지루성 질병, 눈, 발톱, 항문주머니(항문낭) 그리고 이도의 질병, 다양한 피부유래의 양성 및 악성 종양이 피부병학에서 중요하게 다루어진다. 이와 같은 피부질병에서 나타나는 증상 및 피부병변은 다양하고 여러 피부질병에서 함께 나타날 수 있기 때문에 병력 및 체계적인 피부검사를 통해서만이 정확한 진단 및 치료가 이루어질 수 있다. 수의피부과학에서는 수의사로서 피부질병을 효과적으로 관리하기 위해 피부질병의 진단과 치료에 필요한 기초적인 지식과 실습기법을 학습하게 된다.

임상수의학

07 수의안과학

(1) 눈의 기본 구조와 기능

눈은 세층으로 구성되었으며 가장 바깥층은 단단한 섬유성막으로 투명한 각막(cornea)과 흰색의 공막(sclera)으로 되어있다. 이 섬유막은 눈의 형태를 유지시켜주고 외부로부터 눈 안의 구조물을 보호한다. 다음층은 중간층으로 안구에 영양을 공급해주는 혈관층이며 홍채(iris), 모양체(ciliary body), 맥락막(choroid)이 이에 속한다. 가장 안쪽층은 신경층인 망막(retina)으로 시신경이 분포되어 있는 얇은 막이며 뇌로 시각 신호를 전달한다. 그 이외 눈은 결막(conjunctiva), 방수(humor), 수정체(lens), 유리체(vitreous body) 등의 구조로 이루어져있다. 개는 일반적으로 근시에 난시이며 노란색과 파란색 위주로 볼 수 있는 색맹인 것으로 알려져 있다. 그러나 사람보다 더 큰 각막과 동공을 가지고 더 넓은 시야를 가지고 있으며 망막에 반사판(tapetum)이 존재하여 어두운 곳에서 더 잘 볼 수 있는 장점을 가지고 있다.

(2) 기본 안 검사

가. 시력검사

일반적으로 개와 고양이의 시력은 행동 반응을 보고 판단한다. 다양한 환경에서 앞에 있는 물체에 안 부딪히고 잘 피해가는지 평가하는 장애물 코스 평가법(maze test), 눈 앞에 손바닥을 위협하 듯 가까이 댈 때 눈을 깜박하는 반응을 평가하는 위협 반응 평가법(menace test), 높은 곳에서 소리 없이 떨어지는 솜뭉치를 잘 쳐다보는지 평가하는 방법(cotton ball test) 등을 이용한다.

나. 검안경

보통 불을 켠 방에서 전체적인 외안부 검사 및 시력 검사를 끝내면 어두운 방에서 눈의 앞부분(전안부) 평가를 위하여 밝은 광원 및 확대경을 이용한 검사를 한다. 일반적으로 생체 현미경을 이용하여 여러 각도와 배율로 정확히 관찰 할 수 있다. 눈의 뒷부분(후안부)은 도상(간접) 검안경을 이용하여 전반적인 모양새를 관찰 할 수 있다. 직상(직접) 검안경은 원하는 영역을 확대하여 관찰하기 위해 렌즈의 초점과 광원의 종류 등을 다르게 설정하여 사용한다.

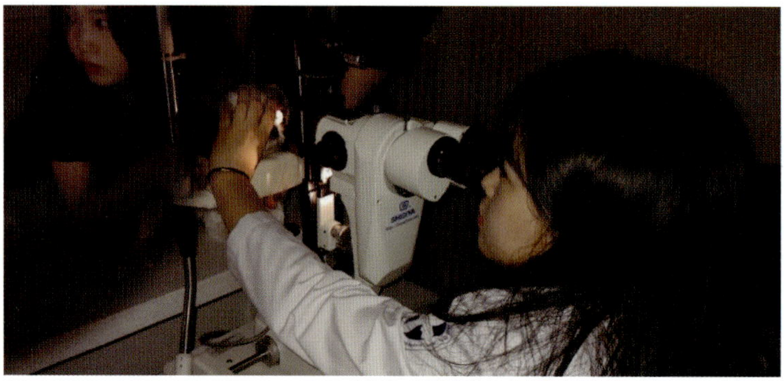

그림 1. 생체 현미경을 이용한 눈 검사

다. 눈물량

개에서 안구 건조증을 평가하기 위하여 눈금이 새겨진 shirmer tear test(STT) 여과지를 아래 눈꺼풀의 가쪽 1/3 위치에 대고 1분 동안 흘러나온 눈물의 양을 평가한다. 1분에 15mm이상이면 정상이며 10mm이하이면 일반적으로 안구 건조증으로 진단한다.

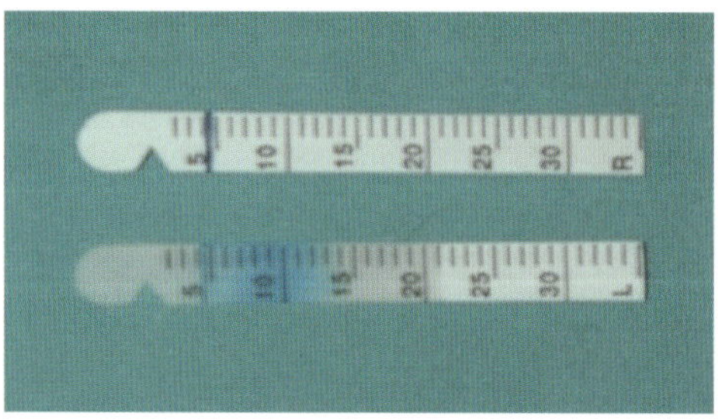

그림 2. STT 여과지를 이용한 눈물량 측정

라. 안압검사

눈 안의 방수에 의해 생성되는 눈 안의 압력(안내압)을 평가하는 것으로 안구의 다양한 질환을 진단하기 위해 또는 치료의 방향 설정 및 예후 평가를 위하여 사용한다. 일반적으로 개의 안압은 25mmHg 미만, 고양이는 27mmHg 미만이며 너무 높거나 낮을 경우에 이상 소견으로 본다.

마. 생염색(형광염색)

각막의 상처를 평가하기위한 방법으로 초록색의 형광염료를 눈에 한 방울 떨어뜨린 후 멸균 식염수로 가볍게 세척한다. 이후 코발트 블루 필터를 붙인 파란색 빛의 검안경으로 검사하여 일반적으로 초록색으로 염색 된 부분을 각막의 궤양이라고 진단한다.

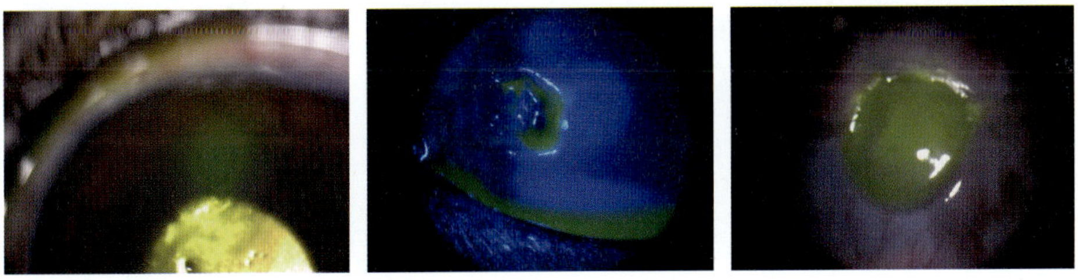

그림 3. 생염색으로 확인한 각막 궤양

바. 기타 안검사

보다 정확한 진단을 위하여 동공 빛 반응 검사, 신경계 검사, 미생물 배양 검사, 코눈물관 검사, 기타 전문 장비 등을 이용한 눈 검사 등을 실시한다.

(3) 대표적인 눈의 질환

가. 눈꺼풀

눈꺼풀에는 눈물을 생산하는 중요한 조직과 속눈썹이 분포하며 개와 고양이의 경우 아래눈꺼풀 내측으로 셋째눈꺼풀이 위치한다. 눈꺼풀의 비 정상적인 형태는 눈의 질환을 유발하기도 한다. 개와 고양이에서 흔히 발생하는 눈꺼풀 질환에는 신생아의 개안과 관련한 질병, 눈꺼풀 조직 결손, 선천적인 눈꺼풀 형태 이상, 속눈썹 이상, 눈꺼풀의 염증과 종양 등이 있다. 그 중 눈꺼풀속말림(안검내번증)은 눈꺼풀이 안쪽으로 말려 들어가 눈꺼풀 및 속눈썹이 눈을 자극하여 통증 및 다양한 안구 질환을 유발한다. 이와는 반대로 눈꺼풀겉말림(안검외번증)은 눈꺼풀이 바깥쪽으로 말려 결막이 노출된 상태로 염증 및 다양한 눈의 질환을 유발하고 주로 St. Bernard, American cocker spaniel, Bulldog 등의 품종에 발생한다. 이러한 눈꺼풀 이상의 경우 성형술을 통하여 교정한다.

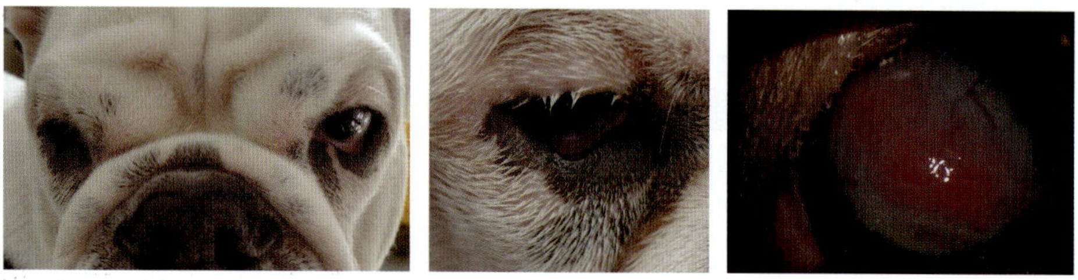

그림 4. 눈꺼풀 말림이 있는 개 및 이로 인한 눈의 질환

나. 코-눈물계

눈물은 눈꺼풀에서 생산되어 안구 표면을 덮고 일부는 증발되고 나머지는 코-눈물관을 통해 코로 배출되며 이를 코-눈물계 라고 한다. 눈물의 분비량이 너무 부족하거나 많을 경우 다양한 질환을 유발할 수 있다. 특히 개에서는 눈물 분비량이 부족한 건성각결막염(keratoconjunctivitis sicca)이 호발하며, 이 질환은 눈의 통증 및 이차적인 각막 및 결막의 질환을 야기하여 적극적인 치료가 필요하다.

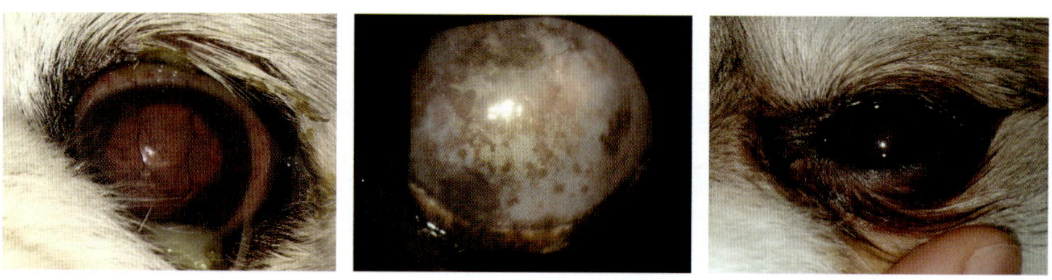

그림 5. 개의 건성각결막염(왼쪽 및 가운데) 과 눈물흘림증(오른쪽)

다. 결막

결막은 공막의 앞쪽 바깥 부분과 눈꺼풀의 안쪽을 덮고있는 얇고 유동성 있는 점막으로 가는 혈관들이 많이 분포한다. 결막은 외부의 자극에 대응하기 위해 잘 발달된 방어기제로 혈관 및 림프절이 발달해 있어서 상처가 생기면 신속히 치유된다. 일반적으로 결막염 발생시 결막의 충혈, 눈 분비물, 가려움증, 부종 등이 발생한다. 특히 고양이에서 결막염은 다양한 원인에 의하여 호발하는 질환이며 Herpes virus, Chlamydia, Mycoplasma 등이 일반적인 원인체이다. 결막염은 결막 이외의 다른 안구의 질환에 속발되어 나타날 수 있으므로 정확한 원인을 찾는 것이 중요하다.

라. 각막

각막은 눈의 가장 앞쪽에 위치한 투명한 섬유성막으로 눈물막과 함께 깨끗한 시야를 제공하지만 혈관 분포가 없어 감염이나 상처 발생시 치유가 제한되는 경향을 보인다. 각막 궤양(상처)은 주로 창상, 이물, 찌르는 속눈썹, 건성각결막염, 눈꺼풀 이상 등에 의하여 호발하며 표재성 궤양(얕은 상처)을 잘 치료하지 않으면 심부 궤양(깊은 상처)으로 발전하여 이에 따른 안구 내 염증, 안구 파열 등이 유발 될 수도 있다. 각막 궤양은 발생 원인 및 상처의 정도에 따라 약물 투약 및 수술적 방법 등으로 치료한다.

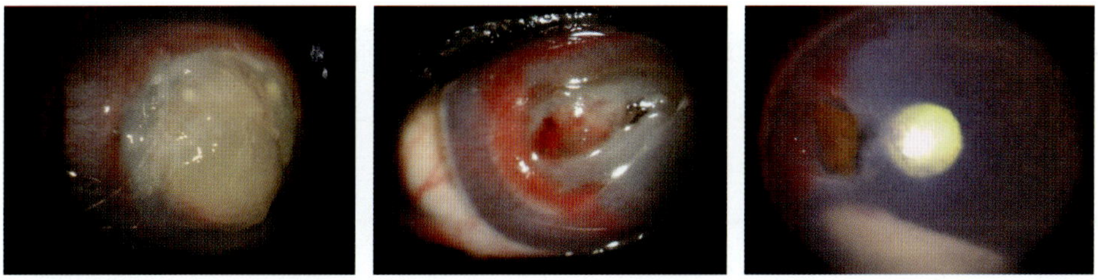

그림 6. 개에서 다양한 각막의 질환

마. 포도막

포도막(uvea)은 안구의 중간층인 혈관층으로 홍채, 모양체, 맥락막을 통칭하여 부르는 말이다. 홍채는 동공의 크기를 조절하여 빛의 양을 조절하고, 모양체는 안압을 유지하는 안방수의 생산을 담당하며 맥락막은 망막에 영양분을 제공하는 역할을 한다. 포도막에는 선천성 이상 또는 다양한 원인에 의한 염증성 질환이 호발한다. 포도막염의 원인에는 감염, 면역관련 질환, 외상, 전신 질환, 종양 등 이 있으며 일반적인 증상은 눈의 통증, 충혈, 혼탁, 안구 내의 출혈이나 고름, 안압의 하강, 분비물 등이 있다. 포도막염은 적극적인 치료가 필요하며 합병증으로 유착증, 녹내장, 백내장, 안구 위축 등 심각한 질환을 유발할 수 있으므로 주의해야 한다.

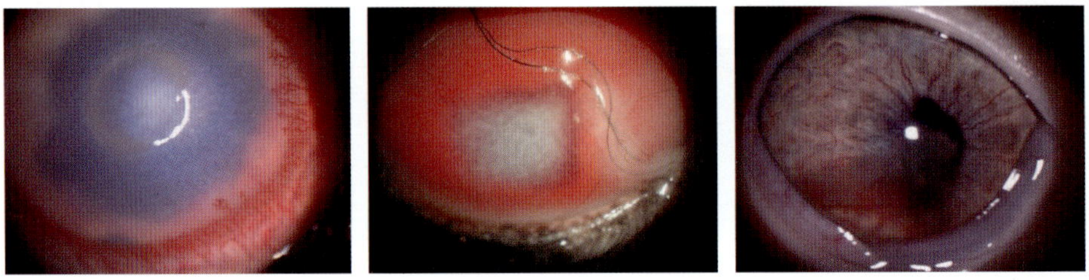

그림 7. 개(왼쪽, 가운데) 와 고양이(오른쪽)의 포도막염

바. 유리체

유리체는 안구 부피의 80%를 차지하며 안구의 후 분절에 있는 탄성이 있는 젤 형태의 구조이다. 개에서 호발하는 유리체 변성은 염증이나 노령화로 인하여 유리체가 액화되는 퇴행성 질환을 의미한다.

사. 망막

망막에 빛이 도달하면 빛을 인지하는 다양한 세포에 의해 신경 신호로 변환되어 최종적으로 시각 이미지로 인식된다. 개의 망막은 정상적인 모양이 굉장히 다양한데 일반적으로 밝고 아름다운 색을 가진 삼각형 모양의 반사판과 어두운 부분의 비반사판, 희고 둥근 모양의 시신경 유두, 몇 갈래의 혈관 등이 관찰된다. 개에서 호발하는 유전성 망막병증은 다양한 유전자 결함에 의하여 몇 개월에 걸쳐 점진적으로 시력이 소실되며 현재까지 치료법은 없다. 망막박리는 망막이 맥락막으로부터 분리되는 질환이며 일반적으로 염증, 유리체 액화 등, 외상 등에 의해 발생하며 급성 시력상실을 유발한다.

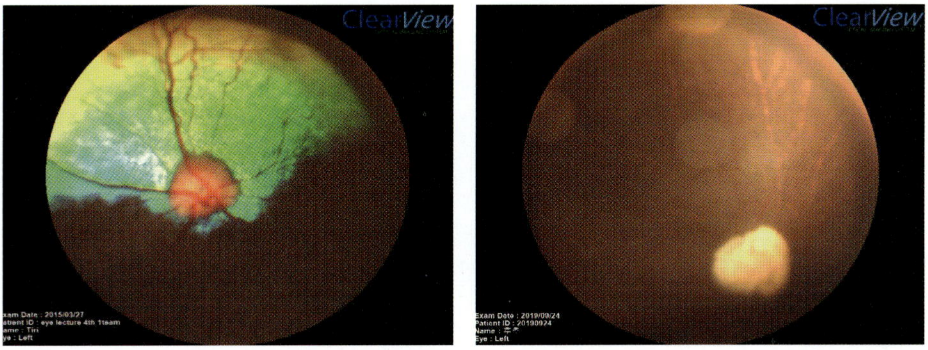

그림 8. 개의 정상 안저(왼쪽) 및 망막병증(오른쪽)

아. 수정체

수정체는 양면이 볼록한 투명한 조직이며 개에서는 핵 경화증(nuclear sclerosis) 또는 백내장(cataract)에 의한 수정체 혼탁이 매우 흔하다. 백내장은 선천성, 유전성, 노령성, 다른 눈의 질환 또는 당뇨 등의 전신 질환, 영양, 독성 등 에 의해 발생할 수 있다. 백내장의 단계는 성숙도에 따라 초기, 미성숙기, 성숙기, 과성숙기로 나뉘며 미성숙기부터 시력이 부분적으로 영향을 받고 성숙기에 접어들면 시력이 완전히 상실될 수 있다. 일반적으로 시력 회복을 위한 수술은 미성숙기나 성숙기에 실시되며 과성숙기에 접어들면 백내장으로 인한 포도막염 등의 합병증 발생 확률이 높아지므로 적극적인 치료가 필요하다. 수정체가 제자리에 위치하지 않고 홍채 앞부분이나 뒤쪽 유리체 부분으로 빠져버리는 수정체 탈구도 개에서 호발하는 질환이며 특히 앞부분으로 탈구되는 경우는 녹내장, 비가역적인 시력상실 등 심각한 합병증을 유발하는 응급 질환이므로 즉각적인 치료가 필요하다.

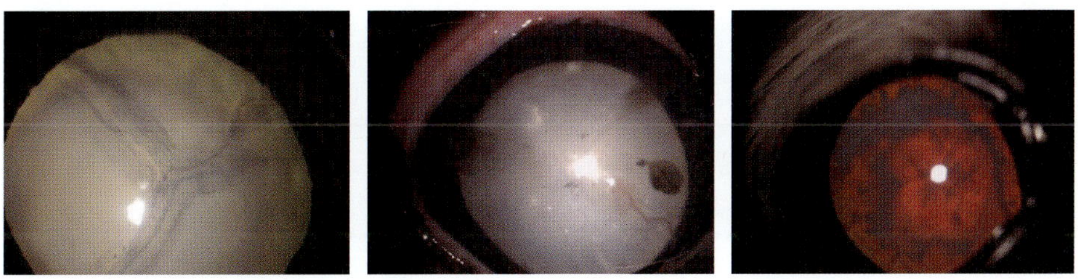

그림 9. 개에서 다양한 정도의 백내장

자. 녹내장

녹내장(glaucoma)은 유전, 눈의 질환, 전신질환 등 다양한 원인에 의해 망막의 시신경에 허혈성 손상을 유발하는 질환으로 개에서 일반적인 원인은 안압의 상승이다. 안방수는 모양체에서 생성되어 동공을 통해 각막과 수정체 사이 공간으로 흘러 홍채와 각막사이로 빠져나가는 과정을 반복하며 이러한 생산과 배출 경로에 이상이 생기면 안압이 상승하게 된다. 개의 경우 안압이 25mmHg 이상이고 이와 관련된 임상 증상을 보인다면 녹내장으로 진단할 수 있다. 녹내장의 임상증상은 충혈, 동공확대(산동), 각막 부종, 통증 등이며 초기의 경우 보호자가 알아채지 못하는 경우가 많다. 안압이 40mmHg 이상으로 오르면 이러한 임상증상이 더 심해지며 압력에 의해 눈 크기가 커지고 비가역적으로 시력이 손실되는 등 심각한 합병증이 유발될 수 있다. 치료는 안압을 조절하여 망막 허혈에 의한 시력 손실 및 통증을 유발하지 않도록 하는 것이 목표이며 다양한 종류의 안약과 시술, 수술적 치료가 행해진다.

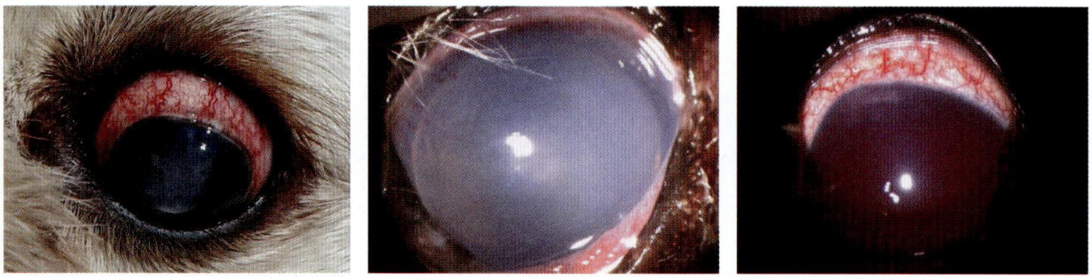

그림 10. 개에서 다양한 원인에 의한 녹내장

제4장 감염성질병

01 인수공통전염병
02 구제역
03 스크래피
04 소스펀지뇌병증

감염성질병

01 인수공통전염병

세계적으로 인수공통질병은 지금까지 오랜 세월동안, 그리고 앞으로도 국민보건과 농축산분야에 심각한 경제적 손실을 가져와 가장 시급히 철저한 대책이 요구되는 보건장해(health hazard) 중 하나로 대표되었다. 최근 비록 선진국에서 그 상황은 어느 정도 개선을 보았지만, 인수공통전염병에 대한 예방과 구제는 세계 전역에서 보건 상 해결해야 할 1차적 과제로 남아 있다. 최근 관망에 의하면 산업화사회는 물론 개발도상국들은 계속되는 인수공통전염병(zoonosis)에 대처하기 위하여 소요되는 예산을 장래 기하급수적으로 늘리지 않으면 안될 것이라 예상하고 있다. 이 질병들을 차단하고 동물보균자를 제거하는 과학적이고 치밀한 계획안이 절실히 필요하기 때문이다. 당장 시급한 현안 문제로 구제역, 조류인플루엔자, 소스펀지뇌병증, 브루셀라증(brucellosis), 광견병(rabies), 소결핵(bovine tuberculosis)과 같은 질병을 근절하는 학술적, 기술적 장치가 현 정책에 보완되어야 한다. 그렇지 않으면 국제적인 교류나 농·수산물 수입과 수출이 더욱 자유스러울 미래에 생명에 질병과 죽음을 초래하는 인수공통전염병에 대한 심각한 보건과 사회적 문제점을 해결할 수가 없을 것이다.

지난 최근 몇 년 동안 새로운 인수공통전염병(예:장출혈성대장균증) 이 세계적으로 출현하였고, 어떤 인수공통전염병(예:Ebola virus 감염증)은 새로운 지역으로 옮겨가고, 어떤 전염병원균은 새로운 변종(예:Influenza virus 감염증)을 만들어 세계보건을 위협하고 있다. 하지만 미래 단시간 내에 이에 대한 확실한 근절방법을 찾기란 어렵다. 그나마 세계보건기구(WHO)의 Emerging Disease Surveillance and Control은 국제적인 협력과 자료수집을 통하여 세계 보건상 문제시 되고 있는 인수공통전염병에 대처하기 위하여 실제적이고 기술적인 해결방법을 찾고 있다.

현재 알려진 인수공통전염병은 300여 종에 달하고, 한때 예상과는 달리 인수공통전염병에 대한 피해는 날로 증가되었다. 어떤 질병(예 : salmonellosis)에 있어서는 1980년대에 비교해서 최근에는 45배까지 그 피해 량이 증가되었다. 도시밀집적인 생활형태는 오히려 이런 전염병의 집단적 발생을 초래하였다. 그래서 최근 사회적인 동향에서 수의사들의 지식, 경험과 자원들이 보건상에서 상당한 영향을 미친다는 것을 직접 또는 매체를 통해서 인식되어 왔을 것이다. 동물의 질병들을 수학, 체험하는 수의사들로서는 수공통전염병의 근절에 있어서 가장 중요한 역할을 담당한다. 예상과 달리 인간과 동물이 어느 때보다 근접해서 살아가고 국제적 교류, 동물들의 수·출입이 자유스러운 요즈음 동물에서 동물로, 동물에서 사람으로 또는 사람에서 동물로 전파되는 이 질병들은 앞으로 사회의 전반에 커다란 문제점으로 대두될 것이며 이에 수의사로부터 이 문제해결을 위한 전문적인 지식과 기술에 대한 사회적 요구가 날로 증가될 것이다.

인수공통전염병 차단과 퇴치에 있어서 수의학 분야에서 그 지식과 경험, 그리고 자원을 이용하여 영향을 미칠 수 있는 분야는 다음과 같다.

① 인수공통전염병의 근절과 예방
(Zoonosis Control and Prevention)
② 식이성 질병 근절과 안전
(Foodborne Diseases Control-Food Safety)
③ 전염병의 역학과 집단의학
(Communicable Disease Epidemiology and Population Medicine)
④ 비교의학(Comparative Biomedicine)
⑤ 동물복지(Animal Welfare)
⑥ 환경보호(Environmental Protection)
⑦ 실험동물을 이용한 인수공통전염병에 관한 연구
(Research in Zoonotic Diseases Using Animal Models)

(1) 인수공통전염병 정의

Zoonosis란 문자 그대로 동물질병을 의미한다. 이것은 오래 전 사람의 질병이 주로 문제시 되었을 당시 인간의 입장에서 본 뜻이며, 지금의 인수공통전염병의 개념으로는 정확하지 않다. 일반적으로 인수공통전염병이란 자연상태에서 동물로부터 사람으로 옮겨지는(또는 그 반대로) 전염병을 말한다. 인수공통전염병원체 중 결핵이나 살모넬라처럼 사람과 동물 양자에서 중독한 질병을 나타내는 것, 구제역과 돼지단독처럼 동물에서는 강하나 사람에는 경증인 것, Cryptosporidiosis 나 O157대장균증과 같이 동물에서는 약하나 사람에게는 중증질환을 보이는 병원체들이 있다. 이들의 숙주에 따른 병원성의 차이는 병원체의 독성에 대한 숙주의 방어능력의 차이에 기인한다. 일반적으로 인수공통전염병원체는 사람의 존재유무에 관계없이 생존할 수 있고 증식할 수 있다. 이들은 가축이나 야생동물 집단에 순환되다가 사람에게 전파되어 이 숙주에서 그 순환계를 마치는 경우가 대부분이다. 물론 종종 사람으로부터 동물로 전파되는 경우도 있고 사람에서 사람으로 다시 전파되는 경우도 있지만, 동물영역에서 그 차단이 효과적으로 이루어지면 대부분의 사람에 대한 인수공통전염병은 충분히 막을 수 있다. 서두에서도 언급했던 것과 같이 인수공통전염병은 인간 사회에서 점점 그 피해가 늘어나고 있다. 역학조사에 의하면 최근 출현된 또는 재출현된 인간의 보건을 위협하는 전염병 가운데 동물로부터의 전파가 그 대다수영역을 차지한다.

최근 인류보건을 위협했던 인수공통전염병의 예로 다음을 들 수 있다.

① 남미에 유행한 Venezuelan Equine Encephalitis와 Dengue fever
② 북미에서의 Lyme Borreliosis, Hanta-virus disease, Reston-virus infection, 그리고 Cryptosporidiosis 등
③ 북미, 유럽, 일본 등지에서 E. coli O157:H7 infection
④ 중미나 우리나라의 Leptospirosis
⑤ 유럽과 아시아의 Salmonellosis
⑥ 지중해지역의 Brucellosis
⑦ 아프리카의 Ebola virus infection
⑧ 호주의 Equine Morbilli virus infection

최근에 이러한 질병들의 출현과 발생율의 증가는 다소 복잡한 이유를 가지고 있으나 대개 다음과 같은 원인으로 분석된다.

① 환경의 변화가 동물의 종류, vector, 그리고 전염병 매개인자들의 수와 분포에 영향을 주었다.
② 최근 산업화에 의해 도시밀집 사회형태가 뚜렷해지면서 감염된 동물이 일시에 많은 사람에게 쉽게 전파될 수 있는 조건을 만들었다.
③ 산업동물, 애완동물, 야생동물들의 생산과 그 접촉이 증가하였다.
④ 인류생활의 경제적인 향상으로 육식소비가 급증하였다.
⑤ 국제적 교류가 증가하여 전파가 신속하게 확산될 수 있는 조건을 만들었다.

인수공통전염병은 그 원인체인 세균, 바이러스, 리케차, 진균, 기생충, 곤충 등에 따라 수백여 종이 있다. 질병들을 근절하고 수의학적 지식을 이용해 인류 보건을 보호하는 방법은 다양하다. 인수공통전염병의 예방과 근절에는 대략 5가지 영역이 있다.

① 이 질병들의 진단
② 질병의 감염환자의 치료
③ 인간과 인간의 감염경로 차단
④ 동물에서 사람으로 그리고 동물에서 동물로의 질병전파의 통제
⑤ 동물보균자의 치료 또는 제거

질병의 예방과 조절을 위하여 위의 방법 중 하나 또는 그 이상의 방법을 조합하여 동시에 수행하는데 그 결정은 주로 질병의 역학, 감염경로, 근절과 차단의 일반적인 가능성, 경제적, 사회적 여건에 따른다. 일반적으로 이 질병들의 근절은 공중보건당국의 동물보균자에 대한 수준에서 적절한 대응이 가장 효과적이다. 예를 들어, Venezuelan Equine Encephalitis, 일본뇌염, 홍반열 등은 이 질병을 보균하는 동물에 백신을 함으로써 효과적으로 사람의 감염경로를 차단한다. 하지만 어떤 경우에 있어서는 질병들을 근절에 효과적인 대책이 없거나 보건적 그리고 경제적으로 커다란 손실을 초래하지 않거나, 또는 질병에 대처할 자금이 부족한 경우 보건상 우선순위에 오르지 않는다면 그 대처는 미온적일 수 있다.

(2) 인수공통전염병에 대한 최근 국내외의 대표적 피해사례

최근 국내외적으로 보건상 문제시 되고 있는 인수공통전염병을 몇 가지 예를 들고 그 피해에 대해 설명하면 다음과 같다.

가. 조류인플루엔자(Avian Influenza, AI)

H5N1 조류인플루엔자 바이러스는 1997년도 사람에 처음으로 발생할 당시 18명이 감염되어 그 중 6명을 사망하게 했으며 최근까지 동남아시아를 비롯, 유럽, 아프리카 등 전세계적으로 발생하여 가금류 수억마리가 살처분되고, 사람 100명 이상이 목숨을 잃었다. 우리나라에서 2003년과 2008년에 발생된 조류독감으로 많은 닭과 오리를 살상시키고, 감염지역 내 조류를 살처분함으로써 수천억원의 경제적 손실을 끼쳤다. 이때 비록 임상증상은 나타나지 않았으나 살처분을 담당했던 사람에게 감염되어 혈청양성환자도 발생되었다. 최근 2010년 및 2011년에도 유행을 하여 많은 가금류 농축산가에 많은 피해를 입히고 있다.

나. 광견병(Rabies)

광견병은 세계적으로 가장 주의를 요하는 인수공통전염병 중 하나이며, 그 동안 많은 인명에 피해를 주고 목숨을 앗아갔다. 현재 광견병은 우리나라를 포함 87개국에서 보고되어 있으며, 이 나라들의 전체 인구 약 24억 명의 인명이 언제든 광견병에 걸릴 수 있고, 매년 3만5천에서 5만 명 정도의 사람이 이에 의해 사망한다. 백신에 의한 예방이 광견병을 줄이는 데 큰 공헌을 하였지만, 광견병 바이러스는 많은 지역에서 개 외에 여러 가지 동물이 감염보균되어 있다. 예를 들어, 여우, 스컹크, 라쿤, 망거스 등이 보균매개자 역할을 한다. 그 동안 많은 방역사업과 치료 등에 의해 현재 인간사망률은 현저히 줄었지만, 야생동물에 대한 적적한 조치를 하지 않는 이상, 광견병은 영구적인 보건상 위험으로 존재할 것이다. 여기에 수반하여 사람과 애완동물들의 이동과 여행에 큰 장해요인으로 되고 있고, 앞으로도 예방과 치료에 사용되는 경비, 소요시간은 계속 증가될 전망이다.

다. 에볼라출혈열(Ebola Hemorrhagic Fever)

에볼라출혈열은 1976년 처음 아프리카 자이르에서 발생된 이래 2004년까지 세계적으로 약 1,600건 이상의 발생율을 보였으며 이 중 50~90%의 환자가 사망하였다. 현재 우리나라에서 아직까지 발생보고는 없으나, 법정 전염병으로 분류되어 있다. 이 감염증은 Filovirus에 속하는 에볼라바이러스에 의해서 발생되며 주로 아프리카와 유럽에서 발생되었으나 최근 아시아에서도 이 바이러스(Ebola-Reston virus)가 검출되었다. 확실한 자연적 보병원이나 감염양식은 밝혀지지 않았으나 감염원숭이의 접촉이나 감염물질에 의한 접촉으로 이루어질 거라 추측되는 이 바이러스는 산모에 감염이 될 경우 태아는 100% 사산한다. 백신과 확실한 치료는 아직까지 없는 실정이다.

라. 구제역(Foot and Mouth Disease)

구제역은 1514년 이탈리아에서 처음 발생이 기록되어 그 뒤 세계 곳곳에 발생보고가 있었다. 이 질병은 최근 국내 축산에 경제적으로 또는 사회적으로 가장 큰 피해를 주는 질병 중 하나이다. 그동안 국내 감염보고가 없던 이 질병은 2000년 15건이 발생하면서 소 81마리가 양성으로 판정되고, 우제류 가축 2,200마리 이상을 살처분하였다. 그리고 2002년 5월과 6월에는 경기도 안성, 용인과 충북 진천 등지에서 주로 돼지에 발생하여 16만마리의 가축을 살처분하였으며 방역비로 만 1,400억이 투입되고, 이 질병에 대한 파급효과로 소비자들의 식육 기피현상, 식육의 수출 중단으로 수천억 원의 경제적 손실을 끼쳤다. 또한, 최근 2010년 말부터 2011년 2월까지 경북 안동에서 최초 발생하여 전국적으로 전파되어 수조원의 경제적 손실을 야기시기고 있다. 사람의 경우 그 증상은 모호하며 동물의 증상 정도에 비해 미약하여, 이 바이러스의 경우 인수공통전염병 성립을 두고 많은 논란이 되어 왔다. 그럼에도 불구하고 매우 드물게 미열과 함께 손, 입술, 혀, 발에 수포가 발생되었다는 보고가 있으나 쉽게 자가 치유되고 사망보고는 없다.

마. 일본뇌염(Japanese Encephalitis)

일본뇌염은 벼농사, 가축사육을 하는 지역 그리고 계절적으로 하기와 추기에 많이 발생하는 질병으로서, 국내는 물론 아시아지역에서 다발하며 매년 3만에서 5만 정도 발생보고가 있다. 치사율이 30%에 달해 아주 위험한 질병이다. 일본뇌염 바이러스는 1935년 도쿄에서 이 질병으로 사망한 환자의 뇌에서 분리되어 보고되었다. 그 뒤 중국, 대만, 스리랑카, 네팔, 인도, 필리핀, 한국 등에서 빈번하게 보고되었다. 거의 발생보고가 없는 미국의 경우에도 매년 백만 달러 이상이 이 질병의 예방대책에 쓰여지며 아시아 국가에서는 정확한 수치가 나와 있지 않지만 이보다 몇 백배 경비가 매년 소요되리라 추측된다. 주로 어린이가 더욱 감수성이 높고 증상에서 회복되는 경우에도 대개 신경증상이 남아 있다.

바. 소스펀지뇌병증(Bovine Spongiform Encephalopathy)

일명 광우병으로 불려지는 소스펀지뇌병증은 변형 프리온(prion) 단백질 감염에 의한 신경세포의 공포변성과 중추신경조직의 해면상 변화가 특징으로, 전염성스펀지뇌병증(Transmissible Spongiform Encephalopathy)의 일종인 만성 신경성 질환이다. 이 질병은 현재까지 영국에서만 183,191마리의 소에서 발생보고가 있었다. 그리고 이에 따른 경제적 손실은 무력 9억 파운드 정도로 추산되고 있다. 또한 아일랜드, 프랑스, 스위스, 스페인, 독일, 덴마크, 포르투갈, 벨기에 등에서 지금까지 각각 수백건씩이 발생했으며, 영국에서 쇠고기를 수입한 캐나다, 아르헨티나에서 발생되고 있다. 특히 이웃 일본에만 2007년 까지 30여 건 이상이 젖소에서 발생되어 국내의 쇠고기 소비를 위축시켜 축산업에 적지 않은 피해를 주고 있다. 1993년 이 질병이 가장 극심할 때는 영국에서만 주당 1,000마리 이상이 보고되기도 하였다. 발생된 소에서는 주로 같은 전염성스펀지뇌증 질환인 Scrapie 관련 양들의 고기나 뼈를 사료로 하여 먹였거나 광우병에 걸린 소들을 다시 소들에게 사료로 먹인 결과였다. 사람의 전파는 당연히 광우병에 걸린 소들을 식육으로 사용한데서 비롯되었다. 사람에서 이런 질환을 변종 크로이츠펠트-야코프병(vCJD)이라 부르며, 환자들의 50%이상 치사율을 보인 때도 있었다. 영국에서만 현재까지 124건의 vCJD가 보고되었으며, 프랑스에서 6건, 아일랜드, 이탈리아, 미국 등에서 각각 1건씩 보고되었다.

사. 장출혈성대장균증(Enterohemorrhagic Escherichia coli Infection)

장출혈성대장균증은 1982년 처음 발생 보고된 이래 미국에서만 매년 평균 73,000건이 발생, 60명 이상의 사람 목숨을 앗아간다. 쇠고기를 통하여 주로 전염되는 이 질병은 "대장균은 인수공통전염병균이 아니다"라는 과거의 통념을 깨고 현재 인수공통전염병으로 기록되어 있다. 이웃 일본만해도 1996년 1만 명 이상의 사람이 이 병원균에 의해서 감염되었으며 12명의 사망환자를 발생시켰고 지금도 매년 수천 명의 감염환자가 나타나고 있는 실정이다. 이 병원균은 유럽, 캐나다, 남미, 호주 등 세계 각지에서 문제가 되고 있다. 1998년 일본 교토대학 연구팀에 의해서 처음 국내 인체에서 분리된 대장균이 장출혈성대장균주임이 밝혀졌다. 그 뒤 1999년 국립보건원은 당해 6월 경북 구미에서 이 대장균증 환자를 확인하였으며 매년 산발적으로 장출혈성 대장균감염 환자가 발생되고 있는 실정이다. 특히 최근에 그 발생수가 수직상승하여 2003년에는 9월까지 확진환자 30여 명이 발생하여 이 중 사망자도 발생되고 있어 우리나라도 그 위험수위가 도래하였음을 의미한다. 장출혈성대장균의 경우 세계적으로 O157혈청형이 가장 빈번히 발생, 문제를 일으키고 있으며, 이밖에 O26, O111 등이 주요 장출혈성대장균증의 원인균이다. 사람에서 이 대장균에 의한 임상증상의 특징은 출혈성대장염(Hemorrhagic colitis) 증상이 환자의 35~60%에서 발생된다. 그밖에 복통, 수양성 설사, 구역질, 구토, 혈변을 나타내며, 증상이 심할 경우 용혈성요독증후군(Hemolytic uremic syndrome, HUS)이 환자의 2~7%에서 발생한다. 이 HUS가 있는 환자는 사망률이 5~10%에 이른다. 현재까지 이 대장균에 대한 효과적인 백신이나 치료제는 없는 상태이며 가까운 장래에 쉽게 완벽한 성과를 기대하기는 어렵다. 더욱이 항생제 투여시 오히려 독소를 많이 발생시켜 환자를 위독하게 한다.

아. 소결핵(Bovine Tuberculosis)

세균성 질병 중 소 브루셀라증과 함께 국내 유우 축산업에 경제적으로 가장 큰 피해를 입히는 인수공통전염병이다. 국내에서만 매년 수백에서 1,000마리 이상의 유우가 이 질병으로 인해 살처분되고 있는 실정이며, 2002년에 1,277마리, 2003년에 864마리의 유우가 소결핵 양성판정으로 살처분되었다. 사람결핵, 또한 그 원인체가 다르지만 보건상 매우 중요한 질병으로 우리나라에서도 95년 엑스선상 결핵유병률은 1.0% 정도이고 매년 수만건씩의 발생보고가 있다. 선진국에서도 1982년 AIDS의 증가 이래 다시 꾸준히 증가추세에 있어 미국에서도 1990년 이후 인구 10만당 15,000~25,000명의 유병률과 이 중 5~10%의 치사율을 보이고 있다.

자. 소 브루셀라증(Bovine Brucellosis)

소 브루셀라증은 우리나라 유우 축산업에 소결핵과 함께 가장 많은 경제적 손실을 주는 세균성 인수공통전염병이다. 우리나라에서 감염된 소는 결핵양성우와 같이 살처분정책을 한다. 국내에서만 매년 수백에서 1,000마리 이상의 유우가 소 브루셀라증 양성으로 판정되었으며, 2002년에 845마리가, 2003년에는 1,088마리의 소가 양성판정되어 살처분되었다. 특히 최근 한우에서도 감염율이 증가하고 있는 실정이다. 2003년 2월에서 6월 사이 전북 정읍지역의 한우 수십 마리가 감염되어 같이 사육되던 소 500여 마리를 살처분하였다. 국내 사람 브루셀라증 감염보고는 2002년 10월에 처음 보고가 있을 정도로 발생율이 낮으나, 세계적으로 86개국에서 발생보고가 있었으며 인구 10만당 0.01~200건으로 다양하다. 특히 이란, 요르단, 쿠웨이트, 오만, 사우디아라비아, 시리아 등 동부 지중해지역에서 많이 발생하였다. 이들 나라들에서는 1985년 2,873명에서 1988년에는 82,000명으로 증가하였고 지금도 꾸준한 발병률을 보이고 있다.

차. 살모넬라증(Salmonellosis)

살모넬라증은 최근 세계적으로 가장 많이 증가된 인수공통전염병이다. 1980년대와 비교해서 1990년대에는 심지어 45배 이상 증가율을 보인 나라도 있었다. 이 질병은 선진국 또는 후진국 등을 구분하지 않고 발생하였고 우리나라에서도 최근 가장 많은 발생율을 보인 질병이다. 살모넬라증으로 인한 경제적 손실 또한 막대하며, 살모넬라증이 공중보건, 개인과 사회, 산업 등에 미치는 경제적 손실은 심각한 수준이다. 더욱이 이 경제적인 수치는 환자들의 질병에서 오는 고통이나 개인업무의 손실 등은 계산되지 않은 것이다. 그리고 발생율은 오직 보고된 것에 의해서만 계산된 것이므로 보고되지 않은 살모넬라증까지 계산할 때에는 그 피해는 엄청나리라 예상되고 있다. 선진국들의 발생보고는 대개 10명 중 1명 꼴로 보고되어 있을 것이라 추측한다. 물론 발생보고를 하지 않는 경우 그 증상은 대개 가볍기 때문에 보고된 경우처럼 많은 손실을 주지 않으나 대략 보고된 경우의 손실의 1/5~2/3 정도로 추정하고 있다. 참고로 미국 내에서 살모넬라증에 대한 비용은 대략 40억 달러(5조 원) 정도 소요되며 총건강복지비율의 6%에 가깝다. 유럽 대부분 국가에서도 발생 율이 150-350/100,000을 보이고 있고, 체코, 폴란드, 슬로 바키아 공화국, 오스트리아, 독일 등이 높은 발생률을 보였다. 살모넬라증의 이와 같은 급증율은 Salmonella Enteritidis의 급속한 증가추세에 기인한다. 이 S. Enteritidis는 대부분 가금류의 달걀이나 식육을 통하여 감염된다. S. Enteritidis는 또 부화란에 수직적으로 감염되고, 설치류 등에 의해서도 전파된다. 가금류 이외에 돼지나 소 등도 중요한 살모넬라증의 매개체이다. 1990년대 덴마크의 경우에 약 6%의 돼지가 S. Enteritidis에 감염되고, 돼지 식육에서도 약 2.5%가 검출되었으며, 15%의 사람 살모넬라증이 돼지로부터 감염된 것으로 보고되었다.

카. 렙토스피라증(Leptospirosis)

이 질병은 주로 동물산업에 종사하는 업자나 도축업자, 하수시설관계자, 또는 수의사들에게 많이 발생되는 일종의 직업병이다. 가끔씩은 수영이나 야영, 낚시 등에 의해서도 전염되기도 한다. 특히 우리나라처럼 쌀 생산이 많은 나라 등은 많은 농부들이 논에서 작업 중 감염될 수 있다. 세계적으로 볼 때 그 감염률은 10만당 약 4~100명 정도가 감염될 수 있으며, 중국에서는 1982년 한때 10만당 1,300건이 발생되기도 하였다.

(3) 인수공통전염병의 피해대책

이와 같이 최근 세계적으로 급성출현, 또는 재출현된 인수공통전염병에 의한 피해액은 과거에 비해 기하급수적으로 증가되었으며 앞으로도 뚜렷한 대책이 없는 한 계속 그 피해는 늘어날 전망이다. 이렇게 최근 인수공통전염병이 보건상 심각하게 대두되고 있는 상황에서

첫째, 어떠한 인수공통전염병이 현재 출현하며, 미래 출현할 것인가 하는 문제점을 올바르게 인식하고 인수공통전염병의 결과가 초래하는 영향을 잘 분석해야 된다. 인수공통전염병의 대책수립에는 수의사는 물론, 보건당국, 농업, 경제, 기획, 상업 당국의 인식과 지원 및 수산업, 식육산업 및 의학 등 단체나 학계에서의 공동지원과 연구가 필요하다. 살모넬라증과 같은 인수공통전염병은 왜 사회전체의 인식과 대처가 필요한지를 나타내는 좋은 예이다. 즉, 살모넬라증의 급속한 확산과 이에 대한 경제적 손실은 단지 수의계나 식육산업뿐

만 아니라 나라 전반적인 곳에 영향을 미친다. 살모넬라증이 학생, 일반인, 직장인 등 많은 환자들의 병적인 고통뿐만 아니라 그들이 맡고 있는 분야에서 치료기간 동안 공백으로 그 만큼 사회적 피해를 초래하기 때문이다.

둘째, 인수공통질병의 근절이나 문제발생에 대한 측면에서 동물영역에서 확실한 대책수립으로 그 이상의 확산을 막아야 한다. 질병의 예방과 조절에 대한 결정은 주로 질병의 역학, 감염경로, 근절과 차단의 일반적인 가능성, 경제적, 사회적 여건에 따른다. 일반적으로 이 질병들의 근절은 공중보건당국의 동물보균자에 대한 수준에서 적절한 대응이 가장 효과적이다. 예를 들어, Venezuelan Equine Encephalitis, 일본뇌염, 홍반열 등은 이 질병을 보균하는 동물에 백신을 함으로써 효과적으로 사람의 감염경로를 차단한다.

셋째, 공중보건상에 그 사회적 경비지원을 유도하도록 충분한 토의와 정부, 입법기관의 노력이 있어야 된다. 경비적인 그리고 정신적인 차원에서 가장 효과적인 대처방법은 역시 예방차원에서의 인적, 물적의 확실한 지원이다. 이 예방차원의 대책은 아직 나타나지 않으나 가능성이 있는 인수공통전염병이나, 사망률이 없거나 낮다고 해서 경시되는 질병들에도 충분한 지원을 해야 할 것이다.

인수공통전염병의 발생은 역시 근원이 동물감염에서부터 시작됨을 인식하여야 된다. 광견병, 광우병(소스펀지뇌병증), 살모넬라증, 장출혈성대장균, 크립토스포리듐증, 캄필로박터증 등 최근 공중보건상 문제되는 질병은 인수공통전염병이기에 수의사의 전문지식이나 기술이 이 질병들을 예방하는 데 절실히 필요하다. 국내 지정 법정전염병 50여 개 중 50% 정도가 인수공통전염병이다. 수의사는 개, 고양이, 소, 돼지를 치료하는 1차적 의술자로서 뿐 아니라 수의사의 지식, 경험과 자원들이 보건상에서 결정적인 영향을 미친다는 것을 정부나 사회에서 인식해야 한다. 동물 질병을 수학, 체험하는 수의사들로서는 인수공통전염병의 근절에 있어서 가장 중요한 역할을 담당하기 때문이다. 또한 수의사는 급속하게 진행되고 있는 인수공통전염 병원체에 대한 연구로 산출되는 지식과 이에 대해 개발되는 대처방법을 신속하게 터득해야 한다.

인간과 동물이 어느 때보다 근접해서 살아가고 국제적 교류, 동물들의 수출입이 빠르고 자유스러운 현재, 세계적으로 급속하게 전파될 수 있는 인수공통전염병에 실제적이고 기술적으로 대처하기 위하여 국제적인 협력사업과 규정이 필요하다. 2002년 11월 처음으로 중국 광둥성에서 발생되어 불과 몇 개월만에 세계 30여 국가에서 8천 명 이상이 감염되고, 8백여 명을 숨지게 한 중증 급성호흡기증후군(SARS) 역시 그 원인체가 야생포유류나 조류에서 근원이 된 코로나 바이러스라고 추정하고 있다. 중국 광둥성은 유난히도 야생동물을 식용으로 즐겨하는 지역인지라 그 추정이 신빙성을 더해가고 있으며, 전파속도라는 측면에서 급속한 국제적 교류를 통한 전염병의 전파가 전세계 인류를 공포로 떨게 하였다. 전염병 차단을 위해서는 관련되는 세계적 기구인 WHO(World Health Organization, 세계보건기구), FAO(FOOD AND AGRICULTURE ORGANIZATION OF THE UNITED NATIONS, 유엔식량농업기구), OIE(Office International des Epizooties, 국제수역사무국) 같은 조직을 중심으로 국제적인 협력과 규정이 절실히 요구됨을 일깨워 주는 중요한 예이다. 이러한 협력과 규정으로, 세계에 급속 확산 가능성이 있는 전염병이나 보건상에 문제를 야기하는 환경변화 등에 대한 조사, 그리고 초동차단을 위한 검역의 조직화 및 비상사태에 대처방안을 모색할 수 있기 때문이다.

(4) 인수공통전염병의 예방관리

인구공통전염병의 예방관리는 질병의 특수성 때문에 동물질병 전문가 뿐 만 아니라 사람보건의 전문가 및 기관과의 유대 및 공동수행이 중요하며 다음과 같은 방법으로 예방관리한다.

① 검사와 도태, 그리고 감염경로의 차단과 소독 등에 의한 보균원 (reservoir)의 제거 및 차단
② 검역과 감염동물의 패쇄 그리고 이동제한을 통한 감염원과의 접촉의 최소화
③ 질병내성이 강한 유전자적 특질을 가진 동물의 선발과 백신접종 등을 통한 동물의 질병에 대한 저항력을 증강
④ 동물의 생산단계부터의 관리 또는 원산지표시, 이력제 등을 통한 위생감시
⑤ 대중과 사회 또는 동물질병전문가뿐만 아니라 인의보건전문가 사이의 정보 교환
⑥ 전염병의 감염경로와 피해 정도, 예방방법 등의 교육

감염성질병

02 구제역

(1) 구제역이란?

구제역(Foot-and-mouth disease: FMD)은 구제역바이러스에 의하여 우제류에 감염되어 체온의 급격한 상승과 입, 혀, 유두 및 지간부와 제간부에 수포형성을 특징으로 하는 급성 바이러스성 감염병으로 우리나라에서는 제1종가축전염병으로 분류되어 있다. 말은 구제역바이러스 감염에 저항성이 있지만 소, 물소, 양, 염소, 라마, 낙타 그리고 돼지는 감수성이 있는 것으로 알려져 있다. 구제역바이러스 감염으로 인한 폐사율은 대체적으로 낮지만 이환율은 매우 높다. 특히 회복기 및 이환된 동물로부터 구제역바이러스의 배출이 지속적으로 일어나기 때문에 특히 구제역 청정국에 바이러스가 유입될 때 매우 중요한 질병으로 취급된다.

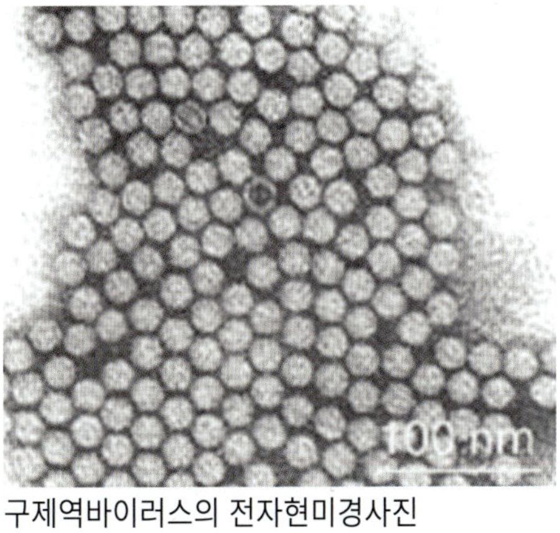

구제역바이러스의 전자현미경사진

구제역바이러스는 피코나바이러스(picornaviridae)과의 아프토바이러스(aphthovirus)속으로 분류되는 RNA 바이러스로 피막이 없는 정20면체 형태로 크기는 20-25nm이다. 구제역바이러스는 교차방어 및 혈청학적 검사에 근거하여 7개(O, A, C, SAT 1, SAT 2, SAT 3, Asia 1)의 혈청형(serotype)으로 분류된다. 각각의 혈청형은 교차방어와 혈청학적 검사에 따라 여러 개의 아형(subtype)을 갖는다. 바이러스 혈청형의 항원변이는 지속적인 항원소변이로 인해 발생한다. 서로 다른 혈청형의 바이러스는 백신개발과 선택에 있어서 중요한 의미를 가지고 있는데, 감염이나 예방접종을 통해 얻은 면역이 바이러스 혈청형 특이적이고, 더 세밀하게 볼 때에는 아형 특이적이다. 역학적인 측면에서 볼 때, 구제역바이러스는 지역형(topotype)으로 구분하기도 한다. 최소한 7개의 지역형으로 구분되어 있는데 이는 구제역바이러스가 남아메리카로부터 아프리카를 거쳐 남동아시아에 이르기까지 지리적으로 넓게 분포되어 있음을 의미한다.

일반적으로 임상증상은 소와 돼지에서 가장 심하게 나타나지만 1997년 대만에서 발생한 구제역의 경우, 발병한 돼지와 가까이 접촉한 소에서는 임상증상이 나타나지 않은 것으로 보고되었다.

소에서는 2-8일의 잠복기를 거쳐 발열, 식욕감소, 침울, 유량감소 등의 증상을 나타내며 24시간 이내에 침흘림 현상이 시작되고 혀와 잇몸에 수포가 형성된다. 수포는 발굽사이의 피부, 발굽의 제관 그리고 유두에서 흔히 발견되며 수포는 파열되면 커다란 궤양을 형성한다. 혀에 형성된 것은 수일 내에 회복되기도 하지만 발굽과 비강의 궤양은 세균에 2차적으로 감염되어 지속적으로 발절음 현상이 나타난다. 성우에서 구제역으로 인한 폐사율은 매우 낮으나 어린 송아지가 감염될 경우, 심근염을 일으켜 폐사의 원인이 되기도 한다. 가끔 임신한 소에서 유산을 일으키기도 하는데 이는 바이러스가 태아에 감염된 것보다는 감염된 소의 발열에 의한 것으로 보인다.

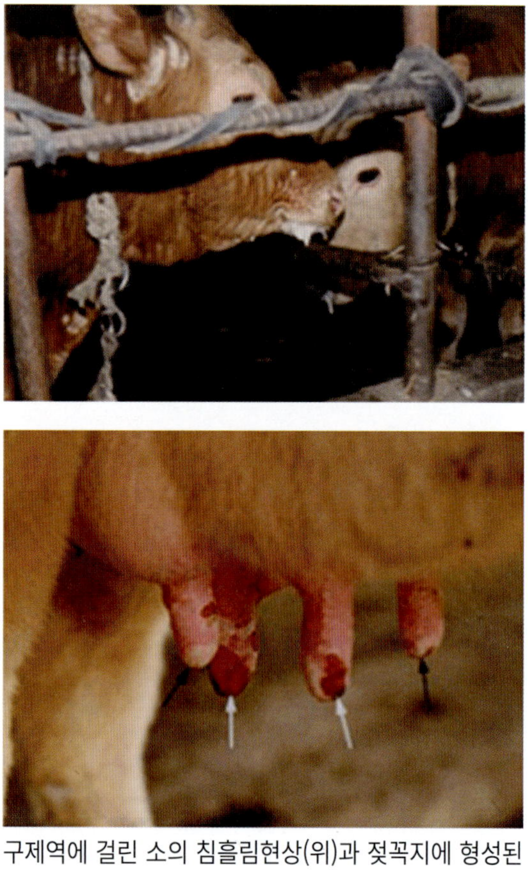

구제역에 걸린 소의 침흘림현상(위)과 젖꼭지에 형성된 수포가 터진 후의 병변(아래)

돼지의 경우, 구제역의 첫 증상으로 흔히 발절음이 관찰된다. 발굽부위의 병변이 악화되면 잘 서있지 못할 정도로 통증이 심해지고, 발굽사이의 노출된 부위는 2차적으로 세균에 감염되어 화농을 유발하며 발톱이 빠지고 발절음이 오랫동안 지속된다. 구강 내의 수포는 소에서처럼 뚜렷하지 않으며 주둥이에 수포가 생기기도 한다.

양과 염소는 보통 무증상감염의 경과를 보이며 야생동물은 불현성감염에서부터 폐사하는 등 광범위하게 나타난다.

구제역바이러스가 농장에서 농장으로 전파되는 것은 주로 감염된 동물의 이동이나 사람의 옷과 신발, 사료 및 가축 수송차량 그리고 수의용 기구 등 기계적 전파에 의하여 빠르게 진행된다. 반추동물에서 구제역바이러스의 주된 감염경로는 분비물의 흡입을 통해서이다. 그러나 감염된 사료를 먹거나, 오염된 백신을 접종하거나, 감염된 정액을 주입하거나, 오염된 의복이나 수의학적 도구에 접촉하는 등의 모든 경로를 통해서 감염될 수 있다. 호흡기를 통해 감염된 동물의 경우, 초기 바이러스 복제는 인두에서 일어나며 임상증상이 나타나기 전에 다른 조직과 기관으로 바이러스의 전파가 이루어진다. 바이러스의 배출은 임상증상이 나타나기 24시간 전부터 시작되며 수 일간 지속된다. 특히, 감염된 돼지는 호흡을 통하여 다량의 바이러스를 비말형태로 배출하는데 1997년 대만에서 발생한 구제역의 경우, 전국적으로 확산되는데 오랜 시간이 걸리지 않았다. 구제역 상재지역에서 구제역바이러스는 지속적으로 감염된 동물에서 계속 감염이 순환되는 것으로 알려졌다. 소의 경우, 회복기를 지나서도 장기간 동안 구제역바이러스가 감염되었던 소에서 2년 이상 바이러스가 검출되었다고 보고되었다. 하지만, 돼지에서는 이와 같은 바이러스의 잔류가 나타나지 않는 것으로 알려졌다.

구제역발생 청정국에서는 빠른 진단을 통해 질병통제프로그램을 신속하게 가동할 수 있기 때문에 무엇보다 구제역의 신속한 진단은 매우 중요하다. 가축에서 수포가 생기는 질병의 원인체로 3종류의 서로 다른 바이러스가 있고 그들의 임상증상이 매우 유사하기 때문에 구제역은 실험실적 진단이 필수적으로 수행되어져야 한다. 구제역은 대부분의 국가에서 반드시 방역당국에 신고하여야 하는 질병이므로 가축에서 수포를 형성하는 질병이 보인다면 즉시 방역기관에 신고하여야 한다. 구제역진단을 위하여 감염초기에 수포액, 파열된 수포 주위에 있는 상피조직, 혈액, 우유 및 정액 등을 채취할 수 있다. 감염이 좀 더 진행된 경우에는 반추동물의 식도 및 인두액을 프로방컵(Probang cup)으로 채취한다. 돼지의 경우, 면봉으로 인두에서 시료를 채취하며 이 시료들은 10% 소혈청과 같은 단백질 안정제가 포함되어 있는 바이러스운반용 배양액에 희석한다. 운반용 배지는 수소이온농도를 7.2-7.6으로 유지해주는 중요한 완충작용을 한다. 폐사한 동물의 림프절과 심장에서 추가적인 시료를 얻을 수 있으며 시료는 바로 냉각시켜서 가능한 빨리 진단실로 옮겨야 한다. 만약 수송이 지체될 것 같으면 시료를 동결시킨다.

구제역을 포함한 가축의 수포성질병의 감별진단을 위하여 다양한 진단법이 개발되었다. 수포성질병을 유발하는 원인체에 대한 신속한 감별진단법으로 최근에 다중역전사중합연쇄반응법(multiple reverse transcriptase polymerase chain reaction : mRT-PCR)이 개발되었으며 구제역바이러스의 특정 혈청형을 감별하기 위하여 PCR이 이용된다. 효소면역흡착법(enzyme-linked immunosorbent assay : ELISA)도 수시간 내에 결과를 알 수 있는 진단기법으로 이용이 가능하다. 이러한 진단법은 구제역바이러스의 7개의 혈청형을 구분하는 데에도 사용할 수 있다. 효소면역흡착법은 민감하기 때문에 특정한 항체를 측정하는 것도 가능하다. 백신접종으로 생긴 항체인지 자연 상태에서 감염되어 생긴 항체인지 구분하기 위해서 구제역바이러스의 비구조단백질을 이용한 효소면역흡착법이 개발되었다(DIVA). 바이러스 중화시험은 구제역바이러스의 혈청학적 검사 중에서 가장 핵심이 되는 시험이지만 바이러스의 혈청형이 다수이기 때문에 검사방법이 복잡하다.

검체에서 바이러스를 분리하여 병원체를 확인하고 유전적, 항원적 검사를 하기 위해서 세포배양기법을 이용한다. BHK-21이나 IB-RS-2와 같은 세포주를 이용하는 것보다 소, 돼지 및 양 신장세포의 초대배양세포를 이용하는 것이 더 민감하다. 일반적으로 세포배양기법은 조직, 혈액, 우유, 식도 혹은 인두액으로부터 바이러스를 분리하는데 이용된다.

구제역으로부터 회복된 개체는 바이러스 특이항체가 형성된다. 감염 초기에 형성되는 IgM 항체는 동종의 바이러스를 중화시키며 혈청형이 다른 바이러스에 대해서도 효과가 있다. 이에 반해 IgG는 회복기 동안에 생성되며 각각의 바이러스 혈청형과 아형에만 특이적이다. 구제역에서 회복될 때 세포성 면역의 역할에 대해서는 거의 알려진 바가 없지만 다른 피코나바이러스 감염의 경우에서와 마찬가지로 중요도가 낮은 것으로 보인다. 구제역으로부터 회복된 소는 보통 같은 혈청형의 바이러스 감염에 대해 1년 정도의 면역력을 가지며 회복된 동물이 바로 다른 혈청형의 구제역바이러스에 감염될 경우에는 임상증상이 나타날 수 있다.

국내에서 구제역의 발생은 **표 1**과 같다. 해방 후 처음으로 2000년 3월 경기도 파주에서 구제역이 발생한 이래 2010년 11월 경상북도 안동에서 시작한 구제역까지 모두 5차례 구제역이 발생하였다. **표 1**에서 보는 바와 같이 발생한 구제역바이러스의 혈청형은 2010년 경기도 포천과 연천에서 발생한 A형을 제외하고는 모두 O형이었으며 마지막으로 2010년 11월 경상북도 안동에서 시작한 구제역을 제외하고 모두 초기에 신속하게 대응하여 통제를 잘 하였다. 하지만 마지막으로 발생한 구제역은 제주도와 전라남북도를 제외한 전국의 시도에서 발생하여 340만두 이상의 소와 돼지가 살처분되었으며 이로 인한 직접적인 피해만 3조원 이상일 것으로 추정하고 있다. 일반적으로 구제역바이러스는 감염된 동물이 호흡할 때 많은 양의 바이러스가 비말형태로 배출되며 비말에 존재하고 있는 바이러스가 안정성이 있고 바이러스의 짧은 복제주기 및 높은 농도의 바이러스 생산 그리고 잠복기가 짧은 것에 기인하여 매우 빠르게 전파되는 것으로 알려져 있다. 이러한 이유로 경상북도 안동에서 시작한 구제역이 빠른 시간 내에 전국적으로 확산되었겠지만 그보다는 방역당국의 안이한 대처가 전국적으로 확산된 주된 이유로 지적되었다. 즉, 발생초기에 진단에 있어서의 잘못 및 구제역의 방역대책에서 가장 중요한 이동통제가 제대로 되지 않아 전국적으로 확산된 것이다. 또한, 구제역이 발생한 기간 동안 날씨가 유별나게 추워 소독이 제대로 수행되지 않은 것도 하나의 확산 이유가 될 것이다.

표 1. 국내 구제역 발생현황

발생년도	2000	2002	2010	2010	2010/2011
발생기간	3.24-4.15(22)	5.2-6.23(52)	1.2-1.29(28)	4.8-5.6(29)	11.28-현재
혈청형	O	O	A	O	O
발생지역	경기(파주, 화성, 용인) 충남(홍성,보령) 충북(충주)	경기(안성, 용인, 평택) 충남(천안) 충북(진천)	경기(포천,연천)	경기(강화,김포) 충남(청양) 충북(충주)	전남,전북, 제주를 제외한 전국
발생건수	15	16	6	11	150↑
살처분두수	2,216	160,155	5,956	49,897	3,400,000↑
피해액	3,006억원	1,434억원	408억원	1,949억원	30,000억원↑
통제방법	살처분/백신	살처분	살처분	살처분	살처분/백신

구제역청정국에서 구제역이 발생하였을 경우, 가장 효과적인 통제방법은 초기에 살처분과 가축의 이동통제를 엄격히 수행하는 것이다. 하지만, 금번 우리나라의 경우처럼 초기에 구제역을 통제하지 못하여 전국적으로 확산된 경우에는 사정이 달라질 수 있다. 구제역 확산 전과 같이 계속 살처분을 할 것인지 아니면 백신을 접종하여 더 이상의 확산을 막을 것인가를 정책적으로 결정하여야한다. 우리나라는 백신을 접종하기로 결정하였으나 2001년 영국에서 구제역이 발생하였을 때 끝까지 살처분 정책을 고수하여 결국에는 구제역은 종식되었으나 700만두 이상의 가축이 희생되었으며 18조원 이상의 경제적 손실을 감수하여야만 했다.

우리나라가 예전과 같이 구제역청정국 지위를 반드시 유지하여야 하느냐에 대해서는 논란이 많다. 우리가 외국으로 수출하는 축산물의 규모가 미미한 현 상태에서는 필요가 없다는 주장도 있고 우리나라의 현재 경제적 위치로 보았을 때 구제역과 같이 후진국적인 질병이 있어서 되겠냐는 주장도 있다. 보다 중요한 것은 구제역상재국이 될 경우, 외국 특히 구제역이 발생하고 있는 중국 등의 국가로부터 들어오는 축산물의 수입을 제제할 명분이 없다는 것이다. 국내에서 생산되는 축산물은 이들 국가로부터 수입되는 축산물에 비하여 생산성에 있어서 가격경쟁이 되지 않으며, 만약에 이들 국가로부터 값이 싼 축산물이 수입된다면 국내의 축산업 및 관련 산업이 붕괴될 수 있는 문제점을 가지고 있다. 최종적으로 식량자원을 무기화할 경우, 국가적으로 커다란 문제에 지면할 것이다.

2010년 11월 안동에서 시작된 구제역은 현재 백신접종으로 발생이 거의 없는 상태이다. 하지만 우리나라는 주변에 구제역이 항상 발생하고 있는 국가와 인접하여 있고 이들 국가와의 인적/물적 교류가 빈번하여 새로운 구제역바이러스의 유입 위험성을 가지고 있으므로 보다 엄격하고 실질적인 국경검역이 필요한 실정이다. 또한, 개인 농장은 구제역바이러스가 농장 내로 유입되지 않게 하기 위하여 소독 및 차단방역에 전념하여야 할 것이다.

감염성질병

03 스크래피(Scrapie)

면양의 치사성만성운동실조증으로서 산양에서도 발생보고가 있다. 스크래피는 전염성스펀지뇌병증(transmissible spongiform encephalopathies, TSE)이라고 하는 질병의 원조에 해당하는 질병이다. TSE는 밍크(TME, transmissible mink encephalopathy), 사슴(CWD, chronic wasting disease), 소(BSE)를 비롯하여 사람에서는 쿠루병(kuru), 크로이츠펠트야코프병(Creutzfeldt-Jakob disease, CJD), Gerstmann-Sträussler-Scheinker (GSS) syndrome 등이 발생한다. 최근에는 사람에서 variant CJD, fatal familial insomnia가 보고되어 있다. 스크래피는 유럽과 미국, 캐나다, 호주, 일본 등에서도 발생이 보고되었으나 국내에서는 아직 발생보고가 없다. 프리온(prion)이라고 하는 단백질성감염입자(proteinaceus infectious particle)가 원인체이다. 2-5년생의 면양에서 잘 발생하며, 발병 후 2개월에서 1년 정도의 잠복기를 거친 후 폐사한다.

초기에는 소리 등의 청각적 자극에 과민해지며 무리에서 이탈하는 증상을 보인다. 그 후 가려움증, 협동운동장애, 마비, 쇠약, 치매증상, 머리흔들기 등의 증상을 보인다. 스크래피라는 말의 어원은 면양이 심하게 가려워서 복부나 둔부를 벽이나 울타리에 문지르다(scrape)는 의미에서 유래되었다.

육안적으로 뇌척수의 위축과 뇌척수액의 증가가 현저하다. 뇌척수병증이 특징이며, 염증성 변화는 없다. 현미경 상으로는 신경세포의 종창과 공포변성, 별모양아교세포의 만성적인 증식, 회색질의 스펀지(해면상)병변이 특징적이며, 이런 병변들은 주로 숨뇌, 다리뇌, 척수에서 좌우대칭성으로 발생한다. 이 부위에는 비정상프리온단백질이 응집한 아밀로이드반의 침착이 수반되는 경우가 많다. 신경세포내의 공포는 경계가 명확하며 여러 개가 관찰되는 경우가 많고 니슬물질과 신경원섬유는 한쪽으로 압박되어 길게 나타난다.

감염성질병

04 소스펀지뇌병증

Bovine spongiform encephalopathy, BSE

흔히 광우병으로 세상에 알려진 소스펀지뇌병증(소해면상뇌병증)은 1985년 영국에서 처음 발병하였고 이듬해 발생이 보고되었다. 병에 걸린 소의 뇌가 스폰지처럼 구멍이 숭숭 뚫려있는 모습으로 변한다고 해서 붙여진 이름이고 광우병은 뇌의 그러한 물리적 손상으로 인하여 임상적으로 광증을 보이기 때문에 그렇게 부르고 있다. 원래 자연상태에서 없던 광우병이 어떻게 생겨나게 되었는지에 대한 발생설은 논란이 많고 아직도 명쾌하게 규명되지 않고 있는 부분이긴 하나 스크래피에 걸린 면양의 육골분(meat and bone meal)을 소의 사료로 이용하면서 병이 발생한 것에 대하여 대체적으로 동의하고 있는 편이다. 우리나라에서는 소를 도축하면 지육은 말할 것도 없고 뼈, 가죽, 내장 등 대부분의 나머지 부산물을 여러 가지 용도로 활용하므로 일방적으로 폐기되는 부분은 거의 없는데 반해 서유럽에서는 지육과 가죽을 제외하면 나머지는 대부분 폐기한다. 특히 많은 부분을 차지하는 뼈를 비롯하여 머리는 부피도 많고 쉽게 발라내기 어려운 고기도 적잖이 있어서 이것을 농가에서 사료로 재활용하고 있다. 즉, 이들 폐기되는 뼈와 뼈에 부착된 고기를 갈아서 소의 사료로 이용한다. 이것을 육골분이라고 한다. 그러니까 광우병은 애초 스크래피에 감염된 소의 육골분을 다시 사료로 이용하면서 대규모로 확산되었다고 추정하고 있는 것이다. 서유럽에서 축산선진국인 영국에서 최초 발생한 이래 북아일랜드를 비롯하여 북유럽 주요국가에서 많이 발생하였고 영국에서 소를 수입한 캐나다, 덴마크, 독일, 이태리, 오만, 아르헨티나 등에서도 발견되었다. 실험적으로 소의 추출물을 돼지에 감염시켜 질병유발에 성공하기도 하였으며, BSE에 걸린 소의 장기를 섭취한 것으로 추정되는 고양이에서도 발생하였다. 동물원에 있는 야생 되새김동물인 kuru, Arabian oryx, nyala, gemsbok, eland 등에서도 발생하였다.

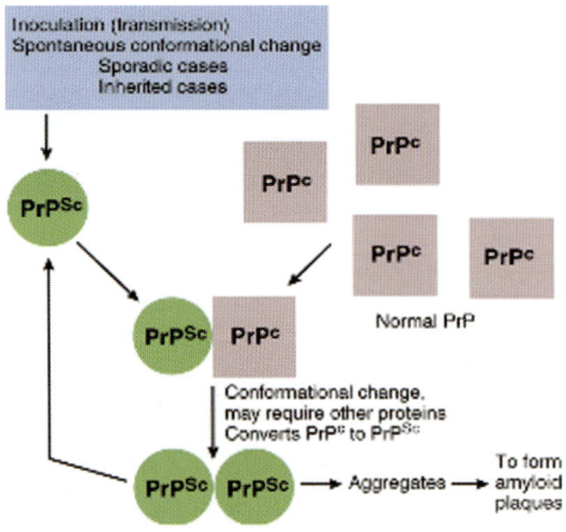

그림 1. 변형프리온이 정상프리온과 결합하여 변형프리온의 양을 늘려가면서 뇌에 아밀로이드반이 형성되는 과정을 보여주고 있다.

소스펀지뇌병증은 이환된 소의 뇌에 있는 변형프리온이 감염의 원인체로 알려져 있다. 자연감염된 소에서 원인체는 뇌, 척수, 망막에 많이 존재하고 있으며, 최근에는 림프기관, 골수, 삼차신경절 등에서도 그 존재가 입증되었다. 일반 바이러스성 질병과 다른 점은 감염체가 매우 특이하여 아직도 완전하게 이해되지 않고 있는 prion(proteinaceous infectious particles)이라고 하는 단백질이라는 것과 대개 잠복기가 종에 따라 다르지만 매우 길다는 점, 그리고 면역반응과 염증반응을 전혀 초래하지 않는다는 것이다. 변형프리온은 구조가 매우 안정적이어서 일상적인 조리과정에서는 파괴되지 않는다는 데에 문제의 심각성이 있다.

임상증상을 보면 발병초기에는 청각자극에 대한 과민반응이나 불안한 동작을 보이고 그 후 운동실조, 흥분, 기립불능 등의 신경증상이 진행성으로 나타나는데 이것이 소위 말하는 광우병의 특징적인 증상이다. 신경질적인 반응, 공격성, 비정상적 자세, 비정상적 보행, 운동실조, 기립불능, 유량감소, 체중감소 등이 일반적으로 나타나는 증상이다. 임상증상 발현 후 폐사하기 까지는 대개 2주에서 6개월 정도 걸린다. 질병발생가능 연령은 3년-11년령이지만 대부분의 동물은 3-5년령에서 발생하고 있다.

소스펀지뇌병증을 병리발생면에서 고찰하면 우선 원인체를 섭취하고 동물에서 다시 원인체가 발견이 되는 데까지 소요되는 기간인 eclipse phase 가 1년으로 매우 길다. 1년 정도 지나면 원인체가 편도, 상인두림프절, 소장림프기관 등에서 소량 발견된다. 이후 국소림프절로 확산되고 결국 다른 림프절과 비장으로 전파가 된다. 원인체는 계속해서 소화관 밖에 있는 림프절과 소화관내 림프기관에서 증식을 하다가 1년 정도 지나야 중추신경계에 도달한다. 면양에서는 혈행성으로 신경계에 감염이 되는 것으로 알려져 있으며, 축삭을 통한 확산도 실험적으로 밝혀지고 있다. 중추신경계에서 처음 원인체가 발견되는 곳은 숨뇌, 사이뇌, 소뇌이다. 이후 다른 부분으로 전파되어 고도로 증식하게 된다. PrPc(cellular prion protein)는 정상 프리온단백질로서 모든 세포에 정상적으로 존재하며, 기능은 아직 밝혀지지 않았다. 이것의 변형인 PrPsc 가 TSE를 앓고 있는 동물에서 특이적으로 발현이 된다. 정상 프리온 단백질이 변형프리온 단백질과 결합을 하면 단백질의 구조적인 변화를 일으키게 되어 모두 변형프리온이 되고 이렇게 변형된 프리온이 또 다시 정상 프리온을 변형시키는 것을 반복함으로써 급속히 증식하게 된다. 정상프리온은 알파나선구조를 띄지만 변형프리온은 베타병풍구조를 띄게 됨으로써 체내에서 분해되지 않는 견고한 형태로 변형이 된다. 이환동물에서 얻은 프리온을 종이 다른 동물에 접종하면 질병이 발현되기 까지가 같은 종일 때 보다 훨씬 길어지게 되는데 이러한 감염저항을 종간장벽(species barrier)이라고 한다.

소스펀지뇌병증의 현미경적 주요병변을 살펴보면 조직학적으로 신경세포의 세포질과 세포돌기에 심한 공포변성이 있고 회색질 신경그물이 공포화되거나 스펀지상태를 보여 면양의 스크래피와 매우 유사하다. 신경세포의 변성은 호염기성이 증가하고 세포질내 공포가 형성되면서 세포가 수축된다. 소뇌겉질의 astrocytosis가 심하게 일어나기도 한다.

부록. 수의해부학용어

01. 위치와 방향표시 및 일반용어

영 어	라틴어	수의해부학[1]
Abaxial	Abaxialis	축옆쪽
Aberrant	Aberrans	미주
Accessory	Accessorius	덧
Acinus	Acinus	(샘)꽈리
Adventitia	Adventicius, Adventitius	바깥막
Affix	Affixus	부착
Angle	Angulus	각, 구석
Anulus, Ring	Anulus	고리, 테; 고리, 구멍
Appendix	Appendix	곁자취
Aspect	Norma	면
Axial	Axialis	축쪽
Basilar	Basilaris	바닥, 뇌바닥
Caudal	Caudalis	뒤, 꼬리쪽
Chyle	Chylus	암죽
Clunis	Clunis	볼기
Cranial	Cranialis	앞, 머리쪽
Delta	Delta	세모
Digastric	Digastricus	턱두힘살근
Distal	Distalis	먼쪽
Dorsal	Dorsalis	등쪽, 발등쪽
Dura, Hard	Durus	단단
Entrance	Introitus	입구
False	Spurius	거짓
Gallus	Gallus	볏
Labium	Labium	입술
Lateral	Lateralis	가쪽
Medial	Medialis	안쪽
Meninx	Meninx, Meningis	수막
Mola	Mola	어금니

[1] 우리말 수의해부학용어

영 어	라틴어	수의해부학[1]
Network	Rete	그물
Orifice, Ostium	Ostium	구멍
Pallidal	Pallidus	창백
Palmar	Palmaris	앞발바닥, 바닥쪽
Peripheral	Peripheralis	말초
Petrous	Petrosus	바위
Pisiform	Pisiformis	콩알
Plane	Planus	면, 평면
Plantar	Plantaris	뒷발바닥, 바닥쪽
Prism	Prisma	프리즘
Proximal	proximalis	몸쪽
Pyramid	Pyramis	피라미드
Reflection	Reflexus	접힌
Retroflex	Retroflexus	뒤굽이
Rostral	Rostralis	앞
Singular	Singularis	홀
Solitary	Solitarius	홑, 고립
Spongy	Spongiosus	해면
Tactile	Tactilis	촉각
Taction	Tactus	촉각
Temple	Tempus	관자
Trunk	Truncus	동맥, 줄기
Tympanum	Tympanum	고막
Ventral	Ventralis	배쪽
Ventricle	Ventriculus	실
Venule	Venula	세정맥
Vesical	Vesicalis	방광
Vestibular	Vestibularis	안뜰
Vestige	Vestigium	자취
Vitreous	Vitreus	유리체
Yolk	Vitellus	난황
Zone	Zona	구역, 층

02. 수의해부학 주요 용어 정리

영 어	수의해부학[1]	구용어[2]
Abdomen	배	복, 배
Abdominal aorta	배대동맥	배대동맥
Abdominal cavity	배안	복강
Abdominal muscle	배근육	복부근육, 배근육
Abdominal regions	배부위	배부위
Acidophilic granular cell	호산과립세포	산호성과립세포
Acidophils	호산구, 호산백혈구	산호성백혈구
Adrenal gland	부신, 콩팥위샘	부신
Alveolar macrophage	꽈리큰포식세포	폐포큰포식세포
Alveolus	(허파)꽈리, 꽈리	폐포/샘방, 샘포
Angiology	맥관학	맥관학
Antebrachial skeleton	전완뼈대	전완골격
Antebrachium	전완 (아래팔, Ho)	전완
Anus	항문	항문
Aortic arch	대동맥활	대동맥궁
Appendicular skeleton	다리뼈대	사지골격, 앞뒷다리뼈대
Arthrology	관절학	관절학
Artrioventricular septum	방실사이막	방실중격
Arytenoid cartilage	모뿔연골	피열연골
Ascending aorta	오름대동맥	오름대동맥
Astrocyte	별아교세포	별아교세포
Atlas	고리뼈, 첫째목뼈	환추골, 첫째경추골
Auditory tube	귀관, 귀인두관	중이관
Auricle, Pinna	귓바퀴	귓바퀴
Autophagosome	자가포식소체	자가포식소체
Axial skeleton	몸통뼈대	몸통골격, 몸통뼈대
Axilla	겨드랑	겨드랑
Axillary artery	겨드랑동맥	겨드랑동맥
Axis	중쇠뼈, 둘째목뼈	축추골, 둘째경추골
Axon	축삭	축삭
Azurophilic granule	호아주르과립	호아주르과립

[1] 우리말 수의해부학용어

[2] 구용어 또는 가축해부학용어

Ho : 사람 해부학용어 / ( ) : 해당용어없음 / [ ] : 라틴어

영 어	수의해부학[1]	구용어[2]
Back [Dorsum]	등	배, 등
Basal striation	바닥줄무늬	기저줄무늬
Basophil	호염기구, 호염기백혈구	염기호성백혈구
Bicarotid trunk	양목동맥	양목동맥
Blastocoele	주머니배공간	포배강, 주머니배공간
Blastocyst, Blastula	주머니배	주머니배, 포배
Blastomere	분할알갱이	분할소구
Body [Corpus]	몸통	몸통, 체
Bone	뼈	골
Bone lining cell	뼈면세포	(뼈표면세포)
Bone marrow	골수	골수
Bones of face [Ossa faciei]	낱개얼굴뼈	안면뼈
Bones of forelimb	앞다리뼈	앞다리뼈, 전지뼈
Bones of hindlimb	뒷다리뼈	뒷다리뼈, 후지뼈
Bones of skull [Ossa cranii]	낱개머리뼈	머리뼈
Brachial skeleton	상완뼈대	상완골격
Brachiocephalic trunk	상완머리동맥	완두동맥
Brachium	상완 (위팔, Ho)	상완
Bronchiole	세기관지	세기관지
Bronchus	기관지	기관지
Bulbourethral gland	망울요도샘	요도망울샘
Bulbus cordis	심장팽대	심장팽대
Buttocks [Nates, Clunes]	볼기	궁둥이
Calf [Sura]	장딴지	장딴지, 비복
Calvaria	머리덮개뼈	두개관
Cardiac gland	들문샘	분문샘
Cardiac muscle	심장근육	심장근
Carpal bone	앞발목뼈 (손목뼈 Ho)	앞발목뼈, 수근골
Carpus	앞발목 (손목 Ho)	앞발목, 수근
Cartilage lacuna	연골방	(연골세포방)
Caudal vena cava	뒤대정맥	후대정맥
Cavity [Cavitas]	안, 공간	강, 공간
Cecum	막창자, 맹장	맹장
Cell inclusion	세포포함물	세포질포함물
Cervical vertebrae	목(척추)뼈	경추골, 목뼈
Chief cell	으뜸세포	주세포

영 어	수의해부학[1]	구용어[2]
Chin [Mentum]	턱끝	턱
Chromaffin cell	친크롬세포	크롬친화세포
Clavicle	빗장뼈	쇄골, 빗장뼈
Cleavage	분할	분할
Cloaca	배설강	총배설강, 배설강
Cloacal bursa, Bursa of Fabricius	배설강주머니	총배설강낭
Cluneal region	궁둥부위	궁둥이부위
Coated pit	덮인오목	(피막오목)
Coatomer	코토머	(피막체)
Coitus	교미 (성교 Ho)	교미, 성교
Colon	잘록창자, 결장	결장
Common bile duct	온쓸개관	총담관
Common carotid a.	온목동맥	총목동맥
Conus arteriosus	동맥원뿔	동맥원뿔
Convoluted seminiferous tubule	곱슬정세관	곱슬정세관, 곡정세관
Coronary a./v.	심장동맥/정맥	관상동맥/정맥
Coronet [Regio colonalis]	발굽갓	발굽갓부위, 제관부위
Costocervical trunk	목갈비동맥	목늑골동맥
Cotyledonary placenta	태반엽태반	태반엽성태반, 궁부태반
Coxal bone, Hip bone	볼기뼈	관골, 엉치뼈
Coxal tuber	볼기뼈결절	관골결절
Cranial cavity	머리뼈안, 두개강	두개강
Cranial vena cava	앞대정맥	전대정맥
Cricoid cartilage	반지연골	윤상연골
Crop	모이주머니	소낭
Crista terminalis	분계능선	분계능선
Crural region, Leg region (Ho)	종아리부위	하퇴부위
Cubital region	앞다리부위	앞다리부위, 주부
Cumulus oophorus	난포세포더미	난세포더미
Cutaneous muscles	피부근육	피부근
Cytokeratin	세포각질	(세포케라틴)
Cytoskeleton	세포뼈대	세포골격
Cytosol	세포질액	(세포솔)
Descending aorta	내림대동맥	내림대동맥
Diaphragm	가로막	횡격막
Diencephalon	사이뇌	간뇌

영 어	수의해부학[1]	구용어[2]
Diffuse placenta	퍼진태반	퍼진태반, 산재태반
Digestive canal	소화관	소화관
Digestive system	소화계통	소화기계통
Digit of forefoot	앞발가락 (손가락 Ho)	앞발가락
Discoid placenta	원반태반	원반태반, 반상태반
Dorsal plane	등단면	등단면
Ductuli efferentes	고환날세관	고환수출소관
Ductus epididymidis	부고환관	부고환관, 정소상체관
Ductus venosus	정맥관	정맥관
Duodenum	샘창자, 십이지장	십이지장
Ear [Auris]	귀	귀
Elbow [Cubitus]	앞다리굽이 (팔꿉 Ho)	앞다리굽이
Embryo	배아	배자
Embryogenesis	배아발생	배자발생, 배아발생
Endocytosis	세포내섭취	세포속유입
Endocytotic vacuole	세포내섭취공포	(세포내이입공포)
Endocytotic vesicle	세포내섭취소포	(세포내이입소포)
Endosome	섭취소체	(엔도솜)
Endosteum	뼈속막	골내막
Enterochromaffin cell	창자친크롬세포	창자크롬친화세포
Epididymis	부고환	부고환, 정소상체
Epiglottis	후두덮개	후두덮개
Epiphysis cerebri, Pineal gland	솔방울샘, 송과체	송과체
Epithelial reticular cell	상피그물세포	상피세망세포
Epoophoron	난소위체	난소상체
Erosion zone	침식층	(흡수층)
Esophagus	식도	식도
Ethmoid bone	벌집뼈	사골, 벌집뼈
Euchromatin	퍼진염색질	진정염색질
Exocytosis	세포외배출	세포밖유출
Ext. carotid artery	바깥목동맥	바깥목동맥, 외경동맥
Eye [Oculus]	눈	안, 눈
Eyeball	안구	안구, 눈알
Face [Facies]	얼굴	안, 안면
Facial region	얼굴부위	안면부위
Femoral region	넓적다리부위	넓적다리부위, 대퇴부위

영 어	수의해부학[1]	구용어[2]
Femoral skeleton	넓적다리뼈대	대퇴골격
Femoral vein	넓적다리정맥	대퇴정맥
Femur [Os femoris]	넓적다리뼈	대퇴골, 넓적다리뼈
Fetal membrane	태아막	태아막
Fetlock [Regio compedis]	맺음목	맺음목, 구절
Fetus	태아	태아, 태자
Fibroblast	섬유모세포	섬유모세포
Fibula	종아리뼈	비골, 종아리뼈
Flank	허구리 (옆구리 Ho)	허구리, 측복
Forebrain	전뇌	앞뇌, 전뇌
Forefoot [Manus]	앞발 (손, Ho)	앞발
Foregut	앞창자	앞장관
Forehead [Frons]	이마	이마
Forelimb, Thoracic limb	앞다리 (팔 Ho)	앞다리, 전지
Forestomach	앞위, 민샘위	샘없는부분
Frog	발굽쐐기	발굽쐐기, 제차
Front of chest [Pectus]	앞가슴	가슴
Frontal bone	이마뼈	전두골, 앞머리뼈
Gallbladder	쓸개, 담낭	담낭, 쓸개
Gap junction, Nexus	틈새이음	교통반점
Gasturula	창자배	장배
Gizzard, Ventriculus	모래주머니, 근육위	사낭
Glandular stomach	샘위	샘부분
Glomerular capsule	토리주머니	사구체주머니
Glomerulus	토리 (콩팥의)	사구체
Glomus	토리 (목동맥)	사구
Gluteal region	볼기부위	둔부위
Head [Caput]	머리	두, 머리
Heart	심장	심장
Hemoglobin	헤모글로빈	혈색소
Heterochromatin	뭉친염색질	이질염색질
Heterophagosome	이질포식소체	
Heterophil	이염색백혈구 (닭)	(이질호성백혈구)
Hindbrain	후뇌	후뇌
Hindfoot [Pes]	뒷발 (발, Ho)	뒷발
Hindgut	뒤창자	뒤장관

영 어	수의해부학[1]	구용어[2]
Hindlimb, Pelvic limb	뒷다리 (다리 Ho)	뒷다리, 후지
Hip [Coxa]	엉덩관절 (엉덩부위 Ho)	관골
Hip bone, Coxal bone	볼기뼈	관골, 엉치뼈
Hip joint region	엉덩관절부위	대퇴관절부위
Horn [Cornu]	뿔	뿔
Humerus	상완뼈 (위팔뼈 Ho)	상완골
Hyoid bone	혀뼈 (목뿔뼈 Ho)	설골
Ileum	돌창자, 회장	회장
Ilium	엉덩뼈	장골
Infraorbital region	눈아래부위	안와아랫부위
Inguinal canal	고샅관	샅굴, 서혜관
Inguinal pouch	고샅주머니	샅동
Inguinal region [Inguen]	고샅부위	샅, 샅부위
Inner cell mass	속세포덩이	속세포덩이
Int. carotid artery	속목동맥	속목동맥
Int. Iliac artery	속엉덩동맥	속장골동맥
Interartrial septum	심방사이막	심방중격
Interstitial lamellae	사이층판	간질층판
Interventricular septum	심실사이막	심실중격
Ischial tuberosity	궁둥뼈결절	좌골결절
Ischium	궁둥뼈	좌골
Jejunum	빈창자, 공장	공장
Junctional complex	이음복합체	연접복합체
Kidney	콩팥, 신장	신장, 콩팥
Lacrimal bone	눈물뼈	누골, 눈물뼈
Lacrimal canal	눈물뼈관	눈물관, 누관
Lactiferous sinus	젖샘관팽대	젖샘동
Large intestine	큰창자, 대장	대장, 큰창자
Laryngeal cavity	후두안	후두강
Laryngopharynx	후두인두	인두후두부분
Leg [Crus]	종아리	하퇴
Leydig cell	사이질세포	간질(내분비)세포
Limbs [Membra]	다리 (앞, 뒷다리)	사지(전지, 후지), 다리
Liver	간	간장
Lt./Rt. atrium	왼/오른심방	왼/오른쪽심방
Lt./Rt. ventricle	왼/오른심실	왼/오른쪽심실

영 어	수의해부학[1]	구용어[2]
Lumbar vertebrae	허리뼈	요추골, 허리뼈
Lungs	허파, 폐	폐, 허파
Lymph node	림프절	림프절
Lymphatic nodule	림프소절	림프소절
Macrophage	큰포식세포	큰포식세포
Major vestibular gland	큰질안뜰샘	큰질전정샘
Mandible	아래턱뼈	하악골, 아래턱뼈
Maxilla	위턱뼈	상악골, 위턱뼈
Median plane	정중면	정중단면
Mediastinum testis	고환세로칸	고환종격
Meninges	뇌척수막, 수막	뇌(척수)막
Mesencephalon	중간뇌	중뇌
Mesonephros	중간콩팥	중간신장
Metacarpus	앞발허리 (손허리 Ho)	앞발허리, 중수
Metanephros	뒤콩팥, 완성콩팥	후신장
Metencephalon	다음뇌	후뇌
Microglia	미세아교세포	미세아교세포
Microtubule	미세관	미세소관
Midbrain	중뇌	중간뇌
Midgut	중간창자	중간장관
Morula	오디배	오디배, 상실배
Mouth [Os]	입	입
Muscles of back	등근육	등근육
Muscles of head	머리근육	머리근육
Muscles of neck	목근육	목근육
Muscles of pelvic limb	뒷다리근육	뒷다리근육, 후지근육
Muscles of tail	꼬리근육	미골근육
Muscles of thoracic limb	앞다리근육	앞다리근육, 전지근육
Myelencephalon	숨뇌, 연수	수뇌
Myelin incisure	말이집틈새	수초틈새
Myelin sheath	말이집	수초층
Myofilament	근육잔섬유	근세사
Myoglobin	근육색소	근육색소
Nasal cavity	코안, 비강	비강
Nasopharynx	코인두	인두코부분, 코인두
Neck [Collum]	목	목, 경

영 어	수의해부학[1]	구용어[2]
Nephron	콩팥단위	신원
Neurocranium	뇌머리뼈	머리뼈
Neurolemma	신경집	신경초
Neurolemmocyte	신경집세포	신경초세포, 슈반세포
Neuron, Neurocyte	신경세포	신경세포, 신경원
Neutrophil	호중구, 호중백혈구	중호성백혈구
Nose [Nasus]	코	비, 코
Nucha	목덜미	목덜미
Occiput	뒤통수	뒤통수
Occluding junction	폐쇄이음	폐쇄연접
Oligodendrocyte	희소돌기아교세포	희소돌기아교세포
Oral cavity	입안, 구강	구강
Orbital region	눈부위	안와부위
Oribt [Orbita]	눈확	안와
Oropharynx	입인두	인두입부분
Osteoblast	뼈모세포	뼈모세포, 조골세포
Osteoclast	뼈파괴세포	뼈파괴세포, 파골세포
Osteocyte	뼈세포	뼈세포, 골세포
Osteocyte lacuna	뼈세포방	뼈세포강
Osteogenic cell	뼈발생세포	뼈발생세포
Osteoid tissue	풋뼈조직	골성조직
Osteology	골학	골학
Osteon	뼈단위	뼈단위
Osteoprogenitor	뼈선조세포	(뼈조상세포)
Outer cell mass	바깥세포덩이	바깥세포덩이
Oviduct [Salpinx]	난관	난관
Oxyphil, Oxyphilic cell	호산세포	호산성세포
Palate	입천장	구개, 입천장
Palm [Palma manus]	앞발바닥 (손바닥 Ho)	앞발바닥
Pancreas	이자, 췌장	췌장, 이자
Pancreatic islets	이자섬	췌장섬, 이자섬
Parafollicular cell	소포곁세포	소포곁세포
Paranasal sinus	코곁굴	부비동
Paranode	마디곁부위	곁마디
Parathyroid gland	부갑상샘	부갑상샘
Parietal bone	마루뼈	두정골, 윗머리뼈

영 어	수의해부학[1]	구용어[2]
Paroophoron	난소옆체	난소옆체
Pastern [Regio phalangis mediale]	갓관절	중간마디뼈부위
Patella	무릎뼈	무릎골, 무릎뼈
Pectoral regions	가슴근부위	가슴부위
Pelvic cavity	골반안	골반강
Pelvic girdle	뒷다리이음뼈	뒷다리연결대, 후지연결대
Pelvic limb	뒷다리 (다리 Ho)	뒷다리, 후지
Pelvic region	골반부위	골반부위
Pelvis	골반	골반
Periarterial lymphatic sheath	동맥주위림프집	동맥주위림프구집
Perineal muscle	샅근육	회음근
Perineal region	샅부위	회음부위
Perineum	샅, 회음	회음
Periosteal band	뼈막고리	골깃
Periosteal bud	뼈발생싹	뼈발생싹
Periosteum	뼈막, (뼈(바깥)막, Ho)	골(외)막
Peritoneum	배막, 복막	복막
Phagocytosis	포식(작용)	포식작용, 탐식
Phagosome	포식소체	포식소체, 식소체
Pharyngeal arch	인두활, 인두굽이	아가미궁, 인두궁
Pineal gland, Pineal body	솔방울샘, 송과체	송과체
Pinocytosis	포음(작용)	
Piriform cell	조롱박세포	조롱박신경세포
Placentome	태반소엽	태반원
Pleura	가슴막, 흉막	흉막
Pleural cavity	가슴막안	흉막강
Pons	다리뇌	교뇌
Popliteal region	오금부위	오금부위
Prepuce	음경꺼풀	음경꺼풀
Pronephros	앞콩팥	전신장
Prosencephalon	앞뇌	전뇌
Prostate gland	전립샘	전립샘, 전립선
Proventriculus	앞위, 샘위	전위
Pubis, Pubic bone	두덩뼈	치골
Pulmonary trunk	허파동맥	폐동맥
Pyloric gland	날문샘	유문샘

영 어	수의해부학[1]	구용어[2]
Radius	노뼈	요골
Rectum	곧창자, 직장	직장
Regions of back	등부위	등부위
Regions of coxal tuber	볼기뼈결절부위	관골결절부위
Regions of head	머리부위	두부
Regions of ischial tuberosity	궁둥뼈결절부위	좌골결절부위
Regions of neck	목부위	목부위
Regions of skull	머리뼈부위	두개부위
Renal corpuscle	콩팥소체	신장소체
Renal pelvis	콩팥깔때기	신장깔때기, 신우
Renal tubule	콩팥세관	신장세관, 요세관
Respiratory system	호흡계통	호흡기계통
Resting zone	휴지층	(예비층)
Rete testis	고환그물	고환그물, 고환망
Reticular cell	그물세포	세망세포
Reticular fiber	그물섬유	세망섬유
Reticular tissue	그물조직	세망조직
Reticulocyte	그물적혈구	세망적혈구
Reticulum	그물	세망
Reversal zone	역전층	
Rhombencephalon	마름뇌	능형뇌, 능뇌
Ribs [Costae]	갈비	늑골, 갈비뼈
Rough endoplasmic reticulum	과립세포질그물	과립세포질세망
Sacral region	엉치부위	천골부위
Sacral tuber	엉치결절	천골결절
Sacrum, Sacral vertebrae	엉치뼈	천골, 엉덩사이뼈
Sagittal plane	시상면	시상단면
Salivary gland	침샘	침샘
Scapula	어깨뼈	견갑골, 어깨뼈
Scapular region	어깨부위	견갑부위, 어깨부위
Septulum testis	고환사이막	고환중격
Sertoli cell	버팀세포	지지세포
Sigmoid heart	구불심장	에스자심장
Simple tubular heart	대롱심장	단순관심장
Sinciput	이마	앞통수
Sinuatrial node	굴심방결절	동방결절
Skeletal muscle	가로무늬근육	횡문근

영 어	수의해부학[1]	구용어[2]
Skeletal system	뼈대계통	골격계통
Skeleton of leg	종아리뼈대	하퇴골격
Skeleton of manus	앞발뼈대	앞발골격
Skeleton of pes	뒷발뼈대	뒷발골격
Skull [Cranium]	머리뼈	두개골
Small intestine	작은창자, 소장	소장, 작은창자
Smooth endoplasmic reticulum	무과립세포질그물	무과립세포질세망
Smooth muscle	민무늬근육	평활근
Soft palate	물렁입천장	연구개
Spermiogenesis	정자완성	정자형성
Splanchnology	내장학	내장학
Spleen	지라, 비장	비장, 지라
Splenic cord	지라끈	비장끈
Splenic sinus	지라굴	비장동
Spongy bone	해면뼈	해면뼈, 맞춤뼈
Stellate macrophage	별큰포식세포	별모양큰포식세포
Stereocilia	고정섬모	고정섬모
Stereovilli	고정섬모	고정섬모
Sternal region	복장뼈부위	흉골부위, 가슴뼈부위
Sternum	복장뼈	흉골, 가슴뼈
Stifle [Genu]	무릎 (Knee Ho)	(뒷)무릎
Stifle joint	무릎관절 (Knee joint Ho)	무릎관절, 슬관절
Stigma	배란점	난포반점
Stomach	위	위
Straight seminiferous tubule	곧은정세관	곧은정세관, 직정세관
Subclavian artery	빗장밑동맥	쇄골밑동맥
Syrinx	울대, 명관	(명관)
Tactile epithelial cell	촉각상피세포	멜켈세포
Tactile hair follicle	촉각털주머니	털주머니혈관동, 모낭동
Tail [Cauda]	꼬리	미, 꼬리
Tarsal bones	뒷발목뼈	뒷발목뼈
Tarsal region	뒷발목부위	뒷발목부위, 족근부위
Temple [Tempora]	관자 (관자놀이 Ho)	측두, 옆머리
Temporal bone	관자뼈	측두골, 옆머리뼈
Testis	고환	고환
Thigh [Femur]	넓적다리	넓적다리, 대퇴
Thoracic cavity	가슴안	흉강

영 어	수의해부학[1]	구용어[2]
Thoracic girdle	앞다리이음뼈	앞다리연결대, 전지연결대
Thoracic limb	앞다리 (팔 Ho)	앞다리, 전지
Thoracic skeleton	가슴우리뼈	흉곽골격
Thoracic vertebrae	등(척추)뼈	흉추골, 등뼈
Thorax	가슴	흉곽
Thymus	가슴샘	가슴샘, 흉선
Thyroid cartilage	방패연골	갑상연골
Thyroid gland	갑상샘	갑상샘, 방패샘
Tibia	정강뼈	경골, 정강이뼈
Tidemark [Linea limitans]	경계선	(모래톱구조, 조수점)
Tight junction	치밀이음	(폐쇄띠)
Tongue	혀	혀, 설
Trachea	기관	기관
Transcytosis	세포통과(작용)	
Transverse plane	가로면	가로단면
Transverse tubule	가로세관	가로소관
Truncus aorticus	대동맥줄기	대동맥줄기
Truncus arteriosus	동맥줄기	동맥줄기
Trunk [Truncus]	몸통	몸통, 체간
Udder	유방	유방
Ulna	자뼈	척골
Umbilical cord	탯줄	탯줄, 제대
Urinary system	비뇨계통	비뇨기관
Uterine caruncle	자궁속막언덕	자궁소구
Uterine tube	자궁관, 난관	난관
Ventriculus, Gizzard	모래주머니, 근육위	사낭
Vesicular gland	정낭샘	정낭, 정낭선
Vestibule	질안뜰(질어귀 Ho)	질전정
Viscerocranium	얼굴머리뼈	안면뼈
Vomer	보습뼈	서골
Vomeronasal organ	보습코기관	서골코기관
Yolk sac	난황주머니	난황주머니
Zona pellucida	투명층	투명층, 투명대
Zonary placenta	띠태반	띠태반, 대상태반
Zonula occludens	폐쇄띠	폐쇄띠
Zygomatic bone	광대뼈	권골, 광대뼈

03. 라틴어 용어 정리

라틴어	영 어
a-, an-	without, lack of, not
ab	away from
abaxialis	away from the axis
abdomen	abdomen
abducens	leading away, drawing away
abductor	abductor
absorbere	to absorb
accelerans	accelerating
accessorius	additional
acetabulum	acetabulum
acinus	acinus
acromion	acromion, shoulder level
acropodium	acropodium, fore and hind digits, outermost end of the limbs
acusticus	concerning hearing
acutus	sharp
ad-	toward, to, near
adhaesio	adhesion
aditus	aperture, inlet
adnexus	added, connected with

라틴어	영 어
adiposus	fatty
afferens	feeding
ala	wing, or winglike
albugineus	whitish
allantois	allantois
alveolaris	belonging to the alveolus
alveolus	alveolus, small hollow
alveus	belly, excavation
ambi-, amphi-, ampho-	both
amphiarthrosis	tight-flexible joint
ampulla	ampulla, club-shaped receptable
amygdaloideus	almond-like
ana-	up, toward, apart
anastomosis	anastomosis, junction
analis	belonging to the anus
anconeus	belonging to the elbow
angulus	angle
ansa	loop
ansernus	anserine, goosefoot-shaped

라틴어	영 어
ante-	before, in front of, forward
antebrachium	forearm
anterior	situated before or toward the front
anti-	against, opposing
antrum	antrum, cavern
anulus	anulus, small ring
anus	anus, ring
aorta	aorta
apertura	aperture, inlet
apex	apex, tip
apo-	separation from, derived from
aponeurosis	aponeurosis, flat tendon
apophysis	apophysis, outgrowth
appendix	appendix
aquaeductus	aqueduct, water pipe
arachnoidea	arachnoid
arbor	tree
arcuatus	curved
arcus	arc, arch
area	area
arteria	artery

라틴어	영 어
arteriola	arteriole, small artery
articulatio	articulation, joint
ascendens	ascending
asper	rough
asthenia	weakness
asthma	breathlessness
atlas	atlas, carrier
atresia	atresia, absence of a natural orifice
atrium	atrium
atrophia	atrophy
auricularis	ear-shaped, belonging to the ear
auris	ear
auto-	self
autochthon	formed on the spot
autonomicus	independent
avis	bird
axilla	axilla
axis	axis, second cervical vertebra
axon	axon, axle
azygos	unpaired
basis	base

라틴어	영 어
basipodium	basipodium, tarsus
bi-	two, double, twice
biceps	two-headed
bifidus	divided into two (parts)
bifurcatio	bifurcation
bilateralis	two-sided
biliaris	belonging to the bile
bilifer	bile-bearing
bilis	bile
blastema	blastema
blastos	germ
brachalis	belonging to the arm
brevis	short
bronchialis	belonging to the bronchus
bronchus	bronchus
bucca	cheek
buccalis	belonging to the cheek
bulbus	bulb
bulla	bulla, bubble
bursa	bursa, pouch
calcaneus	calcaneus, calcaneum, heel bone, calcaneal bone

라틴어	영 어
calcar	spur
calix	calyx, calix, calice, goblet
callus	callosity
calvaria	roof of skull
camera	chamber
canaliculus	canalicule, small duct
canalis	canal, tube
caninus	belonging to the dog
capillus	scalp hair
capitullum	small head
capsula	capsule, small cap
caput	head
cardia	cardia, part of stomach adjacent to cardiac opening
caries	caries
carneus	fleshy
carotis	carotid
carpus	carpus
cartilago	cartilage
caruncula	caruncle
cata-	down, under, lower, against
cauda	tail

라틴어	영 어
caudatus	tailed
cavernosus	abounding in caves
cavitas	cavity, cave
cavum	cavity
cecum	c(a)ecum
ceccus	blind
cellula	cell
centralis	lying in the center
centrum	center
cephalicus	belonging to the neck
cervix	neck
chiasma	chiasm, crossing
choana	choana, funnel
chole	bile
choledochus	bile-bearing
chondro	cartilage
chondrosis	chondrification
chorda	cord
chordoiea	choroid
chylus	chyle
ciliaris	belonging to the eyelid

라틴어	영 어
cilium	eyelash
cingulum	girdle
circulus	circle
circum-	all around
circumferentia	circumference
cicumflexus	bent
cisterna	water cave
claustrum	claustrum, occlusion
clavicula	clavicle
clinoideus	bed-like
clitoris	clitoris
clivus	declivity
cloaca	cloaca, sewer
clunis	hindquater
co-, com-, con-	with, together
coccygeus	belonging to the coccyx
cochlea	cochlea
colicus	belonging to the tranverse colon
collapsus	collapse
collateralis	lying at the side
colliculus	colliculus, a small elevation

라틴어	영 어
collum	neck
colon	colon
copos	sheath
columna	column
commissura	commissure, connection
communis	common
compactus	compressed
complexus	combined
compositus	composed
compressio	compression, pressing together
concha	conch(a)
condylus	condyle
congenitalis	congenital
confluens	confluence
conjugatus	connected
conjunctivus	serving the connection
conjunctiva	conjunctiva
connexio	connection
consecutio	consequence
contactus	touched
contra-	opposed, against

라틴어	영 어
conus	cone
convolutus	convoluted
cor	heart
coracoideus	raven(bill)-like
corium	corium
cornea	cornea, horny skin
cornu	horn
corona	coronet, crown
coronoideus	like a crown
corpus	body
corpusculum	corpuscle, small body
corrugator	wrinkler
cortex	cortex, rind, bowel
corticalis	belonging to the cortex
costa	rib
coxa	hip bone, hip
cranium	cranium, skull
crassus	thick
cremaster	loop, hanger, tab
cribrosus	sieve-like
cribrum	sieve

라틴어	영 어
cricoideus	ringlike
crista	crest, comb
cruralis	belonging to the thigh
crus	(lower) leg, thigh
crypta	crypt, indentation
cubitus	elbow
culmen	culmen, highest pitch
cuneatus	cuneate
cuneiformis	cuneiform
cunnus	pudenda
cupula	dome
curvatura	curvature, curve
curvus	bent
cuspis	cusp, lancehead
cutaneus	belonging to the skin
cuticula	cuticle
cyclicus	circular
cysticus	belonging to the gall (bladder)
cystis	bladder
cyto-	cell
dartos	skinned

라틴어	영 어
de-	reverse, remove
decidua	invalidated skin
declive	declivity, slope
decussatio	decussation, crossing, overlapping
defaecatio	evacuation of one's bowels
deferens	leading down
delabens	rolling down
deltoideus	deltoid, triangular
dendritum	dendrite, tree
dens	tooth
dentin	dentin(e)
dermis	dermis, skin
descendens	descending
dexter	on the right
di-	two, twice
dia-	between, through, apart, across, completely
diameter	diameter
diaphragma	diaphragm, septum
diaphysis	shaft of a bone
diastema	diastema, interspace
diastole	slackening of the muscle of the (heart) ventricle

라틴어	영 어
diarthrosis	joint
diencephalon	diencephalon, interbrain
digestorius	serving the digestion
digitalis	belonging to the finger
digitus	digit, finger
diplöe	diplöe, double layer
dis-	apart from, free from
discus	disk, disc
disseminatus	distributed
dorsum	back
dromos	course, run
ductus	duct, canal
durus	hard
dys-	faulty, difficult, painful, abnormal
dysplasia	dysplasia, malformation
dyspnoe	breathlessness
e-, ec-, ex-	out of, from, away from
ecto-	outer, outside, situated on
efferens	leading out
ejaculatio	throwing out
embryonalis	belonging to the embryo

라틴어	영 어
eminentia	eminence, elevation
emissarium	discharge
en-	within, in
enamelum	enamel (of tooth)
encephalon	encephalon, brain
endo-	inside, inner, within
enteron	entralis
epi-	up, upon, over, above
epidermis	epiderm(is)
epiglottis	epiglottis
epiploicus	belonging to the omentum
epiploon	(greater or major) omentum
epistropheus	axis, second cervical vertebra
epithelialis	belonging to the epithelial tissue
equinus	coming from the horse
esophagus	esophagus
ethmo	sieve
eu-	normal, good, well, healthy
excavatio	hollow, cavity
excretorius	secreting
exo-	outside

라틴어	영 어
exspiratio	exhalation
externus	outside
extremitas	extrimity
extra-	outside of, beyond
facialis	belonging to the face
facies	face, surface
falciformis	sickle-shaped
falx	falx, sickle
fascia	fascia, bandage
fasciculus	(small) bundle
fastigium	gable
femininus	female
femoralis	belonging to the thigh
femur	thigh
fenestra	window
fetus	fetus
fibra	fiber
fibrosus	fibrous
fibula	fibula, grip
fibularis	belonging to the fibula
filiformis	filiform

라틴어	영 어
filum	thread
fimbria	fimbria, fringe
fissura	fissure, cleft
fistula	fistula, tube
flexura	flexure, bend
flocculus	flocule, small flake
fluctans	flowing
folium	leaf
folliculus	follicle, small sac
fonticulus	fontanelle, small spring, source
foramen	foramen, small hole
formatio	formation
fornix	fornix, arch (of a vault)
fossa	fossa, ditch
fovea	fovea, pit
foveola	foveola, fossula
frenulum	frenulum, (small) ligament
frons	forehead
frontalis	belonging to the forehead
fundiformis	catapult-shaped
fundus	fundus, ground

라틴어	영 어
fungiformis	fungiform
funiculus	(small) cord
fusiformis	spindle-shaped
galea	(leathern) galea, helmet
gallus	fowls, cock
ganglion	ganglion
gaster	stomach
gemellus	double
genesis	generation
genitalis	belonging to the genitals
genu	knee, stifle
gingiva	gum
glabella	small bald head
glandula	gland, small glans
glans	glans
glia	glue
globus	globe, sphere
glomerulum	glomerulus, small glomus
glomus	glomus
glossa	tongue
glutaeus	gluteal muscle

라틴어	영 어
glyco-	sweetish
gracilis	gracile
granulatio	granulation
granulosus	granular
griseus	gray
gustatorius	serving the taste
gyrus	convolution
habenula	habenula, rein
haematoma	h(a)ematoma
hallux	big toe
hamatus	hooked
hamulus	hamulus, hooklet
helix	helix, spiral
hem-	blood
hemi-	half
hemisphaerium	(cerebral) hemisphere
hepa	liver
hernia	hernia
heteros-	heterogeneous, strange
hiatus	hiatus, gaping hole
hilum	stalk, hilum, small incision

라틴어	영 어
hippocampus	hippocampus, seahorse
homos-	homogenous, equal
horizontalis	horizontal
hyalos-	transparent
hydro-	water
hymen	hymen
hyoid	lower part of the world
hyper-	over, excessive, above, beyond
hypo-	under, deficient, beneath
hypogastricus	lying under the stomach
hypoglossus	lying under the tongue
hystera	uterus
ikterus	jaundice
ileum	ileum
ileus	ileus
iliacus	belonging to the ileum
im-, in-	in, into, within, not
impar	dissimiliar
impressio	impression
incisura	notch
incontinentia	incontinence, inability

라틴어	영 어
incus	anvil
infra-	below, beneath
infraspinatus	lying below the spine of the shoulder blade
infundibulum	infundibulum, funnel
inguen	groin
inguinalis	belonging to the inguen
inspiratio	inhalation
insufficientia	insufficiency, inability
insula	island
insultus	injured
integumentum	integument
inter-	between
intermedius	lying in the middle between others
internus	inner
intersectio	intersection, incision
interstitium	interstitial space, connective tissue
intestinalis	belonging to the intestines
intimus	innermost
intra-	within
intro-	into, within
intumescentia	intumescence

라틴어	영 어
involutio	involution
iris	iris
ischiadicus	belonging to the ischium
ischium	ischial bone, ischium
isthmus	isthmus, narrow passage
-itis	ending for the marking of inflammation diseases
jejunus	sorber, empty
jejunum	jejunum
jugularis	belonging to the front side of the neck
jugum	yoke
junctura	junction
juvenilis	youthful
juxta-	near (to)
kneme	calf
kopros	mud
-krinein	cut off
kryptos	hidden
-klast (klaein)	break in pieces
kyphosis	convex dorsal bending of the vertebral column
labialis	belonging to the lip
labium	labium, lips in pairs

라틴어	영 어
labrum	lips unpaired, flews
labyrinthus	labyrinth
lac	milk
lacrimalis	belonging to the tears
lactiferous	milk-bearing
lacuna	lacuna, depression
lamella	lamella
lamina	lamina, plate
laryngeus	belonging to the larynx
larynx	larynx
lateralis	lateral
latissimus	very broad
latus	flank (n), broad (a)
lemma	cover
lemniscus	lemniscus, ribbon
lens	lens
lentiformis	lentiform
lepto-	thin, soft
levator	elevator (muscle)
liber	free
lien	spleen

라틴어	영 어
lienalis	belonging to the spleen
ligamentum	ligament
limbus	limbus, hem(line)
linea	line
lingua	tongue
lingualis	belonging to the tongue
lingula	lingula, small tongue
liquor	fluid
lobulus	lobule
lobus	lobe
longissimus	longest
longitudinalis	longitudinally
longus	long
lucidus	bright shining
lumbalis	belonging to the loin
lumbus	loins
lumbricalis	earthworm-like
lunatus	luniform, curved
luteus	yellow
luxatio	luxation
lympha	lymphatic

라틴어	영 어
lymphaticus	lymphaticus
lymphonodulus	lymph(atic) nodule
lymphonodus	lymph node
lysis	lysis, dissolution
lyssa	rabies, lyssa of tongue
macro-	macro, small
macula	macula, spot
magnus	great
major	major
malaris	belonging to the cheek
malleolus	malleolus
malleus	hammer
mamma	mamma, mammary gland
mammillaris	nipple-like
mandare	masticate, grind or chew
mandibula	mandible
manubrium	handle
manus	hand
margo	margin, border, edge
masculinus	male
masseter	masticatory muscle

라틴어	영 어
masticatorius	serving the mastication
mastoideus	nipple-shaped
mastos	udder
mater	sheath, mother
maturus	mature
maxilla	upper jawbone
maximus	greatest
meatus	passage
medialis	closer to the plane of symmetry
medianus	in the middle
medius	lying in the middle
medulla	medulla
membrana	membrane, fine skin
membranaceus	membranous
membrum	limb
meros	part, piece
mesencephalon	mesencephalon
mesenchym	mesenchyme, embryonic connective tissue
mesenterium	mesentery
meso-	in the middle, between
meta-	after, later, change, beyond

라틴어	영 어
metacarpus	metacarpus
metaplasia	metaplasia, transformation of tissue
metastasis	migration
metra	utreus
micro-	small, slight
mictio	urination
minor	smaller
miosis	constraction of the pupil
mirabilis	miraculous
mobilis	mobile
modiolus	central pillar of cochlea
molaris	suitable for champing, grinding
mollis	mellow
monos-	alone
mons	mount
morbus	disease
mortalis	mortal
motoricus	motile
mucosus	mucous
multi-	many
musculus	muscle, little mouse

라틴어	영 어
mydriasis	dilatation of the pupil
myelos	medulla
myentericus	belonging to the muscles of the intestines
mylae	molars
mylo	mandible
myo	muscle
myokard	myocardium, cardiac muscle
myometrium	myometrium, uterine muscle
nares	nostrils
nasalis	belonging to the nose
nasus	nose
natalis	concerning birth
neo-	new, recent
necrosis	necrosis
nephrosis	nephrosis
nervus	nerve
neurocranium	cerebral cranium
neuron	nerve cell
niger	black
nodosus	nodular
nodulus	nodule

라틴어	영 어
nodus	node
non-	not
nucha	nape of neck
nucleus	nucleus
nudus	naked
nutritius	serving the nutrition
obliquus	oblique
obliterans	no longer in use
oblongatus	extended
obturatorius	obturating
obtusus	obtuse, blunt
occipitalis	belonging to the occiput
occiput	occiput, back of the head
occludens	closing
occlusalis	suitable for closing
oculus	eye
odus	tooth
olecranon	olecranon, elbow
olfactorius	serving the smelling
oligo	small, little, few
oliva	olive

라틴어	영 어
omentum	omentum
omos	shoulder
omphalos	umbilicus
ophthalmicus	belonging to the eye
ophthalmos	eye
opponens	comparing, to be opposite
opticus	serving the vision
ora	margin, border
oralis	belonging to the mouth
orbicularis	circular
orbita	orbit(al cavity)
orbitalis	belonging to the orbital cavity
orchis	orchides, testicle, testis
organum	organ
orificium	orifice, mouth
origio	origin
os	mouth, bone
osseus	osseus
ossificatio	ossification
osteogenesis	bone formation
osteon	osteon, bone

라틴어	영 어
ostium	orifice, opening, entrance
oticus	belonging to the ear
ovalis	oval
ovarium	ovary
ovulation	ovulation
ovum	egg
pachy-	thick, strong
palatum	palate
pallidus	pale
pallium	pallium, mantle
palma	cupped hand
palmaris	belonging to the palm
palpare	palpitate
palpebra	eyelid
pampiniformis	tendril-shaped
pan-	all, entire
pancreas	pancreas salivary gland of the abdomen
pancreaticus	belonging to the pancreas
panniculus	panniculus, lobule
papilla	papilla, wart
papillaris	tubercle-like

라틴어	영 어
para-	alongside, beside, beyond
parasit	parasite
parasympathicus	parasympathetic part of autonomic nervous system
parathyroidea	parathyroid gland
paries	wall
parietalis	belonging to the wall
parotis	parotid gland
pars	part
parvus	small
patella	knee-cap
pecten	pecten
pectoralis	belonging to the pectus
pectus	chest, breast
pediculus	stalk
pellucidus	transparent
pelvis	pelvis
penis	penis
pennatus	pennate
per-	through, excessive
perforans	penetrating
peri-	around

라틴어	영 어
pericardium	pericardium, heart sac
perineum	perineum
periosteum	periosteum
permanens	permanent
peronaeus	belonging to the calf bone
perpendicularis	perpendicular
persistere	remain
pes	foot
petrosus	rocky
phago-	food
phalanx	phalanx, finger or toe bone
pharyngeus	belonging to the pharynx
pharynx	pharynx, throat
philturm	philtrum, labial groove
phlebo-	vein
phren	diaphragm
phrenicus	belonging to the diaphragm
phylogenesis	phylogeny of living beings
pilus	hair
piriformis	pear-shaped
pisiformis	pea-shaped

라틴어	영 어
pius	soft, tender
placenta	placenta
planta	sole (of foot)
planum	plane
platysma	plate
pleura	pleura
plexus	plexus
plica	fold
pneuma	breath, air
pneumaticus	aeriferous
podo-	foot
pollex	thumb
poly-	many, much, excessive
pons	pons, bridge
poples	back of knee
popliteus	belonging to the popliteal space
porta	portal
portio	portion
porus	pore, passage
post-	after, behind
posterior	behind

라틴어	영 어
pr(a)e-, pro-	before, in front of
praeputialis	belonging to the prepuce
praeputium	prepuce
primordialis	original
princeps	most important
principalis	first
procerus	slender
processus	process
profundus	deep
prominens	prominent
promontorium	promontory, foothills
proprius	own
prosencephalon	forebrain
prostata	prostate
proximalis	towards the trunk
pseudo-	false
psoas	loins
pterygoideus	wing-shaped
pteryx	wing-shaped
ptosis	sinking of the (eye)lid
pubes	pubic region

라틴어	영 어
pubicus	belonging to the pubic region
pudendus	belonging to the genitals
pulmo	lung
pullmonalis	belonging to the lung
pulpa	pulp, soft tissue
pulposus	pulp shaped, made of soft tissue
pulvinar	cushion
punctum	point
pupilla	pupil
putamen	putamen, dish
pyelos	renal pelvis
pyloricus	belonging to the pylorus
pylorus	pylorus
pyramis	pyramid
quadratus	quadrangular
quadriceps	four-headed
quartus	fourth
radialis	belonging to the radius
radiatio	radiation
radicularis	belonging to the radical
radius	radius, spoke

라틴어	영 어
radix	root
ramus	ramus, branch
raphe	seam
re-	again, backward
rectalis	belonging to the rectum
rectum	rectum
rectus	straight
recurrens	running back
regio	region, position
ren	kidney
renalis	belonging to the kidney
resorbere	resorb
respiratorius	serving the respiration
rete	network
reticularis	reticular
retina	retina
retractor	retractor
retro-	back, backward, behind
rhis, rhinos	nose
rhomboideus	rhombic
rima	cleft, fissure

라틴어	영 어
rostralis	rostral
rotator	turner
rotundus	round
ruber	red
ruga	wrinkle, ridge
ruptura	rupture, crack
sacculus	saccule, small bag
saccus	saccule, small bag
sacer-	sacred
sacralis	belonging to the sacrum
saliva	saliva, spittle
salpinx	uterine tube
sanguineus	bloody
saphena	saphenous vein
saphenus	hidden
sarko-	flesh
sartor	tailor
sartorius	belonging to the taylor, a muscle that crosses the front of the thigh
scala	scala, stairs
scalenus	oblique
scapula	shoulder-blade

라틴어	영 어
scapus	shaft
sclera	sclera, hard tunic of the eyeball
scrotum	scrotum, bag
scutulum	small shield
sebaceus	sebaceous
sebum	sebum
segmentalis	subdivided
segmentum	segment, section
sella	armchair
semen	semen
semi-	half, partial
semicircularis	semicircular
semilunaris	semi(-)lunar
seminalis	connected with the semen
seminifer	semen-bearing
sensibili	sensitive
septalis	belonging to the septum
septicus	affected by germs
septum	septum, diaphragm
serratus	serrated
serosus	abounding in serum

라틴어	영 어
sesamoideus	sesame-like
sexualis	sexual
siccus	dry
sigmoideus	sigma-shaped
simplex	simple
sinister	on the left(-hand) side
sinus	sinus
situs	position
sive	or
skeleton	skeleton
skolios	kyphotic, bent
skoliosis	lateral bending of the vertebral column
solaris	sun-like
solea	sole
solitarius	single
soma	body
spatium	space
sperma	semen
spaeroideus	sphere-like
spaira	sphere
sphenoidalis	wedge-shaped

라틴어	영 어
sphincter	sphincter
spina	spina
sipnalis	spine-like
spinosus	thorny
spiralis	round, winding
splanchnicus	belonging to the intestines
splanchnon	intestines
splanchnocranium	visceral cranium
splen	spleen
splenicus	belonging to the spleen
splenius	paving-shaped
spondylos	vertebra
spongiosus	spongy
squama	squama
squamosus	squamous
stapes	stirrup
stasis	standstill, stopping
stellatus	stellate
stenos	narrow
sterilis	sterile
sternalis	belonging to the sternum

라틴어	영 어
sternum	sternum
stigmata	sign
stoma	opening, mouth
stratum	layer
stratus	striate(d)
struma	goiter
styloideus	styliform
stylos	style
sub-	under, beneath
subcutis	hypoderm(is)
substantia	substance, foundation
sudoriferous	containing sweat
sulcus	groove
super-	over, above, superior
supra-	excess
superficialis	superficial
sura	calf of leg
suralis	belonging to the calf
suspensorius	suitable for suspending
sustentaculum	sustentaculum, prop
sutura	suture

라틴어	영 어
sym-, syn-	together, with
sympathicus	thoracolumbar division of autonomic nervous system
symphysis	symphysis, fusion
synovia	synovial fluid
synovialis	belonging to the synovial fluid
systole	constrciting of the cardiac muscle
tabula	tablet
tactus	tactile sense
taenia	t(a)enia, stria
talus	tibial tarsal bone
tarsus	hock, ankle
tectum	roof
tegmentum	tegmentum
tela	tissue
telencephalon	endbrain
temporalis	belonging to the temple
tempus	temple, time
tendineus	stringy
tendinosus	abounding in tendons
tendo	tendon
tensor	tensor

라틴어	영 어
tentorium	tent(torium)
tenuis	thin
teres	roundish
terminalis	border marking
tertius	third
testicularis	belonging to the testis
testis	testis, testicle
tetanie	muscle cramp
textus	tissue
thalamus	thalamus, inner chamber
theca	theca, case
therapeucein	to heal
thoracalis, thoracicus	belonging to the thorax
thorax	thorax
thrombus	blood clot
thyroideus	scutiform
tibia	shin-bone
tonsilla	tonsil
torsio	torsion
torus	torus, pad
trabecula	trabecula

라틴어	영 어
trachea	trachea
tractus	tract(ion)
trans-	across, through
transversalis	across, transversal
transversus	running across
trapezius	trapeziform
trauma	wound
tri-	three
triangularis	triangular
triceps	triple-headed
trigeminus	triple
trigonum	trangle
trochlea	trochlea, roll
trope	change
tropho-	food
trochos	wheel
truncus	trunk
tuba	tube
tuba auditiva	auditory tube
tuba uterina	uterine tube
tuber	(pro)tuber(ance)

라틴어	영 어
tuberculum	tubercle, small protuberance
tubulus	tubule, small tuble
tumor	growth, intumescence
tunica	tunic, coat
turbinalis	turbinate(d), spiral, conchal
tympanicus	belonging to the tympanum
ulna	ulna
ultra-	on the other side, beyond, excess
umbilicalis	belonging to the navel
umbilicus	navel
uncinatus	hooked
unguicula	claw
unguicularis	belonging to the claw
unguis	nail
ungula	hoof
urachus	urachus, urinary duct
ureter	ureter, urinary duct
urethra	urethra, urinary duct
urina	urine
uterus	uterus
utriculus	utricle

라틴어	영 어
uvea	(bunch of) grapes
uvula	uvula
vagina	sheath
vagus	wandering nerve
valgus	knock-kneed
vallatus	cloaked
valva	valve
valvula	valvule, small valve
varus	bow-legged
vas	vessel
vasculosus	abounding in vessels
vastus	vast
velum	velum, sail
vena	vein
venter	belly
ventriculus	ventricle, big-bellied room
ventricularis	belonging to the belly
vermis	vermis, worm
vertebra	vertebra
vertebralis	belonging to the vertebra
vertex	crown

라틴어	영 어
verticalis	vertical
vesica	bladder
vesicula	vesicle
vesicularis	vesicular
vestibularis	belonging to an anteroom
vestibulum	vestibule
villus	villus
vinculum	band
viscera	visceral cranium
visus	vision
vita	life
vitellus	yolk
vitreus	vitreous
vocalis	sounding
volvulus	torsion
vortex	vortex
xiphoideus	ensiform, sword-shaped
zele	rupture, crack
zona	zone
zonula	zonule, small zone
zonularis	striat(ed)
zygomaticus	belonging to the cheek-bone

저자소개

강병택	경상대학교 졸업	건국대학교 대학원 수의학박사
강신영	서울대학교 졸업	미네소타대학교 대학원 수의학박사
강종구	서울대학교 졸업	동경대학 대학원 농학박사
강지훈	충북대학교 졸업	충북대학교 대학원 수의학박사
강현구	전남대학교 졸업	전남대학교 대학원 수의학박사
김근형	제주대학교 졸업	북해도대학 대학원 수의학박사
김대중	서울대학교 졸업	서울대학교 대학원 수의학박사
김수종	경북대학교 졸업	오클라호마주립대학교 대학원 수의학박사
김윤배	서울대학교 졸업	서울대학교 대학원 수의학박사
김일화	경북대학교 졸업	경북대학교 대학원 수의학박사
나기정	서울대학교 졸업	서울대학교 대학원 수의학박사
남상윤	서울대학교 졸업	동경대학 대학원 수의학박사
모인필	서울대학교 졸업	조지아대학교 대학원 수의학박사
박경미	강원대학교 졸업	강원대학교 대학원 수의학박사

성연희	충북대학교 졸업	오사카대학 대학원 약학박사
안병우	서울대학교 졸업	서울대학교 대학원 수의학박사
양만표	서울대학교 졸업	동경대학 대학원 농학박사
이근식	충북대학교 졸업	충북대학교 대학원 수의학박사
이범준	서울대학교 졸업	유타주립대학교 대학원 이학박사
이승헌	경북대학교 졸업	경북대학교 대학원 수의학박사
이완규	서울대학교 졸업	동경대학 대학원 농학박사
장동우	서울대학교 졸업	서울대학교 대학원 수의학박사
정의배	서울대학교 졸업	브리티시컬럼비아대학교 대학원 의학박사
지차호	서울대학교 졸업	서울대학교 대학원 수의학박사
최경철	서울대학교 졸업	브리티시컬럼비아대학교 대학원 의학박사
최석화	건국대학교 졸업	건국대학교 대학원 수의학박사
허강준	서울대학교 졸업	동경대학 대학원 농학박사
현상환	제주대학교 졸업	서울대학교 대학원 수의학박사

개정판

미리 가보는 수의학 교실

저 자	충북대학교 수의학교재편찬위원회(강병택 외 27인)
발행처	충북대학교 출판부
발행인	고 창 섭
내지편집	임 기 정
주 소	(28644) 충북 청주시 서원구 충대로1 (개신동)
전 화	(043) 261 - 2952, 3014
팩 스	(043) 274 - 1256
이메일	presscbu@cbnu.ac.kr
등 록	등록1983-2001-7호
초판 1쇄	2011.09.05
개정판 4쇄	2025.09.30
인쇄처	삼성디자인기획 (042) 221-3111

ISBN 978-89-7295-503-0 93520

값 37,000원